Física **B**ásica

Eletromagnetismo

O GEN | Grupo Editorial Nacional – maior plataforma editorial brasileira no segmento científico, técnico e profissional – publica conteúdos nas áreas de ciências exatas, humanas, jurídicas, da saúde e sociais aplicadas, além de prover serviços direcionados à educação continuada e à preparação para concursos.

As editoras que integram o GEN, das mais respeitadas no mercado editorial, construíram catálogos inigualáveis, com obras decisivas para a formação acadêmica e o aperfeiçoamento de várias gerações de profissionais e estudantes, tendo se tornado sinônimo de qualidade e seriedade.

A missão do GEN e dos núcleos de conteúdo que o compõem é prover a melhor informação científica e distribuí-la de maneira flexível e conveniente, a preços justos, gerando benefícios e servindo a autores, docentes, livreiros, funcionários, colaboradores e acionistas.

Nosso comportamento ético incondicional e nossa responsabilidade social e ambiental são reforçados pela natureza educacional de nossa atividade e dão sustentabilidade ao crescimento contínuo e à rentabilidade do grupo.

Física **B**ásica

Eletromagnetismo

■ **A**laor **C**haves

Bacharel e Mestre em Física pela Universidade Federal de Minas Gerais — UFMG

Ph.D. em Física pela University of Southern California

Professor Emérito da Universidade Federal de Minas Gerais

Membro Titular da Academia Brasileira de Ciências

Grã-Cruz da Ordem Nacional do Mérito Científico

LTC

Direitos exclusivos para a língua portuguesa
Copyright © 2007 by
LTC — Livros Técnicos e Científicos Editora Ltda.
Uma editora integrante do GEN | Grupo Editorial Nacional

Publicado pela Editora LAB, sociedade por cotas de participação e de parceria operacional da LTC — Livros Técnicos e Científicos Editora Ltda.

Travessa do Ouvidor, 11
Rio de Janeiro, RJ – CEP 20040-040
Tels.: 21-3543-0770 / 11-5080-0770
Fax: 21-3543-0896
ltc@grupogen.com.br
www.grupogen.com.br

Capa: Bernard
Projeto gráfico: EditoraLAB
Editoração Eletrônica: Anthares

Ficha catalográfica

C438f

Chaves, Alaor
Física básica : Eletromagnetismo / Alaor Chaves. - [Reimpr.]. - Rio de Janeiro : LTC, 2018.
il.

Apêndices
Inclui bibliografia
ISBN 978-85-216-1550-7

1. Física. 2. Eletromagnetismo. I. Título. II. Título: Eletromagnetismo.

07-0042.	CDD 530
	CDU 53

Prefácio

Física Básica é um livro de física para estudantes de ciências e engenharias. Não é uma nova edição de meu outro livro, *Física*, mas uma obra completamente nova — embora os dois textos compartilhem nossa maneira de ver o ensino da física.

Física é um livro muito apreciado por estudantes que buscam obter uma visão unificada e contemporânea da física, em nível introdutório. Porém, a abordagem altamente compacta e a formulação matemática um pouco mais elaborada tornam o estudo de *Física* difícil para uma boa quantidade de estudantes.

Já *Física Básica* é um livro que — sem perda importante de profundidade conceitual-científica — foi escrito para ser acessível a um universo mais amplo de estudantes. Em sua elaboração, procuramos apresentar os conceitos da física da mesma maneira precisa e profunda, mas sem o emprego de ferramentas matemáticas que possam dificultar a compreensão do aluno típico de ciências e engenharias.

Além disso, *Física Básica* é um livro bastante tutorial, formulação não contemplada no *Física*. Neste novo livro, utilizamos vários recursos pedagógicos que facilitam a aprendizagem: exposição clara e explícita dos fenômenos sob investigação, foco nos principais experimentos e nas suas conseqüências, priorização do essencial e do seminal. O texto exclui o que é secundário ou redundante e canaliza o esforço do aluno para o entendimento do que é realmente significativo, e lhe dá todos os elementos para alcançar esse objetivo.

Os conceitos são apresentados de modo cuidadoso e detalhado, mas evitamos que a exposição se tornasse prolixa. Após sua apresentação, cada conceito novo é ilustrado com um ou mais exemplos e aplicações — em exercícios-exemplo —, cuja abundância é proporcional à importância do conceito e/ou à dificuldade da sua compreensão. Sempre que possível, buscamos para cada um dos conceitos mostrar aplicações inerentemente interessantes ou ligadas à tecnologia contemporânea. Após isso, são propostos para solução pelo aluno exercícios simples que requerem a compreensão e manipulação prática do conceito. Assim, evita-se que dificuldades conceituais se acumulem e dificultem a continuação do aprendizado.

No final de cada capítulo, são propostos problemas um pouco mais elaborados para que o aluno possa desenvolver suas habilidades na aplicação do que foi aprendido.

As páginas do livro têm uma margem larga na qual destacamos os conceitos fundamentais, fazemos comentários adicionais e relevantes a respeito de algo que foi explicado no texto e colocamos as denominações de equações que expressam leis físicas ou relações matemáticas especialmente importantes. Esses destaques têm um duplo objetivo. Por um lado, sinalizam para o aluno a que conceitos e equações ele deve dar maior atenção; por outro, compõem um sumário que facilita a revisão do estudo e a localização rápida dos tópicos mais significativos.

Já na apresentação dos diversos tópicos, ou em súmulas finais de um conjunto de tópicos, são feitas sínteses do que foi estudado. Com a evolução do texto, essas sínteses compõem uma visão panorâmica da física e sua estrutura lógica e conceitual vai ficando cada vez mais clara para o leitor. Com um estudo cuidadoso do livro, o aluno obterá uma visão da física em que um conjunto muito simples de leis e princípios gerais, baseados em fatos empíricos seminais e capazes de discriminar as opções alternativas, compõe uma estrutura unificada da qual todo o resto resulta de forma natural e irrecusável.

Física Básica expõe persistentemente as simetrias da Natureza e sua conexão com as leis da física. Com freqüência também explora a simetria dos corpos ou sistemas físicos na solução de problemas. Pretende-se que o aluno adquira habilidade na exploração de tais simetrias, o que constitui uma das mais valiosas habilidades de um cientista ou engenheiro. Por meio de exercícios-exemplo e de exercícios e problemas propostos, almeja-se também que o estudante aprenda a idealizar e simplificar os sistemas físicos sob investigação, reduzindo-os ao seu essencial sem que eles percam suas características realmente importantes.

No intuito de proporcionar precisão e clareza, criamos pessoalmente todas as ilustrações do livro, as quais foram aperfeiçoadas e finalizadas por um desenhista profissional.

Física Básica é um livro contemporâneo tanto na seleção dos tópicos abordados e na sua ênfase quanto na sua formulação. Como se sabe, mesmo os tópicos mais clássicos da física são formulados de maneira que não cessa de evoluir. Sua formulação é cada vez mais econômica e reveladora do seu inteiro potencial, e isso foi considerado com muito cuidado na elaboração deste livro. Acreditamos que a expressão *física clássica moderna* não é um oxímoro, e sim uma forma contemporânea e mais efetiva de apresentar conhecimento antigo.

Alaor Chaves

Como Utilizar este Livro

Estrutura da obra e variações em sua aplicação

Física Básica foi escrito para cursos universitários de introdução à física, destinados a estudantes de ciências e engenharias. Ao escrevê-lo, levamos em conta e com atenção a tendência à flexibilização que se observa, em todo o mundo, nos cursos universitários. Tentamos também torná-lo compatível com as muitas opções sobre a ordem em que os diversos assuntos são ensinados. Isso possibilitou que os três volumes do livro nem sequer fossem numerados. *Física Básica* pode ser usado em cursos ministrados em três ou, de maneira mais lenta ou exaustiva, em quatro semestres. No primeiro, sem dúvida, deve-se usar o volume *Mecânica*, assunto que é o fundamento de toda a física. Mas, após isso, tanto se pode ir para o volume *Eletromagnetismo* como para o *Gravitação | Fluidos | Ondas | Termodinâmica*.

Acreditamos que o mais adequado seja estudar eletromagnetismo após mecânica, pois essas duas disciplinas são muito semelhantes em sua estrutura: ambas são formuladas inteiramente em termos de leis de movimento, expressas por equações exatas e de caráter abrangente. Essas duas matérias constituem o núcleo do que neste livro denominamos *paradigma newtoniano*. Também são ciências simples, pelo menos na sua formulação. Depois disso vêm temas como fluidos e termodinâmica, cuja compreensão requer maior maturidade e nos quais, com freqüência, os fenômenos são complexos. Além do mais, a termodinâmica tem uma estrutura inteiramente distinta, e seus fundamentos já não são equações de movimento. A termodinâmica fica fora do paradigma newtoniano, pelo menos no atual estágio do conhecimento. Deve-se ainda considerar o fato de que, sem antes ter estudado eletromagnetismo, é impossível compreender a termodinâmica dos sistemas eletromagnéticos — o que equivale a dizer que é impossível entender as propriedades termodinâmicas dos materiais —, e isso é lamentável, pois este é hoje o ramo mais importante da termodinâmica.

Flexibilidade

Além de possibilitar ordenamentos alternativos dos temas do curso, este livro foi escrito de modo que qualquer dos seus volumes possa ser utilizado por estudantes que até então tenham estudado em outro livro.

Além de possibilitar ordenamentos alternativos dos temas do curso, este livro foi escrito de modo que qualquer dos seus volumes possa ser utilizado por estudantes que até então tenham estudado em outro livro. Para isso, tornou-se necessário que cada volume fosse mais autocontido que o usual, o que requereu alguma duplicação de capítulos. O volume *Mecânica* contém um capítulo sobre oscilador harmônico e outro sobre gravitação. Isso é quase imperativo, pois o movimento harmônico é o mais importante de todos os movimentos, e a explicação do movimento dos planetas foi o que deu suporte à obra de Newton — e finalmente levou à sua aceitação unânime. Entretanto, por exigüidade de tempo, com freqüência a gravitação não é ensinada no primeiro semestre. Por outro lado, muitos professores preferem unir o ensino do movimento oscilatório ao estudo de ondas, dada a similaridade dos dois fenômenos. Assim, os capítulos sobre gravitação e sobre movimento harmônico são repetidos no volume *Gravitação | Fluidos | Ondas | Termodinâmica*. A apresentação do estudo de ondas também é parcialmente duplicada. No volume de eletromagnetismo, está incluído o estudo das ondas eletromagnéticas. Para que o assunto fosse compreensível por um aluno que ainda não tivesse feito um estudo abrangente de ondas, foi acrescentada uma introdução a esse assunto. Mas essas duplicações não tornam o livro muito grande (respondem por apenas cerca de 6% do seu tamanho) e são amplamente compensadas pela facilidade e pela praticidade que criam para estudantes e professores, atendendo às diferentes visões sobre a ordem e o método do ensino da física.

Cada volume de *Física Básica* é mais autocontido que o usual, o que requereu alguma duplicação de capítulos. O volume *Mecânica* contém um capítulo sobre oscilador harmônico e outro sobre gravitação, capítulos esses repetidos no volume *Gravitação | Fluidos | Ondas | Termodinâmica*

Física moderna

Muitos fenômenos de natureza relativística ou quântica são tratados neste livro. Entretanto, a teoria da relatividade e a mecânica quântica não são formalmente apresentadas, de modo que com as informações aqui disponíveis o estudante só é capaz de lidar com situações muito simples que envolvam relatividade ou física quântica

O ensino de tópicos da chamada *física moderna* é assunto sobre o qual há opiniões muito divergentes, e a maneira de ministrar tal ensino está ficando cada vez mais diversificada. A expressão física moderna é quase sempre usada para designar relatividade e física quântica, embora a teoria da relatividade e a mecânica quântica tenham sido desenvolvidas no início do século XX. Obviamente, desde então muita coisa mudou e novos temas se desenvolveram, tais como a física dos materiais, o estudo das partículas elementares e seus campos de força, a cosmologia, além do infinito campo da complexidade. Mas, em se tratando de fundamentos, a relatividade e a mecânica quântica ainda são inteiramente atuais, e sobre seus alicerces se constrói toda a física contemporânea.

O termo complexidade ganhou novo significado nas últimas décadas. Antes, entendia-se como complexo entendia-se como complexo todo sistema complicado para o qual não seja possível obter uma solução exata. Hoje, a classe dos sistemas complicados ramificou-se e a subclasse dos complexos tem de exibir outros atributos muito especiais. Por exemplo, o trânsito de veículos em uma cidade é complexo, mas o movimento das moléculas em um gás, inteiramente caótico e aparentemente mais complicado, não é mais classificado como complexo. O estudo dos sistemas complexos, na terminologia moderna, não pode ser feito efetivamente no nível de um curso de física básica. Já aos sistemas caóticos, podemos dar-lhes um tratamento termodinâmico ou estatístico compreensível para o iniciante. Neste livro, tratamos, com certa ênfase, sistemas complexos, na acepção antiga, quando tratamos dos fluidos, da termodinâmica e da física estatística. Os fluidos são sistemas complexos, na acepção contemporânea, mas não abordamos regimes de escoamento em que a real complexidade do movimento fica mais manifesta.

Muitos fenômenos de natureza relativística ou quântica são tratados neste livro. Entretanto, a teoria da relatividade e a mecânica quântica não são formalmente apresentadas, de modo que com as informações aqui disponíveis o estudante só é capaz de lidar com situações muito simples que envolvam relatividade ou física quântica. Essas duas teorias são apresentadas em outro livro de Alaor Chaves (*Física / Óptica, Relatividade e Física Quântica*), que não é parte do *Física Básica* e que está em um nível conceitual um pouco acima deste. Muitas universidades vêm adotando essa estrutura de cursos — em que um curso de física básica de três semestres é seguido de um curso semestral de física moderna, em nível mais avançado —, e com certeza ela é parte indispensável do movimento mundial em busca de caminhos mais ágeis para levar o estudante à fronteira do conhecimento.

Exercícios e problemas

Como é comum nos livros-texto de física, neste livro o estudante encontra exercícios-exemplo, exercícios propostos e problemas propostos

Neste livro, na medida em que os conceitos e métodos são expostos, sua aplicação é ilustrada por meio de exercícios-exemplo, nos quais a solução é demonstrada passo a passo. É muito importante estudar com atenção os exercícios-exemplo, pois isso irá ajudar a sanar dúvidas sobre o assunto, além de ilustrar a importância prática do que foi exposto

Os exercícios propostos são questões mais simples, cuja solução em alguns casos envolve a aplicação direta de uma fórmula. Requerem a aplicação de conceitos ou fórmulas recém-apresentados e, quase sempre, vêm depois de pelo menos um exercício-exemplo. O estudante é enfaticamente aconselhado a trabalhar os exercícios à medida que vão aparecendo

A solução dos problemas requer mais raciocínio e, muitas vezes, também mais elaboração matemática. Os problemas vêm no final dos capítulos, e com freqüência sua solução envolve matéria contida em mais de uma seção

Como é comum nos livros-texto de física, neste livro o estudante encontra exercícios-exemplo, exercícios propostos e problemas propostos. Os exercícios propostos são questões mais simples, cuja solução em alguns casos envolve a aplicação direta de uma fórmula, enquanto a solução dos problemas requer mais raciocínio e, muitas vezes, também mais elaboração matemática. Hábitos corretos de abordagem de exercícios e problemas são um dos meios mais efetivos para uma boa aprendizagem. Na solução dos exercícios e problemas, o estudante não só testa o seu entendimento do que foi estudado, como também consolida o aprendizado e aprofunda sua compreensão. Não só isso, mas é resolvendo problemas que o estudante aprende a aplicar o conhecimento em situações práticas e se prepara para lidar com situações inteiramente novas. Neste livro, na medida em que os conceitos e métodos são expostos, sua aplicação é ilustrada por meio de exercícios-exemplo, nos quais a solução é demonstrada passo a passo. É muito importante estudar com atenção esses exemplos, pois isso irá ajudar a sanar dúvidas sobre o assunto, além de ilustrar a importância prática do que foi exposto. Também há exercícios propostos, cuja solução requer a aplicação de conceitos ou fórmulas recém-apresentados; quase sempre, os exercícios vêm depois de pelo menos um exercício-exemplo. *O estudante é enfaticamente aconselhado a trabalhar os exercícios à medida que vão aparecendo.* Isso não só consolida o que já foi apresentado, de modo a facilitar a compreensão do que vem em seguida, como evidencia possíveis deficiências no entendimento de algum conceito. Para prosseguir na leitura, não é indispensável que o estudante seja capaz de resolver todos os exercícios, mas se houver dificuldade em resolver muitos deles isso mostra que é necessário rever o texto. Os problemas vêm no final dos capítulos, e com freqüência sua solução envolve matéria contida em mais de uma seção.

Alguns hábitos devem ser adquiridos e praticados com disciplina na solução dos exercícios e problemas. O ponto de partida para a solução é, obviamente, o claro entendimento do que está sendo proposto: qual é de fato a situação a ser investigada, que dados foram fornecidos e que tipo de resposta é solicitado? Uma vez seguro de ter entendido a formulação do problema — ou exercício —, o estudante pode iniciar sua solução. O conhecimento requerido para isso deve estar contido naquele capítulo — naquela seção, caso seja um exercício —, além de conhecimento anterior que já se supõe esteja consolidado. Ao se chegar a uma resposta, é muito importante verificar se ela é razoável, ou se não é, por alguma razão, absurda. Em muitos casos, a resposta é o valor de uma grandeza. Pode ser que um exame crítico do valor obtido mostre claramente que ele é absurdo, ou pelo menos pouco razoável. Por exemplo, se ao calcular o tempo de queda de um corpo o estudante chega a algo como uma semana, sem dúvida deve ter cometido um erro! Em outros casos, a resposta a que se chega é uma equação que exprime uma fórmula. Nesses casos, dois procedimentos são importantes. O primeiro é verificar se a equação é dimensionalmente correta. Se não for, a solução está incorreta, embora a correção dimensional da fórmula não seja suficiente para garantir a sua inteira correção.

Quase sempre, a equação obtida na solução de um problema é uma fórmula que expressa a maneira como uma grandeza varia em função de uma ou mais variáveis. É importante, nesse caso, testar que valores numéricos a fórmula fornece para certos valores limites das variáveis: por exemplo, quando uma dada variável tem valor nulo ou infinito, que valor se obtém para a grandeza? Valores obviamente absurdos podem se obtidos nesses limites, o que revela que a fórmula não está correta.

Outro hábito é muito útil, e na verdade sua prática sistemática pode desenvolver no aluno habilidades especiais e preciosas na solução de problemas. Em primeiro lugar, a quantidade do aluno ao resolver problemas é mais importante para o aprendizado do que o número de problemas resolvidos. Quase todos os problemas da física admitem mais de um método de solução, e com freqüência permitem um grande número de métodos. Assim, o estudante deve cultivar o hábito de tentar novas soluções, além da primeira obtida com sucesso. Nesse exercício, deve-se insistir em buscar uma solução que seja a mais simples de todas; pois, na verdade, a solução mais simples é a melhor e a mais brilhante, e no fundo a que requer mais habilidade de quem a obtém. Quase sempre, essas soluções especialmente simples envolvem a exploração habilidosa das simetrias contidas no sistema ou no próprio problema, e às vezes também o uso de leis de conservação. Elas são capazes de revelar o enorme poder dos princípios fundamentais da física e, dessa maneira, também sua extraordinária beleza.

O ponto de partida para a solução de exercícios e problemas é, obviamente, o claro entendimento do que está sendo proposto: qual é de fato a situação a ser investigada, que dados foram fornecidos e que tipo de resposta é solicitado?

A atitude do aluno ao resolver problemas é mais importante para o aprendizado do que a quantidade de problemas resolvidos. Quase todos os problemas da física admitem mais de um método de solução, e com freqüência permitem um grande número de métodos. Assim, o estudante deve cultivar o hábito de tentar novas soluções, além da primeira obtida com sucesso

Material optativo

Física Básica contém seções opcionais que não são menos relevantes que as restantes, e seu caráter opcional reside em que ao omiti-las em seu estudo o estudante não irá dificultar a compreensão de assuntos subseqüentes — nem comprometerá sua compreensão da estrutura da física. Entretanto, mesmo que o professor desconsidere tais seções, o aluno que tenha pretensões mais ambiciosas sobre sua aprendizagem deve estudá-las

Física Básica contém seções opcionais. Estas não são menos relevantes que as restantes, e seu caráter opcional reside em que ao omiti-las em seu estudo o estudante não irá dificultar a compreensão de assuntos subseqüentes. Tampouco irá comprometer sua compreensão da estrutura da física. Entretanto, mesmo que o professor desconsidere tais seções, o aluno que tenha pretensões mais ambiciosas sobre sua aprendizagem deve estudá-las. Esse estudo pode ser feito após a leitura das seções obrigatórias do livro.

Laboratório

A ênfase e o objetivo principal do curso de laboratório devem ser a aquisição de habilidades em técnicas experimentais

Física Básica foi escrito com base no pressuposto de que o curso será acompanhado de aulas de laboratório nas quais o aluno tomará contato com muitos fenômenos aqui abordados teoricamente. Entretanto, não pensamos que a finalidade principal do curso de laboratório deva ser ilustrar ou demonstrar os fenômenos físicos. A ênfase e o objetivo principal do curso de laboratório devem ser a aquisição de habilidades em técnicas experimentais. As demonstrações de fenômenos devem de preferência ser feitas em sala de aula, dentro do curso teórico.

Duração do curso

Como mencionamos, o conjunto dos três volumes de *Física Básica* pode ser ministrado em cursos de três semestres, ou, de maneira mais exaustiva, em cursos de quatro semestres. O ideal é que cada semestre tenha sessenta horas de aula, e para cada hora de aula o estudante deve dedicar pelo menos duas horas de estudo. O ritmo em que é ministrado, e o programa do curso, devem ser escolhidos segundo a formação prévia e também o tempo disponível dos estudantes. Por exemplo, para turmas em que os estudantes tiveram uma boa formação no ensino médio, e têm algum conhecimento de cálculo, o Capítulo 3 de *Mecânica* (*Movimento Retilíneo*) não precisa ser ensinado. Com freqüência, boa parte do Capítulo 4 (*Vetores*) também pode ser omitida, o que libera tempo para a inclusão de seções opcionais do restante do livro. Vários outros casos podem ser mencionados, e cabe ao professor fazer uma seleção criteriosa.

Seção 10.9 ■ Eixo balanceado (opcional)

A Equação 10.34 relaciona L_z com ω. A conexão entre o vetor momento angular **L** de um corpo rígido e seu vetor velocidade angular $\boldsymbol{\omega}$ geralmente é complicada, mas torna-se especialmente simples se o eixo de rotação do corpo for um eixo de simetria do mesmo. Consideremos um corpo simétrico girando em torno de um eixo de simetria. Por exemplo, um cone girando em torno do seu eixo, uma esfera girando em torno do seu diâmetro etc. Nesse caso, a primeira somatória da Equação 10.30 dá um valor nulo. Isso ocorre porque para cada partícula na posição de coordenadas (z_i, ρ_i) haverá outra partícula de massa idêntica na posição de coordenadas $(z_i, -\rho_i)$. Dessa forma, no somatório os termos correspondentes às duas partículas se cancelarão exatamente. Devido a tal cancelamento, a Equação 10.30 assumirá a forma

$$L = \omega \, \mathbf{k} \sum_i m_i \rho_i^2. \tag{10.36}$$

Posto que $\boldsymbol{\omega} = \omega \mathbf{k}$, podemos ainda escrever

$$L = I \, \boldsymbol{\omega}. \tag{10.37}$$

Um aspecto relevante da Equação 10.37 é que, contrariamente ao que ocorre na Equação 10.30, a coordenada z não mais aparece no momento e na velocidade angulares. Assim, o ponto de origem O (ver Figura 10.15) pode ser colocado em qualquer ponto sobre o eixo dos z, que é o eixo de rotação, sem afetar o valor do momento angular. Nesse caso, como é usual, podemos falar no momento angular do corpo em relação ao seu eixo de rotação, pois o momento angular em relação a qualquer ponto sobre o eixo terá o mesmo valor.

> **Para um corpo rígido girando em torno de um eixo de simetria, o momento angular é paralelo à velocidade angular**

Na verdade, o momento angular e a velocidade angular podem ser paralelos mesmo quando o eixo não é de simetria. A rigor, para que o paralelismo ocorra basta que o primeiro termo na Equação 10.30 seja nulo. Estar girando em torno de um eixo de simetria é condição suficiente mas não necessária para que tal termo se anule. Um eixo de rotação para o qual o momento angular e a velocidade angular são paralelos é denominado **eixo balanceado**, ou **eixo principal de inércia**.

> **Um eixo de rotação para o qual o momento angular e a velocidade angular são paralelos é denominado eixo balanceado, ou eixo principal de inércia**

Quando um corpo gira em torno de um eixo balanceado com velocidade angular constante, seu momento angular permanece constante. Isso significa que o corpo consegue permanecer girando em torno desse eixo sem que nenhum torque externo seja aplicado sobre ele. Eixos balanceados são muito importantes para o bom funcionamento de máquinas. Um exemplo muito familiar dessa importância refere-se ao giro de uma roda de automóvel. Se a roda não está balanceada, para que ela gire em torno de um eixo fixo é necessário que o mecanismo que a prende lhe aplique um torque cuja direção gira junto com a roda. Geralmente, o mecanismo de sustentação da roda, mesmo sendo muito forçado, é incapaz de aplicar o torque necessário e, em consequência, a roda gira mancando. Para balancear a roda e fazer com que seja suave, é necessário colocar pequenos contrapesos em seu contorno até que o termo da Equação 10.30 se torne nulo.

Seção 10.10 ■ Energia cinética

Para um corpo rígido girando em torno de um eixo fixo com velocidade a locidade da partícula i será dada por

$$v_i = \omega \, \rho_i,$$

onde ρ_i é a sua distância até o eixo. Esse resultado é um caso particular da Equação energia cinética do corpo será

$$K = \sum_i \tfrac{1}{2} m_i v_i^2 = \sum_i \tfrac{1}{2} m_i \omega^2 \rho_i^2. \tag{10.}$$

Aristóteles

Aristóteles (384 a.C.–322 a.C) nasceu em Estagira, na Macedônia. Ap Atenas desde os 17 anos, quando ingressou na Academia de Platão, e de dos pensadores gregos (na verdade o mais influente pensador do Ociden ateniense. Retornou à Macedônia (c. 343 a.C.–c. 340 a.C.) para ser pre Aristóteles foi enciclopédico, e seus interesses abarcaram todo o conhecim formal e dividiu o conhecimento em disciplinas — física, metafísica, é zoologia, geologia, meteorologia etc. Opondo-se a seu mestre Platão, um idealis valorizou a percepção sensorial como relevante fonte de conhecimento, sendo ass antecessores Tales de Mileto (c. 624 a.C.–c. 546 a.C.) e Pitágoras (c. 570 a.C.–c. do empirismo. Entretanto, Aristóteles ignorou a importância da experimentação (obser em condições controladas e, se possível, acompanhada de mensuração) e foi por isso leva equivocadas que acabaram tornando-se dogmas. Aristóteles defendia o determinismo teleológ seja, o princípio de que os fenômenos são determinados por um objetivo final —, e esta foi a sua idéia mais danosa para a ciência. Assim, uma pedra caía porque buscava seu lugar natural, que era o centro da Terra e também o centro do cosmo. Defendeu também que os objetos celestes eram regidos por leis distintas das leis dos terrestres. A dogmatização dos ensinamentos de Aristóteles pela Igreja (por influência de Aquino) tornou-se, por um milênio, um grande obstáculo para o avanço do conhecim

Seção 1.3 ■ Teleologia e determinismo causal

O mais influente dos pensadores gregos foi **Aristóteles**. Enciclopédic tematizador, dividiu o conhecimento em várias disciplinas e deu-lhe utilizados: *metafísica*, *física* (que ele definiu, em forma mais ampla sendo o estudo da matéria inorgânica), *biolog* também a sintaxe do raciocínio dedut uma disciplina, a *lógica*. Em b mente baseada na dissecaç e portanto ele poderi dois motivos: segundo disse

Aristóteles

Determinismo é o conceito de qu

Right-margin feature descriptions:

ísica Básica ■ Mecânica

■ Eixo balanceado (opcional)

A Equação 10.34 relaciona L_z co orpo rígido e seu vetor velocidade nte simples se o eixo de rotaçã rpo simétrico girando e a seu eixo, um

■ **Física Básica** contêm *seções opcionais*. Estas não são menos relevantes que as restantes, e seu caráter opcional reside em que ao omiti-las em seu estudo o estudante não irá dificultar a compreensão de assuntos subseqüentes. Tampouco irá comprometer sua compreensão da estrutura da física. Entretanto, mesmo que o professor desconsidere tais seções, o aluno que tenha pretensões mais ambiciosas sobre sua aprendizagem deve estudá-las. Esse estudo pode ser feito após a leitura das seções obrigatórias do livro.

■ *Texto suplementar*, com explicação adicional a algum trecho do capítulo

■ *Glossário* com definição de termos fundamentais

■ *Minibiografias* de físicos, matemáticos e filósofos de expressão fundamental para a física

■ Energia cinética devida à
rotação em torno de um eixo

■ Definição ou nome de
determinada *equação*

Os fatores fixos podem ser postos em evidência no último termo da Equação 10.39 para
se obter

■ Energia cinética devida à
rotação em torno de um eixo

$$K = \tfrac{1}{2}I\omega^2.$$ (10.40)

Veja que a equação que expressa a energia cinética de rotação de um corpo em torno de
um eixo é metade do produto da inércia de rotação pelo quadrado da velocidade angular. Há
aqui uma perfeita analogia com a energia cinética $K = mv^2/2$ associada à translação.

E·E Exercício-exemplo 10.12

■ Calcule a energia cinética da porta, do Exercício-exemplo 10.11, quando a sua velocidade angular é
10,0 rad/s, sabendo que sua massa e sua largura são respectivamente 50,0 kg e 0,800 m.

■ **Solução**

O momento de inércia da porta é

$$I = \tfrac{1}{3} \times 50\frac{Ns^2}{m} \times 0,64m^2 = 10,7 \ Nms^2.$$

Sua energia cinética será, então,

$$K = \tfrac{1}{2} \times 10,7 Nms^2 \times 100s^{-2} = 5,35 \times 10^3 \ J.$$

Note-se que a unidade rad não aparece nos cálculos. Tal fato ocorre porque rad é
grandeza adimensional. A velocidade angular da porta pode ser escrita simplesmente como 10/s.

Exercícios   E 10.21 Considere a Terra como uma esfera homogênea com raio de $6,4 \times 10^{24}$ m e massa de
$6,0 \times 10^{24}$ kg. Calcule o momento angular e a energia cinética decorrentes de sua rotação.

E 10.22 Calcule a energia cinética da hélice no Exercício 10.17.

Seção 10.11 ■ Conservação do momento angular

A Equação 10.28 nos diz que a taxa de variação do momento angular **L** do sistema é igual
ao torque ~~total~~ ~~exercido~~ pelas forças externas sobre o mesmo. Esse torque é sempre nulo em um
~~sistema isolado,~~ ~~mas pode ser~~ também nulo em sistemas não-isolados. Podemos assim enunciar

Lei da conservação do momento an...   ~~a lei da conservação do momento angular:~~
O momento angular ...
sistema sujeito a u...   *...sistema sujeito a um torque externo nulo é constante.*
externo nulo é...

...solar. No estudo do movimento dos planetas e seus
...o isolado. Os planetas se perturbam mutuamente, e
...luas são afetadas por isto. Porém, o sistema como
...A lei da conservação do momento angular é uma
...idade extrapola os limites da mecânica newtoniana
... da isotropia do espaço.

Energia cinética devida à
... em torno de um eixo

Veja
um eixo é
aqui uma p...

E·E Exercício-exemplo 10.12

■ Calcule a energia cinética da ...
10,0 rad/s, sabendo que sua ma...

■ **Solução**

O mome...

Exercícios

PROBLEMAS

P 2.1 O módu...

~~...resistê...~~

E 2.22 Qual é a espessura desta folha de papel?

■ Neste livro o estudante encontra *exercícios-
exemplo, exercícios propostos* e *problemas
propostos.* Nos exercícios-exemplo a solução
é demonstrada passo a passo. Os exercícios
propostos são questões mais simples, cuja
solução em alguns casos envolve a aplicação
direta de uma fórmula, enquanto a solução dos
problemas requer mais raciocínio e, muitas
vezes, também mais elaboração matemática.

PROBLEMAS

P 2.1 O módulo de Young de um material é uma grandeza que
mede resistência oferecida pelo material a uma distensão ou com-
pressão. A Figura 2.4 mostra um esquema utilizado para a medida
do módulo de Young. Uma barra homogênea com seção reta de área
A é submetida a uma força de distensão de intensidade *F*. Com a
aplicação da força, o comprimento da barra aumenta de L_o para L.
Observa-se que a elongação da barra é proporcional a F e ao seu
comprimento inicial L_o, e inversamente proporcional a A. Tal relação
de proporcionalidade pode ser escrita na forma

$$L - L_o = \frac{1}{Y}\frac{L_o}{A}F,$$

na qual a constante de proporcionalidade Y é o módulo de Young.
Determine a dimensão de Y e dê a sua unidade no SI.

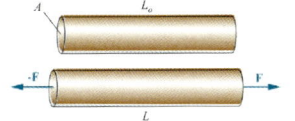

Figura 2.4
(Problema 2.1)

P 2.2 Quantos prótons você come por dia, se a massa do próton
vale $1,7 \times 10^{-27}$ kg?

P 2.3 Quantas vezes seu coração humano bate, em média, durante
a vida?

P 2.4 O cúbito foi inicialmente definido pela distância entre o
cotovelo e a extremidade do dedo médio de um homem médio.
Defina o cúbito em metros usando seu braço como padrão.

P 2.5 Meça o tamanho do seu pé e compare-o com o pé, unidade
de comprimento inglesa igual a 30,44 cm. Algo errado com seu pé
ou com o pé do inglês de referência?

P 2.6 Galileu usou, para medidas de tempo, um método já
utilizado no Egito, o da medida do volume (ou peso) da água que
escoa de um grande reservatório por um pequeno orifício. Verifique
a precisão de tal medida para tempos não muito curtos. Feche a
torneira da pia de sua cozinha até que o escoamento da água seja
um fino filamento. Utilizando um relógio, meça o tempo necessário
para encher uma vasilha de cerca de 1ℓ. Repita a medida várias vezes
sem mexer na torneira. Qual é o erro percentual na sua medida do
tempo de escoamento necessário para encher a vasilha?

P 2.7 Faça sua medida do diâmetro do Sol. Próximo ao pôr-do-
sol, finque uma estaca verticalmente, deixando exposto cerca de
1 m de estaca. Faça dois riscos horizontais na parte superior da
estaca, cuidadosamente separados 20 cm de outro. Posicione-se
de modo que a estaca fique entre você e o Sol, e mova-se até que,
ao se agachar, você consiga ver o diâmetro do Sol coincidindo
precisamente com a distância entre as marcas na estaca (use filtro
de luz ao olhar para o Sol). Meça então sua distância até a estaca.
(A) Pelas suas medidas, qual é o ângulo aparente do Sol, medido
em radianos? (B) Qual é o diâmetro real do Sol, medido em metros,
sabendo-se que a distância do Sol à Terra é igual a $1,5 \times 10^8$ m?

P 2.8 Os pontos extremos ao norte e ao sul da América do Sul
estão, coincidentemente, no mesmo meridiano: 70° Oeste. O extremo norte está à latitude de 12,1° Norte e o extremo sul está à latitude
de 55,7° Sul. Qual é o comprimento da América do Sul?

Material Suplementar

Este livro conta com materiais suplementares (acesso restrito a docentes).

O acesso ao material suplementar é gratuito. Basta que o leitor se cadastre em nosso *site* (www.grupogen.com.br), faça seu *login* e clique em GEN-IO, no menu superior do lado direito. É rápdo e fácil.

Caso haja alguma mudança no sistema ou dificuldade de acesso, entre em contato conosco (sac@grupogen.com.br).

GEN | Informação Online

GEN-IO (GEN | Informação Online) é o repositório de materiais suplementares e de serviços relacionados com livros publicados pelo GEN | Grupo Editorial Nacional, maior conglomerado brasileiro de editoras do ramo científico-técnico-profissional, composto por Guanabara Koogan, Santos, Roca, AC Farmacêutica, Forense, Método, Atlas, LTC, E.P.U. e Forense Universitária. Os materiais suplementares ficam disponíveis para acesso durante a vigência das edições atuais dos livros a que eles correspondem.

Sumário

Capítulos

Apêndices

Sumário dos outros volumes de Física Básica

Mecânica

Gravitação | Fuidos | Ondas | Termodinâmica

1

Força Elétrica

Seção 1.1 ■ Eletromagnetismo

A eletricidade e o magnetismo são conhecidos desde a Antiguidade como fenômenos distintos. As primeiras investigações sobre o assunto são atribuídas a Tales de Mileto. Como descobriu Tales, o âmbar (*elektron* em grego), resina fossilizada de árvores coníferas, ao ser friccionado adquire a propriedade de atrair objetos muito leves como, por exemplo, penas e plumas. Seus relatos incluem também descrição de propriedades notáveis da magnetita, um óxido de ferro (Fe_3O_4) que ocorria como minério na província vizinha de Magnésia. Pedaços de magnetita se atraem ou se repelem, dependendo de como se orientam, e têm também a propriedade de sempre atrair o ferro. Os termos *eletricidade* e *magnetismo* derivam de *elektron* e *magnetita*, respectivamente. O magnetismo era também conhecido dos chineses e a bússola foi por eles inventada, possivelmente no século 3 a.C., também baseada na magnetita.

Em meados do século XVIII, foram dominadas algumas técnicas básicas para se carregar eletricamente os objetos e mantê-los carregados com carga estável durante o tempo necessário para a realização de experimentos diversos. Toda essa tecnologia se baseia em um fato notabilíssimo apresentado pela matéria: a eletricidade flui nos objetos de modo extremamente sensível à composição destes. Em alguns materiais, tais como âmbar, vidro, borracha e madeira seca, a eletricidade pode ficar armazenada por períodos longos, que podem ser vários dias ou até meses, sem fluir para outras partes do corpo ou deste para outros corpos. Já outros compostos, tais como os metais, o carvão e a água salgada, mostram a propriedade oposta de possibilitar que a eletricidade se transfira rapidamente para grandes distâncias. Os materiais podem por isso ser classificados em isolantes e condutores de eletricidade, havendo também materiais com propriedades intermediárias entre esses dois extremos. A capacidade que os materiais apresentam de transportar eletricidade de um ponto para outro é definida por uma propriedade denominada *condutividade elétrica*. A maneira como se define operacionalmente a condutividade elétrica será descrita no Capítulo 6 (*Corrente Elétrica*). A condutividade elétrica de um metal pode ser 10^{26} vezes maior que a de um isolante como a sílica. A enorme disparidade na condutividade dos materiais foi um fenômeno de importância fundamental para viabilizar as experiências de eletricidade realizadas nos séculos XVIII e XIX e que levaram à compreensão das leis básicas do eletromagnetismo. Continua sendo o fenômeno mais importante para a eletrotécnica, incluindo a eletrônica, pois permite um controle rigoroso das correntes de eletricidade. Um fio de cobre ou alumínio transfere a eletricidade gerada em uma usina geradora por centenas ou milhares de quilômetros e a distribui entre milhares de usuários, enquanto uma fina camada de esmalte que recubra esses fios é capaz de impedir que ela se transfira para o seu exterior.

Com a invenção da pilha voltaica em 1800 por *Alessandro Volta* (1745–1827), atingiu-se o controle mínimo da eletricidade e de suas correntes para que importantes experiências fossem realizadas. Uma das experiências historicamente mais importantes ocorreu por acaso em uma aula de demonstrações de *Hans Christian Oersted* (1777–1851), em 1819. Ao passar corrente elétrica em um fio metálico, percebeu-se que a agulha de uma bússola próxima se orientava perpendicularmente ao fio. Na verdade, tal experiência tinha sido feita em 1802 por *Gian Domenico Romagnosi* (1761–1835), mas seu anúncio não fora notado pela comunidade científica. As experiências de Romagnosi e de Oersted estabeleceram o elo entre eletricidade e magnetismo. No ano de 1820, *André-Marie Ampère* (1775–1836) demonstrou que dois fios paralelos conduzindo corrente se atraem ou se repelem, dependendo, respectivamente, de se as correntes têm o mesmo sentido ou sentidos opostos. Experiências diversas de Ampère neste tema levaram-no a sugerir que os fenômenos magnéticos são em geral resultantes de correntes elétricas e que os ímãs, tais como a magnetita, apresentam correntes circulantes em seu interior.

No último terço do século XIX já se havia conseguido uma sistematização dos fenômenos elétricos e magnéticos em uma ciência unificada, o eletromagnetismo. Nesta ciência, todos os fenômenos são decorrentes de uma única entidade, a carga elétrica. Cargas em repouso interagem por meio da força elétrica. Quando elas se movem umas em relação às outras, aparece outra forma de interação, a força magnética. Tal síntese se concretizou graças ao trabalho

Tales de Mileto

Tales de Mileto (c. 625–558 a.C.), proclamado no oráculo de Delfos em 582 a.C. o primeiro dos sete sábios da Antiguidade. Foi o grande precursor do pensamento filosófico, matemático e científico grego. Viveu em Mileto, no atual sudoeste da Turquia, que na época era parte da Grécia, mas não se sabe se era grego ou fenício. Nada deixou escrito, e portanto sua obra se confunde com a lenda. Visitou o Egito, de onde trouxe a geometria, que ele transformou em uma estrutura matemática, sendo assim um precursor de Pitágoras (que o visitou quando tinha 18 anos) e de Euclides. Foi possivelmente o criador do racionalismo grego, que ele combinou com observações e experimentos. Foi o primeiro a fixar o ano em 365 dias. Segundo a lenda, previu o eclipse solar de maio de 585 a.C. Aprendeu a antever o tempo e previu uma supersafra de azeitonas. Arrendou todas as prensas de oliva da região e, com isso, enriqueceu (deve ter sido fenício!) ao monopolizar um bem altamente requerido.

experimental e a inovações conceituais de *Michael Faraday* (1791–1867) e à percepção da simetria global dos fenômenos por *James Clerk Maxwell* (1831–1879). Por volta de 1865, Maxwell sintetizou todas as leis do eletromagnetismo em quatro equações fundamentais, as equações de Maxwell. Em seu trabalho de síntese, previu também que a luz é um fenômeno eletromagnético, o que acabou sendo comprovado experimentalmente em 1888 por *Heinrich Hertz* (1857–1894). Em 1905, em sua teoria da relatividade, *Albert Einstein* (1879–1955) ofereceu a explicação de como o movimento relaciona as forças elétrica e magnética. O primeiro dos dois trabalhos em que Einstein formulou a hoje chamada relatividade restrita intitula-se "Sobre a eletrodinâmica dos corpos em movimento".

Este livro descreve a escalada dessa construção, até a síntese realizada por Maxwell. Primeiramente serão estudados os fenômenos essenciais do eletromagnetismo e a maneira como eles foram organizados em sínteses parciais. Nesta etapa da apresentação, você irá se familiarizando com os fenômenos básicos e adquirindo habilidade na solução de problemas práticos. Em seguida serão apresentadas as equações de Maxwell.

Seção 1.2 ■ A carga elétrica

A entidade responsável pelos fenômenos eletromagnéticos é a carga elétrica. A matéria ordinária é composta de átomos e estes são compostos de um núcleo em torno do qual gravitam elétrons. O núcleo contém dois tipos de partículas, o próton e o nêutron. A eletricidade da matéria comum está associada a um atributo dos prótons e dos elétrons, a carga elétrica. A força elétrica entre dois prótons, ou entre dois elétrons, é sempre repulsiva, mas um próton e um elétron sempre se atraem. Portanto, há dois tipos distintos de carga elétrica, a carga do próton e a carga do elétron. Cargas do mesmo tipo se repelem e cargas de tipos distintos se atraem. As pessoas descobriram que existem dois tipos de cargas muito antes de se saber da existência de prótons, elétrons e até mesmo de átomos, e tiveram a feliz idéia de chamar uma carga de positiva e a outra de negativa. A experiência mostra que se friccionarmos vidro com seda, o vidro se carrega com carga positiva, ou seja, a carga característica do próton. Hoje sabemos que o vidro perde parte dos seus elétrons para a seda, e esse déficit de elétrons é o que lhe imprime uma carga elétrica negativa. Mas se friccionarmos um plástico com a mesma seda, o plástico captura parte dos elétrons da seda e se carrega com carga negativa. Como tanto o vidro como o plástico são isolantes elétricos, as cargas permanecem por longo tempo na região atritada. A Figura 1.1 mostra as forças entre dois bastões de vidro (A) ou entre um bastão de vidro e outro de plástico (B) cujas pontas foram atritadas com seda. Um dos bastões é suspenso por um fio flexível, de modo que a força sobre ele resulta em um torque que o faz girar.

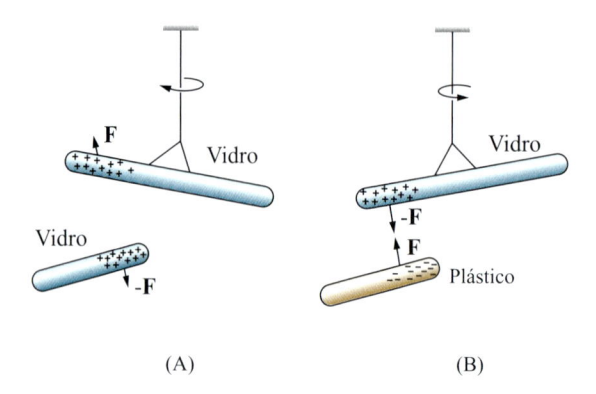

Figura 1.1

(A) Dois bastões de vidro friccionados com seda adquirem carga positiva e se repelem. (B) Dois bastões, um de vidro e outro de plástico, friccionados com seda, adquirem cargas de sinais opostos e se atraem.

1.2.1 A carga elétrica se conserva

A sugestão para a designação *carga positiva* e *carga negativa*, proposta por *Benjamin Franklin* (1706–1790), veio da observação do fato de que quando se fricciona um corpo A com um corpo B, se em A aparece carga de um tipo, em B sempre aparece carga do outro tipo. Isto sugere que no processo algo que se conserva é transferido de um corpo para o outro. Assim, um excesso do atributo associado à carga significa carga positiva e um déficit significa carga negativa. Importantes precursores do eletromagnetismo moderno, incluindo os ecléticos Benjamin Franklin e *Joseph Priestley* (1733–1804), pensavam em termos de um fluido elétrico. Substituindo o fluido por partículas de matéria portadoras de carga, tudo na obra deles faz quase pleno sentido. A lei da conservação da carga, que se manifesta no fenômeno de fricção, e também em experiências muito mais complexas que só foram realizadas no século XX, diz que não é possível gerar uma carga de um tipo sem ao mesmo tempo gerar a mesma quantidade de carga do outro tipo. Formalmente, podemos escrever:

q = (carga do tipo 1) – (carga do tipo 2) = constante.

Com a convenção

q_+ = carga do tipo 1

q_- = – (carga do tipo 2),

podemos associar uma grandeza física à carga total q e escrever a equação

▪ Lei de conservação da carga elétrica

$$q = q_+ + q_- = \text{constante} \qquad (1.1)$$

A Equação (1.1) exprime a lei da conservação da carga. Tal lei parece ter validade irrestrita, e pode ser enunciada em palavras da seguinte maneira:

▪ Lei de conservação da carga

A soma algébrica de todas as cargas em um sistema isolado nunca se altera.

A rigor, sistema isolado é um sistema livre de qualquer influência externa. Já vimos que várias grandezas, como energia, momento linear e momento angular, se conservam em um sistema isolado. Na verdade, não é estritamente necessário que o sistema seja isolado para que a sua carga elétrica seja constante. Basta que não haja troca de cargas entre o sistema e seu ambiente. Podemos aquecer o sistema, acelerá-lo, iluminá-lo, enfim submetê-lo a toda sorte de influências, e sua carga não irá se alterar, exceto se houver troca de partículas carregadas entre o sistema e seu exterior.

1.2.2 A carga é quantizada

Quando uma grandeza física não pode variar continuamente, mas apenas assumir valores discretos, dizemos que ela é quantizada. No livro *Física Básica / Mecânica*, vimos que o momento angular de um sistema é quantizado: ele só pode assumir valores que sejam múltiplos inteiros ou semi-inteiros de $h / 2\pi$, onde h é a constante de Planck. A carga elétrica também é uma grandeza quantizada. Fora o sinal, o elétron tem a mesma carga que o próton. No Sistema

Internacional de Unidades (SI), a unidade de carga é o coulomb. O quantum de carga é a carga do próton, cujo valor é

■ Valor do quantum de carga, que em módulo é a carga do próton ou do elétron

$$e = 1,602\ 177\ 33 \times 10^{-19}\ C. \tag{1.2}$$

A carga do elétron é $-e$. Em um corpo eletricamente neutro, o número de prótons é igual ao número de elétrons; quando há no corpo um déficit de elétrons, ele tem carga positiva e, quando há nele um excesso de elétrons, o corpo tem carga negativa. Assim, a quantização da carga nos garante que a carga de um corpo tem o valor

■ Quantização da carga

$$q = ne, \quad n = (0, \pm1, \pm2,...). \tag{1.3}$$

O *quantum* de carga é extremamente pequeno, e por isso a quantização da carga é pouco importante no mundo macroscópico. Por exemplo, a quantidade de elétrons que passam pelo filamento de uma lâmpada de 100 W em 1 minuto é, em ordem de grandeza, igual ao número de gotas de chuva que caem no Brasil em um ano!

Existem muitas dezenas de partículas com carga igual à do próton e igual número de outras partículas com carga igual à do elétron, mas não se conhece, na forma livre, nenhuma partícula com carga menor do que aquelas. Há inúmeras situações em que as partículas se transmudam umas em outras. Um exemplo comum ocorre com o nêutron, quando fora de um núcleo atômico. Nessa situação o nêutron sofre a seguinte transmutação espontânea:

$$n \rightarrow p + e + \overline{v}_e, \tag{1.4}$$

onde n representa nêutron, e representa elétron e $\overline{v}_e$ representa o antineutrino do elétron. O próton tem carga positiva, o elétron tem carga negativa e o nêutron e o antineutrino têm carga nula. Portanto, a transmutação descrita na Equação 1.4 obedece à lei da conservação da carga. Um grande número de outras transmutações de partículas é observado, principalmente na colisão de partículas com velocidades muito próximas da velocidade da luz. Com freqüência, nessas transmutações, são criadas partículas carregadas, como no caso ilustrado anteriormente. Em outras transmutações, partículas carregadas são aniquiladas. Entretanto, as partículas são sempre criadas ou aniquiladas em pares com cargas de sinais opostos, de modo que a carga total é sempre conservada.

■ Partículas subatômicas portadoras de cargas elétricas são sempre criadas ou destruídas em pares com cargas de sinais opostos. Desse modo, a carga elétrica é sempre conservada

Exercício

E 1.1 Existem três tipos de partículas chamadas píons, o π^-, o π^0 e o π^+, que têm as cargas $-e$, 0 e $+e$, respectivamente. Quais das seguintes transmutações de partículas são permitidas pela lei da conservação de carga (γ indica o fóton, a partícula de luz, eletricamente neutra)?

$$p + p \rightarrow p + n + \pi^+ \ (A)$$
$$p + n \rightarrow p + p + \pi^- \ (B)$$
$$\pi^+ \rightarrow \gamma + \gamma \ (C)$$
$$\pi^0 \rightarrow \gamma + \gamma \ (D)$$

Seção 1.3 ■ Lei de Coulomb

Priestley observou que não há força elétrica no interior de uma esfera metálica oca carregada, e sugeriu por isto que a força elétrica teria a mesma variação com o inverso do quadrado da distância da força gravitacional (ver *Física Básica / Mecânica*, Capítulo 12, *Gravitação*). Coube a Charles Augustin de Coulomb realizar as medidas diretas e estabelecer em 1785 a denominada *lei de Coulomb*, enunciada a seguir:

Uma partícula com carga q_1*, no ponto* **r**$_1$*, exerce sobre uma partícula com carga* q_2*, no ponto* **r**$_2$ *e em repouso em relação à primeira, uma força* **F** *dada por*

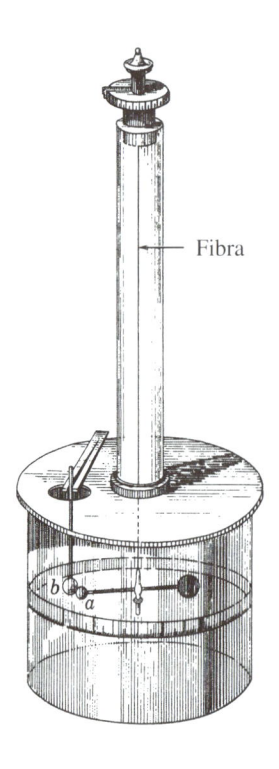

Figura 1.2

Balança de torção desenvolvida por Coulomb e por ele usada para medida da força entre cargas elétricas. Reprodução do desenho contido no artigo original de Coulomb. O instrumento tem altura de 90 cm. Esta balança é muito parecida com aquela usada por Cavendish em 1798 para medir a força gravitacional, e na verdade Cavendish baseou-se na invenção de Coulomb. Para entender o funcionamento da balança, ver *Física Básica / Mecânica,* Capítulo 12.

■ Lei de Coulomb

$$\mathbf{F} = k\frac{q_1 q_2}{r^2}\hat{\mathbf{r}}, \tag{1.5}$$

onde k é uma constante universal positiva de proporcionalidade e $\mathbf{r} = \mathbf{r}_2 - \mathbf{r}_1$.

Observe-se que, na Equação 1.5, se q_1 e q_2 têm o mesmo sinal a força é repulsiva, enquanto se seus sinais forem opostos a força é atrativa. O valor numérico da constante k é dado por

$$k = 8{,}987\ 552 \times 10^9\ \mathrm{Nm^2C^{-2}} \approx 9 \times 10^9\ \mathrm{Nm^2C^{-2}}$$

Ressalte-se o fato de que a força elétrica é muito mais intensa do que a força gravitacional. Considere, por exemplo, um átomo de hidrogênio, no qual um elétron de massa $m = 9{,}11 \times 10^{-31}$ kg oscila em torno de um próton de massa $M = 1{,}67 \times 10^{-27}$ kg. A atração elétrica entre essas duas partículas tem o valor

$$F_e = 9 \times 10^9 \times (1{,}6)^2 \times 10^{-38}\ \frac{\mathrm{N\,m^2}}{r^2} = 2{,}3 \times 10^{-28}\ \frac{\mathrm{N\,m^2}}{r^2}. \tag{1.6}$$

A separação r entre o próton e o elétron tem o valor médio $\bar{r} = 5{,}3 \times 10^{-11}$ m, e nesse caso a força elétrica média é $\bar{F}_e = 8{,}2 \times 10^{-8}$ N. A atração gravitacional entre o próton e o elétron vale

$$F_g = 6{,}67 \times 10^{-11} \times 9{,}11 \times 1{,}67 \times 10^{-58}\ \frac{\mathrm{N\,m^2}}{r^2} = 1{,}0 \times 10^{-67}\ \frac{\mathrm{N\,m^2}}{r^2}, \tag{1.7}$$

e seu valor médio é $\bar{F}_g = 3{,}6 \times 10^{-47}$ N. Vê-se que a atração elétrica entre as duas partículas é cerca de 10^{39} vezes mais intensa do que a sua atração gravitacional.

A grande intensidade da força elétrica é o que provoca a condensação da matéria em átomos, moléculas, líquidos e até mesmo sólidos de grande rigidez. Exatamente devido à extraordinária intensidade da força elétrica, a matéria condensada é sempre quase perfeitamente eletricamente neutra. Considere, por exemplo, duas pessoas (70 kg) separadas entre si por 1 m. Cada qual contém cerca de 2×10^{28} prótons, neutralizados por um número equivalente de elétrons. Se cada pessoa tivesse um desbalanceamento de uma parte por bilhão (10^9) em seu conjunto de cargas — por exemplo, se perdesse um bilionésimo dos seus elétrons —,

Charles Augustin de Coulomb

Charles Augustin de Coulomb (1736–1806). Engenheiro e físico francês. Na juventude, quando se dedicou mais à engenharia, realizou estudos pioneiros sobre o atrito, podendo ser considerado o organizador dessa área como ciência. Dedicou-se depois ao estudo da interação entre cargas elétricas e entre ímãs. Para o estudo da força elétrica desenvolveu a balança de torção, um instrumento capaz de medir forças minúsculas por meio do torque por elas realizado sobre uma barra suspensa por um fio flexível (Figura 1.2). Pôde assim demonstrar a lei do inverso do quadrado para a força elétrica. Contrariamente ao que às vezes se afirma, Coulomb foi incapaz de demonstrar que a força é proporcional ao produto dos valores das cargas, pois não dispunha de um método independente de medir a carga elétrica. Assim, a lei de Coulomb, expressa pela Equação 1.5, foi inferida por analogia com a lei da gravitação.

teria uma carga de 3,2 C e entre elas haveria uma força elétrica de 9×10^{10} N. Em ordem de grandeza, isto equivale ao peso do Pão de Açúcar!

Uma vez conhecida a força elétrica entre duas partículas carregadas, o princípio da superposição possibilita calcular a força de qualquer conjunto de cargas sobre uma partícula com carga q, no caso em que não haja movimento relativo entre as cargas. Sendo $\mathbf{r}_i$ a posição da carga q em relação à carga q_i, a força total sobre esta será

$$\mathbf{F} = kq \sum_i \frac{q_i}{r_i^2} \hat{\mathbf{r}}_i, \tag{1.8}$$

onde o somatório cobre todas as partículas exceto a portadora de carga q.

E·E Exercício-exemplo 1.1

■ Calcule a força entre duas cargas de 1,0 C afastadas entre si (A) um metro; (B) o diâmetro da Terra.

■ **Solução**

(A) $F = 9,0 \times 10^9 \dfrac{\text{Nm}^2}{\text{C}^2} \dfrac{1,0\text{C} \times 1,0\text{C}}{(1\text{m})^2} = 9,0 \times 10^9 \text{ N}.$

(B) $F = 9,0 \times 10^9 \dfrac{\text{Nm}^2}{\text{C}^2} \dfrac{1,0\text{C} \times 1,0\text{C}}{(1,27 \times 10^7 \text{ m})^2} = 5,6 \times 10^{-5} \text{ N}.$

E·E Exercício-exemplo 1.2

■ Uma moeda de níquel tem massa de 5,9 g. (A) Calcule a quantidade total de elétrons na moeda e a carga neles contida; (B) imagine que todas as cargas positivas da moeda fossem separadas das cargas positivas e os dois pacotes de cargas fossem reunidos em pacotes separados de 1,0 km, e calcule a força entre eles.

■ **Solução**

(A) O peso atômico do níquel é 58,7, ou seja, cada mol ($6,02 \times 10^{23}$) de cobre tem massa de 58,7 g. Portanto, o número de átomos na moeda é

$$n_a = \frac{5,9}{58,7} \times 6,02 \times 10^{23} = 6,05 \times 10^{22}.$$

(B) Cada átomo tem 28 elétrons, e o número total de elétrons é $n_e = 1,69 \times 10^{24}$. A carga total nesse conjunto de elétrons é

$$q = -1{,}60 \times 10^{-19}\,\text{C} \times 1{,}69 \times 10^{24} = -2{,}7 \times 10^{5}\,\text{C}.$$

A força de atração entre as duas cargas tem módulo dado por

$$F = 9{,}0 \times 10^{9}\,\frac{\text{Nm}^2}{\text{C}^2}\,\frac{(2{,}7 \times 10^{5}\,\text{C})^2}{(10^{3}\,\text{m})^2} = 6{,}6 \times 10^{9}\,\text{N}.$$

Destaca-se o enorme valor da força.

E·E **E**xercício-exemplo 1.3

■ Calcule a força elétrica sobre a partícula no vértice inferior esquerdo do triângulo da Figura 1.3.

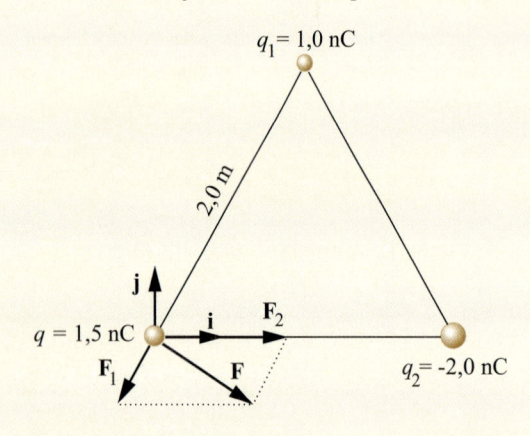

Figura 1.3
(Exercício-exemplo 1.3).

■ **Solução**

As forças $\mathbf{F}_1$ e $\mathbf{F}_2$ são respectivamente:

$$\mathbf{F}_1 = 9{,}0 \times 10^{9}\,\frac{\text{Nm}^2}{\text{C}^2}\,(1{,}5 \times 10^{-9}\,\text{C} \times 1{,}0 \times 10^{-9}\,\text{C})\,\frac{-(2{,}0\,\text{m} \times \cos 60°\mathbf{i} + 2{,}0\,\text{m} \times \cos 30°\mathbf{j})}{(2\text{m})^3}$$

$$= -\frac{9{,}0 \times 1{,}5}{4}\,\text{N} \times (0{,}50\mathbf{i} + 0{,}866\mathbf{j}) \times 10^{-9}\,\text{N} = -(1{,}69\mathbf{i} + 2{,}92\mathbf{j}) \times 10^{-9}\,\text{N},$$

$$\mathbf{F}_2 = 9{,}0 \times 10^{9}\,\frac{\text{Nm}^2}{\text{C}^2}\,(1{,}5 \times 10^{-9}\,\text{C} \times 2{,}0 \times 10^{-9}\,\text{C})\,\frac{\mathbf{i}}{(2\text{m})^2}$$

$$= -\frac{9{,}0 \times 3{,}0}{4}\,\text{N} \times 10^{-9}\,\text{N}\mathbf{i} = 6{,}75 \times 10^{-9}\,\text{N}\mathbf{i}.$$

Finalmente,

$$\mathbf{F} = \mathbf{F}_1 + \mathbf{F}_2 = -(1{,}69\mathbf{i} + 2{,}92\mathbf{j}) \times 10^{-9}\,\text{N} + 6{,}75 \times 10^{-9}\,\text{N}\mathbf{i}$$

$$\mathbf{F} = (5{,}1\mathbf{i} - 2{,}9\,\mathbf{j}) \times 10^{-9}\,\text{N}.$$

Exercícios

E 1.2 Calcule a força de repulsão entre dois prótons dentro de um núcleo, distantes $1,5 \times 10^{-15}$ m um do outro.

E 1.3 Calcule a força F sobre a esfera cinza vista na Figura 1.4, supondo que as esferas têm diâmetro muito menor do que L.

E 1.4 As três esferas vistas na Figura 1.5 têm diâmetro muito menor do que as distâncias entre elas. Calcule a relação x/L para que a força sobre a esfera cinza seja nula.

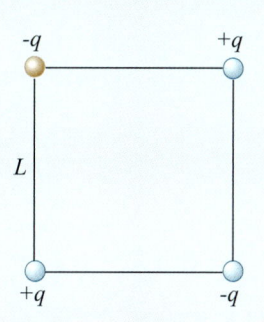

Figura 1.4

(Exercício 1.4).

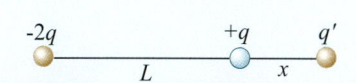

Figura 1.5

(Exercício 1.5).

Seção 1.4 ■ Um corpo carregado atrai corpos sem carga

A força elétrica inicialmente não foi observada entre corpos eletricamente carregados. Desde Tales até o século XVIII, o que se observou foi a atração entre um corpo carregado e corpos neutros (sem carga elétrica). Em um dia seco, se você passa algumas vezes um pente em seu cabelo e depois o aproxima de papéis picados, plumas ou outros objetos leves, verá que o pente os atrai. Plumas e papel são corpos isolantes, nos quais a eletricidade não flui facilmente. Mas é fácil verificar que o pente também é capaz de atrair corpos condutores, como, por exemplo, limalha de metal. Isso ocorre porque toda matéria é formada de átomos e, portanto, tem enorme quantidade de cargas positivas e negativas (ver Exercício-exemplo 1.2). O mecanismo pelo qual um corpo carregado atrai um pedaço de metal eletricamente neutro pode ser entendido facilmente. Em um metal, os átomos cedem parte dos seus elétrons mais externos para o corpo. Esses elétrons, chamados *elétrons de condução*, movem-se no interior do corpo metálico de maneira quase livre. A condução de corrente elétrica pelos elétrons de condução será estudada no Capítulo 6 (*Corrente Elétrica*).

A Figura 1.6A mostra o que ocorre quando aproximamos um corpo carregado (no caso, um bastão de vidro) de um bastão de cobre eletricamente neutro. Parte dos elétrons de condução do cobre é atraída para a extremidade próxima ao bastão de vidro, deixando íons positivos de cobre na outra extremidade. Desse modo, o bastão de cobre fica com excesso de carga negativa em uma extremidade e excesso de carga positiva na outra. O bastão de vidro repele a extremidade

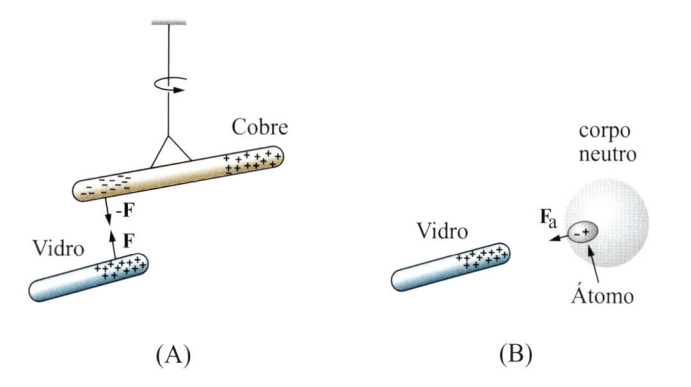

(A) (B)

Figura 1.6

Um bastão de vidro, carregado, atrai um bastão de cobre eletricamente neutro (A) e também uma esfera isolante e neutra (B).

positiva do bastão de cobre, mas atrai com intensidade maior a sua extremidade negativa, e a força resultante entre os dois corpos acaba sendo atrativa.

Na Figura 1.6B vemos o que ocorre quando o bastão de vidro carregado se aproxima de um corpo isolante eletricamente neutro. O corpo é composto de átomos eletricamente neutros (talvez de íons positivos e íons negativos, mas o resultado final é o mesmo). Na figura, um átomo foi ampliado para ilustração. Sob o efeito da força elétrica exercida pelo bastão, a nuvem eletrônica do átomo se deforma, deslocando-se ligeiramente na direção do bastão. Assim, o centro da nuvem eletrônica não mais coincide com a posição do núcleo atômico, que tem carga positiva. O átomo dessa forma deformado acaba sendo atraído pelo bastão. Como isso ocorre com cada átomo do corpo neutro, este é atraído pelo bastão.

Seção 1.5 ■ Campo elétrico

Consideremos o conjunto de cargas q_i atuando sobre a carga q'. Mesmo na ausência da carga q', o espaço em torno das cargas q_i fica de algum modo alterado por aquelas cargas e, desse modo, pronto para atuar na carga q' uma vez seja ela reposta em sua posição. Diz-se então que as cargas q_i criam um *campo elétrico* no espaço vizinho. O valor do campo na posição da carga q' é definido por

■ Campo elétrico

$$\mathbf{E} \equiv \frac{\mathbf{F}}{q'} = k \sum \frac{q_i}{r_i^2} \hat{\mathbf{r}}_i. \qquad (1.9)$$

O campo criado por uma única carga q no ponto P dela deslocado pelo vetor $\mathbf{r}$ é (ver Figura 1.7)

$$\mathbf{E} = k \frac{q}{r^2} \hat{\mathbf{r}}. \qquad (1.10)$$

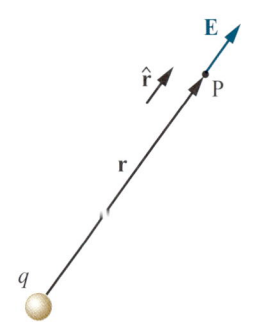

Figura 1.7

A carga q positiva cria o campo $\mathbf{E}$ no ponto P dela separado pelo vetor $\mathbf{r}$.

Carga de prova é uma carga minúscula usada para se medir o campo elétrico em um dado ponto. Seu valor tem de ser pequeno o suficiente para não perturbar a posição das cargas vizinhas

■ Definição de campo elétrico

É importante ter uma definição operacional do campo elétrico, ou seja, uma definição que permita sua medida em um ponto qualquer do espaço. É preciso tomar cuidado ao medir a força sobre uma carga em um certo ponto porque quando a referida carga é ali colocada pode haver uma perturbação na posição das cargas cujo campo vai ser medido. Utiliza-se então o que se denomina carga de prova, expressão que significa uma carga de valor tão minúsculo que sua presença não irá deslocar as outras cargas. É costumeiro escrever a equação

$$\mathbf{E} \equiv \lim_{q' \to 0} \frac{\mathbf{F}(q')}{q'}. \qquad (1.11)$$

Nota-se que, na prática, esse limite não pode ser tomado rigorosamente, uma vez que a carga elétrica é quantizada.

Em muitas situações é também conveniente ignorar a quantização e considerar uma dada distribuição de cargas como um contínuo. Em um dado elemento de volume dV haverá uma quantidade de carga $dq = \rho dV$, onde ρ é a densidade local de cargas. Tal elemento de carga gera um elemento de campo dado por

$$dE = k\frac{\rho\,dV}{r^2}\hat{\mathbf{r}}.$$

(1.12)

O campo elétrico da distribuição de cargas será

$$\mathbf{E} = \int d\mathbf{E} = k\int\frac{\rho(\mathbf{r})}{r^2}\hat{\mathbf{r}}dV.$$

(1.13)

A unidade de campo elétrico no SI é

■ Unidade de campo elétrico no SI

$$[\mathrm{E}] = \frac{\text{newton}}{\text{coulomb}}.$$

O campo elétrico não é uma mera abstração matemática conveniente para a realização de cálculos. É uma entidade real, capaz de transportar energia e momento

A introdução do conceito de campo elétrico possibilita uma análise mais fácil dos fenômenos elétricos. Entretanto, o motivo para se usar tal conceito não é meramente uma questão de conveniência. O campo elétrico é uma entidade física real, como fica evidente principalmente no fenômeno das ondas eletromagnéticas. Considere, por exemplo, a luz que vem de uma estrela. Tal luz foi gerada pelo movimento de cargas, mas se emancipou de tal modo que, mesmo que suas fontes deixem de existir, ela continuará sua viagem através do espaço. O campo elétrico transportado pela onda transporta coisas como energia, momento linear e momento angular.

E·E Exercício-exemplo 1.4

■ Calcule o campo elétrico criado pelo núcleo do átomo de hidrogênio em um ponto dele separado por $5,3 \times 10^{-11}$ m.

■ Solução

Utilizando a Equação 1.10 e substituindo os valores numéricos, obtemos

$$E = 9,0\times10^9\,\frac{\text{Nm}^2}{\text{C}^2}\,\frac{1,6\times10^{-19}\,\text{C}}{(5,3\times10^{-11}\text{m})^2} = 5,1\times10^{11}\,\frac{\text{N}}{\text{C}}.$$

A direção do campo é radial, como se vê na Figura 1.7.

E·E Exercício-exemplo 1.5

■ (A) Calcule o campo elétrico no ponto P da Figura 1.8. (B) Faça $q_1 = 3,0$ nC e $q_2 = 2,0$ nC e calcule o valor numérico do campo.

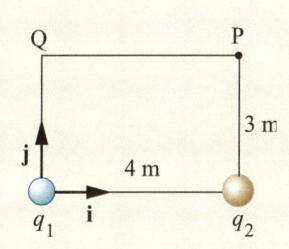

Figura 1.8

(Exercício-exemplo1.5).

■ Solução

(A) Com o emprego da Equação 1.9, e observando que $\dfrac{\hat{\mathbf{r}}}{r^2} = \dfrac{\mathbf{r}}{r^3}$, obtemos:

$$\mathbf{E} = k\frac{q_1(4\mathbf{mi}+3\mathbf{mj})}{(5\text{m})^3} + k\frac{q_2 3\mathbf{mj}}{(3\text{m})^3} = k\frac{q_1(4\mathbf{i}+3\mathbf{j})}{125\text{m}^2} + k\frac{q_2\mathbf{j}}{9\text{m}^2}.$$

(*B*) Substituindo os valores numéricos, obtemos:

$$E = 9{,}0 \times 10^9 \,\frac{\text{Nm}^2}{\text{C}^2}\left[\frac{3{,}0\times10^{-9}\text{C}(4\mathbf{i}+3\mathbf{j})}{125\text{m}^2} + \frac{2{,}0\times10^{-9}\,\mathbf{j}}{9\text{m}^2}\right]$$

$$= 9{,}0\,\frac{\text{N}}{\text{C}}\left[\frac{12\mathbf{i}+9\mathbf{j}}{125} + \frac{2\mathbf{j}}{9}\right] = (0{,}86\mathbf{i}+0{,}87\mathbf{j})\,\frac{\text{N}}{\text{C}}.$$

E·E Exercício-exemplo 1.6

■ Calcule o campo elétrico criado por um fio retilíneo infinito uniformemente carregado.

■ **Solução**

Seja λ a quantidade de carga por unidade de comprimento do fio.

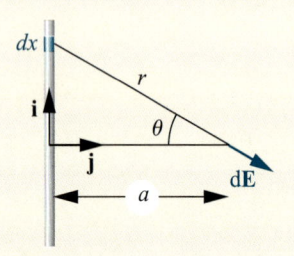

Figura 1.9

Parte de um fio reto infinito com densidade uniforme de carga e o esquema utilizado para o cálculo do campo elétrico.

Da Figura 1.9 obtém-se

$$d\mathbf{E} = k\frac{\lambda\,dx}{r^2}(-\operatorname{sen}\theta\,\mathbf{i} + \cos\theta\,\mathbf{j}), \tag{1.14}$$

$$x = a\,\operatorname{tg}\theta, \tag{1.15}$$

$$r = a\,\sec\theta. \tag{1.16}$$

Da Equação 1.15 obtém-se

$$dx = a\sec^2\theta\,d\theta, \tag{1.17}$$

que, combinada à Equação 1.15, conduz a

$$\frac{dx}{r^2} = \frac{a\sec^2\theta\,d\theta}{a^2\sec^2\theta} = \frac{1}{a}\,d\theta. \tag{1.18}$$

A Equação 1.14 pode ser agora reescrita na forma

$$d\mathbf{E} = k\frac{\lambda\,d\theta}{a}(-\operatorname{sen}\theta\,\mathbf{i} + \cos\theta\,\mathbf{j}). \tag{1.19}$$

O campo elétrico será então

$$\mathbf{E} = -k\frac{\lambda}{a}\,\mathbf{i}\int_{-\frac{\pi}{2}}^{\frac{\pi}{2}}\operatorname{sen}\theta\,d\theta + k\frac{\lambda}{a}\,\mathbf{j}\int_{-\frac{\pi}{2}}^{\frac{\pi}{2}}\cos\theta\,d\theta =$$

$$= k\frac{\lambda}{a}\,\mathbf{i}\left[\cos(\tfrac{\pi}{2}) - \cos(-\tfrac{\pi}{2})\right] + k\frac{\lambda}{a}\,\mathbf{j}\left[\operatorname{sen}(\tfrac{\pi}{2}) - \operatorname{sen}(-\tfrac{\pi}{2})\right]$$

$$= k\frac{\lambda}{a}\,\mathbf{j}(1+1),$$

$$\mathbf{E} = 2k\frac{\lambda}{a}\,\mathbf{j}. \tag{1.20}$$

E·E Exercício-exemplo 1.7

■ Calcule o campo de um disco circular com densidade uniforme de carga, em pontos sobre seu eixo de simetria.

■ **Solução**

A Figura 1.10 mostra o disco de raio R, com densidade de carga positiva σ, dividido em anéis de raio variável ρ e largura diferencial $d\rho$.

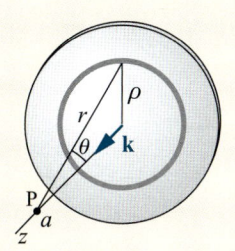

Figura 1.10

Disco com densidade uniforme de carga e esquema utilizado para o cálculo do campo elétrico sobre o eixo do disco.

As componentes do campo perpendiculares ao eixo z de simetria do anel se cancelam, de forma que o anel gera no ponto P o campo

$$d\mathbf{E} = \mathbf{k}k\,\frac{\sigma\,dA}{r^2}\cos\theta = \mathbf{k}k\,\frac{\sigma\,dA}{r^2}\frac{a}{r},$$

pois $\cos\theta = a\,/\,r$. Considerando que

$$dA = 2\pi\rho\,d\rho \quad \text{e} \quad r = \sqrt{a^2 + \rho^2}\,,$$

obtemos

$$\mathbf{E} = \int d\mathbf{E} = \mathbf{k}k\pi a \int_0^R \frac{2\rho\,d\rho}{(a^2+\rho^2)^{\frac{3}{2}}} = \mathbf{k}k\pi a \left.\frac{-2}{\sqrt{a^2+\rho^2}}\right|_0^R.$$

Finalmente, obtemos

$$\mathbf{E} = 2\pi\sigma\,k\left(1 - \frac{a}{\sqrt{a^2+R^2}}\right)\mathbf{k}.$$

Exercícios

E 1.5 Um núcleo de ouro-197 tem 79 prótons e 118 nêutrons. Considerando esse núcleo uma esfera de raio $6{,}4 \times 10^{-15}$ m uniformemente carregada com a carga de 79 prótons, calcule a intensidade do campo elétrico na sua superfície.

E 1.6 Um disco de raio igual a 10,0 cm está carregado com uma densidade de carga uniforme $\sigma = 3{,}00 \times 10^{-10}$ C/cm². Calcule o campo elétrico à distância de 1,00 cm do disco, em um ponto sobre seu eixo.

E 1.7 Um fio de comprimento igual a 5 m está carregado com uma densidade uniforme de carga igual a 1,0 μC / m. Calcule o campo elétrico à distância de 2,0 cm do fio, em um ponto distante de suas extremidades.

E 1.8 Calcule o campo elétrico no ponto Q da Figura 1.5.

Seção 1.6 ▪ Linhas de força do campo elétrico

O conceito de campo elétrico foi introduzido por *Faraday*, que o representava pelas chamadas linhas de força do campo elétrico, ou *linhas de campo*. Estas constituem um modo muito prático de se visualizar o campo elétrico. São linhas contínuas definidas de tal modo que o campo elétrico é tangente a elas e a intensidade do campo é proporcional à densidade de linhas (número de linhas por unidade de área transversal) em cada ponto. A Figura 1.11 ilustra o campo elétrico gerado por várias configurações de cargas. Na Figura 1.11A, vê-se a representação por linhas de força do campo de uma carga positiva. Na Figura 1.11B vê-se o mesmo para uma carga negativa. A Figura 1.11C mostra as linhas de força do campo criado por duas cargas de igual intensidade (mesmo módulo) e sinais opostos. A Figura 1.11D mostra o campo de duas cargas de sinais opostos e intensidades diferentes.

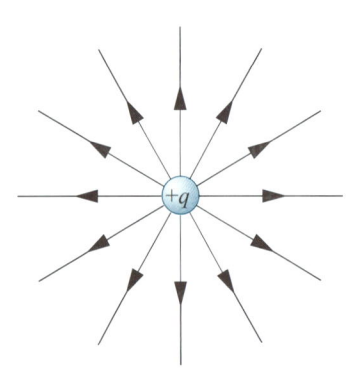

Figura 1.11A
Linhas de força do campo criado por uma carga positiva.

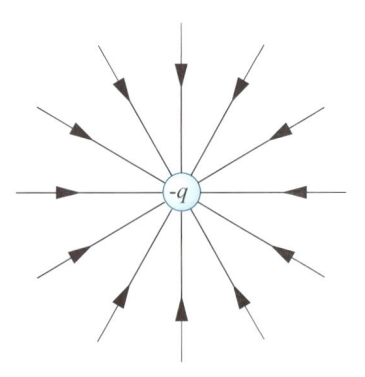

Figura 1.11B
Linhas de força do campo criado por uma carga negativa.

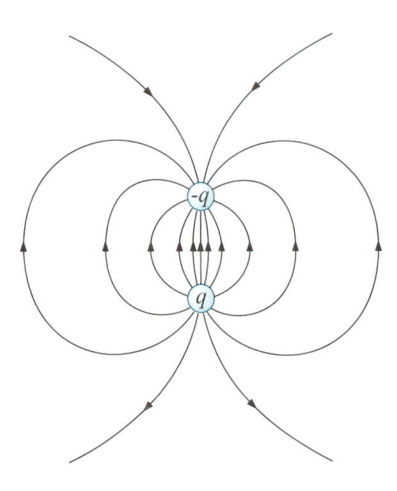

Figura 1.11C
Linhas de força do campo criado por um par de cargas opostas de igual módulo.

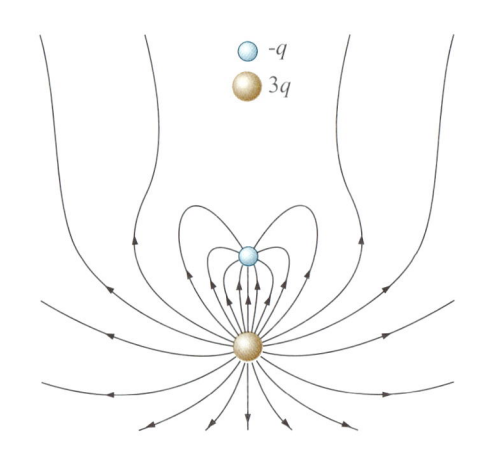

Figura 1.11D
Linhas de força do campo criado por um par de cargas opostas de módulos distintos.

Alguns fatos de caráter geral merecem ser ressaltados:

A) No caso de uma carga isolada, as linhas de força divergem (irradiam) simetricamente da partícula para o infinito, se a carga for positiva (1.11A). Quando a carga é negativa (1.11B), as linhas de força convergem simetricamente do infinito para a partícula.

B) Quando há duas cargas isoladas de igual intensidade e sinais opostos (1.11C), as linhas divergem da carga positiva e convergem na carga negativa. Nenhuma linha de força diverge para o infinito.

C) No caso de duas cargas isoladas de sinais opostos em que a carga positiva é mais intensa do que a negativa (1.11D), parte das linhas que divergem da carga positiva converge na carga negativa. A outra parte das linhas, correspondente à carga positiva que não está sendo neutralizada, diverge para o infinito.

De modo geral, as cargas positivas são fontes (divergências) de linhas de força e as negativas são sumidouros (convergências) dessas linhas. Nenhuma linha de força se interrompe em um ponto do espaço em que não haja carga elétrica. Uma vez que você esteja familiarizado com essas regras, não será difícil desenhar qualitativamente as linhas de força de muitas distribuições de carga de interesse.

Exercício

E 1.9 Esboce qualitativamente as linhas de força do par de cargas mostrado na Figura 1.12.

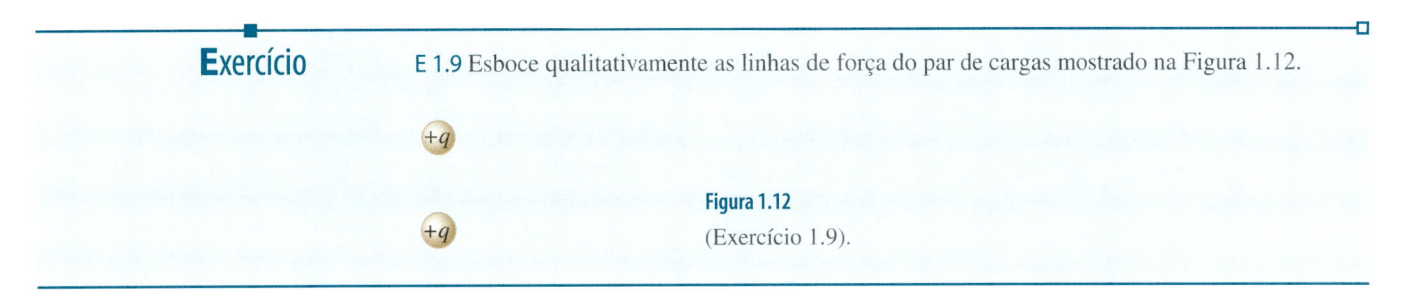

Figura 1.12
(Exercício 1.9).

PROBLEMAS

P 1.1 As três esferas vistas na Figura 1.13 têm diâmetro muito menor que a separação entre elas. Calcule a relação x/L para que a força sobre a esfera de carga q' seja nula.

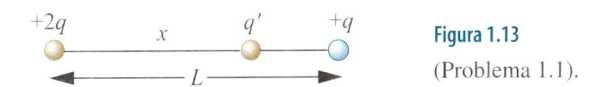

Figura 1.13
(Problema 1.1).

P 1.2 Duas esferas metálicas de mesmo raio a estão separadas entre si por uma distância r muito maior do que a. Uma esfera tem carga q_1 e a outra tem carga $-q_2$, e elas se atraem com força de intensidade F. Um fio condutor faz contato simultâneo com as duas esferas de modo que elas possam trocar cargas entre si, e após isto o fio é retirado. (A) Mostre que as duas cargas passarão a se repelir (exceto se $q_1 = q_2$) e calcule a intensidade da força F' de repulsão entre elas. (B) Determine os valores possíveis para a razão q_2/q_1 para que se tenha $F = F'$.

P 1.3 As duas pequenas esferas metálicas vistas na Figura 1.14, de mesmo raio, estão suspensas por fios finos de náilon. (A) Mostre que $\theta' = \theta$. (B) Imagine que um fio fino condutor faça contato simultâneo com as duas esferas, sendo retirado depois de feita a redistribuição de cargas. Demonstre que o valor de θ aumenta, exceto se $q' = q$.

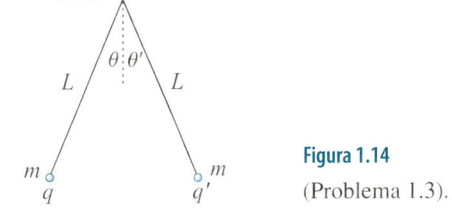

Figura 1.14
(Problema 1.3).

P 1.4 Duas partículas de igual carga q estão separadas entre si por uma distância fixa. Quer-se introduzir uma terceira partícula carregada ao conjunto de tal modo que todas as partículas sintam força resultante nula. Determine o valor q' da carga da nova partícula e sua posição.

P 1.5 Calcule o valor total da carga negativa (de todos os elétrons) (A) na Terra e (B) na Lua, supondo que o número de prótons em cada um desses corpos seja igual ao número de nêutrons. (C) Suponha que cada um desses corpos perca uma fração f de seus elétrons, ficando dessa forma positivamente carregados. Para que valor de f a repulsão coulombiana entre a Terra e a Lua neutralizaria a atração gravitacional?

P 1.6 Dois discos de raio igual a 10 cm estão separados pela distância de 1,0 mm e com seus eixos de simetria coincidentes. Um disco tem densidade de carga uniforme $\sigma = 3,0 \times 10^{-10}$ C/cm^2 e o outro tem densidade de carga também uniforme $\sigma' = -\sigma$. Calcule aproximadamente a força entre os dois discos.

P 1.7 As duas cargas q da Figura 1.15 estão fixas à distância $2a$, e a carga q' está posicionada de modo que as três cargas formam um triângulo isósceles. Para qual valor de h a força sobre a carga q' tem valor máximo?

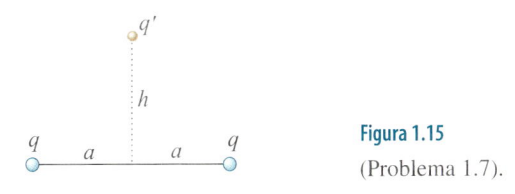

Figura 1.15
(Problema 1.7).

P 1.8 Todas as cargas nos vértices do cubo visto na Figura 1.16 têm a mesma carga q. Observe que não há carga em um dos vértices. Calcule o campo elétrico no centro do cubo.

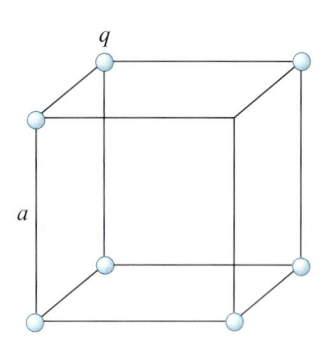

q

a

Figura 1.16
(Problema 1.8).

P 1.9 Calcule a quantidade de carga positiva em um litro de água.

P 1.10 Um cubo com aresta a tem uma carga q pontual em cada um de seus vértices. Calcule o módulo e a orientação da força elétrica em cada uma das cargas.

P 1.11 Calcule o campo elétrico gerado por um anel de raio r, com uma carga q uniformemente distribuída em seu corpo, em um ponto sobre o eixo do anel e à distância a do seu centro.

P 1.12 Uma carga total de 20 nC está distribuída entre duas pequenas esferas separadas 30 cm. As duas esferas repelem-se com uma força de $7,5 \times 10^{-6}$ N. Quais são as cargas em cada esfera?

Respostas dos exercícios

E 1.1 A, B e D

E 1.2 102 N

E 1.3 $F = kq^2 / L^2(\sqrt{2} - 1/2)$

E 1.4 $\sqrt{2} - 1$

E 1.5 $2,8 \times 10^{21}$ N / C

E 1.6 $1,53 \times 10^5$ N / C

E 1.7 $9,0 \times 10^5$ N / C

E 1.8 $\mathbf{E} = \dfrac{k}{\mathrm{m}^2}\left[-\dfrac{4q_2}{125}\,\mathbf{i} + \left(\dfrac{q_1}{9} + \dfrac{3q_2}{125}\right)\mathbf{j} \right]$

Respostas dos problemas

P 1.1 $\sqrt{2}/(1 + \sqrt{2})$

P 1.2 (A) $F' = k(q_1 - q_2)^2 / 4r^2$, (B) $q_2/q_1 = 3 \pm \sqrt{8}$

P 1.4 $q' = -4q$, situada exatamente no ponto médio entre as partículas originais

P 1.5 (A) $-4,1 \times 10^{32}$ C; (B) $-5,0 \times 10^{-30}$ C; (C) $f = 1,3 \times 10^{-18}$

P 1.6 0,016 N

P 1.7 $h = a/\sqrt{2}$

P 1.8 $E = \dfrac{4kq}{3a^2}$, campo apontando para o vértice sem carga

P 1.9 $q = 5,35 \times 10^7$ C

P 1.10 $F = \dfrac{3,29}{a^2}\,kq^2$, orientada segundo a diagonal do cubo.

P 1.11 $E = kqa / r^3$

P 1.12 15 nC e 5 nC

2

Lei de Gauss

Seção 2.1 ■ Fluxo de um vetor

Os fatos qualitativos ligados às linhas de força, enunciados no capítulo anterior, podem ser explorados para se exprimir a lei básica dos campos elétricos em uma forma mais geral e muito mais poderosa do que a lei de Coulomb, devida a Johann Carl Friedrich Gauss. Visando a essa reformulação da lei, é necessário que se introduza um novo conceito, o de fluxo de um vetor. Tal conceito tem origem no escoamento de um fluido. Em cada ponto do espaço as partículas do fluido têm uma velocidade definida. Se o regime de escoamento for estacionário, a velocidade do fluido em um dado ponto não irá variar no tempo. Nesse caso, a cada ponto $\mathbf{r}$ do espaço podemos associar um vetor $\mathbf{v}(\mathbf{r})$ (velocidade das partículas), de forma muito análoga à associação do vetor $\mathbf{E}(\mathbf{r})$ (campo elétrico) a cada ponto do espaço que se fez para descrever a ação das cargas elétricas. Podemos então falar em termos de campo de velocidades. Na verdade, o uso do termo campo é muito amplo na física. Consideremos, como outro exemplo, um corpo com temperatura não-uniforme. Em cada ponto do corpo, existe uma dada temperatura $T(\mathbf{r})$, e portanto podemos falar em campo de temperaturas. Um campo é em geral uma grandeza que possui um valor em cada ponto $\mathbf{r}$ do espaço. Existem campos escalares — se a grandeza for um escalar —, tais como a temperatura no interior do corpo, e campos vetoriais, como o campo elétrico na vizinhança de cargas e a velocidade das partículas em um fluido em movimento. Existem também outros tipos de campos, chamados campos tensoriais, que descrevem a deformação de um corpo sólido tensionado. Na relatividade geral de Einstein, a gravitação é descrita por um campo tensorial. Nessa teoria, uma massa deforma o espaço em sua vizinhança de maneira análoga àquela pela qual uma tensão deforma um corpo sólido. Neste livro, não estudaremos campos tensoriais.

No caso do campo de velocidades em um fluido, há uma grandeza de compreensão muito intuitiva que é o fluxo do fluido através de uma superfície. O fluxo é a massa de fluido que atravessa a referida superfície por unidade de tempo. Nossa próxima meta é estabelecer a conexão entre fluxo do fluido em uma superfície e o campo de velocidades. A Figura 2.1 mostra uma superfície curva qualquer.

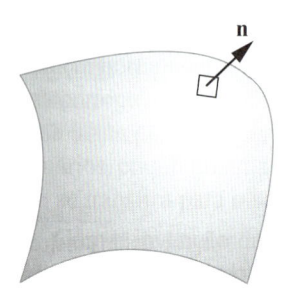

Figura 2.1

Escolhendo um dos lados de uma superfície curva como positivo, é possível definir, para cada ponto da superfície, um vetor unitário $\mathbf{n}$ normal à mesma.

Em cada ponto da superfície existe uma direção normal a esta. Feita a convenção de que um dado lado da superfície é positivo, é possível definir-se um vetor unitário $\mathbf{n}$ normal à mesma em cada ponto, como mostra a figura. Quando a superfície é fechada, sempre se escolhe o lado externo como positivo, mas no caso de superfícies abertas não é possível criar uma regra geral para esse tipo de escolha. A superfície pode ser aproximada por pequenas placas planas de área ΔA, a cada uma das quais se pode associar o vetor

$$\Delta \mathbf{A} \equiv \mathbf{n}\Delta A. \tag{2.1}$$

A Figura 2.2 mostra o corte de uma superfície S por um plano.

Partículas de um fluido atravessam a superfície em vários pontos. Consideremos um elemento de área da superfície. No ponto em que se localiza o elemento, o fluido tem velocidade $\mathbf{v}$. Em um intervalo de tempo t, a massa de fluido que atravessa o elemento de área $\Delta \mathbf{A}$ é o produto da densidade ρ do fluido pelo volume do tubo indicado na figura. Portanto, podemos escrever:

Johann Carl Friedrich Gauss

Johann Carl Friedrich Gauss (1777–1855). Juntamente com Newton e Arquimedes, Gauss é considerado um dos três maiores matemáticos da História. É freqüentemente chamado o Príncipe dos Matemáticos. Sua precocidade é lendária. Aos 3 anos, apontou um erro em cálculos aritméticos realizados pelo pai. Aos 10, seu professor de matemática mandou que os alunos computassem a soma dos números inteiros de 1 a 100. Gauss instantaneamente reconheceu que esse conjunto de números pode ser agrupado em 50 pares cuja soma é 101 e respondeu que a soma dava 5050. Aos 19 anos descobriu como construir um polígono regular de 17 lados com régua e compasso, a mais elaborada construção desde os gregos. Aos 22, demonstrou o teorema fundamental da álgebra: *toda equação algébrica tem pelo menos uma solução*. Aos 24, revolucionou a teoria dos números. Nesse contexto, demonstrou o teorema fundamental da aritmética: *todo número pode ser expresso como produto de números primos e essa fatoração é única*. Logo passou a também se interessar pela matemática aplicada, pela astronomia e pela física. Construiu o primeiro telégrafo, inventou o heliógrafo, criou a teoria dos erros e a geometria diferencial. Foi o primeiro a criar uma geometria não-euclidiana, mas não publicou seus resultados, mais tarde descobertos por outros.

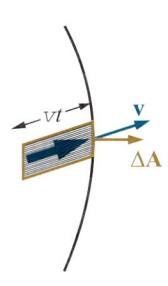

Figura 2.2

Corte de uma superfície curva por um plano. Um fluido está cruzando a superfície da esquerda para a direita. O volume de fluido que atravessa o elemento de área $\Delta \mathbf{A}$ no intervalo de tempo t é igual ao volume do tubo mostrado na figura. Multiplicando-se esse volume pela densidade do fluido, tem-se a massa que atravessa aquele elemento de área no intervalo t.

$$\Delta m = \rho \Delta \mathbf{A} \cdot \mathbf{v}t. \tag{2.2}$$

Dividindo tal massa pelo tempo t, obtemos o fluxo de massa do fluido no elemento de área $\Delta \mathbf{A}$:

$$\Delta \Phi = \frac{\Delta m}{t} = \rho \mathbf{v} \cdot \Delta \mathbf{A}. \tag{2.3}$$

E·E Exercício-exemplo 2.1

■ Água flui em um cano com diâmetro interno de 20 mm a uma velocidade homogênea (constante na secção transversal do cano) de 1,5 m/s. Calcule o fluxo da água no cano.

Figura 2.3

(Exercício-exemplo 2.1).

■ Solução

Como se vê na Figura 2.3, $\mathbf{v}$ e $\Delta \mathbf{A}$ são paralelos. Portanto,

$$\Delta \Phi = \rho v \Delta A = \rho v \pi r^2.$$

Substituindo os valores numéricos temos:

$$\Delta \Phi = 1,0 \times 10^{-3} \frac{kg}{cm^3} \times 150 \frac{cm}{s} \times 3,14 \times 1,0 cm^2.$$

$$\Delta \Phi = 0,47 \ kg/s.$$

Por analogia, pode-se definir o fluxo para qualquer campo vetorial, em particular o fluxo do campo elétrico. Neste caso o fluxo será definido por

$$\Delta\Phi_E \equiv \mathbf{E} \cdot \Delta\mathbf{A},$$ (2.4)

ou seja, o campo elétrico desempenha o mesmo papel que $\rho\mathbf{v}$ desempenhou no fluxo do fluido. Para se calcular o fluxo do campo em uma superfície S qualquer, basta aproximá-la por pequenas placas planas de áreas ΔA_i e somar os fluxos nas diversas placas. Portanto,

$$\Phi_E \cong \sum_i \mathbf{E}_i \cdot \Delta\mathbf{A}_i.$$ (2.5)

No limite em que a área das diversas placas tende para zero, a relação acima se torna exata e é expressa pela integral

$$\Phi_E = \int_S \mathbf{E} \cdot d\mathbf{A}.$$ (2.6)

O símbolo S na parte inferior do símbolo de integral mostrado na Equação 2.6 indica que a integração será feita em toda a superfície S. Tal símbolo será omitido sempre que a superfície em que a integração deve ser feita for óbvia. Como neste capítulo quase sempre trataremos de fluxo de campo elétrico, freqüentemente também omitiremos o índice E em Φ.

E·E Exercício-exemplo 2.2

■ Um campo elétrico varia no espaço na forma $\mathbf{E} = 400\,\dfrac{\text{N}}{\text{C}}\,\dfrac{y}{\text{m}}\,\hat{\mathbf{k}}$. Qual é o fluxo do campo na superfície quadrada indicada na Figura 2.4?

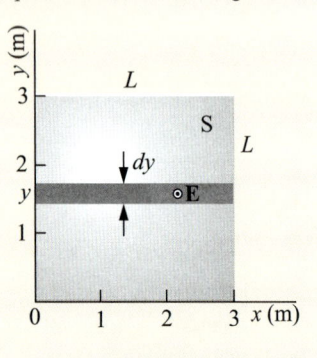

Figura 2.4

(Exercício-exemplo 2.2).

■ **Solução**

O primeiro ponto a ser notado é que o sinal algébrico do fluxo do campo depende da forma como orientamos a superfície. Vamos tomar o sentido saindo do papel como positivo, ou seja, $\hat{\mathbf{n}} = \hat{\mathbf{k}}$. Com esta escolha, temos

$$\mathbf{E} \cdot d\mathbf{A} = 400\,\frac{\text{N}}{\text{C}}\,\frac{y}{\text{m}}\,\hat{\mathbf{k}} \cdot dA\hat{\mathbf{k}} = 400\,\frac{\text{N}}{\text{C}}\,\frac{y}{\text{m}}\,dA.$$

Nota-se que o valor do campo não muda quando nos deslocamos na horizontal, e por isso é conveniente tomar como elemento de área a tira mais escura indicada na figura. Com essa escolha de elemento de área, podemos escrever $dA = Ldy$, sendo L o lado do quadrado. Conseqüentemente,

$$\mathbf{E} \cdot d\mathbf{A} = 400\,\frac{\text{N}}{\text{C}}\,\frac{y}{\text{m}}\,Ldy,$$

$$\Phi_E = \int_S \mathbf{E} \cdot d\mathbf{A} = \int_0^L 400\,\frac{\text{N}}{\text{C}\cdot\text{m}}\,Lydy = 400\,\frac{\text{N}}{\text{C}\cdot\text{m}}\,L\,\frac{L^2}{2}.$$

$$\Phi_E = 400\,\frac{\text{N}}{\text{C}\cdot\text{m}}\,\frac{(3\text{m})^3}{2} = 5,4\times10^3\,\frac{\text{N}}{\text{C}}\,\text{m}^2.$$

E 2.1 Um vento com velocidade de 5,0 m/s incide sobre uma parede a um ângulo de 30° com sua normal. A parede tem uma janela com área de 1,5 m². Sabendo que o ar tem densidade de 1,0 kg/m³, calcule o fluxo de ar que penetra pela janela.

E 2.2 Considere um cano transportando água e um plano fictício cortando o cano de forma transversa. Mostre que o fluxo de água no plano independe da sua inclinação.

Seção 2.2 ■ Fluxo do campo de uma carga em uma esfera

Consideremos uma partícula de carga positiva q e calculemos o fluxo de seu campo elétrico em uma casca esférica de raio r centrada na posição da partícula, como mostra a Figura 2.5.

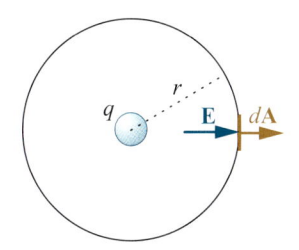

Figura 2.5

O campo elétrico **E** de uma carga q é sempre normal a uma casca esférica centrada na carga.

O cálculo da integral expressa na Equação 2.6 é neste caso muito simples, uma vez que **E** e $d\mathbf{A}$ são paralelos em todos os pontos da superfície e, além disso, o módulo de **E** é constante durante a integração. Devemos lembrar que o lado positivo de uma superfície fechada é o lado externo. Podemos então escrever

$$\Phi = \oint_S E\,dA = E \oint_S dA = EA = k\frac{q}{r^2}4\pi r^2 = 4\pi k\,q. \tag{2.7}$$

> O fluxo do campo elétrico de uma carga q em uma casca esférica centrada na carga é igual a $4\pi kq$

O círculo colocado na integral serve para indicar que a superfície S em que é feita a integração é fechada. Observa-se que o fluxo independe do raio da esfera e é proporcional à carga q no seu centro.

Seção 2.3 ■ Lei de Gauss

O fato que acabamos de demonstrar é um caso particular de uma lei muito mais geral, a lei de Gauss. Como mostraremos, o caráter geral dessa lei pode ser entendido por argumentos simples. Consideremos a Figura 2.6. Uma carga pontual q é circundada por duas cascas esféricas S_1 e S_2, nela centradas. Pelo que vimos, o fluxo do campo elétrico é o mesmo nas duas cascas, pois o raio da esfera não altera o fluxo. Essa invariância do fluxo com o raio exprime uma lei de conservação, que é inteiramente óbvia no caso do fluxo estacionário de um fluido. De fato, imagine que na Figura 2.6, em vez da carga q tivéssemos a fonte de um fluido. É claro que, em um regime estacionário de escoamento, o mesmo fluxo do fluido cruzará as duas cascas esféricas. Além disso, esse também será o fluxo na superfície S (de forma genérica) contida entre as duas cascas esféricas. Pois bem, o mesmo ocorre com o fluxo do campo elétrico. As linhas de campo divergem de cargas positivas e convergem em cargas negativas e não podem desaparecer no vazio. São algo que, em uma região livre de cargas, se conserva. Do mesmo modo, as linhas de corrente de um fluido em escoamento se originam em uma fonte e convergem para um sumidouro, mas não aparecem nem desaparecem, exceto em fontes e sumidouros, respectivamente.

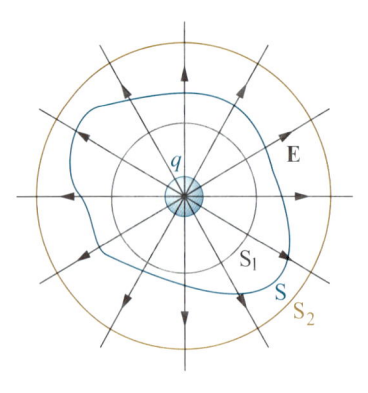

Figura 2.6

O fluxo do campo elétrico é o mesmo para as duas esferas cujos cortes são vistos na figura. Portanto, deve ser também o mesmo para a superfície fechada S contida entre as duas esferas.

Consideremos agora um conjunto de cargas quaisquer q_i dentro de uma superfície fechada. O campo gerado pelo conjunto das cargas é a soma vetorial dos campos de cada partícula, como se deduz do princípio da superposição. Portanto, o fluxo do campo será:

$$\Phi = \oint \mathbf{E} \cdot d\mathbf{A} = \oint \left(\sum_i \mathbf{E}_i \right) \cdot d\mathbf{A} = \sum_i \overbrace{\oint \mathbf{E}_i \cdot d\mathbf{A}}^{\Phi_i} = \sum_i \Phi_i = 4\pi k \sum_i q_i,$$

$$\Phi = 4\pi k q,$$

(2.8)

onde q é a carga total contida dentro da superfície. A Equação 2.8 exprime matematicamente a lei de Gauss. O agrupamento de fatores $4\pi k$ aparece tão freqüentemente nas equações do eletromagnetismo que se definiu um símbolo especial para designá-lo:

$$4\pi k \equiv \frac{1}{\varepsilon_o}.$$

(2.9)

A constante ε_o é denominada *permissividade elétrica do vácuo*. No sistema SI de unidades, seu valor é

$$\varepsilon_o = 8{,}854\ 187\ 817 \times 10^{-12}\,\mathrm{C^2 N^{-1} m^{-2}}.$$

(2.10)

■ Permissividade elétrica do vácuo

A lei de Gauss estabelece a seguinte regra:

O fluxo do campo elétrico em qualquer superfície fechada é igual à razão entre a carga total q no seu interior e a permissividade do vácuo.

Matematicamente, a lei se expressa por

$$\Phi \equiv \oint \mathbf{E} \cdot d\mathbf{A} = \frac{q}{\varepsilon_o}.$$

(2.11)

Lei de Gauss
O fluxo do campo elétrico em qualquer superfície fechada é igual à razão entre a carga total q no seu interior e a permissividade do vácuo.

■ Lei de Gauss

Em termos da permissividade do vácuo, a lei de Coulomb se exprime na forma

$$\mathbf{F} = \frac{1}{4\pi\varepsilon_o} \frac{q_1 q_2}{r^2} \hat{\mathbf{r}}.$$

(2.12)

■ Lei de Coulomb em termos da permissividade do vácuo

A Figura 2.7 ilustra a forma como a lei de Gauss funciona. Temos ali uma carga positiva $2q$ e uma carga negativa $-q$. Linhas de força irradiam da carga positiva, ou seja, a carga positiva é uma fonte de linhas de força. Já a carga negativa é um sumidouro de linhas de força, ou seja, linhas convergem para ela. Mas apenas metade das linhas que irradiam da carga $2q$ converge para a carga $-q$. Na superfície de Gauss que envolve as duas cargas, cruza um número líquido de linhas de força (linhas que saem da superfície e não entram de volta) que é proporcional à carga líquida $q = 2q - q$ em seu interior.

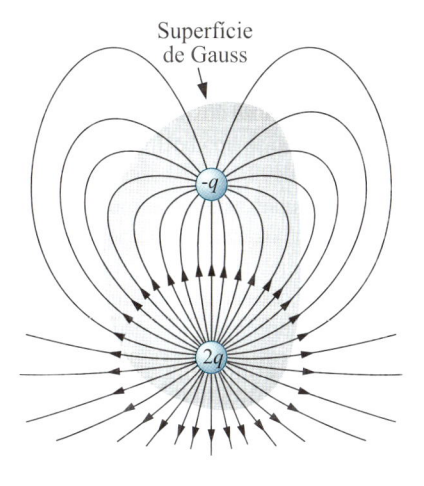

Figura 2.7

Parte das linhas de força que irradiam da carga positiva $2q$ converge para a carga $-q$. Um número menor de linhas cruza a superfície de Gauss S. Na verdade, o número de linhas que cruzam S sem retornar a esta superfície é proporcional à carga líquida $2q - q = q$ dentro da superfície.

Exercício   E 2.3 A Terra e a ionosfera têm cargas de sinais opostos que geram um campo elétrico que aponta para baixo e cujo valor, a pequenas altitudes, é de 100 N/C. Qual é o valor da carga da Terra?

E-E ## Exercício-exemplo 2.3

■ Um corpo condutor neutro tem um orifício dentro do qual se encontra uma carga $+q$ sem contato com suas paredes. Mostre que isso induz cargas $+q$ e $-q$ distribuídas, respectivamente, nas superfícies externa e interna do condutor.

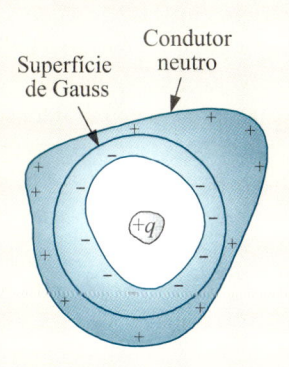

Figura 2.8

(Exercício-exemplo 2.3).

■ **Solução**

A Figura 2.8 mostra o condutor oco com a carga $+q$ em seu interior. Como o campo dentro do condutor é nulo, o fluxo do campo na superfície de Gauss mostrada na figura é nulo. Portanto, pela lei de Gauss, a superfície contém em seu interior uma carga nula; conseqüentemente, na superfície interna do condutor aparecem cargas cujo valor total é $-q$. Para que o condutor permaneça com carga total nula, na sua superfície externa têm de aparecer cargas com valor total $+q$.

Seção 2.4 ■ A lei de Gauss é mais geral que a lei de Coulomb

No modo apresentado neste capítulo, as leis de Coulomb e de Gauss são maneiras equivalentes de relacionar o campo elétrico com as cargas que o geram. A lei de Gauss foi apresentada como uma conseqüência da lei de Coulomb. Reciprocamente, a lei de Coulomb pode também ser obtida a partir da lei de Gauss. De fato, dada uma superfície esférica de raio r centrada em uma carga pontual, observando-se que pela simetria do espaço o campo tem de ser radial e de igual intensidade em toda a superfície, obtém-se pela lei de Gauss:

$$\oint \mathbf{E} \cdot d\mathbf{A} = E\, 4\pi r^2 = \frac{q}{\varepsilon_o} \quad \Rightarrow \mathbf{E} = \frac{q}{4\pi\varepsilon_o r^2} \hat{\mathbf{r}}. \tag{2.13}$$

Ou seja, o campo elétrico de uma carga pontual tem direção radial e varia com o inverso do quadrado da distância. Isso é outra forma de enunciar a lei de Coulomb, pois se o campo de uma carga q é dado pela Equação 2.13 a força que ela exerce sobre outra carga q', dada por $\mathbf{F} = \mathbf{E}q'$, obedecerá à lei expressa pela Equação 2.12. Entretanto, a lei de Gauss tem caráter muito mais geral do que a lei de Coulomb. Esta última foi estabelecida empiricamente e tem validade apenas para cargas em repouso, enquanto a lei de Gauss tem validade absolutamente geral: independentemente do estado de movimento das cargas no interior da superfície, o fluxo do campo elétrico sempre obedecerá à lei de Gauss. Posso prever que o atento leitor vai argüir: foi demonstrado, poucas linhas antes, que a lei de Coulomb pode ser obtida da lei de Gauss e, portanto, sempre que a lei de Gauss valer também valerá a lei de Coulomb. Ocorre, porém, que a demonstração não tem validade geral. A afirmação inicial de que, por simetria, o campo é radial, e tem a mesma intensidade em todos os pontos eqüidistantes da carga que o gera, só vale quando a carga está parada. Se a partícula carregada se move, a direção de seu movimento é uma direção especial e distinta das outras. Ou seja, a simetria é rompida com seu movimento. Não há razão para se supor que na direção do movimento se tenha o mesmo campo que nas outras.

Na verdade, o movimento altera o campo gerado por uma carga. Por um lado, como veremos no Capítulo 7 (*Campo Magnético*), quando uma carga está em movimento, além do campo elétrico ela gera outro campo, o campo magnético. Não apenas o campo magnético, mas também o campo elétrico é sensível ao movimento da carga. A Figura 2.9 mostra as linhas do campo elétrico de uma carga q parada (A) e em movimento (B). Quando a carga se move, as linhas de força não irradiam simetricamente da carga. Na direção paralela à velocidade, as linhas se tornam menos densas, ou seja, o campo fica menos intenso do que o campo da carga parada. Já nas direções perpendiculares à velocidade, o campo fica mais intenso. A explicação desse fenômeno é dada pela teoria da relatividade restrita. Na verdade, essa modificação do campo elétrico e o aparecimento do campo magnético são efeitos relativísticos. A distorção do campo elétrico só é significativa quando a velocidade v é uma fração considerável da velocidade da luz e pode ser ignorada nas situações ordinárias.

Devido ao efeito relativístico do movimento sobre o campo elétrico, a lei de Coulomb não vale para cargas em movimento, apesar de ser uma boa aproximação para velocidades pequenas comparadas à velocidade da luz. Entretanto, a lei de Gauss vale em qualquer situação. Veja

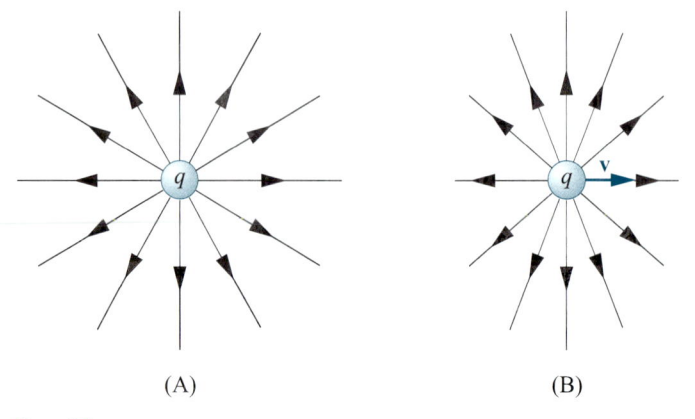

(A)   (B)

Figura 2.9

O movimento altera o campo elétrico gerado por uma carga. Se uma carga está parada, seu campo (a uma dada distância dela) tem o mesmo módulo em todas as direções (Figura 2.9A). Mas, quando ela se move, seu campo fica menos intenso na direção do movimento e mais intenso na direção lateral (Figura 2.9B).

o leitor a que situação surpreendente a sorte nos conduziu. Partimos da lei de Coulomb para deduzir outra equivalente e acabamos de posse de algo muito mais geral. Chegamos a uma lei que ainda vale quando aquela que a inspirou já perdeu a validade. Isto é muito interessante, e na verdade não chega a ser um fato raro na física. Há outros exemplos de lei obtida a partir de outra lei empírica e que acaba demonstrando ter validade muito mais ampla do que a lei original que a inspirou. As leis de conservação da energia, do momento linear e do momento angular são exemplos desse fenômeno. Todas elas foram estabelecidas no contexto da mecânica newtoniana e permanecem inteiramente válidas e exatas em situações que só podem ser descritas pela relatividade ou pela mecânica quântica, ou pela combinação de ambas.

Seção 2.5 ■ Aplicações da lei de Gauss

A lei de Gauss permite solução muito simples para o cálculo do campo elétrico de distribuições estáticas de cargas com alta simetria. Algumas aplicações ilustrativas serão apresentadas nesta seção.

2.5.1 Fio reto infinito com densidade de carga uniforme

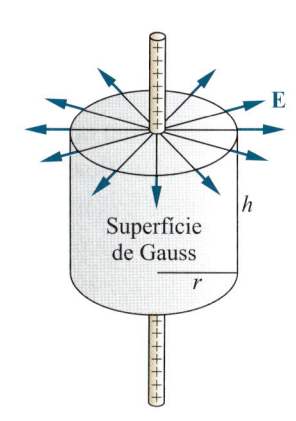

Figura 2.10

Fio reto infinito, com densidade uniforme de carga, e uma superfície (cilíndrica) de Gauss utilizada para o cálculo do campo elétrico.

A Figura 2.10 mostra o fio e uma superfície cilíndrica de raio r e comprimento h com eixo sobre o fio. Uma superfície imaginária construída com o fim específico de se calcular o campo elétrico pela aplicação da lei de Gauss é denominada superfície de Gauss. Seja λ a densidade linear de carga do fio. Por simetria, o campo elétrico será radial e uniforme na superfície curva do cilindro. O fluxo do campo nas bases do cilindro será nulo, pois o campo é paralelo ao plano das bases. Podemos escrever imediatamente

$$\oint \mathbf{E} \cdot d\mathbf{A} = E2\pi rh. \tag{2.14}$$

Mas a carga total dentro da superfície de Gauss (o cilindro) é $q = \lambda h$. Portanto, pela lei de Gauss, obtemos

$$E2\pi rh = \frac{\lambda h}{\varepsilon_o}, \tag{2.15}$$

$$E = \frac{\lambda}{2\pi\varepsilon_o r}. \tag{2.16}$$

2.5.2 Plano infinito com densidade uniforme de cargas

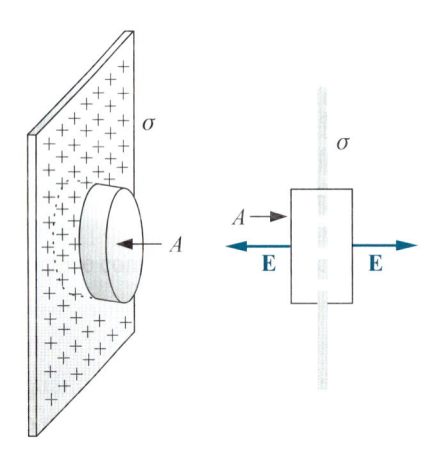

Figura 2.11

Plano infinito com densidade uniforme σ de cargas (positivas) e uma superfície de Gauss em forma de cilindro com eixo normal ao plano das cargas.

Novamente, tomaremos uma superfície cilíndrica, desta vez com eixo perpendicular ao plano, como mostra a Figura 2.11. O cilindro será situado de tal forma que suas duas bases estejam eqüidistantes do plano. Neste caso, o fluxo na superfície curva do cilindro será nulo e o campo nas duas bases será de igual intensidade. Portanto, sendo A a área da base do cilindro e σ a densidade superficial de carga, podemos escrever

$$\oint \mathbf{E} \cdot d\mathbf{A} = E \cdot 2A = \frac{\sigma A}{\varepsilon_o}, \tag{2.17}$$

■ Campo de um plano com densidade uniforme de carga.

$$E = \frac{\sigma}{2\varepsilon_o}. \tag{2.18}$$

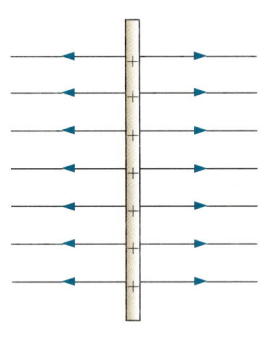

Figura 2.12

Linhas de força do campo criado por um plano infinito (perpendicular ao papel) com densidade uniforme de carga.

As linhas de força do campo gerado pelo plano de cargas são mostradas na Figura 2.12. Nota-se que as linhas são igualmente espaçadas, o que decorre de que o campo elétrico é uniforme, como mostra a Equação 2.18. Planos infinitos (na prática, planos muito grandes) uniformemente carregados são os únicos corpos capazes de criar campos elétricos uniformes. Na prática, a fórmula dada pela Equação 2.18 funciona sempre que a densidade de carga no plano for uniforme e o ponto em que se vai calcular o campo esteja muito mais próximo do plano do que das suas bordas.

E-E **E**xercício-exemplo 2.4

■ Um corpo de dimensões minúsculas e massa m tem uma carga q cujo valor se pretende determinar. Para esse fim, suspende-se o corpo, por uma linha de comprimento l, amarrado a um fio longo vertical com densidade linear de carga uniforme λ. Verifica-se que o corpo carregado se equilibra em uma posição tal que a linha faz com o fio um ângulo θ. Quanto vale a carga do corpo?

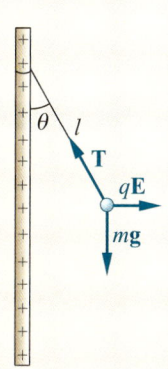

Figura 2.13

(Exercício-exemplo 2.4).

■ **Solução**

A Figura 2.13 mostra o arranjo do experimento e as forças que atuam no corpo cuja carga se pretende determinar. Pela Equação 2.16, podemos escrever

$$T\,\mathrm{sen}\theta = qE = \frac{\lambda}{2\pi\varepsilon_o r}\,q.$$

Mas vemos também que $r = l\,\mathrm{sen}\theta$ e, portanto,

$$q = \frac{2\pi\varepsilon_o}{\lambda}\,lT\,\mathrm{sen}^2\theta.$$

Por outro lado, a tensão T no fio é dada por $T\cos\theta = mg$. Portanto,

$$q = \frac{2\pi\varepsilon_o lmg}{\lambda}\,\frac{\mathrm{sen}^2\theta}{\cos\theta}.$$

Exercícios

E 2.4 Um fio com comprimento de 50 cm tem uma carga de 20 nC uniformemente distribuída. Calcule o campo elétrico em um ponto à distância de 4,0 cm do fio, longe das suas extremidades.

E 2.5 Uma placa quadrada com área de 100 cm² tem uma carga de 60 nC distribuída uniformemente na sua superfície. (*A*) Calcule o campo elétrico em um ponto à distância de 1,0 cm da placa e afastado 3,0 cm da borda mais próxima. (*B*) Estime o valor do campo elétrico à distância de 1,0 m da placa.

2.5.3 Cargas e campos em um condutor em equilíbrio

Qualquer carga desbalanceada em um corpo condutor, no estado de equilíbrio, se distribui na superfície do corpo

No interior de um condutor em equilíbrio, o campo elétrico é nulo. De fato, qualquer valor não-nulo do campo elétrico gera correntes de cargas no condutor. Esse mecanismo tem de levar necessariamente a um estado de equilíbrio em que as cargas param de se mover, pois, caso contrário, ter-se-ia um moto perpétuo. No estado de equilíbrio, o campo é nulo em todos os pontos dentro do condutor. Portanto, o fluxo do campo elétrico é nulo em qualquer superfície fechada inteiramente inserida no interior do condutor. Isto significa que qualquer carga desbalanceada em um condutor em equilíbrio se distribui em sua superfície.

A lei de Gauss permite também calcular o campo elétrico em pontos externos muito próximos à superfície do condutor. É claro que exatamente na superfície do corpo o campo tem que ser normal à mesma, pois do contrário haveria correntes de superfície. Consideremos uma superfície em forma de pastilha de dimensões infinitesimais, com uma base no interior e a outra no exterior do condutor, como mostra a Figura 2.14.

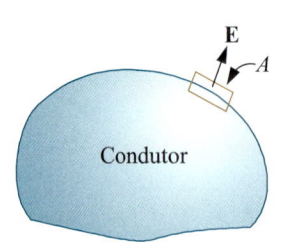

Figura 2.14

Corpo condutor e uma superfície de Gauss em forma de pequena pastilha com uma face interna e outra externa ao corpo. O campo elétrico adjacente ao corpo condutor é sempre normal à sua superfície.

O campo elétrico próximo à superfície de um corpo condutor, em estado de equilíbrio, é normal à superfície do corpo e proporcional à densidade superficial de carga naquele ponto

■ Campo próximo à superfície de um condutor carregado

Como a pastilha é muito pequena, pode-se desprezar a variação do campo em sua superfície. Sejam σ e A respectivamente a densidade superficial de carga dentro da superfície e a sua área. Com base na lei de Gauss conclui-se que

$$\oint \mathbf{E} \cdot d\mathbf{A} = E\,A = \frac{\sigma A}{\varepsilon_o}, \tag{2.19}$$

$$E = \frac{\sigma}{\varepsilon_o}. \tag{2.20}$$

Este resultado é muito importante e é usado com muita freqüência no eletromagnetismo.

Exercícios

E 2.6 Uma nave espacial, ao trafegar no cinto de radiação da Terra, pode carregar-se negativamente. Imagine um satélite (paredes metálicas) esférico, com diâmetro de 1,0 m que tenha acumulado uma carga de –1,5 μC. Calcule o campo elétrico em pontos próximos à superfície externa do satélite.

E 2.7 Qual deve ser a densidade de carga em uma superfície metálica para que na proximidade de sua superfície haja um campo elétrico de módulo 0,75 MN/C?

Seção 2.6 ■ Gaiola de Faraday

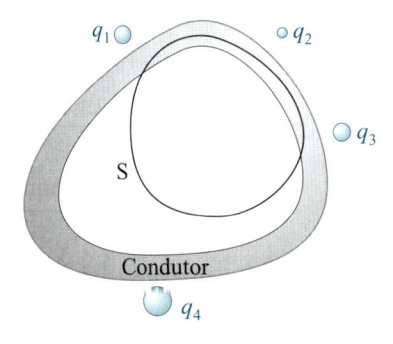

Figura 2.15

O fluxo do campo elétrico na superfície S, cuja forma na cavidade dentro do condutor é arbitrária, é nulo. Isto só é possível se o campo for nulo dentro da cavidade. O condutor evita que os campos gerados por cargas externas penetrem na cavidade.

Uma caixa metálica, ou mesmo uma gaiola de grade suficientemente fina, impede que cargas externas criem campo elétrico em seu interior. Tal efeito é chamado gaiola de Faraday

O fato de que o campo elétrico no interior de um condutor, em regime de equilíbrio (ausência de correntes elétricas), é nulo gera um efeito importante que iremos discutir: o da gaiola de Faraday. A Figura 2.15 mostra um corpo metálico oco. Como já foi discutido anteriormente, se esse corpo tiver alguma carga ela fica distribuída em sua superfície. Portanto, a carga total no interior da superfície S mostrada na figura é nula, o que significa que o fluxo do campo elétrico também é nulo na superfície. Uma vez que não há linhas de campo cruzando a parte da superfície que está imersa no condutor, o fluxo das linhas de campo que cruzam a parte de S na parte oca é nulo. Mas, como a forma de S é arbitrária, isso só é possível se não houver linhas de campo também no espaço oco do condutor. Ou seja, o campo elétrico nesse espaço oco também é nulo. Na prática, o efeito é observado mesmo se o corpo condutor for cheio de orifícios, ou mesmo que ele seja uma gaiola metálica, desde que a rede da gaiola seja suficientemente fina.

Faraday também mostrou que esse efeito de blindagem funciona mesmo quando os campos externos não são estáticos. Ele construiu uma gaiola grande o suficiente para nela penetrar com seus aparelhos de medida e fez com que a gaiola fosse alvo de campos muito intensos, e até mesmo de descargas elétricas análogas às de um raio (apenas menos intensas). Não constatou qualquer campo elétrico no interior da gaiola. Para fazer um teste do efeito de blindagem observado por Faraday, coloque seu celular dentro de uma caixa metálica e ligue para ele: você ouvirá a mensagem de que o telefone está desligado ou fora da área de cobertura. Isto porque as microondas envolvidas na telefonia celular não passam pela blindagem da caixa. O fato de os metais serem opacos à luz e às outras ondas eletromagnéticas está estreitamente associado ao efeito de blindagem do campo elétrico.

Seção 2.7 ■ Campo de distribuição esférica de cargas

A Figura 2.16 mostra uma casca esférica com carga Q uniformemente distribuída em sua superfície. Por simetria (supondo-se que a casca esteja parada), o campo elétrico será uniforme sobre qualquer superfície esférica concêntrica a ela, e terá direção radial. Consideremos a superfície esférica de Gauss S_2, de raio $r > R$. Aplicando a essa superfície a lei de Gauss, obtemos

$$\oint_{S_2} \mathbf{E} \cdot d\mathbf{A} = E4\pi r^2 = \frac{Q}{\varepsilon_o}, \tag{2.21}$$

$$E = \frac{Q}{4\pi\varepsilon_o r^2}. \tag{2.22}$$

Vemos, portanto, que o campo é o mesmo que seria criado por uma carga pontual Q localizada no centro da casca esférica.

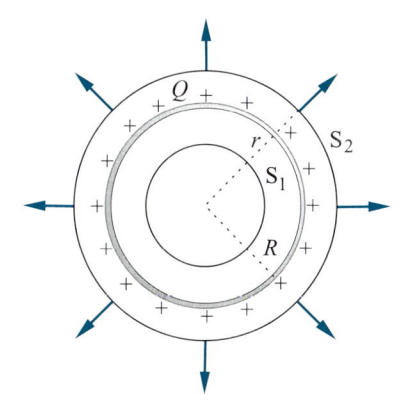

Figura 2.16
Casca esférica uniformemente carregada com carga positiva.

Consideremos agora a superfície de Gauss S_1, esférica e de raio menor que R. Por simetria, o campo elétrico também será uniforme sobre a superfície, mas a carga interior a ela é nula. Portanto, a lei da Gauss dita que

$$\oint_{S_2} \mathbf{E} \cdot d\mathbf{A} = E4\pi r^2 = 0 \quad \Rightarrow E = 0. \tag{2.23}$$

Combinando as Equações 2.22 e 2.23, podemos escrever

■ Campo criado por uma casca esférica uniformemente carregada

$$E = \frac{Q}{4\pi\varepsilon_o r^2} \quad r > R,$$
$$E = 0 \qquad r < R. \tag{2.24}$$

Consideremos agora um corpo com distribuição esfericamente simétrica de carga, como mostra a Figura 2.17.

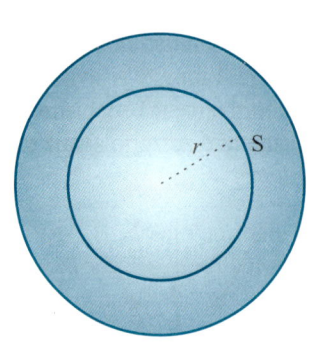

Figura 2.17

Corpo com distribuição esfericamente simétrica de carga.

Dizer que a distribuição de carga é esfericamente simétrica equivale a dizer que a densidade ρ de carga depende apenas da distância r ao centro do corpo. Pela lei de Gauss, podemos escrever

$$\varepsilon_o \oint_S \mathbf{E} \cdot d\mathbf{A} = \int \rho \, dV = \int_0^r \rho(r')4\pi r'^2 dr'. \tag{2.25}$$

Mas o campo será radial e terá o mesmo módulo na superfície S, e nesse caso obtemos

$$\oint_S \mathbf{E} \cdot d\mathbf{A} = E4\pi r^2. \tag{2.26}$$

Portanto,

■ Campo de uma distribuição esfericamente simétrica de carga

$$E = \frac{1}{\varepsilon_o r^2} \int_0^r \rho(r')r'^2 dr'. \tag{2.27}$$

Um caso particular importante é aquele em que o corpo tem raio R e carga total Q distribuída uniformemente em seu volume. Neste caso, para $r < R$,

$$\rho = \frac{Q}{V} = \frac{3Q}{4\pi R^3}, \tag{2.28}$$

e da Equação 2.27 calculamos, para $r < R$,

$$E = \frac{1}{\varepsilon_o r^2} \int_0^r \frac{3Q}{4\pi R^3}r'^2 dr' = \frac{1}{\varepsilon_o r^2}\frac{3Q}{4\pi R^3}\frac{r^3}{3}, \tag{2.29}$$

$$E = \frac{Q}{4\pi\varepsilon_o R^3}r \quad r < R. \tag{2.30A}$$

Para $r > R$, temos,

$$E = \frac{Q}{4\pi\varepsilon_o r^2} \quad r \geq R. \tag{2.30B}$$

E-E Exercício-exemplo 2.5

■ Uma esfera não-condutora de raio R tem carga em seu interior com densidade variando na forma $\rho(r) = Cr$, onde C é uma constante e r é a distância ao centro da esfera. Calcule a variação do campo elétrico com r no interior e no exterior da esfera.

■ Solução

Para o interior da esfera, a Equação 2.27 leva a

$$E = \frac{1}{\varepsilon_o r^2} \int_0^r Cr'r'^2 \, dr' = \frac{C}{\varepsilon_o r^2} \int_0^r r'^3 \, dr' = \frac{C}{\varepsilon_o r^2} \frac{r^4}{4} = \frac{C}{4\varepsilon_o} r^2 \quad 0 \leq r \leq R.$$

Para o seu exterior, uma vez que $\rho(r) = 0$ para $r > R$, obtemos

$$E = \frac{1}{\varepsilon_o r^2} \int_0^R Cr'r'^2 \, dr' = \frac{1}{\varepsilon_o r^2} \int_0^R r'^3 \, dr' = \frac{C}{\varepsilon_o r^2} \frac{R^4}{4} = \frac{C}{4\varepsilon_o} \frac{R^4}{r^2} \quad r \geq R.$$

Exercícios

E 2.8 Esboce o gráfico da variação do campo elétrico de uma esfera, de raio R uniformemente carregada com carga Q, com a distância r ao centro da esfera. Considere pontos dentro e fora da esfera.

E 2.9 Uma esfera não-condutora com raio de 10 cm tem uma carga de 2,0 nC uniformemente distribuída em seu corpo. Calcule o campo elétrico (A) em um ponto a 5,0 cm do centro; (B) na superfície da esfera.

E 2.10 Uma esfera não-condutora de raio R tem carga em seu interior com densidade variando na forma $\rho(r) = Cr^2$, onde C é uma constante e r é a distância ao centro da esfera. Calcule a variação do campo elétrico com r no interior e no exterior da esfera.

E 2.11 A Figura 2.18 mostra duas cascas esféricas metálicas com cargas de mesmo módulo 3,0 nC. Calcule o campo elétrico ns pontos (A) P_1 e (B) P_2.

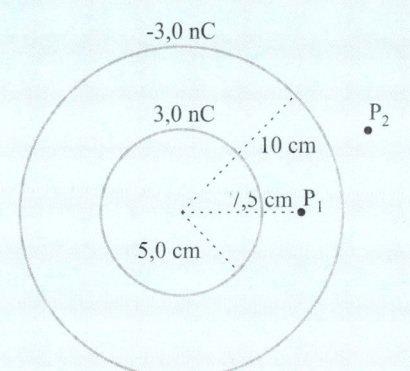

-3,0 nC
3,0 nC
10 cm
7,5 cm P_1
P_2
5,0 cm

Figura 2.18
(Exercício 2.11).

Seção 2.8 ■ Demonstração experimental da lei de Gauss

Como vimos, uma conseqüência da lei de Gauss é que qualquer excesso de carga em um condutor em equilíbrio deve ficar distribuído em sua superfície. Na verdade, esse fato foi percebido por Benjamin Franklin antes dos experimentos de Coulomb. Franklin também notou que uma carga no interior de um condutor carregado não fica sujeita a qualquer força. Informado desse resultado por Franklin, o eclético intelectual inglês Joseph Priestley (1733–1804) o confirmou experimentalmente e percebeu sua conexão com o fato conhecido de que uma casca esférica não exerce força gravitacional sobre uma massa em seu interior. Com isso, em 1767 sugeriu que a força elétrica deveria seguir a mesma lei do inverso do quadrado da distância. Realizou experimentos no intuito de demonstrar diretamente a lei do inverso dos quadrados, o que contudo só foi conseguido por Coulomb em 1785.

Com experiências do tipo realizado por Coulomb, o expoente 2 na lei r^{-2} dificilmente pode ser medido com precisão melhor do que 1 por cento. Assim, pode ser que a lei de força tenha a forma

$$F = k\,\frac{q_1 q_2}{r^{2+\delta}},\tag{2.31}$$

onde δ seja um número pequeno, mas não exatamente nulo. Como vimos anteriormente, para cargas em repouso a lei de Coulomb pode ser deduzida matematicamente da lei de Gauss. Experimentalmente, a melhor maneira de testar com precisão a lei de Gauss é verificar se o excesso de cargas em um condutor fica de fato inteiramente em sua superfície. Esse tipo de experimento foi realizado por muitos pesquisadores. A Figura 2.19 mostra esquematicamente uma variante dos experimentos. Uma esfera carregada é introduzida em uma caixa condutora inicialmente descarregada. Quando a esfera está suspensa no interior da caixa, sem contato com suas paredes (Figura B), aparecem na superfície interior da caixa cargas de sinal oposto (no caso da figura, negativas) ao da esfera, cuja soma é exatamente igual ao valor da carga q da esfera. Já na superfície externa da caixa aparecem cargas positivas somando o mesmo valor, pois a caixa tem carga líquida nula. Se a esfera toca o fundo da caixa (C), ela e a caixa passam a compor um único corpo condutor e, pela lei de Gauss, todo o excesso de carga fica na superfície externa da caixa. A esfera descarregada pode então ser retirada da caixa (D). O teste crucial a ser feito é a verificação de que a esfera retirada realmente tem carga nula. Se alguma carga residual for detectada na esfera pode-se calcular, a partir da sua medida, o valor de δ na Equação 2.29. Segundo as medidas mais precisas já realizadas, o valor de δ, se não for exatamente nulo, tem módulo menor do que 10^{-16}. Isso faz com que o valor 2 no expoente da lei de Coulomb seja a grandeza medida com maior precisão em toda a ciência.

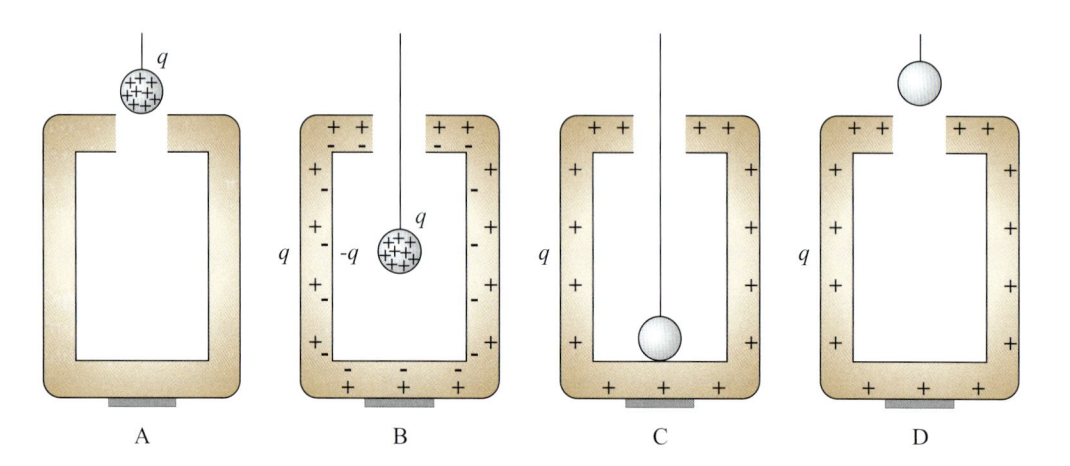

Figura 2.19

Uma esfera metálica com carga q é introduzida em uma caixa metálica descarregada. Quando a esfera fica suspensa dentro da caixa, sem contato com ela (B), aparecem uma carga $-q$ distribuída em sua superfície interna e outra carga q em sua superfície externa. Quando a esfera toca o fundo (C), ela e a caixa passam a compor um único corpo condutor, e todo o excesso de carga situa-se na superfície externa da caixa.

PROBLEMAS

P 2.1 Um cabo cilíndrico de raio R e comprimento infinito está carregado de tal modo que a densidade de carga tem simetria cilíndrica, ou seja, a densidade em um dado ponto à distância r do eixo do cilindro é $\rho(r)$, uma função apenas de r.

(*A*) Mostre que a carga por unidade de comprimento do cilindro é

$$\lambda = \int_0^R \rho(r')2\pi\,r'dr'.$$

(*B*) Mostre que o campo elétrico em um ponto no interior do cilindro vale

$$E = \frac{1}{\varepsilon_o r}\int_0^r \rho(r')\,r'dr',$$

e que fora do cilindro o campo vale

$$E = \frac{\lambda}{2\pi\varepsilon_o r}.$$

P 2.2 Rutherford propôs, em 1911, a existência de um núcleo para o átomo. Segundo ele, o átomo de um elemento de número atômico Z tem um núcleo esférico minúsculo, de raio a e carga Ze, circundado por uma carga eletrônica uniformemente distribuída em uma esfera de raio R, muito maior que a, concêntrica ao núcleo. Calcule o valor do campo elétrico dentro da nuvem eletrônica, em um ponto à distância r do centro do átomo.

P 2.3 A Figura 2.20 mostra dois planos infinitos paralelos, contendo densidades uniformes de carga de igual módulo σ e sinais contrários. (*A*) Calcule o campo criado pelo sistema. (*B*) Esboce as linhas de força do campo.

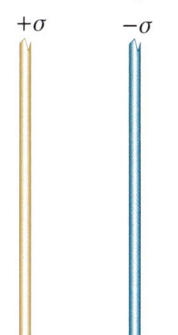

+σ −σ

Figura 2.20

(Problema 2.3).

P 2.4 A Figura 2.21 mostra uma casca esférica com raios interno e externo iguais, respectivamente a e b. A casca tem carga uniformemente distribuída em seu corpo, com densidade r. Calcule a variação do campo elétrico em função da distância r ao centro da casca.

$$E = 0, \quad r < a$$
$$E = \rho(r^3 - a^3)/3\varepsilon_o r^2 \quad a < r < b,$$
$$E = \rho(b^3 - a^3)/3\varepsilon_o r^2 \quad r > b$$

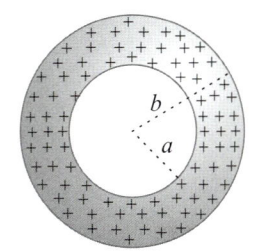

Figura 2.21

(Problema 2.4).

P 2.5 A Figura 2.22 mostra uma casca esférica com carga distribuída em seu corpo com densidade variando na forma $\rho = C/r$, $a \le r \le b$, onde C é uma constante. Calcule a variação do campo elétrico com a distância r ao centro da casca em toda a região $0 \le r < \infty$.

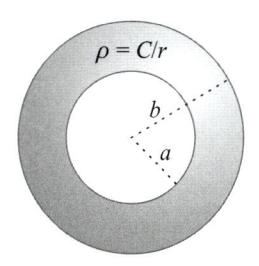

$\rho = C/r$

Figura 2.22

(Problema 2.5).

P 2.6 A Figura 2.23 mostra uma casca esférica com carga distribuída em seu corpo com densidade variando na forma $\rho = C/r$, $a \le r \le b$, onde C é uma constante. Em seu centro tem-se também uma esfera metálica com carga q distribuída (uniformemente) em sua superfície. Quanto deve valer a constante C para que o campo seja constante no interior da casca, ou seja, no intervalo $a \le r \le b$?

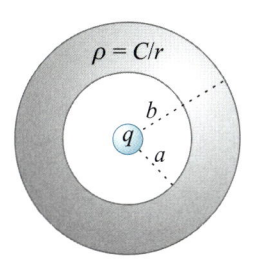

$\rho = C/r$

Figura 2.23

(Problema 2.6).

P 2.7 O cubo da Figura 2.24 está numa região em que há um campo elétrico uniforme de módulo E_o. Calcule o fluxo do campo elétrico na face de frente do cubo, considerando que o campo seja paralelo a (*A*) $\hat{\mathbf{i}}$ (*B*) $\hat{\mathbf{i}} + \hat{\mathbf{j}}$; (*C*) $\hat{\mathbf{i}} + \hat{\mathbf{j}} + \hat{\mathbf{k}}$.

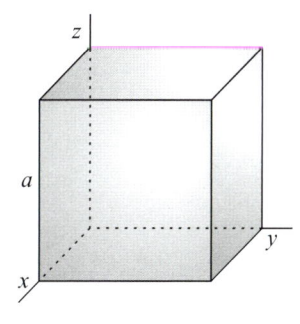

Figura 2.24

(Problema 2.7).

P 2.8 O campo elétrico em uma dada região do espaço tem o valor uniforme $\mathbf{E}$. Mostre que não há carga elétrica nessa região.

P 2.9 A Figura 2.25 mostra a projeção de um cubo no plano xy. (*A*) Na região ocupada pelo cubo, o campo elétrico tem a forma $\mathbf{E} = (E_o + a\,x)\mathbf{i}$, onde E_o e a são constantes. Calcule a carga líquida dentro do cubo. (*B*) Refaça o cálculo da carga supondo o campo na forma $\mathbf{E} = (E_o + a\,x)\mathbf{i} + (E_o + a\,y)\mathbf{j}$.

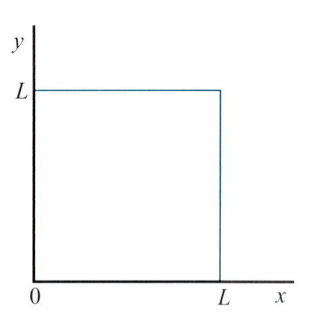

Figura 2.25

(Problema 2.9).

P 2.10 A Figura 2.26 mostra uma balde e uma partícula com carga q situada no plano da sua face aberta. Calcule o fluxo do campo elétrico na superfície do balde.

Figura 2.26

(Problema 2.10).

P 2.11* Uma partícula com carga q situa-se sobre o eixo de um disco circular de raio a, à distância b do mesmo, como mostra a Figura 2.27. Calcule o fluxo do campo elétrico no disco. *Sugestão*: considere uma casca esférica centrada na carga e passando pelo contorno do disco.

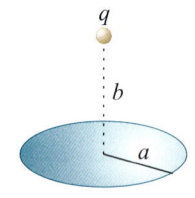

Figura 2.27

(Problema 2.11).

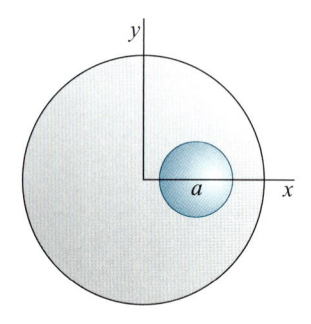

Figura 2.28

(Problema 2.14).

P 2.12 O fluxo do campo gravitacional é definido de modo análogo ao do campo elétrico, $\Phi_g \equiv \int_S \mathbf{g} \cdot d\mathbf{A}$. Mostre que $\Phi_g = -4\pi\,G\,m$, onde m é a massa contida dentro da superfície S.

P 2.13 Um cubo de aresta a tem uma carga pontual positiva q em seu centro. Próximo ao cubo, e paralelo a duas de suas faces, há um plano infinito, de material isolante, carregado com uma densidade uniforme de carga positiva σ. Calcule o fluxo do campo elétrico: (*A*) Na face do cubo paralela mais próxima do plano. (*B*) Na face oposta do cubo. (*C*) Em cada uma das outras faces.

P 2.14 Uma esfera não-condutora está carregada com densidade uniforme ρ de carga. Seu centro coincide com a origem dos eixos de coordenadas. A esfera tem um orifício também esférico cujo centro está no ponto $\mathbf{r} = a\hat{\mathbf{i}}$ (ver Figura 2.28). Mostre que o campo elétrico no interior do orifício é uniforme e dado por $\mathbf{E} = \dfrac{\rho a}{3\varepsilon_o}\hat{\mathbf{i}}$.

Sugestão: imagine o orifício como uma esfera com densidade de carga uniforme igual a $-\rho$.

P 2.15 Uma esfera condutora com raio de 5,0 cm tem carga de 3,0 nC. A esfera está no centro de uma casca metálica esférica descarregada (carga líquida nula) cujos raios interno e externo são, respectivamente, 10 cm e 15 cm. Calcule as densidades de carga nas duas superfícies da casca esférica.

P 2.16 Faça um gráfico do módulo do campo elétrico gerado pelo sistema descrito no Problema 15 em função da distância r ao seu centro para o intervalo $0 \leq r \leq 20$ cm.

P 2.17 Um cabo coaxial é constituído por um cabo metálico cilíndrico retilíneo e infinito cujo eixo coincide com o de uma casca cilíndrica também metálica. O cilindro central está carregado com uma densidade de carga igual a 5,0 nC/m. Calcule as densidades de carga nas superfícies interna e externa da casca cilíndrica, cujos raios são 6,0 cm e 9,0 cm, respectivamente.

P 2.18 Um fio infinito com densidade uniforme de carga λ_1 está posicionado perpendicularmente a outro fio com densidade, também uniforme, de carga λ_2, como se vê na Figura 2.29. Calcule a força de repulsão entre os dois fios.

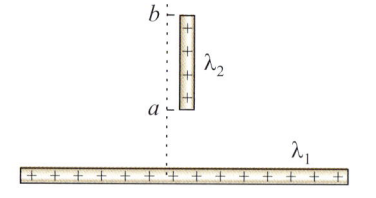

Figura 2.29

(Problema 2.18).

Respostas dos exercícios

E 2.1 6,5kg/s

E 2.3 R: $4,5 \times 10^5$ C

E 2.4 $1,8 \times 10^4$ N/C

E 2.5 (A) $3,7 \times 10^5$ N/C. (B) $5,4 \times 10^2$ N/C

E 2.6 $5,4 \times 10^4$ N/C

E 2.7 $0,66 \ \mu C/m^2$

E 2.9 R: (A) $9,0 \times 10^2$ N/C (B) $1,8 \times 10^3$ N/C

E 2.10 $E = \dfrac{C}{5\varepsilon_o} r^3 \quad 0 \leq r \leq R, \quad E = \dfrac{C}{5\varepsilon_o}\dfrac{R^3}{r^2}$

E 2.11 (A) 4,8 kN/C; (B) $E = 0$.

Respostas dos problemas

P 2.2 $E = \dfrac{Ze}{4\pi\varepsilon_o}\left(\dfrac{1}{r^2} - \dfrac{r}{R^3}\right)$

P 2.3 $E = \sigma / \varepsilon_o$

$\quad\quad E = 0 \quad r < a$

P 2.5 $E = \dfrac{C}{2\varepsilon_o}\left(1 - \dfrac{a^2}{r^2}\right) \quad a \leq r \leq b$

$\quad\quad E = \dfrac{C}{2\varepsilon_o}(b^2 - a^2)\dfrac{1}{r^2} \quad r > b$

P 2.6 $q / 2\pi a^2$.

P 2.7 (A) $E_o a^2$; (B) $E_o a^2 / \sqrt{2}$; (C) $E_o a^2 / \sqrt{3}$

P 2.9 (A) aL^3; (B) $2aL^3$

P 2.10 $\Phi = q / 2\varepsilon_o$

P 2.11* $\Phi = \dfrac{q}{2\varepsilon_o}\left(1 - \dfrac{b}{\sqrt{a^2 + b^2}}\right)$

P 2.13 (A) $q / 6\varepsilon_o - \dfrac{a^2\sigma}{\varepsilon_o}$. (B) $q / 6\varepsilon_o + \dfrac{a^2\sigma}{\varepsilon_o}$. (C) $q / 6\varepsilon_o$.

P 2.15 $\sigma_{int} = -24$ nC/m^2, $\sigma_{ext} = 10,6$ nC/m^2.

P 2.17 $\sigma_{int} = -13$ nC/m^2, $\sigma_{ext} = 8,8$ nC/m^2.

P 2.18 $\dfrac{\lambda_1\lambda_2}{2\pi\varepsilon_o}\ln(b/a)$

3

Energia Eletrostática

Seção 3.1 ■ Energia potencial eletrostática

Conforme já se viu em *Física Básica / Mecânica*, Capítulo 12, a força gravitacional é conservativa. Isto significa que o trabalho que a força gravitacional realiza sobre uma partícula quando esta se desloca do ponto P_o para o ponto P não depende da trajetória seguida pela partícula. A força eletrostática obedece exatamente à mesma lei do inverso do quadrado da distância que comanda a força gravitacional. Portanto, deve-se concluir que a força eletrostática também seja conservativa. De fato é isto o que ocorre. Contrariamente à força gravitacional, a força eletrostática pode ser atrativa ou repulsiva, mas isto só afeta o sinal do trabalho uniformemente para todas as trajetórias e não afeta o caráter conservativo da força elétrica. Com o espírito de revisão e visando ter os fatos disponíveis para exploração posterior, vamos refazer o cálculo já efetuado para a força gravitacional. Consideremos a interação entre duas partículas portadoras das cargas q_1 e q_2 e calculemos o trabalho da força eletrostática quando uma partícula se move em relação à outra. Para sermos específicos, suponhamos que a partícula 1 esteja parada e a partícula 2 se mova do ponto P_o para o ponto P.

Um questionamento previsível neste ponto é: *a força de interação que conhecemos para as duas cargas, expressa pela lei de Coulomb, só vale quando uma carga está parada em relação à outra e, portanto, não sabemos calcular o trabalho durante o deslocamento. Como proceder nesse caso?* Entretanto, há um modo de contornar essa limitação. No cálculo do trabalho, só entram as variáveis força e deslocamento, mas não o tempo. Podemos portanto imaginar um processo em que a partícula 2 se mova de maneira extremamente lenta. Como o tempo envolvido não interessa no cômputo do trabalho, na verdade podemos imaginar que a partícula se mova a uma velocidade infinitesimal e acabe gastando um tempo infinito para realizar o deslocamento especificado. Nesse caso, poderemos utilizar a lei de Coulomb e ela expressará a única força de interação entre as duas partículas. A Figura 3.1 mostra a partícula 2 se deslocando de P_o para P ao longo de uma trajetória curva genérica C. O trabalho da força elétrica sobre a partícula será

$$W_{P_o \to P} = \frac{q_1 q_2}{4\pi\varepsilon_o} \int_C \frac{\mathbf{r}}{r^3} \cdot d\mathbf{r} . \tag{3.1}$$

Como indica a Equação 3.1, todos os deslocamentos diferenciais $d\mathbf{r}$ devem ocorrer sobre a curva C. Entretanto, os deslocamentos $d\mathbf{r}$ podem ser decompostos em deslocamentos radiais e deslocamentos angulares, como mostra a Figura 2.1A. Os deslocamentos angulares não contribuem para o trabalho. Formalmente isto decorre do fato de que

$$\mathbf{r} \cdot d\mathbf{r} = \tfrac{1}{2} d(\mathbf{r} \cdot \mathbf{r}) = \tfrac{1}{2} d(rr) = r \, dr. \tag{3.2}$$

A Equação 3.1 pode ser então reescrita na forma

$$W_{P_o \to P} = \frac{q_1 q_2}{4\pi\varepsilon_o} \int_{r_o}^{r} \frac{dr'}{r'^2} = \frac{q_1 q_2}{4\pi\varepsilon_o} \left(\frac{1}{r_o} - \frac{1}{r} \right). \tag{3.3}$$

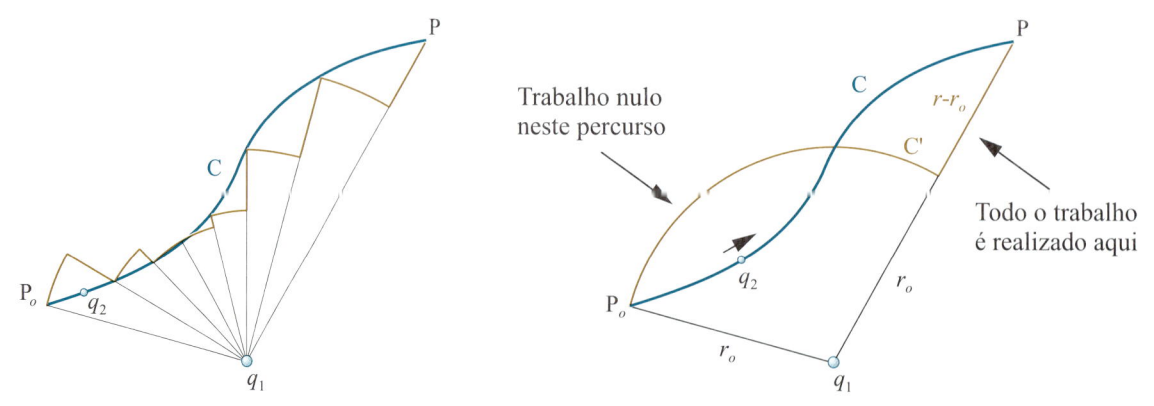

Figura 3.1

A carga q_2, sob a influência da carga q_1, move-se de P_o a P ao longo da curva C. Esta pode ser aproximada por uma seqüência de deslocamentos alternadamente angulares e radiais, como mostra a Figura 3.1A. Nos deslocamentos angulares não há trabalho sobre q_2. O trabalho seria o mesmo se a partícula fizesse todo o deslocamento angular, e depois todo o deslocamento radial, como mostra a Figura 3.1B.

Conclui-se portanto que o trabalho só depende das distâncias inicial r_o e final r entre as partículas. A Figura 3.1B ilustra esse resultado. Para ir do ponto P_o até o ponto P, pode-se, seguindo a curva C', primeiro fazer todo o trajeto angular, no qual não se realiza qualquer trabalho, e então fazer o deslocamento radial, onde todo o trabalho é realizado.

A diferença de energia potencial entre os pontos P e P_o é, por definição, o trabalho da força elétrica quando a partícula se desloca de P para P_o. Escreve-se

$$U(P) - U(P_o) = W_{P \to P_o} = -W_{P_o \to P}$$

$$= -\frac{q_1 q_2}{4\pi\varepsilon_o} \int_{r_o}^{r} \frac{dr}{r^2} = \frac{q_1 q_2}{4\pi\varepsilon_o}\left(\frac{1}{r} - \frac{1}{r_o}\right). \tag{3.4}$$

A energia potencial do par de partículas é usualmente definida para qualquer afastamento relativo r tomando-se como referência (valor nulo) a energia potencial quando a separação entre elas é infinita. Neste caso,

■ Energia potencial de um par de partículas

$$U(\infty) = 0,$$

$$U(r) = U(r) - U(\infty) = \frac{q_1 q_2}{4\pi\varepsilon_o}\,\frac{1}{r}. \tag{3.5}$$

Com base na Equação 3.5 vê-se que, quando as partículas têm cargas de mesmo sinal, e portanto sua interação é repulsiva, a energia potencial associada ao par é positiva. Quando, por outro lado, as cargas têm sinais opostos e a interação é atrativa, a energia potencial é negativa. Este último caso é análogo ao da força gravitacional, no qual a interação entre duas massas é sempre atrativa e a energia potencial gravitacional é sempre negativa.

A energia potencial de uma configuração qualquer de partículas carregadas pode ser calculada por extensão a partir da Equação 3.5. Isso porque, pelo princípio da superposição, cada par de partículas interage entre si como se as outras partículas não estivessem presentes. No cálculo da energia potencial, podemos inicialmente colocar a partícula 1 em seu local definido $\mathbf{r}_1$, enquanto as outras partículas estão no infinito. Em seguida, trazemos a partícula 2 para seu local $\mathbf{r}_2$. Nessa etapa a energia potencial é acrescida do valor

$$U_{12} = \frac{q_1 q_2}{4\pi\varepsilon_o}\,\frac{1}{|\mathbf{r}_2 - \mathbf{r}_1|}. \tag{3.6}$$

Traz-se agora a partícula 3. Nesta etapa, no cálculo do trabalho sobre a partícula 3, soma-se a contribuição da partícula 1 com a contribuição da partícula 2, e o potencial é acrescido de

$$U_{13} + U_{23} = \frac{q_1 q_3}{4\pi\varepsilon_o}\,\frac{1}{|\mathbf{r}_3 - \mathbf{r}_1|} + \frac{q_2 q_3}{4\pi\varepsilon_o}\,\frac{1}{|\mathbf{r}_3 - \mathbf{r}_2|}. \tag{3.7}$$

Assim procedemos até colocar a N-ésima partícula no seu sítio $\mathbf{r}_N$. A energia potencial do arranjo final será

■ Energia potencial de um conjunto de N partículas carregadas

$$U = \frac{1}{2}\,\frac{1}{4\pi\varepsilon_o}\sum_{i=1}^{N}\sum_{j\neq i}^{N}\frac{q_i q_j}{|\mathbf{r}_i - \mathbf{r}_j|}. \tag{3.8}$$

O fator $\frac{1}{2}$ na Equação 3.8 foi colocado para que cada par não fosse contado duas vezes. A Figura 3.2 mostra três cargas q_a, q_b e q_c, indicando a energia potencial eletrostática de cada par. A energia potencial do conjunto é

$$U = U_{ab} + U_{ac} + U_{bc}. \tag{3.9}$$

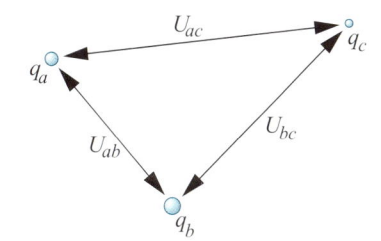

Figura 3.2

Ilustração da energia eletrostática de um conjunto de três partículas carregadas.

E-E Exercício-exemplo 3.1

■ Calcule a energia potencial eletrostática do sistema de partículas mostrado na Figura 3.3.

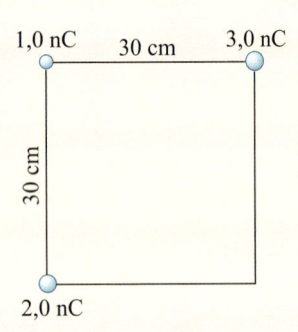

Figura 3.3

(Exercício-exemplo 3.1).

■ **Solução**

Somando as energias potenciais de cada par de partículas, obtemos

$$U = 9,0 \times 10^9 \frac{Nm^2}{C^2} \left(\frac{1,0nC \times 2,0nC}{0,30m} + \frac{1,0nC \times 3,0nC}{0,30m} + \frac{2,0nC \times 3,0nC}{\sqrt{2} \times 0,30m} \right).$$

$$U = 9,0 \times 10^9 \frac{Nm^2}{C^2} \left(\frac{2,0 \times 10^{-18}C^2}{0,30m} + \frac{3,0 \times 10^{-18}C^2}{0,30m} + \frac{6,0 \times 10^{-18}C^2}{1,42 \times 0,30m} \right)$$

$$= 9,0 \times 10^{-9} Nm(6,67 + 10 + 14,2),$$

$$U = 2,8 \times 10^{-7} J.$$

Exercícios

E 3.1 No modelo proposto por Bohr em 1913 para o átomo de hidrogênio, o elétron movimenta-se em órbita circular com raio de 0,53 nm em torno de um próton. Calcule a energia potencial associada a esse par elétron–próton.

E 3.2 Calcule a energia potencial eletrostática de duas cargas de um coulomb afastadas 1 quilômetro.

E 3.3 Calcule a energia eletrostática associada à interação entre dois prótons dentro de um núcleo, afastados $1,5 \times 10^{-15}$ m um do outro.

E 3.4 Calcule a energia potencial eletrostática de três cargas de igual valor q situadas nos vértices de um triângulo eqüilátero de lado L.

E 3.5 Calcule a energia eletrostática do sistema de cargas mostrado na Figura 3.4.

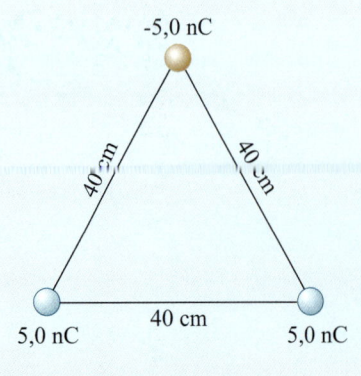

Figura 3.4

(Exercíco 3.5).

Seção 3.2 ■ Energia potencial de cargas distribuídas continuamente

Em várias situações, é conveniente tratar as cargas como um contínuo. Neste caso, para se realizar a dupla soma na Equação 3.8 cada partícula deve ser substituída por um elemento de carga dq_1, dq_2, e as somas devem ser substituídas por integrais. O resultado é

$$U = \frac{1}{2} \frac{1}{4\pi\varepsilon_o} \iint \frac{dq_1 dq_2}{|\mathbf{r}_1 - \mathbf{r}_2|}. \tag{3.10}$$

Às vezes pode ser mais conveniente tratar o problema em termos de densidade local $\rho(\mathbf{r})$ de cargas. Neste caso, o elemento de carga dq_1 ocupa o elemento de volume dV_1 no ponto $\mathbf{r}_1$, onde a densidade de carga é $\rho(\mathbf{r}_1)$, e podemos escrever $dq_1 = \rho(\mathbf{r}_1)dV_1$. Analogamente, $dq_2 = \rho(\mathbf{r}_2)dV_2$, e a integral da Equação 3.10 assume a forma

■ Energia potencial de uma distribuição contínua de cargas

$$U = \frac{1}{2} \frac{1}{4\pi\varepsilon_o} \iint \frac{\rho(\mathbf{r}_1)\,\rho(\mathbf{r}_2)}{|\mathbf{r}_2 - \mathbf{r}_1|} \, dV_1 dV_2. \tag{3.11}$$

As integrais contidas nas Equações 3.10 e 3.11 raramente podem ser calculadas analiticamente. Entretanto, sempre podem ser calculadas numericamente em computador para qualquer distribuição de cargas, o que é realizado com muita freqüência.

Seção 3.3 ■ Auto-energia eletrostática

No cálculo da energia eletrostática de um conjunto de cargas discretas, ignoramos a energia de cada carga quando isolada. Entretanto, podemos ainda imaginar cada uma dessas como constituída de partes, e portanto haverá uma energia associada à agregação dessas partes para construir cada carga. Estamos falando no que se convencionou chamar auto-energia eletrostática de uma carga, ou de um corpo carregado, a qual é análoga à auto-energia gravitacional de uma massa. Supondo-se conhecida a variação da densidade de carga no interior do corpo, pode-se calcular a auto-energia com o uso da Equação 3.11. Em alguns casos, na verdade é mais conveniente usar para o cálculo da auto-energia o procedimento que levou à Equação 3.11, em vez de aplicar essa equação diretamente. Isto é o que ocorre nas situações que pretendemos analisar nesta seção.

Auto-energia eletrostática de uma carga, ou de um corpo carregado, é a energia que se gasta para agregá-la a partir de cargas infinitesimais inicialmente dispersas. É a energia gasta para carregar o corpo

Inicialmente, pretendemos calcular a auto-energia de uma casca esférica de raio R portadora de uma carga Q uniformemente distribuída em sua superfície. Para isto, vamos considerar o processo de carregamento da casca a partir de cargas infinitesimais inicialmente dispersas no infinito. Em um estágio genérico do carregamento, a casca terá uma carga q. Deve-se notar que a força que essa casca exerce sobre a carga dq é a mesma que exerceria uma carga pontual q centrada na casca. Ao se adicionar uma quantidade infinitesimal de carga dq à casca (ver a Figura 3.5), a energia potencial será acrescida do valor

$$dU = \frac{q}{4\pi\varepsilon_o R} \, dq. \tag{3.12}$$

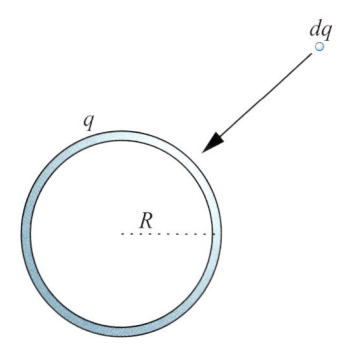

Figura 3.5

Um elemento de carga dq é trazido do infinito e depositado na superfície de uma casca esférica uniformemente carregada com a carga q.

■ Auto-energia eletrostática de uma casca esférica uniformemente carregada

Portanto, a auto-energia da casca após se completar o carregamento será

$$U = \frac{1}{4\pi\varepsilon_o R}\int_0^Q q\,dq = \frac{Q^2}{8\pi\varepsilon_o R}. \tag{3.13}$$

Em vez de uma carga esférica, poderíamos considerar uma esfera sólida carregada uniformemente. Nesse caso, podemos adaptar o resultado já obtido no Capítulo 12 (*Gravitação*) de *Física Básica / Mecânica* para a auto-energia gravitacional de uma massa esférica. Trocando M por Q e $-G$ por $(4\pi\varepsilon_o)^{-1}$ na Equação 12.32 daquele capítulo, obtemos

■ Auto-energia eletrostática de uma esfera uniformemente carregada

$$U = \frac{3}{5}\frac{Q^2}{4\pi\varepsilon_o R}. \tag{3.14}$$

Uma forma alternativa de se deduzir a Equação 3.14 é proposta no Problema 3.15. Tanto a Equação 3.13 como a Equação 3.14 mostram que, quando o raio R da esfera tende para zero, a auto-energia tende para infinito. Portanto, o valor previsto para a auto-energia de uma partícula (sem dimensão) carregada com uma carga finita é infinito. Isto gera uma dificuldade muito séria na compreensão do fenômeno da quantização da carga. Considere, por exemplo, um elétron, com sua carga e. Supondo que a carga esteja distribuída em uma dada extensão finita, enfrentamos a questão de como a carga pode ser espacialmente estendida e ao mesmo tempo indivisível.

Há ainda outra dificuldade associada à idéia de um elétron com dimensão finita, que tem a ver com a teoria da relatividade. Esta teoria é incompatível com a existência de qualquer coisa extensa totalmente rígida (indeformável). Neste caso, teríamos que admitir que o elétron também seja algo deformável. A idéia de um elétron com dimensões finitas e deformável levou a diversas dificuldades teóricas ainda não resolvidas. A discussão sobre o caráter pontual ou estendido do elétron e de outras partículas dominou boa parte do pensamento científico no século XX, e ainda permanece atual e sem perspectiva de um fim próximo.

Exercícios

E 3.6 Uma casca esférica com raio de 3,0 cm tem uma carga de –6,0 nC uniformemente distribuída em seu volume. Qual é a energia eletrostática da esfera?

E 3.7 Considere o núcleo de um átomo de ouro como uma esfera de raio igual a 7,0 fm com uma carga de $1,26 \times 10^{-17}$ C e calcule sua auto-energia eletrostática.

Seção 3.4 ■ Raio clássico do elétron

O elétron tem uma massa $m = 9,109 \times 10^{-31}$ kg. Pela teoria da relatividade, isto representa uma energia dada por

$$E = mc^2 = 9,109 \times 10^{-31}\text{ kg} \times (2,998 \times 10^8 \text{ ms}^{-1})^2 = 9,19 \times 10^{-14}\text{ J}.$$

É comum especular-se que toda essa energia seja auto-energia eletrostática, apesar de isto levar a certas aparentes inconsistências. Tal hipótese leva naturalmente à questão sobre que tamanho o elétron deve ter para possuir tal energia. Isto pode ser respondido com a aplicação de uma fórmula como a das Equações 3.13 ou 3.14. Como a distribuição da carga dentro do elétron é inteiramente desconhecida, seria fútil levar em conta detalhes como o fator $\frac{3}{5}$ naquela forma, e nesse caso podemos usar a Equação 3.13. O raio clássico r_e do elétron é definido por

$$\frac{e^2}{4\pi\varepsilon_o r_e} = mc^2. \tag{3.15}$$

■ Raio clássico do elétron

$$r_e = \frac{e^2}{4\pi\varepsilon_o mc^2}. \tag{3.16}$$

Numericamente, obtém-se o valor

$$r_e = 9,00 \times 10^{12} \; \frac{\text{Nm}^2}{\text{C}^2} \; \frac{(1,60 \times 10^{-19})^2 \; \text{C}^2}{8,19 \times 10^{-14} \; \text{J}} = 2,82 \times 10^{-15} \; \text{m}.$$

O valor mais preciso que se conhece é

◼ Valor numérico do raio clássico do elétron

$$r_e = 2,817\,940\,09 \times 10^{-15} \; \text{m}. \tag{3.17}$$

Tal raio tem, *grosso modo*, a dimensão do núcleo atômico. O raio clássico do elétron é uma grandeza que aparece freqüentemente em análises da interação do elétron com a radiação eletromagnética, independentemente de qualquer hipótese sobre a distribuição da carga naquela partícula. Cálculos a partir de fatos bem estabelecidos levam naturalmente a que a massa e a carga do elétron, a permissividade do vácuo e a velocidade da luz freqüentemente se agrupem na forma vista no lado direito da Equação 3.16. Ou seja, o raio clássico do elétron aparece em vários resultados rigorosos da eletrodinâmica. Exatamente por esta razão, e não devido a qualquer hipótese sobre a estrutura do elétron, o raio clássico do elétron é uma grandeza importante na eletrodinâmica.

Seção 3.5 ◼ Energia do campo elétrico

É natural questionar onde está localizada a energia potencial elétrica de uma carga ou de um sistema de cargas. Todo o processo pelo qual a energia potencial é introduzida na mecânica, e depois empregada em outros ramos da física, parece muito abstrato. Toma-se uma força, faz-se a sua integração em uma trajetória qualquer entre dois pontos para se calcular um trabalho, e diz-se que tal trabalho fica armazenado em forma de energia potencial. Neste capítulo, aplicamos essa receita da mecânica para calcular a energia potencial de uma carga ou de um conjunto de cargas. A pergunta que o leitor previsivelmente fará é: *onde fica armazenada a energia potencial?* Para se evidenciar como esta é uma questão essencial, e de conseqüências práticas, basta considerar a teoria da gravitação. Toda massa atrai qualquer outra massa. Mas massa e energia estão ligadas uma à outra pela famosa relação $E = mc^2$. Portanto, na teoria da gravitação de Einstein é essencial saber onde se situa a energia potencial.

A evidência experimental acumulada mostra inquestionavelmente que a energia potencial elétrica se situa no campo elétrico. Aliás, no caso mais geral, nos campos elétrico e magnético. A radiação eletromagnética demonstra isto. Basta você considerar a energia que vem até nós através da luz solar, ou o processo pelo qual um forno de microondas aquece um copo de água, para se convencer de que a energia eletromagnética é algo que pode se situar no espaço e se propagar através dele. Nossa próxima meta é aprender a expressar essa energia em termos de variáveis do campo — variáveis do campo elétrico, por enquanto.

Tudo o que se conhece é consistente com a idéia de que em cada ponto em que haja um campo elétrico **E** existe também uma densidade de energia u — energia por unidade de volume — que só depende de **E**. Nossa próxima meta é obter a forma matemática dessa dependência. Pela isotropia do espaço, a orientação do campo deve ser irrelevante para a grandeza u. De fato, se girarmos solidamente um sistema isolado de cargas, o campo elétrico em cada ponto deve girar da mesma maneira, mas a energia potencial não irá se alterar, pois a distância entre as cargas permanece inalterada. Portanto, a densidade de energia só pode depender de grandezas escalares ligadas ao campo. Neste caso, só pode depender de $\mathbf{E} \cdot \mathbf{E} = E^2$. Portanto,

Pela isotropia do espaço, a densidade da energia associada ao campo elétrico deve ser função do quadrado do módulo do campo

$$u = u(\mathbf{E} \cdot \mathbf{E}) = u(E^2). \tag{3.18}$$

A forma da energia mais simples possível compatível com a Equação 3.18 e que ainda atenda à condição $u(0) = 0$ (ou seja, sem campo não há energia) é

$$u = K E^2, \tag{3.19}$$

onde K é uma constante de proporcionalidade. Vamos supor que a Natureza tenha optado pelo simples e admitir que a Equação 3.19 seja verdadeira. Consideremos agora a auto-energia de uma casca esférica de raio R, com uma carga Q uniformemente distribuída em sua superfície. O valor dessa auto-energia já foi calculado. Sabemos também que o campo no interior da esfera é nulo e em seu exterior o campo tem intensidade

$$E = \frac{Q}{4\pi\varepsilon_o}\frac{1}{r^2}.$$

(3.20)

Portanto, para pontos fora da esfera obtemos

$$u(r) = K\frac{Q^2}{(4\pi\varepsilon_o)^2}\frac{1}{r^4}.$$

(3.21)

A energia total do campo elétrico será

$$U = \int u\,dV = K\frac{Q^2}{(4\pi\varepsilon_o)^2}\int_R^\infty \frac{4\pi r^2\,dr}{r^4} = K\frac{Q^2}{(4\pi\varepsilon_o)^2}\frac{4\pi}{R}.$$

(3.22)

Mas a auto-energia é também expressa pela Equação 3.13. Portanto,

$$K\frac{Q^2}{(4\pi\varepsilon_o)^2}\frac{4\pi}{R} = \frac{1}{2}\frac{Q^2}{4\pi\varepsilon_o}\frac{1}{R} \quad \Rightarrow K = \frac{\varepsilon_o}{2}.$$

(3.23)

Concluímos finalmente que

■ Densidade de energia
associada ao campo elétrico

$$u = \frac{\varepsilon_o}{2}E^2.$$

(3.24)

A energia eletrostática fica armazenada no campo elétrico, e sua densidade está relacionada com a intensidade do campo através da Equação 3.24

É possível demonstrar matematicamente, de modo geral, que em qualquer distribuição de cargas a densidade de energia expressa pela Equação 3.24 leva a um valor da auto-energia consistente com o que se obtém pelo cálculo do trabalho necessário para dispersar todas as cargas no infinito. Essa demonstração geral não será apresentada neste livro. Entretanto, tal consistência será testada em alguns casos específicos, em situações analisadas mais adiante. O fato relevante é que em qualquer campo elétrico, estático ou variável no tempo, existe uma densidade local de energia elétrica dada pela Equação 3.24.

Exercícios

E 3.8 Qual é a densidade de energia de um campo elétrico de 1,0 N/C?

E 3.9 Qual é a densidade de energia do campo na superfície do núcleo de ouro tratado no Exercício 3.7?

E 3.10 Calcule a densidade de energia do campo elétrico associado a uma placa infinita possuindo uma densidade uniforme de carga $\sigma = 10,0\ \mu C/m^2$.

Seção 3.6 ■ Potencial elétrico

Consideremos uma dada configuração de cargas. Existe um campo elétrico gerado pelas cargas, e para se trazer uma outra carga de prova q do infinito para qualquer ponto **r** na vizinhança das cargas é necessário realizar um trabalho $U(q,\mathbf{r})$. Esta é então a energia potencial da carga de teste na vizinhança da referida configuração de cargas. É importante não confundir essa energia potencial com a energia potencial total do conjunto de cargas, uma vez que esta última inclui todo o trabalho necessário para configurar as cargas. Salienta-se o fato de que a energia potencial $U(q,\mathbf{r})$ deve ser proporcional à carga de teste q. É interessante, portanto, definir uma energia potencial por unidade de carga de prova, denominada potencial elétrico. Formalmente, a definição é

■ Definição de potencial
elétrico

$$V(\mathbf{r}) \equiv \frac{U(q,\mathbf{r})}{q}.$$

(3.25)

No SI de unidades, a unidade do potencial elétrico é o volt, símbolo V. Da Equação 3.25 vê-se que

■ Definição de potencial elétrico

$$1 \text{ volt} = \frac{1 \text{ joule}}{1 \text{ coulomb}}. \tag{3.26}$$

A unidade de campo elétrico no SI é mais freqüentemente expressa em termos do volt. Vê-se que

■ Unidade do campo elétrico expressa em termos do volt

$$[\,E\,] = \frac{N}{C} = \frac{J}{m \cdot C} = \frac{\text{volt}}{\text{metro}}. \tag{3.27}$$

Não há um nome específico para a unidade de campo elétrico.

Na situação mais geral, a energia potencial de uma carga de teste q sob o efeito de um campo elétrico $\mathbf{E}$ é dada por

$$U(q, \mathbf{r}) = -\int_{\mathbf{r}_o}^{r} \mathbf{F}(\mathbf{r}') \cdot d\mathbf{r}' = -\int_{\mathbf{r}_o}^{r} q\, \mathbf{E}(\mathbf{r}') \cdot d\mathbf{r}', \tag{3.28}$$

onde $\mathbf{r}_o$ é o ponto tomado como referência do potencial, ou seja, $U(q, \mathbf{r}_o) = 0$. Comparando as Equações 3.25 e 3.28, concluímos que

■ Definição matemática do potencial elétrico

$$V(\mathbf{r}) = -\int_{\mathbf{r}_o}^{r} \mathbf{E}(\mathbf{r}') \cdot d\mathbf{r}'. \tag{3.29}$$

O potencial elétrico gerado por uma carga pontual Q pode ser calculado facilmente, uma vez que seu campo é bem conhecido. Tomando o ponto de referência no infinito, ou seja, $V(\infty) = 0$, e colocando a carga Q na origem das coordenadas, podemos escrever

$$V(\mathbf{r}) = -\int_{\infty}^{r} \frac{Q}{4\pi\varepsilon_o} \frac{\hat{\mathbf{r}}' \cdot d\mathbf{r}'}{r'^2} = -\frac{Q}{4\pi\varepsilon_o} \int_{\infty}^{r} \frac{dr'}{r'^2} = \frac{Q}{4\pi\varepsilon_o} \frac{1}{r}. \tag{3.30}$$

Se a carga Q estiver no ponto $\mathbf{r}'$, e não na origem das coordenadas, a Equação 3.30 será naturalmente reescrita na forma

$$V(\mathbf{r}) = \frac{Q}{4\pi\varepsilon_o} \frac{1}{|\mathbf{r} - \mathbf{r}'|}. \tag{3.31}$$

O princípio da superposição permite estender este resultado a qualquer arranjo de cargas. Para um conjunto de cargas discretas q_i situadas nos pontos $\mathbf{r}_i$, respectivamente, o potencial no ponto $\mathbf{r}$ será

■ Potencial elétrico de um conjunto de cargas

$$V(\mathbf{r}) = \frac{1}{4\pi\varepsilon_o} \sum_i \frac{q_i}{|\mathbf{r} - \mathbf{r}_i|}. \tag{3.32}$$

E-E Exercício-exemplo 3.2

■ Calcule o potencial elétrico no ponto P da Figura 3.6.

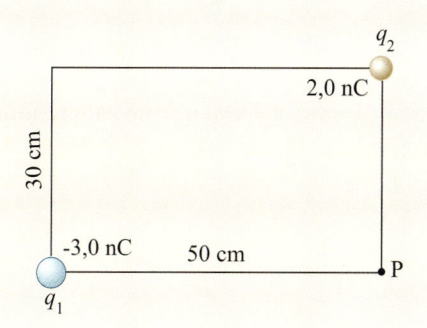

Figura 3.6
(Exercício-exemplo 3.2)

■ **Solução**

Sendo **r** o vetor posição do ponto P da figura, é claro que $\left| \mathbf{r} - \mathbf{r}_1 \right| = 0{,}50$ m e $\left| \mathbf{r} - \mathbf{r}_2 \right| = 0{,}30$ m. Portanto, com base na Equação 3.32 obtemos:

$$V = 9{,}0 \times 10^9 \, \frac{\text{Nm}^2}{\text{C}^2} \left(\frac{-3{,}0 \times 10^{-9}\text{C}}{0{,}50\text{m}} + \frac{2{,}0 \times 10^{-9}\text{C}}{0{,}30\text{m}} \right) = 9{,}0 \, \frac{\text{J}}{\text{C}} (-6{,}0 + 0{,}67),$$

$$V = -6 \, \frac{\text{J}}{\text{C}}.$$

Exercício   E 3.11 Calcule o potencial elétrico (A) no ponto P da Figura 3.7 e (B) no centro do quadrado.

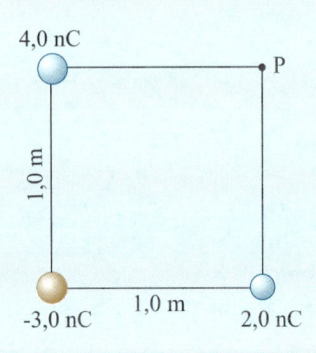

4,0 nC

1,0 m

-3,0 nC

1,0 m

2,0 nC

Figura 3.7
(Exercício 3.11).

Para um sistema contínuo de cargas, a carga q_i é substituída pelo elemento diferencial de carga $dq = \rho(\mathbf{r}')dV'$ e o somatório na Equação 3.32 transforma-se na integral

$$V(\mathbf{r}) = \frac{1}{4\pi\varepsilon_o} \int \frac{\rho(\mathbf{r}')}{\left| \mathbf{r} - \mathbf{r}' \right|} \, dV'. \tag{3.33}$$

E·E Exercício-exemplo 3.3

■ Calcule o potencial gerado por um fio reto infinito com uma densidade linear de carga λ uniforme, dado que à distância R do fio o potencial é $V(R)$.

■ **Solução**

A variação do campo com a distância r ao fio é dada pela Equação 2.16 do Capítulo 2 (*Lei de Gauss*). Portanto, podemos escrever

$$V(r) - V(R) = -\int_R^r \frac{\lambda}{2\pi\varepsilon_o r'} \, dr' = -\frac{\lambda}{2\pi\varepsilon_o} (\ln r - \ln R), \tag{3.34}$$

ou

$$V(r) = V(R) + \frac{\lambda}{2\pi\varepsilon_o} \ln\left(\frac{R}{r} \right).$$

E-E Exercício-exemplo 3.4

■ *O contador Geiger.* O contador Geiger foi o primeiro detector de partículas eletricamente carregadas e continua sendo o mais simples. Desenvolvido por *Ernest Rutherford* (1871–1937) e seu assistente *Hans Geiger* em 1908, seu esquema é mostrado na Figura 3.8. Um cilindro metálico de raio R, preenchido com um gás rarefeito e contendo um fio fino também metálico de raio a em seu eixo, é submetido a uma tensão elétrica tal que o cilindro fica a uma voltagem $V = 0$ e o fio fica a uma voltagem positiva $V = A$. O cilindro tem paredes finas para possibilitar a penetração de partículas produzidas por radioatividade. O contador foi, de início, projetado especificamente para detectar partículas alfa, descobertas pouco antes. As partículas ionizam o gás no interior do tubo, e os elétrons são atraídos para o fio central positivo. Como o fio é fino, o campo elétrico na sua proximidade é muito intenso. Nessa região, os elétrons são fortemente acelerados, provocando a ionização de outros átomos e formando uma avalanche de elétrons. O diâmetro do tubo é bem menor que seu comprimento, de modo que ao estudar a variação do campo e do potencial no interior do tubo podemos considerar aproximadamente o fio como infinito. Calcule a variação do campo potencial e do campo elétrico no interior de um tubo considerando os parâmetros $A = 800$ V, $a = 25,0\ \mu$m, $R = 2,00$ cm.

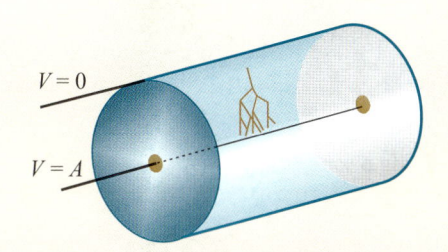

$V = 0$

$V = A$

Figura 3.8
Contador Geiger.

■ **Solução**

Considerando o resultado do Exercício-exemplo 3.3 e os dados do presente problema, podemos escrever:

$$V(r) = 0 + \frac{\lambda}{2\pi\varepsilon_o}\ln\left(\frac{R}{r}\right)\quad r \le R.$$

Uma vez que $V(a) = A$, temos

$$A = \frac{\lambda}{2\pi\varepsilon_o}\ln\left(\frac{R}{a}\right) \Rightarrow \quad \lambda = 2\pi\varepsilon_o\frac{A}{\ln(R/a)}.$$

Substituindo os valores numéricos:

$$\lambda = 6,28 \times 8,85 \times 10^{-12}\frac{C^2}{N\times m^2}\frac{800\,N\times m\times C^{-1}}{\ln(20mm/0,025mm)} = 6,66\frac{nC}{m}.$$

Finalmente,

$$V(r) = \frac{6,66 \times 10^{-9}}{6,28 \times 8,85 \times 10^{-12}}\ln(R/r)V,$$

$$V(r) = 120\ln(R/r)V.$$

O campo no interior do tubo será

$$E = \frac{\lambda}{2\pi\varepsilon_o r} = \frac{6,66 \times 10^{-9}\,C\times m^{-1}}{6,28 \times 8,85 \times 10^{-12}C^2\times N^{-1}\times m^{-2}r},$$

$$E = 120\frac{N\times m}{C}\frac{1}{r}.$$

Na superfície do fio axial, o campo atinge a intensidade de $4,8 \times 10^6$ N/C.

Observa-se no Exercício-exemplo 3.3 que se $R = \infty$ a diferença $V(r) - V(R)$ nesta equação é um valor infinito. A origem dessa anomalia está no fato de que o fio tem também um comprimento infinito. Do ponto de vista prático, há fios muito extensos, mas sempre finitos. Visto de perto, o fio pode ser tratado como um objeto infinito, mas isto não vale quando o fio é visto a grande distância. Portanto, em qualquer fio real, o integrando que aparece na Equação 3.34 tem que ser modificado quando r' se torna muito grande, e a equação deixa de ser válida quando R se torna infinito. Problema semelhante ocorre quando se considera o potencial gerado por um plano infinito uniformemente carregado. Como se viu no Capítulo 2, o campo elétrico gerado por tal plano é uniforme, o que resulta obviamente em um valor infinito para a diferença de potencial entre um ponto na vizinhança do plano e outro a distância infinita deste. A lição geral a ser aprendida é a seguinte: em várias situações no eletromagnetismo, tratamos objetos muito grandes como se fossem objetos infinitos. Entretanto, visto de uma distância suficientemente grande, qualquer objeto se torna pequeno, e portanto se estendermos nossa análise a distâncias infinitas iremos chegar a inconsistências. Neste ponto é conveniente destacar que as Equações 3.32 e 3.33 para o cálculo do potencial de uma dada configuração de cargas foram obtidas tomando-se o zero de potencial no infinito. Portanto, tais fórmulas devem resultar em valores infinitos para o potencial em um ponto finito gerado por um fio infinito ou um plano infinito uniformemente carregado. Isto é exatamente o que ocorre. Em ambos os casos, a integral expressa pela Equação 3.34 diverge, como se pode verificar sem dificuldade.

E·E **Exercício-exemplo 3.5**

■ Calcule o potencial elétrico no interior e no exterior de uma esfera não-condutora de raio R que tem uma carga Q distribuída uniformemente em seu corpo.

■ **Solução**

Para realizar o cálculo, usaremos o estudo do campo elétrico gerado por uma esfera uniformemente carregada, apresentado no Capítulo 2 (*Lei de Gauss*). Reproduziremos a Equação 2.28 desse capítulo para descrever o campo:

$$E = \frac{Q}{4\pi\varepsilon_o R^3}r \quad r < R,$$

$$E = \frac{Q}{4\pi\varepsilon_o r^2} \quad r \geq R. \tag{3.35}$$

Tomaremos como referência do potencial um ponto no infinito. Para pontos externos à esfera, podemos escrever:

$$V(r) = \int_r^\infty \frac{Q}{4\pi\varepsilon_o r'^2}\,dr' = \frac{Q}{4\pi\varepsilon_o}\int_r^\infty \frac{dr'}{r'^2} = \frac{Q}{4\pi\varepsilon_o}\frac{1}{r} \quad r \geq R. \tag{3.36}$$

Vê-se que para pontos externos à esfera o potencial (assim como também o campo) é o mesmo criado por uma carga pontual Q situada no centro da esfera. Na superfície da esfera, o potencial vale

$$V(R) = \frac{Q}{4\pi\varepsilon_o}\frac{1}{R}.$$

No interior da esfera podemos calcular o potencial utilizando a equação

$$V(r) = V(R) + \int_r^R E\,dr' \quad r \leq R.$$

Utilizando a Equação 3.35, obtemos

$$V(r) = V(R) + \frac{Q}{4\pi\varepsilon_o R^3} \int_r^R r'dr' \quad r \le R,$$

$$V(r) = \frac{Q}{4\pi\varepsilon_o R} + \frac{Q}{4\pi\varepsilon_o R^3} \frac{1}{2}(R^2 - r^2).$$

Finalmente,

$$V(r) = \frac{3Q}{8\pi\varepsilon_o R} - \frac{Q}{8\pi\varepsilon_o R^3} r^2 \quad r \le R. \tag{3.37}$$

Exercícios

E 3.12 Uma esfera não-condutora com raio de 5,00 cm tem uma carga de 3,00 nC uniformemente distribuída em seu corpo. Calcule o potencial elétrico (*A*) na superfície da esfera; (*B*) em um ponto a 2,00 cm do seu centro.

E 3.13 Calcule o potencial elétrico na superfície do núcleo de ouro tratado no Exercício 3.7. Ignore o efeito da nuvem eletrônica. (Por que se pode ignorar a nuvem eletrônica sem grande erro?)

Seção 3.7 ■ Cálculo do campo elétrico a partir do potencial

Vimos na seção anterior que, conhecendo o campo elétrico em todos os pontos do espaço, podemos calcular o potencial elétrico também em qualquer ponto. A recíproca é verdadeira. Ou seja, se conhecermos o potencial em todos os pontos do espaço podemos calcular o campo também em qualquer ponto. De fato, pela Equação 3.29, a diferencial do potencial é dada por

$$dV = -\mathbf{E}(\mathbf{r}) \cdot d\mathbf{r} = -E_x dx - E_y dy - E_z dz. \tag{3.38}$$

Por outro lado, sabemos que

$$dV = \frac{\partial V}{\partial x} dx + \frac{\partial V}{\partial y} dy + \frac{\partial V}{\partial z} dz. \tag{3.39}$$

Comparando as Equações 3.38 e 3.39 concluímos:

■ Componentes do campo elétrico como derivadas do potencial

$$E_x = -\frac{\partial V}{\partial x}, \quad E_y = -\frac{\partial V}{\partial y}, \quad E_z = -\frac{\partial V}{\partial z}. \tag{3.40}$$

Sabemos que o gradiente de uma função escalar $f(\mathbf{r}) = f(x, y, z)$ é definido na forma

$$\nabla f = \frac{\partial f}{\partial x}\mathbf{i} + \frac{\partial f}{\partial y}\mathbf{j} + \frac{\partial f}{\partial z}\mathbf{k}. \tag{3.41}$$

Mas, com base na Equação 3.40 podemos escrever

$$\mathbf{E} = E_x\mathbf{i} + E_y\mathbf{j} + E_z\mathbf{k} = -\frac{\partial V}{\partial x}\mathbf{i} - \frac{\partial V}{\partial y}\mathbf{j} - \frac{\partial V}{\partial z}\mathbf{k}, \tag{3.42}$$

e, portanto, a partir da comparação entre as Equações 3.41 e 3.42 concluímos

$$\mathbf{E} = -\nabla V. \tag{3.43}$$

O campo elétrico em um dado ponto é menos o gradiente do potencial elétrico naquele ponto, como mostra a Equação 3.43

Esta equação diz que o campo elétrico em um dado ponto é menos o gradiente do potencial elétrico naquele ponto.

E·E **E**xercício-exemplo 3.6

■ Dado o potencial $V(\mathbf{r}) = \dfrac{Q}{4\pi\varepsilon_o}\dfrac{1}{r}$, calcular o campo elétrico.

■ **Solução**

Temos que calcular o gradiente de $\dfrac{1}{r} = \dfrac{1}{\sqrt{x^2+y^2+z^2}}$. Portanto, temos que calcular as derivadas parciais desta função em relação às coordenadas cartesianas. Vê-se que

$$\frac{\partial}{\partial x}\left(\frac{1}{r}\right) = -\frac{1}{2}\frac{2x}{\left(x^2+y^2+z^2\right)^{\frac{3}{2}}} = -\frac{x}{r^3}.$$

De maneira análoga, obtemos

$$\frac{\partial}{\partial y}\left(\frac{1}{r}\right) = -\frac{y}{r^3}, \qquad \frac{\partial}{\partial z}\left(\frac{1}{r}\right) = -\frac{z}{r^3}.$$

Finalmente, podemos escrever

$$\nabla\left(\frac{1}{r}\right) = -\frac{x\mathbf{i}+y\mathbf{j}+z\mathbf{k}}{r^3} = -\frac{\mathbf{r}}{r^3} = -\frac{\hat{\mathbf{r}}}{r^2}, \tag{3.44}$$

$$\mathbf{E} = -\nabla V = -\frac{Q}{4\pi\varepsilon_o}\nabla\left(\frac{1}{r}\right) = \frac{Q}{4\pi\varepsilon_o}\frac{\hat{\mathbf{r}}}{r^2}. \tag{3.45}$$

Exercício   E 3.14 Nos anos 1980, Arthur C. Gossard produziu cristais da liga semicondutora $Al_f Ga_{1-f}As$ em que a fração f de alumínio varia ao longo da direção z de modo que no interior do cristal há um potencial elétrico dado por

$$V(z) = az^2 \quad |z| \le L, \text{ e } V(z) = aL^2 \quad |z| > L.$$

O potencial não depende das variáveis x e y. Calcule o campo elétrico no interior do cristal.

Seção 3.8 ■ Superfícies eqüipotenciais

Superfície eqüipotencial é uma superfície em que o potencial elétrico é constante

No interior de um condutor em equilíbrio o campo elétrico é nulo, o que significa que o potencial elétrico ali é constante. Temos o que se chama um volume eqüipotencial. A superfície do condutor é uma superfície eqüipotencial. O conceito de superfície eqüipotencial é muito importante. Quando nos deslocamos em uma superfície eqüipotencial, o potencial V não varia. Como a diferencial do potencial é dada por $dV = \mathbf{E}\cdot d\mathbf{r}$, para que o potencial não se altere com o deslocamento $d\mathbf{r}$ é necessário que $\mathbf{E}$ seja nulo ou que $\mathbf{E}$ e $d\mathbf{r}$ sejam ortogonais. Ou seja, uma superfície eqüipotencial é ortogonal, em cada ponto, ao campo elétrico. A Figura 3.9 mostra dois exemplos simples de cortes planos em superfícies eqüipotenciais.

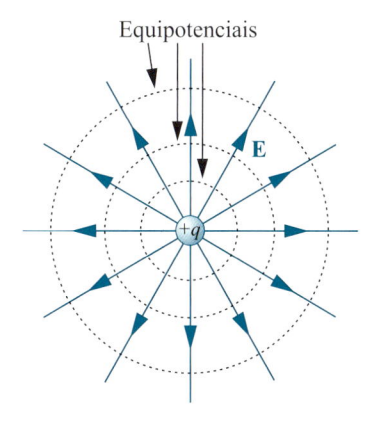

Equipotenciais

E

$+q$

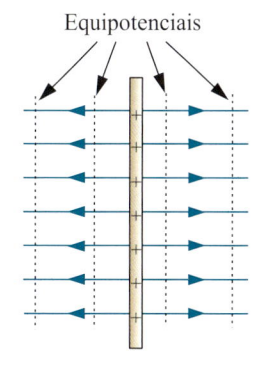

Equipotenciais

Figura 3.9

Superfícies eqüipotenciais dos campos gerados por uma carga pontual e por um plano infinito uniformemente carregado.

Seção 3.9 ■ Dipolo elétrico

Uma carga elétrica pontual é também denominada monopolo elétrico. Um par de cargas pontuais de mesmo valor e sinais opostos é um dipolo elétrico

Uma dada configuração de cargas aparece com muita freqüência no eletromagnetismo e merece um estudo à parte, o dipolo elétrico. O dipolo é um par de cargas elétricas de mesma intensidade q e sinais opostos, separadas por uma dada distância d.

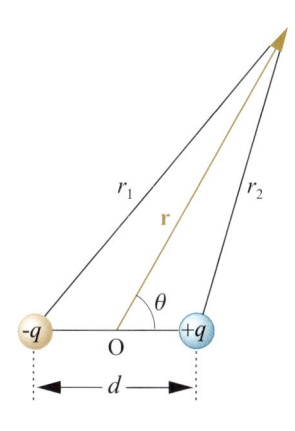

r_1
r_2
r
θ
$-q$ O $+q$
d

Figura 3.10

Dipolo elétrico e variáveis utilizadas para o cálculo do potencial elétrico por ele gerado.

Tomando-se a origem das coordenadas no ponto médio entre as duas cargas, como se vê na Figura 3.10, o potencial no ponto **r** é dado por

$$V = \frac{q}{4\pi\varepsilon_o}\left(\frac{1}{r_1} - \frac{1}{r_2}\right), \tag{3.46}$$

onde

$$\frac{1}{r_1} = \left(r^2 + \frac{d^2}{4} - rd\cos\theta\right)^{-\frac{1}{2}} = \frac{1}{r}\left(1 + \frac{d^2}{4r^2} - \frac{d}{r}\cos\theta\right)^{-\frac{1}{2}}, \tag{3.47}$$

$$\frac{1}{r_2} = \left(r^2 + \frac{d^2}{4} + rd\cos\theta\right)^{-\frac{1}{2}} = \frac{1}{r}\left(1 + \frac{d^2}{4r^2} + \frac{d}{r}\cos\theta\right)^{-\frac{1}{2}}. \tag{3.48}$$

Na aproximação de dipolo, desprezamos os termos de segunda ordem e de ordem superior na variável d/r

Para grandes distâncias, $d \ll r$ e as duas expressões nas Equações 3.47 e 3.48 podem ser substituídas por expressões aproximadas. A chamada aproximação de dipolo consiste em ignorar os termos de segunda ordem e de ordem superior na variável d/r. Nesta aproximação, pode-se escrever

$$\frac{1}{r_1} = \frac{1}{r}\left(1 - \frac{d}{r}\cos\theta\right)^{-\frac{1}{2}} = \frac{1}{r}\left(1 + \frac{1}{2}\frac{d}{r}\cos\theta\right), \tag{3.49}$$

$$\frac{1}{r_2} = \frac{1}{r}\left(1 + \frac{d}{r}\cos\theta\right)^{-\frac{1}{2}} = \frac{1}{r}\left(1 - \frac{1}{2}\frac{d}{r}\cos\theta\right). \tag{3.50}$$

Com estas aproximações, a Equação 3.46 toma a forma

$$V(\mathbf{r}) = \frac{qd}{4\pi\varepsilon_o}\frac{\cos\theta}{r^2}. \tag{3.51}$$

Definindo o vetor dipolo elétrico na forma

■ Definição matemática de dipolo elétrico

$$\mathbf{p} = q\mathbf{d}, \tag{3.52}$$

onde o sentido de **d** vai da carga negativa para a carga positiva, obtemos a forma compacta para a energia potencial

■ Potencial gerado por um dipolo elétrico

$$V(\mathbf{r}) = \frac{1}{4\pi\varepsilon_o}\frac{\mathbf{p}\cdot\hat{\mathbf{r}}}{r^2}. \tag{3.53}$$

Monopolo elétrico é outra denominação para uma carga pontual.

É importante notar que o potencial do dipolo elétrico decai com r^{-2}, contrariamente ao potencial de uma carga (também denominada monopolo elétrico), o qual decai com r^{-1}. Isto ocorre porque uma carga do dipolo anula parcialmente o potencial da outra carga.

Para o campo elétrico criado pelo dipolo, é conveniente escolher o sistema de eixos tal que o eixo z seja alinhado com o dipolo. Neste caso, $z = r\cos\theta$ e da Equação 3.50 resulta:

$$V(x,y,r) = \frac{qd}{4\pi\varepsilon_o}\frac{z}{r^3} = \frac{p}{4\pi\varepsilon_o}\frac{z}{(x^2 + y^2 + z^2)^{\frac{3}{2}}}. \tag{3.54}$$

O potencial elétrico e o campo elétrico são obviamente simétricos em torno do eixo z. Podemos agora utilizar a Equação 3.40 para calcular as componentes do campo elétrico do dipolo:

$$E_x = -\frac{\partial V}{\partial x} = \frac{p}{4\pi\varepsilon_o}\frac{3xz}{r^5}, \quad E_y = -\frac{\partial V}{\partial y} = \frac{p}{4\pi\varepsilon_o}\frac{3yz}{r^5}, \tag{3.55}$$

$$E_z = -\frac{\partial V}{\partial z} = \frac{p}{4\pi\varepsilon_o}\left(\frac{3z^2}{r^5} - \frac{1}{r^3}\right). \tag{3.56}$$

Em coordenadas esféricas, r, θ, ϕ, dadas por

$$x = r\,\text{sen}\,\theta\cos\phi, \quad y = r\,\text{sen}\,\theta\,\text{sen}\,\phi, \quad z = r\cos\theta,$$

o campo elétrico é expresso na forma

$$E_x = \frac{p}{4\pi\varepsilon_o}\frac{3\cos\theta\,\text{sen}\,\theta\,\cos\phi}{r^3},$$

$$E_y = \frac{p}{4\pi\varepsilon_o}\frac{3\cos\theta\,\text{sen}\,\theta\,\text{sen}\,\phi}{r^3},$$

$$E_z = \frac{p}{4\pi\varepsilon_o}\frac{3\cos^2\theta - 1}{r^3}, \tag{3.57}$$

Deve-se notar que o sistema de cargas representado na Figura 1.11C do Capítulo 1 (*A Força Elétrica*) é na verdade um dipolo elétrico. Portanto, essa figura mostra as linhas de força do campo do dipolo elétrico.

E·E Exercício-exemplo 3.7

■ O dipolo da Figura 3.11 vale $p = 2,0$ nC · cm, e cada célula da grade é um quadrado com lado de 10 cm. Calcule o potencial elétrico e o campo elétrico nos pontos 1, 2 e 3.

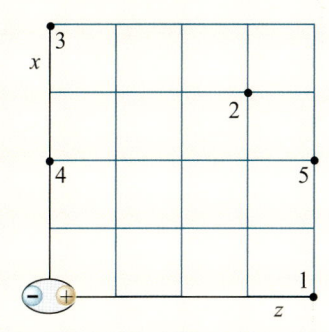

Figura 3.11
(Exercício-exemplo 3.7).

■ **Solução**

Para calcular o potencial, usaremos a relação

$$V = \frac{p}{4\pi\varepsilon_o}\frac{\cos\theta}{r^2} = 9,0\times10^9\,\frac{\text{Nm}^2}{\text{C}^2}\times2,0\times10^{-9}\text{C}\times10^{-2}\text{m}\,\frac{\cos\theta}{r^2}$$

$$= 0,18\,\frac{\text{Jm}^2}{\text{C}}\,\frac{\cos\theta}{r^2}.$$

No ponto 1, $\theta = 0$, $r = 0,40$ m, e podemos escrever:

$$V = 0,18\,\frac{\text{Jm}^2}{\text{C}}\,\frac{1}{0,16\text{m}^2} = 1,1\,\frac{\text{J}}{\text{C}}.$$

No ponto 2, $\theta = 45°$, $r^2 = (0,09 + 0,09)\text{m}^2 = 0,18$ m², e obtemos

$$V = 0,18\,\frac{\text{Jm}^2}{\text{C}}\,\frac{0,707}{0,18\text{m}^2} = 0,71\,\frac{\text{J}}{\text{C}}.$$

No ponto 3, $\theta = 90°$, e portanto $V = 0$.

Para calcular o campo elétrico, usaremos as Equações 3.57. Considerando que $\phi = 0$, E_y é igual a zero nos três pontos. No ponto 1, temos

$$E_x = 0,18\,\frac{\text{Nm}^3}{\text{C}}\,\frac{0}{(0,4\text{m})^3} = 0,$$

$$E_z = 0,18\,\frac{\text{Nm}^3}{\text{C}}\,\frac{3-1}{0,064\text{m}^3} = 5,6\,\frac{\text{N}}{\text{C}}.$$

No ponto 2,

$$E_x = 0,18\,\frac{\text{Nm}^3}{\text{C}}\,\frac{3\times0,707\times0,707}{(0,18)^{3/2\,3}\text{m}} = 3,5\,\frac{\text{N}}{\text{m}},$$

$$E_z = 0,18\,\frac{\text{Nm}^3}{\text{C}}\,\frac{3\times0,5-1}{(0,18)^{3/2\,3}\text{m}} = 1,2\,\frac{\text{N}}{\text{C}}.$$

No ponto 3, $E_x = 0$ e

$$E_z = 0,18\,\frac{\text{Nm}^3}{\text{C}}\,\frac{0-1}{(0,4\text{m})^3} = -2,8\,\frac{\text{N}}{\text{C}}.$$

Exercício   E 3.15 Calcule o potencial elétrico e o campo elétrico nos pontos 4 e 5 da Figura 3.12.

Seção 3.10 ■ Dipolo em um campo externo

Muitas situações cientificamente e tecnologicamente importantes envolvem dipolos elétricos sob a ação de um campo externo. Um campo elétrico uniforme **E** não exerce qualquer força resultante sobre o dipolo, como se vê na Figura 3.12. A força sobre um dos pólos é perfeitamente cancelada pela força no outro pólo. Entretanto, há um torque não-nulo sobre o dipolo. Sua direção é perpendicular à folha do papel e seu sentido é horário, ou seja, negativo. Definindo a direção z como perpendicular ao papel, lado positivo para cima, podemos escrever

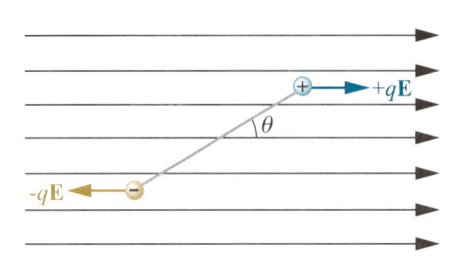

Figura 3.12

Forças exercidas por um campo elétrico uniforme **E** sobre um dipolo elétrico. Observa-se que a força resultante é nula.

$$\tau_z = -2qE\frac{d}{2}\operatorname{sen}\theta = -pE\operatorname{sen}\theta. \tag{3.58}$$

O torque pode também ser expresso na forma

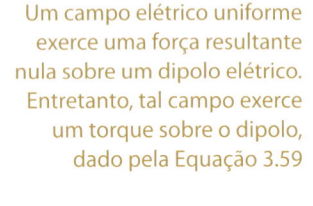

Um campo elétrico uniforme exerce uma força resultante nula sobre um dipolo elétrico. Entretanto, tal campo exerce um torque sobre o dipolo, dado pela Equação 3.59

$$\boldsymbol{\tau} = \mathbf{p} \times \mathbf{E}. \tag{3.59}$$

Devido ao torque exercido pelo campo sobre o dipolo, a energia potencial do dipolo depende da sua orientação relativa à direção do campo, que estudaremos a seguir. Para obter a energia potencial, temos de calcular o trabalho realizado pelo campo sobre o dipolo quando ele gira. Calcularemos isso fazendo referência à Figura 3.13.

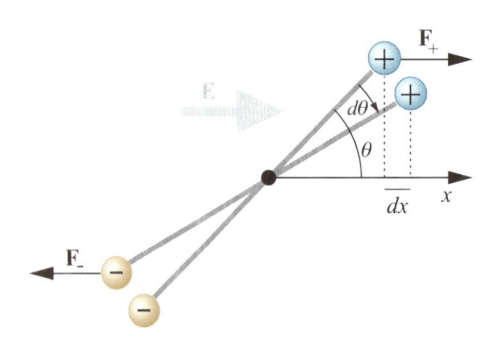

Figura 3.13

Quando o ângulo do dipolo, cujo valor inicial é θ, sofre um incremento $d\theta$, o trabalho que o campo faz sobre a carga positiva é

$$dW_+ = F_+ \cdot d\mathbf{r} = F_+ dx. \tag{3.60}$$

Por outro lado, a coordenada x da carga positiva é $x = (d/2)\cos\theta$. Portanto,

$$dW_+ = -qE(d/2)\operatorname{sen}\theta d\theta. \tag{3.61}$$

Deve-se notar que sobre a carga negativa é realizado um trabalho exatamente igual a este, ou seja, $dW_- = dW_+$. O trabalho sobre o dipolo será

$$dW = dW_+ + dW_- = -qEd\,\mathrm{sen}\,\theta\,d\theta = -pE\,\mathrm{sen}\,\theta\,d\theta$$

Tomando-se a energia potencial do dipolo como nula quando sua orientação é perpendicular ao campo — ou seja, $V(\pi/2) = 0$ —, a energia potencial para um ângulo qualquer θ será

$$U(\theta) = -\int_{\pi/2}^{\theta} dW = \int_{\pi/2}^{\theta} pE\,\mathrm{sen}\,\theta'\,d\theta'. \tag{3.62}$$

Efetuando essa integração, obtemos

$$U = -pE\cos\theta = -\mathbf{p} \cdot \mathbf{E}. \tag{3.63}$$

Nota-se que a energia potencial é mínima quando o dipolo está alinhado com o campo. Isto significa que dipolos elétricos submetidos a um campo elétrico tendem a ficar alinhados com ele. Como veremos no Capítulo 5 (*Dielétricos*), esse fato é muito importante para o comportamento de materiais não-condutores (também chamados materiais dielétricos) sob o efeito de campos elétricos.

E-E Exercício-exemplo 3.8

■ *Como funciona um forno a microondas.* A molécula de água (H_2O) tem um dipolo elétrico cujo valor é $6,2 \times 10^{-30}$ C · m. Esse dipolo sofre reorientações quando está sob efeito do campo elétrico de uma microonda, e desse modo absorve energia da onda. Calcule a variação da energia potencial quando a molécula gira, sob efeito de um campo elétrico de 1,0 kV/m, partindo da orientação ortogonal ao campo e ficando alinhada com o mesmo.

■ Solução

Pela Equação 3.63, podemos escrever

$$\Delta U = U_{final} - U_{inicial} = -pE\cos 0 + pE\cos(\pi/2) = -pE.$$

Substituindo os valores de p e de E, obtemos

$$\Delta U = -6,2 \times 10^{-30}\,\mathrm{C \cdot m} \times 1,0 \times 10^{3}\,\frac{\mathrm{J}}{\mathrm{C \cdot m}} = -6,2 \times 10^{-27}\,\mathrm{J}.$$

Nota-se que a variação da energia é bastante pequena. Entretanto, o forno a microondas funciona exatamente com base na reorientação das moléculas de água sob o efeito do campo elétrico oscilante da microonda. O campo elétrico fica oscilando sua orientação com a freqüência da microonda, que no caso é 2,45 GHz. Em 100 mililitros de água existem $3,3 \times 10^{24}$ moléculas. Cada uma dessas moléculas faz um pequeno giro a cada oscilação da microonda (são $2,45 \times 10^{9}$ oscilações por segundo) e em cada reorientação uma quantidade de energia é dada à molécula. Tal energia é transformada em calor devido ao atrito interno que tenta impedir o giro da molécula. Quando multiplicamos o trabalho calculado ($-\Delta U$) pelo número de moléculas e pelo número de giros em cada segundo, encontramos uma energia muito grande. Tal energia foi por nós altamente superestimada porque as moléculas fazem apenas um pequeno giro, e não uma rotação de 90°, como se supôs. De qualquer modo, a microonda pode transferir algo como 600 W de potência para um copo d´água.

O forno a microondas apenas aquece substâncias que contêm água, pois atua sobre o dipolo elétrico dessas moléculas. Sua freqüência de 2,45 GHz foi escolhida para maximizar a potência absorvida pela água.

E 3.16 Calcule o trabalho feito por um campo elétrico de 300V/m quando este gira um dipolo elétrico de 200 nC · m que de início estava antiparalelo ao campo e finalmente se alinha com ele.

E 3.17 A molécula de água possui um dipolo elétrico $p = 6,2 \times 10^{-30}$ C · m. Considere a molécula submetida a um campo elétrico uniforme $E = 2,0 \times 10^5$ N/C. Calcule (*A*) o torque sobre a molécula orientada perpendicularmente a **E**. (*B*) A diferença de energia entre as orientações antiparalela a **E** e paralela a **E** do dipolo elétrico. (*C*) A força exercida sobre a molécula.

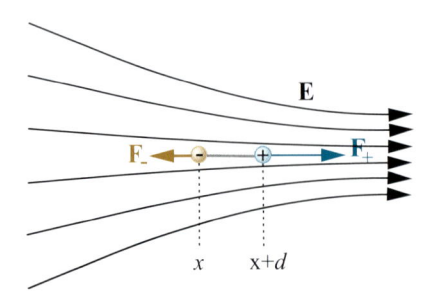

Figura 3.14

Forças exercidas por um campo elétrico não-uniforme sobre um dipolo elétrico alinhado com o campo. Observa-se que a força resultante não é mais nula.

Quando o campo elétrico não é uniforme, a força resultante sobre o dipolo também deixa de ser nula. A Figura 3.14 mostra o dipolo quando alinhado com o campo elétrico, ou seja, em sua condição de energia potencial mínima. Na posição da carga negativa, o campo vale E. Já na posição da carga positiva o valor do campo é

$$E + \Delta E = E + \frac{\partial E}{\partial x}d. \tag{3.64}$$

A força sobre o dipolo será

$$F = F_+ + F_- = q\left(E + \frac{\partial E}{\partial x}d\right) - qE = qd\frac{\partial E}{\partial x} = p\frac{\partial E}{\partial x}. \tag{3.65}$$

Observa-se que a força aponta para o sentido em que o campo é crescente. Se o dipolo estivesse antiparalelo ao campo, a força teria o sentido em que o campo fosse decrescente. Em muitas situações, existe uma grande quantidade de dipolos imersos em uma região de campo não-uniforme. Isto é o que ocorre, por exemplo, em um gás constituído de moléculas polares, ou seja, moléculas que possuem dipolo elétrico. Quando submetidas a um campo elétrico, essas moléculas ficam preferencialmente com o dipolo elétrico paralelo ao campo, porque nessa configuração a energia potencial é mais baixa, como se vê pela Equação 3.63. Por esta razão, elas tendem a ser arrastadas para a região do espaço onde o campo é mais intenso.

E·E Exercício-exemplo 3.9

■ Calcule a força que uma carga pontual Q exerce sobre um dipolo **p** à distância r da carga e alinhado paralelamente ao campo criado pela carga.

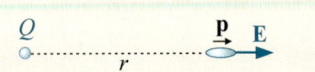

Figura 3.15

(Exercício-exemplo 3.9).

■ **Solução**

A Figura 3.16 mostra o dipolo alinhado com o campo **E** da carga. Usando a Equação 3.65, trocando a variável x por r, escrevemos

$$F = p\frac{\partial E}{\partial r} = p\frac{\partial}{\partial r}\left(\frac{Q}{4\pi\varepsilon_o r^2}\right) = p\left(-\frac{Q}{2\pi\varepsilon_o r^3}\right),$$

$$F = -\frac{pQ}{2\pi\varepsilon_o r^3}.$$

O sinal menos indica que o dipolo é atraído pela carga.

Seção 3.11 ■ Distribuição de cargas em um condutor

Conforme vimos no capítulo anterior, em equilíbrio todo excesso de cargas em um condutor se distribui na superfície deste. Tal conclusão é uma conseqüência lógica da lei de Gauss. Raciocinando não em termos da lei de Gauss, mas sim da lei de Coulomb, pode-se interpretar a razão física desse fato. Devido à repulsão, as cargas procuram se distribuir de modo a ficar o mais distantes possível umas das outras, e isto acaba levando-as para a superfície. Tendo em vista a simetria, é claro também que em uma esfera as cargas em excesso se distribuem uniformemente na superfície. Em um corpo condutor de forma geral, por outro lado, parece também intuitivo que uma fração desproporcional de cargas se situe em regiões em que o corpo apresente pontas, pois nelas as cargas ficam mais afastadas das restantes. Isto pode ser colocado em termos mais concretos em uma situação especial descrita a seguir. Imagine duas esferas condutoras de raios r e $R > r$. Suponhamos que as duas esferas estejam muito afastadas de modo a se poder ignorar a ação eletrostática de uma sobre a outra, mas haja um fio condutor ligando as duas esferas, como mostra a Figura 3.16. Devido ao fio condutor, pode-se concluir que no estado de equilíbrio as duas esferas estarão no mesmo potencial V. De fato, qualquer diferença de potencial entre as esferas implicaria um campo elétrico no fio e, portanto, corrente elétrica neste.

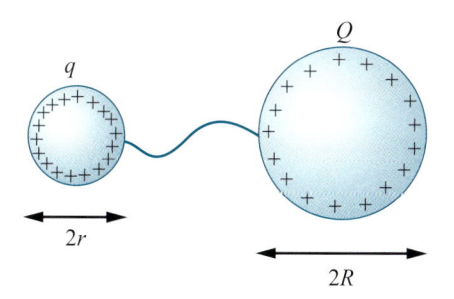

Figura 3.16

Corte em um par de esferas condutoras carregadas e conectadas por um fio condutor. Uma esfera tem raio duas vezes maior do que o da outra.

Em conseqüência da igualdade do potencial nas duas esferas pode-se escrever

$$\frac{Q}{4\pi\varepsilon_o R} = \frac{q}{4\pi\varepsilon_o r}, \qquad (3.66)$$

onde Q é a carga na esfera grande e q a carga na esfera pequena. Sendo σ_R e σ_r, respectivamente, as densidades superficiais de cargas nas duas esferas, a Equação 3.65 permite escrever

$$\frac{\sigma_R R^2}{R} = \frac{\sigma_r r^2}{r} \qquad \Rightarrow \frac{\sigma_R}{\sigma_r} = \frac{r}{R}. \qquad (3.67)$$

Esta equação mostra que as densidades de cargas são inversamente proporcionais aos raios das esferas.

Imaginemos agora que o fio seja retirado e as esferas sejam deslocadas até entrar em contato uma com a outra. Quando as esferas se aproximam, a tendência das cargas em cada esfera é se distribuírem de maneira assimétrica, preferindo o lado oposto ao da esfera vizinha.

Quando as esferas se tocam, formam um objeto com duas pontas, uma mais rombuda e outra mais aguda, nas quais se concentra maior densidade de carga. Na ponta mais aguda a densidade de carga é também mais elevada. O fato geral é que, em um corpo condutor carregado que apresenta pontas, estas acumulam uma densidade de cargas que tende a ser inversamente proporcional ao raio local de curvatura. Na vizinhança dessas pontas, o campo elétrico tende também a ser maior, já que este é proporcional à densidade local de cargas. Este fenômeno, ilustrado na Figura 3.17, é denominado *efeito eletrostático das pontas*.

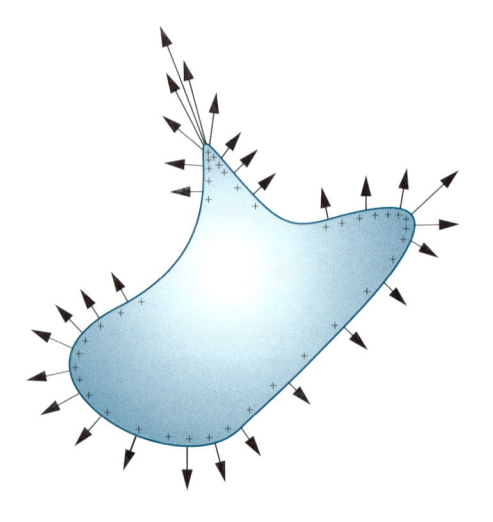

Figura 3.17

As cargas em um condutor de forma irregular tendem a se concentrar nos pontos da superfície nos quais o raio de curvatura é pequeno. Nesses pontos o campo elétrico (indicado pelas setas na figura) é também mais intenso.

O efeito das pontas manifesta-se em diversas situações. É comum que o campo eletrostático de condutores carregados seja suficiente para gerar descargas elétricas no ar. As moléculas do ar sofrem freqüentes colisões umas com as outras. Entre duas colisões, uma dada molécula percorre uma distância típica, denominada *livre percurso médio*, designada pelo símbolo ℓ. Em colisões com uma superfície eletricamente carregada, pode ocorrer que moléculas do ar fiquem ionizadas, ou seja, adquiram ou percam um elétron, dependendo de a carga da superfície ser, respectivamente, negativa ou positiva. De qualquer modo, a molécula será repelida pelo corpo carregado com a força eE, onde e é a carga do elétron e E é a intensidade local do campo. Até a primeira colisão com outra molécula, esta ganhará uma energia cinética cujo valor típico é

$$K = F\ell = eE\ell. \tag{3.68}$$

Se o campo elétrico E for suficientemente intenso, esta energia será suficiente para que um elétron seja arrancado da outra molécula na colisão. O efeito será então ampliado. O resultado final será uma descarga elétrica súbita e violenta, uma faísca, como se denomina. O campo elétrico capaz de causar a faísca é denominado rigidez dielétrica do ar. O fato geral é que as faíscas sempre têm origem nas pontas do corpo carregado. O pára-raios é um dispositivo projetado para localizar as descargas geradas pela eletricidade da atmosfera em pontos seguros e convenientes. Um cabo metálico com início no solo se projeta para um ponto elevado e termina em um arranjo de pontas. Esse arranjo é um ponto extremamente privilegiado para dar origem a descargas elétricas.

O efeito das pontas é também utilizado em dois tipos de microscópios modernos, o *microscópio de emissão de campo* e o *microscópio de tunelamento*. Os inventores deste último microscópio ganharam por isto o Prêmio Nobel em 1986.

O campo elétrico gerado por um corpo condutor carregado é mais intenso onde o corpo apresente pontas. Descargas elétricas ocorrem com muito maior probabilidade nesses pontos. O pára-raios e os microscópios de efeito de campo e de tunelamento têm sua operação baseada neste fenômeno

Rigidez dielétrica de um meio é o campo elétrico máximo que ele pode suportar sem que haja uma descarga elétrica

Exercício

E 3.18 Uma esfera metálica com raio de 5,0 cm está distante de outra esfera metálica com raio de 1,0 cm. As duas esferas estão conectadas por um fio condutor, e a esfera maior tem uma carga de 8,0 nC. Qual é a carga na esfera menor?

PROBLEMAS

P 3.1 Quatro cargas de módulo q, duas positivas e duas negativas, estão situadas nos vértices de um quadrado de lado L. As cargas de sinal igual ocupam os vértices opostos do quadrado. Calcule a energia potencial eletrostática do sistema.

P 3.2 Calcule a auto-energia eletrostática do urânio-238, considerando-o uma esfera de raio $6,8 \times 10^{-15}$ m que contém a carga de 92 prótons uniformemente distribuída em seu interior.

P 3.3 Supondo que os números de prótons e nêutrons na Terra sejam iguais, calcule a fração f de seus elétrons que o planeta que perder para desintegrar-se, ou seja, para que a sua auto-energia negativa gravitacional fosse neutralizada pela sua auto-energia positiva eletrostática. Suponha que a carga elétrica esteja uniformemente distribuída no corpo da Terra e que também seja uniforme a densidade de massa.

P 3.4 Duas cascas esféricas condutoras concêntricas de raios R_1 e R_2 estão carregadas com cargas de sinais opostos e módulo q, como se vê na Figura 3.18. Calcule a energia associada ao campo elétrico gerado pelo sistema.

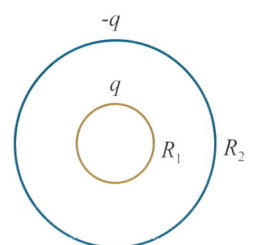

Figura 3.18

(Problema 3.4).

P 3.5 Um elétron, partindo do repouso, é acelerado por um campo elétrico e se desloca para outro ponto onde o potencial elétrico é $1,0 \times 10^4$ V mais alto. Qual é a velocidade adquirida pelo elétron?

P 3.6 Um cabo elétrico retilíneo infinito com seção circular de raio a tem uma densidade linear de carga uniforme igual a λ. Calcule a energia eletrostática por unidade de comprimento do cabo. Discuta o resultado.

P 3.7 Calcule o valor do potencial elétrico à distância d de um plano infinito com densidade σ uniforme de carga, tomando o ponto de referência no infinito.

P 3.8 Calcule o campo elétrico no ponto P da Figura 3.19 (A) aplicando diretamente a lei de Coulomb, e (B) utilizando a fórmula para o campo de um dipolo elétrico.

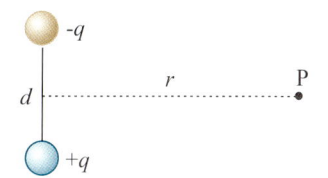

Figura 3.19

(Problema 3.8).

P 3.9 Duas esferas metálicas de raios R e r, respectivamente, estão separadas por uma distância d muito maior do que R e r. Inicialmente, a esfera de raio R possui uma carga Q e a outra esfera está descarregada. Um fio condutor é ligado às duas esferas, de modo que parte da carga Q possa ser transferida para a esfera de raio r, e após cessar a corrente o fio é retirado. (A) Demonstre que a energia eletrostática do sistema é agora menor do que seu valor inicial. (B) Calcule a força entre as duas esferas.

P 3.10 Um dipolo elétrico é formado por duas pequenas esferas metálicas de raio a, separadas pela distância $d \gg a$, com cargas opostas de intensidade q. Calcule a energia associada ao campo elétrico do dipolo. *Sugestão*: calcule a auto-energia das duas esferas e adicione a energia eletrostática negativa devida à sua atração mútua.

P 3.11 A molécula de água, H_2O, tem uma configuração de cargas que pode ser representada qualitativamente como na Figura 3.20. Os dois átomos de H perdem seus elétrons para o átomo de O, de modo que este fica com uma carga líquida $-2e$, enquanto cada átomo de H fica reduzido a um próton com carga $+e$. Para distâncias bastante maiores do que o diâmetro da molécula, o campo elétrico gerado pela mesma equivale ao de um dipolo elétrico. Os dois prótons são substituídos por uma carga $+2e$ situada no ponto médio entre os prótons da Figura 3.20 e toda a carga $-2e$ do íon O^{2-} é posicionada sobre a mediatriz da linha que liga os dois prótons. O valor medido do dipolo é $p = 6,2 \times 10^{-30}$ C · m. (A) Calcule a distância entre o centro das cargas positivas $+2e$ e o centro das cargas negativas $-2e$. (B) Calcule o campo elétrico no ponto da Figura 3.20 0,50 nm acima do centro da molécula.

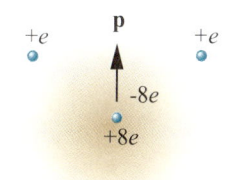

Figura 3.20

(Problema 3.11).

P 3.12 Dois dipolos elétricos de módulo p estão afastados um do outro a distância r. A Figura 3.21 mostra cinco possibilidades para as orientações do par de dipolos. Calcule a energia potencial para cada uma das configurações.

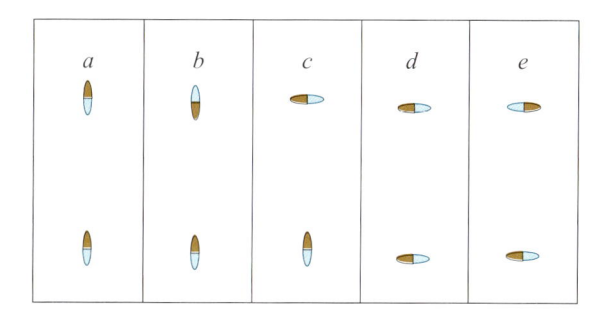

Figura 3.21

(Problema 3.12).

P 3.13 O elipsóide metálico mostrado na Figura 3.22 tem carga líquida $+q$. Esboce qualitativamente a distribuição das cargas no corpo e as linhas de força do campo elétrico e as superfícies eqüipotenciais.

Figura 3.22

(Problema 3.13).

P 3.14 A Figura 3.23 mostra uma agulha de tungstênio, cuja ponta tem um raio de curvatura de 0,01 μm, próxima de uma placa condutora. Entre a placa e agulha existe uma diferença de potencial de 10 V. (*A*) Esboce qualitativamente as linhas de força do campo elétrico. (*B*) Estime a intensidade do campo na superfície da ponta da agulha.

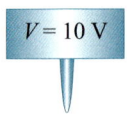

$V = 10\ \text{V}$

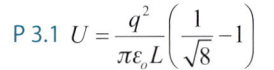

V = 0

Figura 3.23

(Problema 3.14).

P 3.15 Deduza a auto-energia eletrostática de uma esfera uniformemente carregada de raio *R*, dada pela Equação 3.14, adotando o seguinte procedimento: em um dado estágio de construção da carga, a esfera terá raio *r* e sua carga será $q = \rho 4\pi r^3 / 3$, onde $\rho = 3Q / 4\pi R^3$. O potencial na sua superfície será $V = q / 4\pi \varepsilon_o r$. O elemento de carga trazido do infinito para criar uma nova camada infinitesimal na esfera terá valor $dq = \rho 4\pi r^2\, dr$, e o trabalho necessário para trazer *dq* será $dW = V dq$. A auto-energia eletrostática será $U = \int dW = \int V dq$.

P 3.16 Mostre que a energia acumulada no campo gerado tanto por um plano infinito uniformemente carregado como em um fio retilíneo uniformemente carregado é infinita. Como entender esses resultados?

P 3.17 Uma esfera de cobre, com raio de 3,0 cm, tem uma carga de 2,0 nC. Por meio de um fio condutor a esfera é conectada a outra de alumínio com raio de 1,0 cm, relativamente afastada. Após se estabelecer o equilíbrio, quanto de carga haverá em cada uma das esferas?

P 3.18 A Figura 3.24 mostra um plano infinito (perpendicular à página) com densidade uniforme de carga *σ* e uma barra fina com uma carga *q* uniformemente distribuída ao longo do seu comprimento. A barra pode girar em torno do seu centro, fixo à distância *d* do plano. Mostre que a energia potencial elétrica do sistema não varia quando a barra é girada.

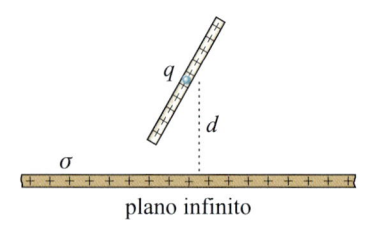

plano infinito

Figura 3.24

(Problema 3.18).

■ **R**espostas dos exercícios ■

E 3.1 $U = -4,35 \times 10^{-18}$ J.

E 3.2 8,98 MJ

E 3.3 $1,5 \times 10^{-13}$ J

E 3.4 $\dfrac{3q^2}{4\pi\varepsilon_o L}$

E 3.5 $U = -5,6 \times 10^{-7}$ J.

E 3.6 6,5 μJ

E 3.7 0,12 nJ

E 3.8 $4,45 \times 10^{-12}$ J/m³

E 3.9 $2,4 \times 10^{31}$ J/m³

E 3.10 1,41 J/m³

E 3.11 (*A*) 35 J/C; (*B*) 19 J/C

E 3.12 (*A*) 540V; (*B*) 680V

E 3.13 R: 16 MV

E 3.14 $\mathbf{E} = -2az\hat{\mathbf{k}}\quad |z| \le L,\quad \mathbf{E} = 0\quad |z| > L$

E 3.16 120 μJ.

E 3.17 (*A*) $\tau = 1,2 \times 10^{-24}$ N · m; (*B*) $\Delta U = 2,5 \times 10^{-24}$; (*C*) $F = 0$.

E 3.18 1,6 nC

■ **R**espostas dos problemas ■

P 3.1 $U = \dfrac{q^2}{\pi\varepsilon_o L}\left(\dfrac{1}{\sqrt{8}} - 1\right)$

P 3.2 $1,7 \times 10^{-10}$ J

P 3.3 $f = 1,8 \times 10^{-18}$

P 3.4 $U = \dfrac{q^2}{8\pi\varepsilon_o}\dfrac{R_2 - R_1}{R_1 R_2}$

P 3.5 $5,9 \times 10^7$ m/s

P 3.6 Infinita. O problema não é realizável na prática.

P 3.7 Infinito

P 3.8 (*A*) $\mathbf{E} = \dfrac{-\mathbf{p}}{4\pi\varepsilon_o}\dfrac{1}{\left[r^2 + (d/2)^2\right]^{3/2}}$; (*B*) $\mathbf{E} = \dfrac{-\mathbf{p}}{4\pi\varepsilon_o r^3}$

P 3.9 $F = \dfrac{Q^2}{4\pi\varepsilon_o d^2}\dfrac{Rr}{(R+r)^2}$

P 3.10 $U = \dfrac{q^2}{4\pi\varepsilon_o}\dfrac{d-a}{ad}$

P 3.11 (*A*) 0,019 m; (*B*) $8,9 \times 10^8$ N / C, apontando para cima.

P 3.12 $U(a) = -2U,\quad U(b) = 2U,\quad U(c) = 0,\quad U(d) = U,\ U(e) = -U$, onde $U = \dfrac{p^2}{4\pi\varepsilon_o r^3}$.

P 3.14 $\text{E} \approx 10^9$ V / m

P 3.17 1,5 nC na esfera maior e 0,5 nC na menor.

4

Capacitores

Seção 4.1 ■ O que são e para que servem os capacitores

Capacitor é um dispositivo utilizado para armazenar carga elétrica. Ao armazenar carga, armazena também energia em campo eletrostático. Os capacitores encontram aplicações muito diversas. Em circuitos elétricos, capacitores são empregados como reservas de energia que podem ser disponibilizadas no circuito para gerar correntes elétricas intensas durante curta duração. Esse tipo de aplicação é o que encontramos, por exemplo, no *flash* de uma máquina fotográfica. Durante o período de alguns segundos em que o disparo do *flash* está sendo preparado, o capacitor é carregado por uma pilha que fornece potência da ordem de apenas 1 watt. Mas a energia acumulada, de cerca de 1 joule, é descarregada no *flash* em questão de milissegundos, gerando assim potência de centenas de watts. Na chamada fibrilação ventricular, o coração não consegue bombear o sangue porque suas fibras musculares entram em um regime de contração e relaxação caóticas. Esse regime caótico pode ser interrompido, o que faz com que o coração retome seu regime ritmado de contração-relaxação, se o órgão for submetido a uma corrente intensa de curta duração, cerca de 20 A durante milissegundos. Por meio de baterias, os capacitores são carregados em tempos de segundos e descarregados em pulsos de correntes com duração de 2 ms em que a potência atinge 100 kW. Em alguns casos, a potência a ser fornecida por capacitores é algo gigantesco. No Livermore National Laboratory, em Berkeley, EUA, a fusão nuclear de deutério contido em pequenas esferas é realizada num aparato em que um conjunto de lasers emite simultaneamente pulsos ultracurtos e ultra-intensos de luz que convergem sobre a esfera, causando pressão e aquecimento suficientes para gerar a fusão nuclear. A energia fornecida aos lasers é armazenada em capacitores e descarregada em correntes gigantescas de curta duração. Os pulsos dos lasers têm duração de 3 ns e durante esse tempo a potência do conjunto atinge 500 Terawatt, o que equivale a 200 vezes a potência elétrica contínua total instalada nos EUA. Capacitores também são amplamente utilizados para estabilizar correntes em circuitos diversos, em dispositivos de memória em *chips* de computadores e em outras aplicações na eletrotécnica e na eletrônica.

Seção 4.2 ■ Esquema básico de um capacitor

Os componentes essenciais e universais de um capacitor são um par de corpos condutores nos quais se possam colocar cargas iguais e de sinais opostos, como mostra a Figura 4.1. A eventual existência de outras cargas na vizinhança do capacitor será ignorada. Na verdade, os capacitores são construídos de forma a serem pouco sensíveis à influência de outras cargas na vizinhança. Assim, consideraremos que os corpos condutores estejam muito distantes de outros corpos carregados. Independentemente das suas formas, os dois condutores do capacitor são denominados placas. Em cada placa o potencial elétrico é uniforme: na placa com carga positiva o potencial é V_+ e na placa com carga negativa o potencial é V_-; a diferença de potencial entre elas é

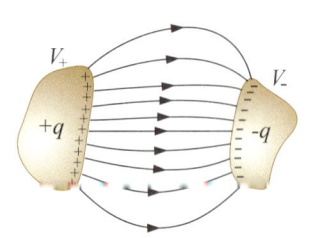

Figura 4.1

Esquema geral de um capacitor: dois corpos metálicos, denominados placas, com cargas iguais de sinais opostos.

$$\Delta V = V_+ - V_-. \tag{4.1}$$

Na verdade, é usual escrever V para designar a diferença de potencial entre as duas placas, ou seja, $V = V_+ - V_-$, e seguiremos tal notação. Pelo fato de os potenciais elétricos dos corpos variarem linearmente com suas cargas, temos a relação de proporcionalidade:

■ Definição de capacitância C de um capacitor

$$V = C^{-1}q \;\Rightarrow\; q = CV, \tag{4.2}$$

onde q é o módulo das cargas nas placas e C é a *capacitância do capacitor*. A capacitância é uma constante — ou seja, não varia com q — que depende da geometria do capacitor. Diz-se que q é a carga do capacitor. Observe que, de fato, uma placa tem carga q e a outra tem carga $-q$ e, portanto, a carga total no capacitor é na verdade nula. A capacitância é o parâmetro mais importante referente a um capacitor. A unidade de capacitância no SI é *o faraday*, símbolo F. Naturalmente, podemos escrever:

■ Definição do faraday, unidade de capacitância no SI

$$\text{faraday} = \frac{\text{coulomb}}{\text{volt}}. \tag{4.3}$$

Como vimos anteriormente, a permissividade elétrica do vácuo vale

$$\varepsilon_o = 8{,}85 \times 10^{-12}\,\frac{C^2}{N \cdot m^2} = 8{,}85 \times 10^{-12}\,\frac{C}{V \cdot m}, \tag{4.4}$$

onde usamos a relação V = J / C = Nm / C. Utilizando o faraday como unidade de medida, e considerando a Equação 4.3, podemos exprimir a permissividade também na forma

$$\varepsilon_o = 8{,}85 \times 10^{-12}\,\frac{F}{m}. \tag{4.5}$$

Esta última forma de exprimir ε_o é a mais adotada na eletrotécnica.

Seção 4.3 ■ Exemplos de capacitor

Em algumas situações especiais, pode-se explorar a simetria de um capacitor para se determinar a configuração do campo elétrico e a sua capacitância. Os capacitores mais simétricos felizmente também são os mais importantes. Nesta seção, discutiremos alguns deles.

4.3.1 Capacitor de placas paralelas

O capacitor de placas paralelas é um dispositivo de uso muito comum. Além disso, é muito útil para a exploração teórica de vários fenômenos no eletromagnetismo. Sua importância é tão especial que o símbolo ┤├ para capacitor é exatamente um esquema desse capacitor específico. Tal dispositivo consiste em duas placas iguais, planas e paralelas, geralmente separadas por uma distância d muito menor que as dimensões das placas. O termo placas, utilizado para designar os condutores de um capacitor, se inspira no capacitor de placas paralelas.

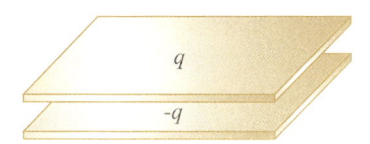

Figura 4.2

Capacitor de placas paralelas carregado com a carga q.

A Figura 4.2 ilustra o dispositivo carregado com a carga q. Na figura, as placas têm forma retangular. Este é um detalhe irrelevante. Sua forma pode ser circular ou qualquer outra. Não é possível calcular analiticamente o campo elétrico gerado pelo capacitor carregado. Entretanto, isto pode ser obtido, com a desejada precisão, por meio de cálculo numérico em computador.

Figura 4.3

Linhas de força de um capacitor de placas paralelas. O encurvamento das linhas próximo às bordas das placas é denominado efeito de borda.

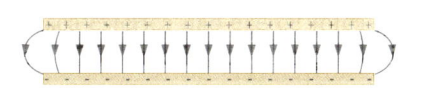

A Figura 4.3 mostra o esboço das linhas de força que representam o campo elétrico. Não é difícil entender o comportamento qualitativo das linhas de força. No espaço entre as placas, longe das bordas, o campo é uniforme e, portanto, as linhas de força têm densidade uniforme. Isso só é possível se as linhas de força forem paralelas. Próximo às bordas, o campo fica menos intenso e, portanto, as linhas de força se curvam para fora para ficarem mais espaçadas. Na parte externa do capacitor, longe das bordas, o campo elétrico é muito pequeno.

O encurvamento das linhas de força próximo às bordas das placas é denominado efeito de borda. Quanto menor for a razão entre o espaçamento d entre as placas e a sua dimensão L, menos significativo é o efeito de borda. Nas nossas considerações a seguir o efeito de borda será completamente ignorado. Neste caso, as linhas de força serão expressas aproximadamente pelo esquema mostrado na Figura 4.4.

> Efeito de borda de um capacitor de placas paralelas é o encurvamento das linhas de campo próximo às bordas das placas

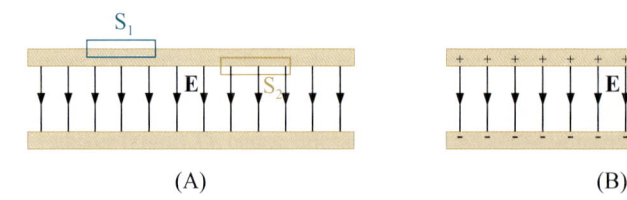

(A)   (B)

Figura 4.4

Linhas de força de um capacitor de placas paralelas na idealização em que o efeito de borda é ignorado. A figura também mostra duas superfícies de Gauss, com as quais o campo elétrico do capacitor pode ser calculado, e a distribuição das cargas nas placas.

O campo elétrico, nesse caso, é homogêneo, de intensidade E no interior das placas e nulo em seu exterior. A Figura 4.4A mostra também dois tipos de superfícies fechadas que utilizaremos para análise baseada na lei de Gauss. Consideremos primeiramente a superfície S_1. No interior do condutor, o campo elétrico é nulo. Como o campo é também nulo na região externa às placas, seu fluxo na superfície S_1 é nulo. Pela lei de Gauss, a carga elétrica no interior dessa superfície é nula. Portanto, toda a carga nas placas fica distribuída na superfície interna, como mostra a Figura 4.4B. Isto não é difícil de entender: a interação entre as cargas faz com que as cargas negativas fiquem o mais próximas possível das cargas positivas.

Vamos considerar agora a superfície S_2, e supor que esta é um cilindro vertical com base de área ΔA. Pela lei de Gauss, obtemos

$$\varepsilon_o E\Delta A = \sigma\Delta A, \tag{4.6}$$

onde σ é a densidade superficial de carga. Portanto, obtemos

$$E = \frac{\sigma}{\varepsilon_o}. \tag{4.7}$$

Uma vez que o campo elétrico E é uniforme entre as placas, a densidade de carga σ será constante em toda a superfície interna. Portanto, sendo A a área das placas, podemos escrever

> ■ Campo elétrico entre as placas de um capacitor de placas paralelas

$$E = \frac{q}{\varepsilon_o A}. \tag{4.8}$$

Uma vez que a diferença de potencial entre as placas é $V = Ed$, podemos escrever ainda

$$V = \frac{d}{\varepsilon_o A}q. \tag{4.9}$$

Portanto, a capacitância será

> ■ Capacitância do capacitor de placas paralelas

$$C = \frac{\varepsilon_o A}{d}. \tag{4.10}$$

E·E **E**xercício-exemplo 4.1

■ Um capacitor é formado por duas placas com área de 50,0 cm², separadas pela distância de 0,600 cm. Suas placas são submetidas a uma tensão de 80 V. Tensão elétrica, ou simplesmente tensão, é uma expressão usualmente utilizada para indicar diferença de potencial elétrico. Calcule: (*A*) A capacitância do capacitor. (*B*) A sua carga *q*. (*C*) O campo elétrico no seu interior.

■ Solução

(*A*) A capacitância é dada por

$$C = \frac{\varepsilon_o A}{d} = \frac{8,85 \times 10^{-12}\, \text{F} \times \text{m}^{-1} \times 50 \times 10^{-4}\, \text{m}^2}{6,00 \times 10^{-3}\, \text{m}} = 7,38 \times 10^{-12}\, \text{F} = 7,38\ \text{pF}.$$

(*B*) A carga no capacitor será

$$q = CV = 7,38 \times 10^{-12}\, \text{C} \times \text{V}^{-1} \times 80\text{V} = 5,90 \times 10^{-10}\, \text{C}.$$

(*C*) O campo é dado por

$$E = \frac{80\text{V}}{6,00 \times 10^{-3}\, \text{m}} = 1,33 \times 10^4\ \frac{\text{V}}{\text{m}}.$$

Poderíamos, como alternativa, calcular o campo a partir da densidade de carga nas placas:

$$E = \frac{\sigma}{\varepsilon_o} = \frac{q}{A\varepsilon_o} = \frac{5,90 \times 10^{-10}\, \text{C}}{5,00 \times 10^{-3}\, \text{m}^2 \times 8,85 \times 10^{-12}\, \text{C} \times \text{V}^{-1} \times \text{m}^{-1}} = 13,3\ \frac{\text{kV}}{\text{m}}.$$

E·E **E**xercício-exemplo 4.2

■ Um capacitor de placas circulares paralelas tem carga *q* quando a tensão entre as placas é *V*. Sabendo-se que a separação entre as placas é *d*, qual é o seu raio?

■ Solução

Podemos expressar a capacitância do capacitor na forma

$$C = \varepsilon_o \frac{\pi r^2}{d}.$$

Por outro lado, a capacitância é *C* = *q* / *V*. Portanto, podemos escrever

$$\frac{q}{V} = \varepsilon_o \frac{\pi r^2}{d}.$$

O raio das placas será, então,

$$r = \sqrt{\frac{qd}{\pi \varepsilon_o V}}.$$

Exercícios

E 4.1 (*A*) Calcule a capacitância de um par de placas paralelas com área de 100 cm² cada, separadas 3,0 mm. (*B*) Calcule o campo elétrico quando o capacitor tem uma carga de 0,10 μC.

E 4.2 No Exercício-exemplo 4.1, vimos que a capacitância do capacitor é da ordem de picofaraday. Considere que as placas do capacitor sejam quadradas. Mantida inalterada a separação entre elas (6,0 mm), qual deve ser o lado do quadrado para que o capacitor tenha capacitância de 1,0 F?

E 4.3 Um capacitor de placas paralelas tem placas circulares com raio de 5,00 cm. Ao ser carregado com carga de 0,700 nC, no capacitor aparece uma tensão de 60 V. Qual é a separação entre as placas?

4.3.2 Capacitor cilíndrico

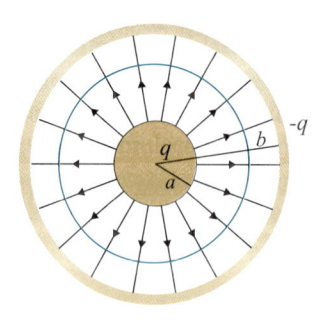 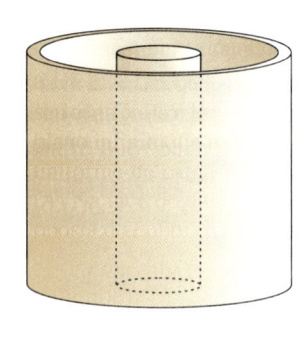

Figura 4.5

Corte em um capacitor cilíndrico por um plano normal ao seu eixo, e sua visão em perspectiva. Por simetria, as linhas de força são radiais. A linha azul é um corte em uma superfície de Gauss também de forma cilíndrica. A intensidade do campo elétrico é obviamente a mesma sobre todos os pontos dessa linha.

O capacitor cilíndrico é formado por dois cilindros coaxiais de altura h e raios a e b, sendo $a < b$. A Figura 4.5 mostra um corte no capacitor por um plano paralelo à base dos cilindros; sua visão em perspectiva também é mostrada. No caso específico da figura, o capacitor está carregado com a carga q no cilindro interno e a carga $-q$ no cilindro externo. Por simetria, o campo elétrico sempre terá direção radial. Analogamente ao caso do capacitor de placas paralelas, o efeito de borda curvará para fora do capacitor as linhas de força próximas das extremidades dos cilindros. Tal efeito será também ignorado, de modo que o campo elétrico só será considerado diferente de zero na região entre os dois cilindros. A intensidade do campo é a mesma em todos os pontos eqüidistantes do eixo do capacitor. A figura também mostra, em linha azul, o corte em uma superfície de Gauss. Esta é um cilindro de altura h e raio r, tal que $a < r < b$. Aplicando a lei de Gauss a esta superfície, obtemos

$$E \, 2\pi r h = \frac{q}{\varepsilon_o} \quad \Rightarrow E = \frac{q}{2\pi\varepsilon_o h}\frac{1}{r} \quad a \leq r \leq b. \tag{4.11}$$

A diferença de potencial entre as placas do capacitor será

$$V = \int_a^b E(r)\,dr = \frac{q}{2\pi\varepsilon_o h}\int_a^b \frac{dr}{r} = \frac{q}{2\pi\varepsilon_o h}\ln\!\left(\frac{b}{a}\right). \tag{4.12}$$

A capacitância do capacitor vale, então,

■ Capacitância de um capacitor cilíndrico

$$C = 2\pi\varepsilon_o \frac{h}{\ln(b/a)}. \tag{4.13}$$

E·E # Exercício-exemplo 4.3

■ Um capacitor cilíndrico tem altura de 5,00 cm e sua placa interna tem raio de 6,00 mm. (*A*) Sabendo-se que sua capacitância é de 2,00 pF, qual é o raio da placa externa? (*B*) Se aplicarmos uma tensão de 50 V no capacitor, qual é o valor máximo do campo elétrico em seu interior?

■ **Solução**

(*A*) A Equação 4.13 permite escrever:

$$\ln(b/a) = \frac{2\pi\varepsilon_o h}{C} \quad \Rightarrow b = a\exp\!\left[\frac{2\pi\varepsilon_o h}{C}\right].$$

Com os dados do problema podemos calcular:

$$\frac{2\pi\varepsilon_o h}{C} = \frac{6,28\times 8,85\times 10^{-12}\,(\text{F/m})\times 0,0500\text{m}}{2,00\times 10^{-12}\text{F}} = 1,39.$$

Portanto,

$b = 6{,}00\text{mm} \times \exp(1{,}39) = 24{,}1 \text{ mm}.$

(*B*) O campo elétrico terá seu valor máximo na superfície do cilindro interno. Para calcularmos esse campo, temos antes de conhecer o valor da carga no capacitor. Seu valor será

$q = CV = 2{,}00 \times 10^{-12} \text{ F} \times 50{,}0\text{V} = 1{,}00 \times 10^{-10} \text{ C}.$

Pela Equação 4.11, fazendo $r = a$, temos

$$E_{\text{máx}} = \frac{q}{2\pi\varepsilon_o h a}.$$

Substituindo os valores numéricos:

$$E_{\text{máx}} = \frac{1{,}00 \times 10^{-10}\,\text{C}}{6{,}28 \times 8{,}85 \times 10^{-12}\,(\text{C}^2/\text{Nm}^2) \times 0{,}05\text{m} \times 0{,}006\text{m}} = 6{,}00 \times 10^3\,\frac{\text{N}}{\text{C}}.$$

Exercícios

E 4.4 Um capacitor cilíndrico com altura de 6,0 cm tem capacitância de 1,6 pF. Qual é a razão *b/a* entre os raios dos cilindros?

E 4.5 Um capacitor cilíndrico tem as seguintes características: comprimento igual a 10 cm, raio da placa interna igual a 1,0 cm e raio da placa externa igual 2,0 cm. Calcule (*A*) a sua capacitância e (*B*) a intensidade do campo em pontos eqüidistantes das duas placas, quando o capacitor tem carga de 0,10 μC.

4.3.3 Capacitor esférico

O capacitor esférico é constituído de duas cascas esféricas concêntricas de raios *a* e *b*, sendo $a < b$. Suponhamos que o capacitor esteja carregado com a carga *q*, e que a esfera interior tenha carga positiva. O campo elétrico será sempre radial, apontando para fora. O capacitor não tem qualquer anomalia do tipo efeito de borda. O campo entre as duas placas será radial e terá a mesma intensidade em pontos eqüidistantes do centro do capacitor. Aplicando a lei de Gauss a uma esfera concêntrica com o capacitor, de raio *r* intermediário entre *a* e *b*, obtemos:

$$E\,4\pi r^2 = \frac{q}{\varepsilon_o} \quad \Rightarrow E = \frac{q}{4\pi\varepsilon_o r^2} \quad a \le r \le b. \tag{4.14}$$

A diferença de potencial entre as duas placas do capacitor é

$$V = \frac{q}{4\pi\varepsilon_o} \int_a^b \frac{dr}{r^2} = \frac{q}{4\pi\varepsilon_o}\left(\frac{1}{a} - \frac{1}{b}\right). \tag{4.15}$$

A capacitância do capacitor será

■ Capacitância de um capacitor esférico

$$C = 4\pi\varepsilon_o \frac{ab}{b-a}. \tag{4.16}$$

Um caso limite de capacitor esférico tem especial importância: aquele em que a esfera exterior tem raio infinito. Neste caso, a capacitância tem valor

$$C = \lim_{b \to \infty} 4\pi\varepsilon_o \frac{ab}{b-a} = 4\pi\varepsilon_o a. \tag{4.17}$$

É comum referir-se à capacitância de um dado corpo. Neste caso, estamos imaginando o referido corpo no centro de uma casca esférica infinita e a capacitância do corpo é a do par corpo–casca. O faraday é uma unidade bastante grande de capacitância, e os corpos usuais têm capacitância que raramente ultrapassa picofaraday. Por exemplo, pela Equação 4.17, uma esfera metálica com raio de 1,0 cm tem capacitância de

$$C = 4 \times 3,14 \times 8,85 \times 10^{-12}\, F \times m^{-1} \times 0,010 m = 1,1\, pF.$$

Para que uma esfera tenha capacitância de 1 F, seu raio tem de ser igual a

$$a = \frac{1F}{4\pi\varepsilon_o} = \frac{1F}{4 \times 3,14 \times 8,85 \times 10^{-12}\, F \cdot m^{-1}} = 9 \times 10^9\, m.$$

Isto é mais de vinte vezes a distância da Terra à Lua. No próximo capítulo você verá como é possível construir capacitores com alta capacitância, da ordem de milifaraday (mF) e até mesmo de mais de 1 faraday. Tais capacitores são incomuns. Pelo fato de que em geral a capacitância dos capacitores é muito pequena, em unidades de faraday, freqüentemente se utiliza pF = 10^{-12} ou µF = 10^{-6} F para medir capacitância.

E·E Exercício-exemplo 4.4

■ Em um capacitor esférico, os raios interno e externo são, respectivamente, 2,00 cm e 4,00 cm. O capacitor está carregado e o campo elétrico no ponto médio ($r = 3,00$ cm) entre as placas do campo é de 1,50 kV/m. (A) Qual é a capacitância do capacitor? (B) Qual é a sua carga?

■ Solução

(A) Pela Equação 4.16, podemos calcular a capacitância:

$$C = 12,6 \times 8,85 \times 10^{-12}\, \frac{F}{m} \times \frac{8,00 \times 10^{-4}\, m^2}{2,00 \times 10^{-2}\, m} = 4,46\, pF.$$

(B) Para calcular a carga, consideraremos uma superfície de Gauss de forma esférica com raio r concêntrica ao capacitor. Pelo teorema de Gauss:

$$4\pi r^2 E = \frac{q}{\varepsilon_o} \Rightarrow q = 4\pi\varepsilon_o r^2 E.$$

Substituindo os valores numéricos, obtemos

$$q = 12,6 \times 8,85 \times 10^{-12}\, \frac{C^2}{Nm^2} \times 9,00 \times 10^{-4}\, m^2 \times 1,5 \times 10^3\, \frac{N}{C} = 15,1\, nC.$$

Exercício   E 4.6 Em um capacitor esférico, o raio da casca externa é de 5,0 cm. Qual deve ser o raio da esfera interna para que a capacitância seja 3,7 pF?

Seção 4.4 ■ Energia no capacitor

Como vimos, uma das principais aplicações dos capacitores é acumular energia. A energia potencial do capacitor fica armazenada no campo elétrico que ele gera ao ser carregado. Quando o capacitor está descarregado, o campo é nulo e, portanto, a energia potencial também é nula. A energia armazenada no capacitor é igual ao trabalho necessário para carregá-lo. De fato, ao carregar o capacitor, efetivamente o que se faz é transportar cargas de uma placa para outra. A placa que cede as cargas positivas (ou recebe as cargas negativas) fica carregada negativamente, e a outra fica carregada positivamente. Em um estágio genérico do processo de carregamento, o capacitor tem carga q' e a diferença de potencial entre as placas é $V' = C^{-1} q'$. Para se transferir uma carga diferencial dq', exige-se então o trabalho externo dado por

$$dW = V' \, dq' = C^{-1} q' \, dq'. \tag{4.18}$$

A energia potencial final U do capacitor será igual ao trabalho externo total realizado para carregá-lo. Logo,

A energia acumulada em um capacitor pode ser calculada por uma das fórmulas alternativas, dadas pelas Equações 4.19 e 4.20

$$U = \int_0^q C^{-1} q' dq' = \frac{q^2}{2C}. \tag{4.19}$$

Uma vez que $q = CV$, a energia pode também ser escrita na forma

$$U = \frac{1}{2} C V^2. \tag{4.20}$$

Temos ainda uma terceira fórmula alternativa para calcular a energia acumulada em um capacitor, somando a energia do campo elétrico gerado por ele em todos os pontos do espaço. Considerando que a densidade de energia é $u = \frac{1}{2}\varepsilon_o E^2$, obtemos:

As fórmulas expressas pelas Equações 4.20 e 4.21 dão sempre o mesmo resultado para a energia acumulada em um capacitor. Isto é evidência convincente de que a densidade de energia eletrostática é realmente dada por $u = \frac{1}{2}\varepsilon_o E^2$

$$U = \frac{1}{2} \varepsilon_o \int E^2 dV, \tag{4.21}$$

onde dV é o elemento de volume e a integração se faz em todo o espaço. O resultado sempre irá concordar com o obtido pela Equação 3.20 (ou 3.19), o que indica que a fórmula utilizada para a densidade de energia do campo elétrico é correta. No caso específico do capacitor de placas paralelas, a integração indicada na Equação 4.21 é simples, já que o campo E é uniforme e igual a $q / \varepsilon_o A$ dentro do capacitor, e nulo fora dele. A Equação 4.21 nesse caso leva a:

$$U = \frac{1}{2} \varepsilon_o \left(\frac{q}{\varepsilon_o A} \right)^2 Ad = \frac{1}{2} \frac{d}{\varepsilon_o A} q^2. \tag{4.22}$$

Uma vez que a capacitância vale $\varepsilon_o A / d$, a Equação 4.22 resulta em

$$U = \frac{1}{2} \frac{q^2}{C} = \frac{1}{2} C V^2. \tag{4.23}$$

E·E Exercício-exemplo 4.5

■ Calcule a energia acumulada em um capacitor esférico através da energia do campo elétrico.

■ Solução

Considerando a Equação 4.14 e o fato de que o campo é nulo fora do intervalo $a \leq r \leq b$, tomando como elemento de volume a casca de raio r e de espessura dr, cujo volume vale $dV = 4\pi r^2 \, dr$, a partir da Equação 4.21 obtemos

$$U = \frac{1}{2} \varepsilon_o \int_a^b \left(\frac{q}{4\pi\varepsilon_o r^2} \right)^2 4\pi r^2 dr = \frac{1}{2} \frac{q^2}{4\pi\varepsilon_o} \int_a^b \frac{dr}{r^2}.$$

Efetuando a integração,

$$U = \frac{1}{2} \frac{q^2}{4\pi\varepsilon_o} \left(\frac{1}{a} - \frac{1}{b} \right) = \frac{1}{2} \frac{q^2}{4\pi\varepsilon_o} \frac{b - q}{ab}.$$

Considerando a Equação 4.16, chegamos finalmente a

$$U = \frac{1}{2} \frac{q^2}{C}.$$

Exercícios

E 4.7 Calcule a densidade de energia de um capacitor de placas paralelas cujas placas tenham área de 40 cm² e separação de 5,0 mm, se a tensão entre as placas é de 60 V.

E 4.8 Em um capacitor esférico, os parâmetros são $a = 3,0$ cm e $b = 8,0$ cm. O capacitor está submetido a uma tensão de 100 V. Calcule (A) a energia total acumulada no capacitor e (B) a densidade máxima de energia associada ao campo elétrico.

Rigidez dielétrica de um meio é o campo elétrico acima do qual ocorre descarga elétrica no referido meio.

A limitação de um capacitor, quando utilizado como acumulador de energia eletrostática, decorre de que não se pode aumentar indefinidamente a intensidade de um campo elétrico. Em qualquer meio material, existe um valor máximo do campo a partir do qual este gera descargas elétricas através do meio. Esse campo máximo é denominado rigidez dielétrica do meio. A rigidez dielétrica do ar à pressão de uma atmosfera vale 3 kV/mm. Isto significa que a densidade máxima de energia eletrostática que se pode acumular no ar é $\varepsilon_o E_{máx}^2 / 2 = 8,85 \times 10^{-12} \times 9 \times 10^{12}$ J/m³ $/ 2 = 40$ J/m³. No próximo capítulo, veremos como o preenchimento do espaço entre as placas dos capacitores com materiais isolantes pode resultar em grande aumento na sua capacidade de acumular energia.

E·E ## Exercício-exemplo 4.6

■ Em um capacitor esférico, os raios das esferas são $a = 3,0$ cm e $b = 4,0$ cm. O espaço entre as esferas é preenchido por ar. Qual é o máximo de energia que se pode acumular no capacitor?

■ **Solução**

O campo terá a intensidade máxima na superfície da placa interna, e ali valerá

$$E_{máx} = \frac{q_{máx}}{4\pi\varepsilon_o a^2},$$

onde $q_{máx}$ é a carga máxima que o capacitor comporta sem provocar uma descarga no ar. Essa carga máxima é

$$q_{máx} = 4\pi\varepsilon_o a^2 E_{máx}.$$

A energia máxima acumulável é

$$U_{máx} = \frac{1}{2}\frac{q_{máx}}{C} = \frac{1}{2}\frac{b-a}{4\pi\varepsilon_o ab}(4\pi\varepsilon_o)^2 a^4 (E_{máx})^2,$$

$$U_{máx} = \frac{1}{2}\frac{b-a}{b}(4\pi\varepsilon_o)a^3 (E_{máx})^2.$$

Substituindo os valores numéricos, temos

$$U_{máx} = \frac{1}{2}\frac{4-3}{4}\times 12,6\times 8,85\times 10^{-12}\,\frac{C^2}{N\times m^2}\times 27\times 10^{-6}\,m^3 \times 9\times 10^{12}\,\frac{N^2}{C^2},$$

$$U_{máx} = 3\ mJ.$$

Observe, com base neste exemplo, que a energia máxima é bastante pequena. Isto significa que o tipo de capacitores que temos considerado não é muito eficaz para o armazenamento de grandes quantidades de energia. No próximo capítulo veremos como obter capacitores mais poderosos.

Exercícios

E 4.9 Calcule a quantidade máxima de energia acumulável em um capacitor de placas paralelas cujas placas têm área de 100 cm² separadas por uma camada de ar de 1,0 cm.

Seção 4.5 ■ Capacitores em paralelo e em série

Capacitores são componentes muito comuns em circuitos eletroeletrônicos. Freqüentemente, os circuitos contêm dois tipos especiais de arranjos de capacitores, denominados *capacitores em paralelo* e *capacitores em série*. A análise dos circuitos fica muito mais simples se a função desses arranjos de capacitores for substituída pela função de um capacitor equivalente, ou seja, um capacitor que efetivamente possa desempenhar a mesma função. A maneira de se estabelecer tal correspondência será estudada a seguir.

4.5.1 Capacitores em paralelo

Dois ou mais capacitores são ligados em paralelo quando as placas de um capacitor estão em curto-circuito com as placas de mesmo sinal de carga dos outros, como mostra a Figura 4.6. O símbolo ⊣⊢ no lado esquerdo da figura é universalmente usado para representar uma pilha, ou uma bateria. O traço longo e fino (o superior, no caso da figura) representa o pólo positivo da pilha, e o traço curto e mais grosso representa o pólo negativo. Sejam C_1, C_2,...C_n as capacitâncias dos n capacitores ligados em série. Como as placas de uma dada polaridade dos diversos capacitores estão em curto-circuito, todos os capacitores estão submetidos à mesma voltagem (diferença de potencial) V. Portanto, suas cargas serão $C_1 V_2$, $C_2 V_2$, $C_3 V_3$, respectivamente, e a carga total no sistema de capacitores será

$$q = q_1 + q_2 + ... q_n = (C_1 + C_2 + ... C_n)V. \tag{4.24}$$

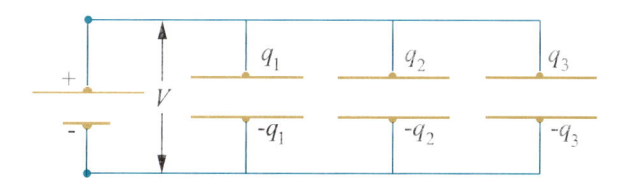

Figura 4.6

Capacitores ligados em paralelo. Nesse tipo de ligação, as placas dos capacitores que têm a mesma polaridade (mesmo sinal das cargas) ficam em curto-circuito. Dessa forma, todos os capacitores ficam submetidos à mesma diferença de potencial.

Capacitância equivalente de um arranjo de capacitores é a capacitância de um capacitor que possa substituí-lo em um circuito

■ Capacitância equivalente de capacitores em paralelo

Pela definição de capacitância, conclui se imediatamente que o sistema de capacitores tem uma capacitância equivalente C dada por

$$C = C_1 + C_2 + ... C_n. \tag{4.25}$$

Como mostra a Equação 4.25, a capacitância equivalente de um arranjo de capacitores ligados em paralelo é a soma das capacitâncias individuais dos capacitores envolvidos. Na prática, ligação de capacitores em paralelo é uma maneira de construir um capacitor de grande capacitância a partir de capacitores de capacitância menor.

Exercício

E 4.10 Mostre que as cargas na Figura 4.6 obedecem à condição $q = q_1 + q_2 + q_3 = CV$, onde C é a capacitância equivalente do conjunto de capacitores. Ou seja, a relação $q = CV$ vale para o arranjo de capacitores se C for a capacitância equivalente.

4.5.2 Capacitores em série

A Figura 4.7 ilustra a ligação de capacitores em série. Observa-se que a diferença de potencial V aplicada às extremidades do sistema de capacitores é a soma $V_1 + V_2 + V_3 + ... V_n$

(considerando-se o caso geral de n capacitores) das diferenças de voltagem nos diversos capacitores envolvidos.

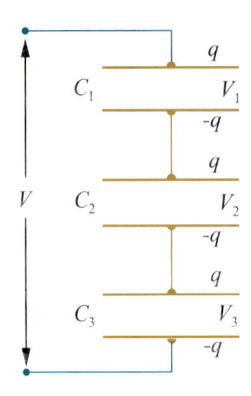

Figura 4.7

Capacitores ligados em série. Nesse tipo de ligação, a voltagem aplicada aos terminais do circuito é igual à soma das voltagens nos capacitores da série. Observa-se também que todos os capacitores têm a mesma carga.

Observa-se ainda que as placas de todos os capacitores têm cargas de mesmo módulo q. Nesse caso, pode-se escrever

$$V = V_1 + V_2 + \cdots V_n = \frac{q}{C_1} + \frac{q}{C_2} + \cdots \frac{q}{C_n}. \tag{4.26}$$

Definindo a capacitância equivalente C do arranjo pela equação $q = CV$, obtemos

■ Capacitância equivalente de capacitores em série

$$\frac{1}{C} = \frac{1}{C_1} + \frac{1}{C_2} + \cdots \frac{1}{C_n}. \tag{4.27}$$

O inverso da capacitância equivalente do sistema de capacitores ligados em série é, portanto, a soma dos inversos das capacitâncias individuais dos capacitores envolvidos. É claro que, nesse caso, a ligação em série reduz a capacitância efetiva. Tomemos como exemplo dois capacitores iguais, de capacitância C. Ligados em série, eles têm uma capacitância $\frac{C}{2}$. Por outro lado, porém, se em cada um existe uma diferença de potencial igual a V, a diferença de potencial no sistema será $2V$. A importância prática da ligação em série de capacitores reside justamente neste último fato. Os capacitores apresentam um limite para a voltagem aplicada. Ligados em série, eles são capazes de suportar uma voltagem maior.

E·E Exercício-exemplo 4.7

■ Na Figura 4.8, as placas do capacitor e também as faces grandes do bloco que se posiciona entre elas são quadrados de lado L. O bloco se posiciona de forma que as camadas de ar que o separam das placas têm, ambas, a espessura $d/4$. Calcule a capacitância do sistema e a energia nele acumulada.

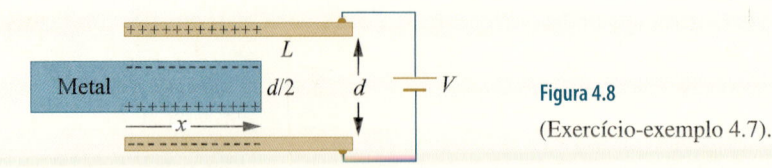

Figura 4.8

(Exercício-exemplo 4.7).

■ **Solução**

Como mostra a figura, as cargas nas placas concentram-se na região invadida pelo bloco e as cargas nas faces do bloco concentram-se na região interior às placas. O que temos, portanto, são dois capacitores ligados em série. Cada capacitor tem placas retangulares de lados L e x e separadas de $d/4$. Cada capacitor tem capacitância dada por

$$C_1 = \frac{\varepsilon_o Lx}{d/4} = \frac{4\varepsilon_o Lx}{d}.$$

A capacitância equivalente dos dois capacitores em série é

$$C = \frac{C_1 C_1}{C_1 + C_1} = \frac{C_1}{2} = \frac{2\varepsilon_o Lx}{d}.$$

A energia potencial elétrica armazenada no sistema de capacitores é

$$U = \frac{1}{2}CV^2 = \frac{\varepsilon_o LxV^2}{d}.$$

Exercícios

E 4.11 Três capacitores com capacitâncias de 2,0 pF, 3,0 pF e 4,0 pF estão ligados em série. Qual é a capacitância equivalente do conjunto?

E 4.12 Mostre, sem apelar para a Equação 4.27, que na Figura 4.9 vale a relação $q = \dfrac{C_1 C_2}{C_1 + C_2} V$.

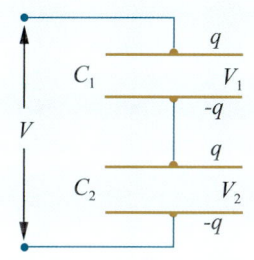

Figura 4.9

(Exercício 4.12).

4.5.3 Arranjos mais gerais de capacitores

Em circuitos, capacitores são conectados em arranjos muito diversos, mas sempre é possível calcular uma capacitância equivalente para tais arranjos. A Figura 4.10 mostra um arranjo simples em que capacitores são conectados de modo que há ligações em série e também em paralelo. O primeiro passo na análise do circuito é a identificação das ligações em série e em paralelo. Quando dois capacitores estão ligados em paralelo, suas placas positivas estão à mesma voltagem (o mesmo potencial), o mesmo ocorrendo com suas placas negativas, como foi ilustrado na Figura 4.6. O exame da Figura 4.10 mostra que os capacitores 1 (capacitância C_1) e 2 (capacitância C_2) estão ligados em paralelo. Suas tensões têm o mesmo valor V_1. Esse par de capacitores está ligado em série com o capacitor 3 (capacitância C_3). A placa positiva do capacitor 3 está em curto-circuito com as placas dos capacitores 1 e 2.

Para calcular a capacitância equivalente do arranjo completo, primeiro calculamos a capacitância equivalente dos capacitores 1 e 2. Esta será

$$C_{1,2} = C_1 + C_2. \tag{4.28}$$

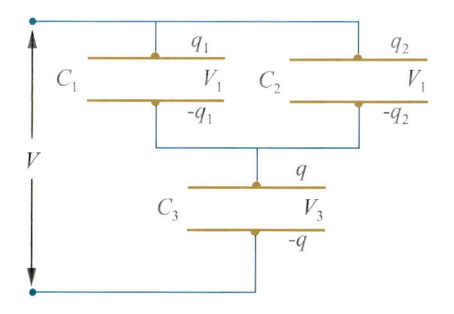

Figura 4.10

Um arranjo de capacitores em que há ligações em série e também em paralelo.

Agora podemos representar o circuito por um capacitor de capacitância $C_{1,2}$ ligado em série com outro de capacitância C_3, e escrever a capacitância efetiva do arranjo:

$$\frac{1}{C} = \frac{1}{C_{1,2}} + \frac{1}{C_3} = \frac{1}{C_1 + C_2} + \frac{1}{C_3}, \tag{4.29}$$

$$C = \frac{(C_1 + C_2)C_3}{C_1 + C_2 + C_3}. \tag{4.30}$$

Exercícios

E 4.13 Mostre que, na Figura 4.10, $q = q_1 + q_2$ e $V = V_1 + V_3$.

E 4.14 Supondo $C_1 = 4,0$ pF, $C_2 = 6,0$ pF e $C_3 = 10,0$ pF na Figura 4.10, qual é a capacitância equivalente do conjunto?

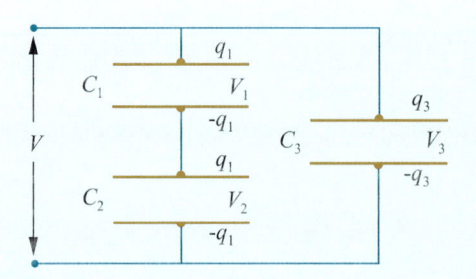

Figura 4.11
(Exercício 4.14).

Um outro arranjo de três capacitores é mostrado na Figura 4.11. Vê-se que os capacitores 1 e 2 estão ligados em série, e que o par está ligado em paralelo com o capacitor 3. A capacitância equivalente do par ligado em série é

$$C_{1,2} = \frac{C_1 C_2}{C_1 + C_2}, \tag{4.31}$$

e a capacitância equivalente do conjunto dos três capacitores é

$$C = C_{1,2} + C_3 = \frac{C_1 C_2}{C_1 + C_2} + C_3. \tag{4.32}$$

Exercícios

E 4.15 Mostre que, na Figura 4.11, $q_1 / C_1 + q_2 / C_2 = q_3 / C_3$.

E 4.16 Supondo $C_1 = 4,0$ pF, $C_2 = 6,0$ pF e $C_3 = 10,0$ pF na Figura 4.11, qual é a capacitância equivalente do conjunto?

PROBLEMAS

P 4.1 As duas placas de um capacitor esférico têm raios de 5,0 cm e 10,0 cm. Calcule (A) a sua capacitância e (B) o campo elétrico em pontos eqüidistantes das duas placas, quando o capacitor tem carga de 1,0 μC.

P 4.2 (A) Calcule a capacitância de uma esfera metálica de 10 cm de raio. (B) Calcule a energia de seu campo se a esfera estiver a um potencial de 100 V em relação ao infinito.

P 4.3 Um capacitor de placas paralelas tem capacitância de 200 pF, e o volume contido entre as placas é de 100 cm³. (A) Calcule a diferença de potencial entre as placas sabendo que o capacitor possui uma carga de $3,00 \times 10^{-8}$ C. (B) Calcule a densidade de energia associada ao campo elétrico do capacitor.

P 4.4 Um capacitor de placas paralelas, cuja área é A, está carregado com carga q. Mostre que as placas se atraem com a força $F = q^2 / 2\varepsilon_o A$.

P 4.5 Um capacitor de placas paralelas, de capacitância igual a 200 pF e placas separadas 1,00 mm, tem uma diferença de potencial de 50 V entre as placas. Calcule a força entre as placas.

P 4.6 Uma esfera metálica de raio igual a 0,50 cm está imersa no ar. Sabendo-se que a rigidez dielétrica do ar à pressão atmosférica vale 3 kV/mm, qual é a carga máxima que se pode colocar na esfera para que não haja descarga?

P 4.7 Um capacitor de placas paralelas está imerso no ar, cuja rigidez dielétrica vale 3 kV/mm. (A) Mostre que a energia potencial máxima que pode ser acumulada no capacitor só depende do volume do espaço interior às placas. (B) Calcule o valor dessa energia máxima, sabendo que esse volume vale 200 cm³.

P 4.8 A Figura 4.12 mostra um corte em um capacitor cilíndrico carregado com carga q. Os raios dos cilindros interno e externo são a e b, respectivamente. O cilindro interno, de massa m, pode deslizar sem atrito em um eixo isolante, de modo que sua coordenada vertical é variável. Calcule o valor de y para o qual o peso do cilindro interno é compensado pela força vertical elétrica que o outro cilindro exerce sobre ele. *Sugestão*: calcule a energia potencial U do capacitor e use o fato de que $F = -dU / dy$.

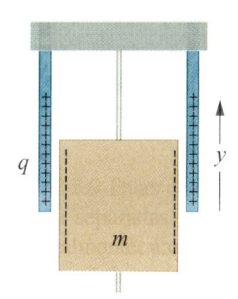

Figura 4.12
(Problema 4.8).

P 4.9 No sistema de capacitores em série visto na Figura 4.13, o bloco do centro pode ser deslocado na vertical. Mostre que a capacitância equivalente C do sistema independe da posição desse bloco e calcule C.

Figura 4.13
(Problema 4.9).

P 4.10 A Figura 4.14 mostra um circuito utilizado para medir capacitâncias, denominado *ponte de capacitância*. C_1 e C_2 são dois capacitores de capacitância fixa, C_v é um capacitor de capacitância variável e C_x é o capacitor a ser medido. Uma bateria aplica uma voltagem $\mathscr{E}$ ao circuito e um eletrômetro E mede a diferença de potencial entre os pontos a e b. O capacitor C_x é sintonizado até que o eletrômetro leia voltagem zero. Mostre que, neste caso, $C_x = C_1 C_v / C_2$.

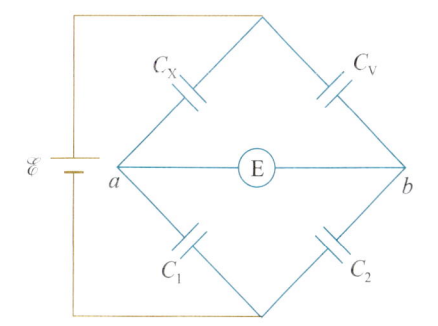

Figura 4.14
(Problema 4.10).

P 4.11 Na Figura 4.15 a chave comutadora está inicialmente na posição a. Calcule a carga q nesse capacitor, após a chave ser comutada para a posição b e cessarem as correntes.

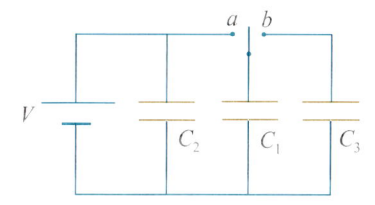

Figura 4.15
(Problema 4.11).

P 4.12 A energia potencial acumulada no circuito visto na Figura 4.16 é inicialmente U_o. Calcule a energia potencial U_f após a chave ser fechada e as correntes cessarem.

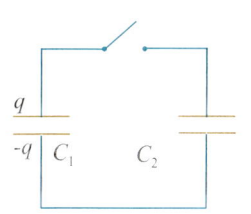

Figura 4.16
(Problema 4.12).

P 4.13 Na Figura 4.17, as faces grandes tanto das placas do capacitor como do bloco metálico que se insere entre as placas são quadradas, com lado L. Certos vínculos permitem que o bloco metálico deslize livremente na horizontal, mantendo-se sempre eqüidistante das placas. Calcule a capacitância para (A) $x = 0$, (B) $x = L/2$ e (C) $x = L$. *Sugestão*: trate o sistema como uma combinação de capacitores.

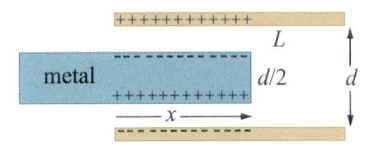

Figura 4.17

(Problemas 4.13 e 4.14).

P 4.14 Calcule a variação da força sobre o bloco metálico da Figura 4.17 com a coordenada x, sabendo que o capacitor tem uma carga fixa q. Veja outras informações sobre o sistema no Problema 4.13.

P 4.15 Em um capacitor de placas planas, uma das placas é inclinada um pequeno ângulo θ, como mostra a Figura 4.18. As placas são quadradas, de lado L. Mostre que a capacitância vale

$$C = \frac{\varepsilon_o L^2}{d}\left(1 - \frac{L\theta}{2d}\right).$$

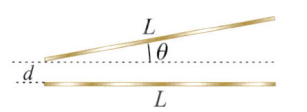

Figura 4.18

(Problema 4.15).

Respostas dos exercícios

E 4.1 (A) C = 30 pF, (B) E = $1,1 \times 10^6$ V / m

E 4.2 26 km.

E 4.3 5,95 mm

E 4.4 8,0

E 4.5 (A) C = 8,0 pF, (B) E = $1,2 \times 10^6$ V / m

E 4.6 2,0 cm

E 4.7 0,64 mJ/m³

E 4.8 (A) 27 nJ; (B) 0,13 mJ/m³

E 4.9 4,0 mJ

E 4.11 R: 0,92 pF.

E 4.14 5,0 pF

E 4.16 12,4 pF

Respostas dos problemas

P 4.1 (A) C = 11 pF; (B) E = $1,6 \times 10^6$ V / m

P 4.2 (A) 11 pF; (B) 55 nJ

P 4.3 (A) 150 V; (B) 22,5 mJ/m³

P 4.5 $2,2 \times 10^{-6}$ N

P 4.6 8 nC

P 4.7 (B) 8 mJ

P 4.8 $y = \left(\dfrac{\ln(b/a)q^2}{4\pi\varepsilon_o mg}\right)^{1/2}$

P 4.9 $C = \dfrac{\varepsilon_o A}{L - l}$

P 4.11 $q = \dfrac{C_1^2}{C_1 + C_3}V$

P 4.12 $U_f = U_o C_1 / (C_1 + C_2)$.

P 4.13 (A) $C_o = \dfrac{\varepsilon_o L^2}{d}$; (B) $C_{1/2} = 3C_o / 2$; (C) $C_1 = 2C_o$

P 4.14 $F = \dfrac{q^2 d}{2\varepsilon_o L(L+x)^2}$

5

Dielétricos

Seção 5.1 ■ Constante dielétrica

Até aqui temos considerado o comportamento de corpos condutores elétricos em várias circunstâncias. Este capítulo será dedicado ao estudo dos isolantes elétricos. Podemos dizer que um dado material é isolante quando campos elétricos em seu meio não geram correntes elétricas. A rigor, não há nenhum material isolante. Somente o vácuo perfeito sustenta campo elétrico sem o aparecimento de corrente. Como o vácuo perfeito não existe na Natureza, também não existe nenhum isolante elétrico. Entretanto, as correntes elétricas que aparecem em materiais distintos podem variar enormemente, para o mesmo valor do campo elétrico. Alguns materiais, tais como os vidros, o âmbar, muitos plásticos, a borracha, fibras de algodão, de lã e de seda, papel etc., apresentam correntes elétricas que para muitos fins podem ser desprezadas, mesmo quando sujeitos a campos elétricos bastante intensos. Tais materiais são na prática considerados isolantes.

Faraday fez experiências variadas sobre o efeito de corpos carregados sobre isolantes eletricamente neutros. Particularmente importantes foram suas experiências envolvendo capacitores e materiais isolantes, realizadas em 1837. Conforme veremos, quando esses materiais são submetidos a um campo elétrico externo, o campo em seu interior é menor que o campo aplicado. Por essa razão, Faraday denominou-os materiais dielétricos. Um corpo isolante na vizinhança de um capacitor de placas paralelas carregado é atraído para o espaço entre as placas e, uma vez atingida essa região, aumenta a capacitância do capacitor. Esses dois efeitos estão interligados, como veremos mais adiante.

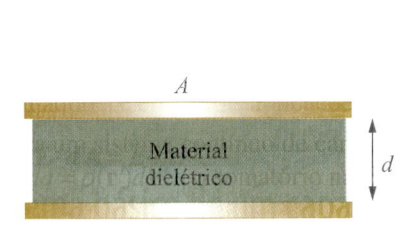

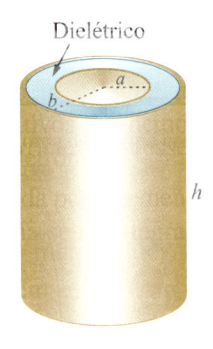

Figura 5.1

Capacitor de placas paralelas preenchido com material dielétrico. A experiência mostra que a capacitância do capacitor fica aumentada de um fator κ característico do material dielétrico empregado.

Figura 5.2

Capacitor cilíndrico preenchido com material dielétrico. A experiência mostra que a capacitância do capacitor fica aumentada de um fator κ característico do material dielétrico empregado.

Consideremos um capacitor de placas paralelas totalmente preenchido por um dado material dielétrico, como mostra a Figura 5.1. A capacitância do capacitor será aumentada por um fator κ, característico do material. Faraday descobriu uma generalização não-trivial e muito importante desse fenômeno. Preenchendo o espaço entre as placas de um capacitor qualquer — como, por exemplo, um capacitor cilíndrico (Figura 5.2) ou esférico — com o referido material dielétrico, a capacitância aumenta sempre pelo mesmo fator κ. Portanto, o fator κ é uma característica somente do material. Faraday o denominou constante dielétrica. Sejam C e C', respectivamente, as constantes dielétricas do capacitor vazio e do capacitor preenchido pelo dielétrico. A relação entre elas será

> Quando um capacitor é preenchido com um material dielétrico, sua capacitância fica aumentada de um fator κ, denominado constante dielétrica do material

> ■ Definição de constante dielétrica

$$C' = \kappa C \tag{5.1}$$

A constante dielétrica dos materiais é sempre maior do que 1. Isto significa que o preenchimento do dielétrico com algum meio dielétrico sempre aumenta a sua capacitância. Por definição, o vácuo tem constante dielétrica igual a 1. A constante dielétrica dos diversos materiais está na faixa 1 a 10^5. Em geral ela depende da temperatura, em alguns casos de forma muito sensível. A Tabela 5.1 exibe o valor da constante dielétrica e da rigidez dielétrica de vários compostos.

■ **Tabela 5.1**

Constante dielétrica e rigidez dielétrica de alguns compostos. A rigidez dielétrica é o campo máximo que o material pode sustentar sem sofrer descarga elétrica.

Material	Estado	Temperatura (Celsius)	Constante dielétrica	Rigidez dielétrica (kV/mm)
Ar	Gás (1 atm)	20	1,00054	3
Acetona	Gás (1 atm)	0	1,0159	300 a 1000
Metanol	Gás (1 atm)	25	1,0057	40
Metanol	Líquido	– 80	54	
Metanol	Líquido	25	32,6	
Água	Líquido	25	78,54	
Água	Líquido	200	34,5	
Oxigênio	Líquido	– 193	1,507	
Silício	Sólido	20	11,7	
GaAs	Sólido	20	13,1	
$BaTiO_3$ (eixo c)	Sólido	20	130	
$BaTiO_3$ (eixo a)	Sólido	20	3700	
Polifluoreto de vinidileno (PVDF)	Plástico	25	11	
Polipropileno	Plástico	25	7,0	

E·E Exercício-exemplo 5.1

■ Um capacitor de placas paralelas com área de 100 cm² e separação de 1,0 mm está preenchido com polipropileno. (*A*) Qual é a sua capacitância? (*B*) Qual é a tensão máxima que se pode aplicar nesse capacitor? (*C*) Qual é a energia máxima que ele pode acumular?

■ **Solução**

(*A*) A sua capacitância é

$$C = \frac{\kappa \varepsilon_o A}{d} = \frac{7,0 \times 8,85 \times 10^{-12} \, C^2 N^{-1} m^{-2} \times 1,0 \times 10^{-2} \, m^2}{1,0 \times 10^{-3} \, m} = 6,2 \times 10^{-10} F.$$

(*B*) O campo que se pode aplicar ao capacitor é limitado pela sua rigidez dielétrica, que é de 40 kV/mm. Este é o campo máximo possível. A voltagem máxima é

$$V_{máx} = E_{máx} d = 40 \frac{kV}{mm} \times 1,0 mm = 40 kV.$$

(*C*) A energia máxima que pode ser acumulada é

$$U_{máx} = \frac{1}{2} C V_{máx}^2 = \frac{1}{2} 6,2 \times 10^{-10} \, F \times (4,0 \times 10^4 \, V)^2 = 0,50 \, J.$$

Exercícios

E 5.1 Um capacitor de placas paralelas está carregado com a carga q. Mostre que, se o espaço entre as placas é inteiramente preenchido com um dielétrico de constante dielétrica κ, sem que as cargas nas placas se altere, a tensão no capacitor fica reduzida por um fator κ^{-1}.

E 5.2 (A) Calcule a capacitância de um capacitor de placas paralelas, com área de 10 cm² e espaçamento de 1,0 cm, preenchido com material de constante dielétrica igual a 200 e rigidez dielétrica igual a 20 kV/mm. (B) Qual é a voltagem máxima que pode ser aplicada ao capacitor?

E 5.3 As faces de uma folha de mica, de espessura igual a 30 μm, são metalizadas para formar um capacitor, como mostra a Figura 5.3. (A) Por que uma estreita faixa próxima às bordas é deixada sem metalização? A área do retângulo metalizado é 10 cm². Sabendo que a constante dielétrica e a rigidez dielétrica da mica são 5,0 e 15 kV/mm, respectivamente, calcule (B) a capacitância do capacitor e (C) a energia máxima que pode ser armazenada no mesmo.

Figura 5.3

(Exercício 5.3).

E 5.4 Um capacitor cilíndrico tem altura de 5,00 cm, raio interno de 1,00 cm e raio externo de 2,00 cm. O espaço entre as placas está preenchido por um dielétrico. Sabendo-se que a capacitância é 40,1 pF, qual é a constante dielétrica do capacitor?

E 5.5 Um capacitor esférico tem raios interno e externo de 2,0 cm e 4,0 cm, respectivamente, e está preenchido por um dielétrico cuja constante dielétrica vale 7,0. Se o capacitor é carregado com carga de 5,0 nC, qual é a tensão entre as suas placas?

Seção 5.2 ■ Por quê κ é maior que 1

Claramente, deve haver uma explicação para o fato de a constante dielétrica sempre ser maior que 1. Conforme antecipamos na seção anterior, isto está ligado ao fato de um corpo carregado sempre atrair outro corpo neutro, e agora vamos demonstrar essa conexão. Consideremos um capacitor de placas paralelas, carregado com carga fixa q, tendo na sua vizinhança uma pastilha dielétrica tal como ilustra a Figura 5.4A. O capacitor atrairá a pastilha, cuja posição de equilíbrio será aquela mostrada na Figura 5.4B. Sejam essas as posições inicial i e final f da pastilha. A energia potencial do sistema para as duas posições será

Posição inicial   Posição final

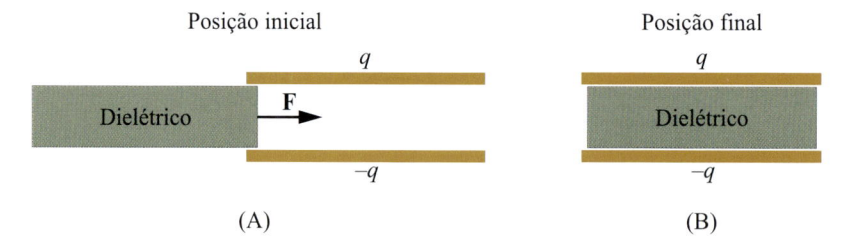

(A)   (B)

Figura 5.4

Uma pastilha de material dielétrico é atraída para o interior de um capacitor de placas paralelas carregado. Esse é um fenômeno universal: ocorre para qualquer material dielétrico contido na pastilha.

$$V_i = \frac{q^2}{2C_i}, \qquad V_f = \frac{q^2}{2C_f}. \tag{5.2}$$

Uma vez que a força é atrativa, o trabalho feito pelas placas sobre a pastilha no deslocamento é positivo, o que significa que a energia potencial do sistema diminui. Sendo assim, $V_f < V_i$, o que nos leva a concluir que $C_f > C_i$. Uma vez que $C_f = \kappa C_i$, concluímos que $\kappa C_i > C_i$. Podemos então escrever a relação geral:

$$\kappa C > C \qquad \Rightarrow \kappa > 1. \tag{5.3}$$

E-E **E**xercício-exemplo 5.2

■ Um capacitor de placas paralelas tem placas quadradas de lado L. Uma placa dielétrica de constante dielétrica κ pode deslizar para o interior das placas, e sua espessura d é igual à separação entre as placas (ver Figura 5.5). O capacitor é carregado com a carga q. (A) Qual é capacitância do capacitor quando a placa já penetrou uma distância x dentro das placas? (B) Qual é a energia eletrostática do capacitor?

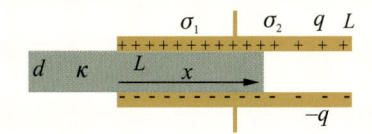

Figura 5.5
(Exercício-exemplo 5.2).

■ **Solução**

(A) O corpo da figura pode ser entendido como composto de dois capacitores ligados em paralelo. O primeiro tem placas de área Lx, separação entre as placas d e é preenchido pelo dielétrico de constante dielétrica κ. O segundo tem placas de área $L(L-x)$, separação d entre as placas e não tem material dielétrico em seu interior. As capacitâncias dos dois capacitores são, respectivamente:

$$C_1 = \frac{\kappa \varepsilon_o L x}{d} \text{ e } C_2 = \frac{\varepsilon_o L(L-x)}{d}.$$

A capacitância equivalente do par de capacitores, para $0 \leq x \leq L$, é

$$C = C_1 + C_2 = \frac{\kappa \varepsilon_o L x}{d} + \frac{\varepsilon_o L(L-x)}{d}.$$

(B) A energia do capacitor é $U = q^2 / 2C$. Para calcular U, é conveniente antes calcular $1/C$:

$$\frac{1}{C} = \frac{1}{\dfrac{\kappa \varepsilon_o L x}{d} + \dfrac{\varepsilon_o L(L-x)}{d}} = \frac{d}{\varepsilon_o L} \frac{1}{\kappa x + (L-x)} = \frac{d}{\varepsilon_o L} \frac{1}{L + (\kappa - 1)x}.$$

A energia potencial é

$$U = \frac{q^2 d}{2 \varepsilon_o L} \frac{1}{L + (\kappa - 1)x} \quad 0 \leq x \leq L.$$

Nos casos particulares em que $x = 0$ e $x = L$, os valores da energia são, respectivamente,

$$U(0) = \frac{q^2 d}{2 \varepsilon_o L^2} \text{ e } U(L) = \frac{1}{\kappa} \frac{q^2 d}{2 \varepsilon_o L^2}, \text{ ou seja, o total preenchimento do capacitor}$$

com o dielétrico faz com que a energia fique κ vezes menor.

Seção 5.3 ■ Cargas de superfície em um dielétrico polarizado

A Figura 5.6 mostra um dielétrico preenchendo o espaço entre as placas de um capacitor de placas paralelas. Entre as placas e a superfície do dielétrico há uma fina camada de vácuo (na prática, de ar) que foi exagerada na figura para melhor visualização. A espessura dessa camada será desprezada, de modo que a espessura da pastilha dielétrica terá o mesmo valor que a separação entre as placas. Seja $\sigma_L = q / A$ a densidade de cargas nas placas do capacitor.

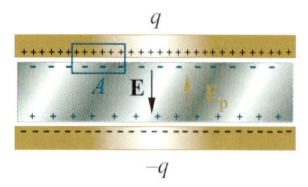

Figura 5.6

Distribuição de cargas de superfície em um capacitor de placas paralelas preenchido por um dielétrico. Nota-se que as cargas livres das placas são parcialmente neutralizadas pelas cargas de polarização na superfície do dielétrico.

As cargas não-balanceadas encontradas em um corpo condutor são *cargas livres*. Tais cargas podem fluir dentro do corpo sob a ação de um campo elétrico. Freqüentemente essa fluidez é tomada erroneamente como a origem da expressão carga livre. O fato é que há duas expressões cujo significado é confundido com considerável freqüência. Os elétrons contidos em um metal são denominados *portadores livres* (de corrente elétrica). Entretanto, *carga livre* é sinônima de carga não-neutralizada na escala molecular. Um corpo metálico, cuja carga total seja nula em qualquer volume macroscópico em seu interior (ou contendo parte da sua superfície), tem portadores livres, mas não carga livre. Por outro lado, um corpo isolante que nunca tem portadores livres pode ter carga total não-nula e nesse caso tem carga livre. Isso é exatamente o que ocorre com um pedaço de âmbar ou de vidro friccionado com lã: algumas moléculas na superfície do corpo são ionizadas e, assim, a superfície apresenta uma densidade de cargas livres positivas ou negativas.

Em contraste com cargas livres, temos as cargas de polarização. Tais cargas têm origem no fato de que os átomos ou moléculas que compõem um material podem conter dipolos elétricos. Uma descrição macroscópica das cargas de polarização será feita na Seção 5.7 (*Descrição microscópica de um dielétrico*).

Voltemos agora ao capacitor. O índice L no símbolo σ_L designa carga livre. Na ausência do dielétrico, o campo elétrico entre as placas seria $E_L = \varepsilon_o^{-1}\sigma_L$, onde E_L indica campo criado por cargas livres. Quando o dielétrico é introduzido, a capacitância é aumentada pelo fator κ. Portanto, uma vez que o valor de q não se altera e a voltagem no capacitor é $V = q/C$, a diferença de potencial e também o campo elétrico **E** entre as placas são reduzidos pelo fator κ. Ou seja,

$$E = \frac{E_L}{\kappa} = \frac{\sigma_L}{\kappa\varepsilon_o}. \tag{5.4}$$

> **Carga livre é carga não-neutralizada. Tanto um corpo isolante como um corpo condutor podem apresentar cargas livres. É importante distinguir cargas livres de portadores livres, que são as cargas que conduzem corrente em um condutor ou semicondutor**

E é o campo total, gerado por todas as cargas, cargas livres e também cargas de polarização. A Figura 5.6 mostra uma superfície de Gauss, constituída de uma pastilha envolvendo uma das placas do capacitor e a superfície vizinha do dielétrico. A densidade superficial de carga total (carga livre + carga de polarização) dentro da superfície é σ. Pela lei de Gauss, aplicada à superfície S, obtemos

$$E = \frac{\sigma}{\varepsilon_o}. \tag{5.5}$$

Logo, considerando a Equação 5.4 obtemos também:

$$\sigma = \frac{\sigma_L}{\kappa}. \tag{5.6}$$

> **Cargas livres no capacitor são aquelas contidas nas placas. Cargas de polarização são aquelas que aparecem na superfície do dielétrico. A carga efetiva é a diferença entre a carga livre e a carga de polarização**

Esta é a densidade de carga efetiva (carga total) nas placas, a qual tem valor menor do que σ_L. A razão física dessa redução é obviamente o aparecimento de cargas de superfície no dielétrico. Essas cargas são denominadas cargas de polarização, cujo símbolo é σ_P. É claro que a carga efetiva nas placas é

$$\sigma = \sigma_L - \sigma_P, \tag{5.7}$$

Combinando as Equações 5.6 e 5.7 obtemos

> ■ **Densidade de carga de polarização**

$$\sigma_P = \frac{\kappa - 1}{\kappa}\sigma_L \tag{5.8}$$

Como mostra a Equação 5.8, quanto maior a constante dielétrica, maior a densidade superficial de carga de polarização. No caso do vácuo, $\kappa = 1$ e portanto $\sigma_P = 0$. O efeito dessas cargas de polarização é blindar (neutralizar) parcialmente as cargas livres contidas nas placas do capacitor.

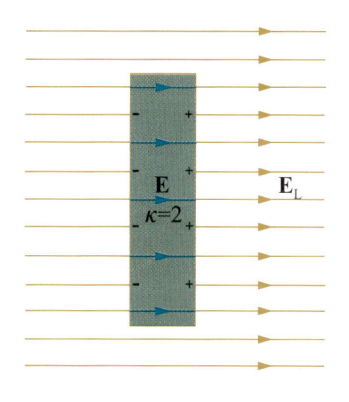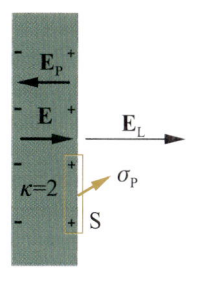

Figura 5.7

Pastilha dielétrica de constante dielétrica $\kappa = 2$ imersa em um campo elétrico externo uniforme $\mathbf{E}_L$. As linhas de força do campo e as cargas superficiais do dielétrico são mostradas em (A). A figura enfatiza o fato de que as linhas de força têm sua origem e seu término em cargas elétricas. Em (B) são vistos em destaque o campo $\mathbf{E}_L$, o campo $\mathbf{E}_P$ gerado pelas cargas de polarização e o campo resultante $\mathbf{E}$ dentro do dielétrico. A figura mostra também o corte em uma superfície de Gauss S.

A atuação do dielétrico no sentido de reduzir o campo elétrico em seu interior é um fenômeno geral. A Figura 5.7A mostra uma pastilha dielétrica de constante dielétrica κ (para ser específica, a figura foi feita para $\kappa = 2$) imersa em um campo elétrico externo uniforme. Para simplificação, vamos supor que tal campo seja originário de cargas livres de outros corpos e, portanto, o designaremos por $\mathbf{E}_L$. A Figura 5.5B mostra um esquema mais simplificado do mesmo sistema. As cargas de polarização na superfície da pastilha neutralizam parcialmente o campo elétrico externo, de modo que no seu interior o campo elétrico vale $E = \frac{1}{\kappa}E_L = \frac{1}{2}E_L$.

Conforme vimos anteriormente, no interior de um condutor em equilíbrio o campo elétrico é sempre nulo. Por extensão, dizemos que um condutor tem constante dielétrica infinita. Formalmente, podemos tratar todas as situações estáticas atribuindo uma constante dielétrica infinita aos condutores. Entretanto, é necessário estar consciente de que um condutor não é meramente um dielétrico com constante dielétrica infinita. O condutor conduz cargas elétricas a distâncias macroscópicas, o que um dielétrico não é capaz de fazer. Além disso, quando submetidos a campos eletromagnéticos oscilantes, tais como os contidos, por exemplo, em uma onda eletromagnética, condutores e dielétricos apresentam comportamentos muito distintos.

E·E ## Exercício-exemplo 5.3

■ Calcule as densidades de cargas livres σ_1 e σ_2 nas placas do capacitor da Figura 5.5.

■ **Solução**

Para calcular as densidades de carga livres σ_1 e σ_2, na região preenchida com o dielétrico e na região vazia, respectivamente, devemos antes lembrar que o campo elétrico deve ser o mesmo nas duas regiões, pois $Ed = V$, onde V é a diferença de potencial entre as placas. Considerando que na região preenchida pelo dielétrico aplica-se a Equação 5.4, podemos escrever:

$$E = \frac{\sigma_1}{\kappa\varepsilon_o} = \frac{\sigma_2}{\varepsilon_o} \quad \Rightarrow \sigma_1 = \kappa\sigma_2.$$

Por outro lado, a carga livre q nas placas é dada por

$$q = \sigma_1 Lx + \sigma_2 L(L-x) = \kappa\sigma_2 Lx + \sigma_2 L(L-x) = [\kappa Lx + L(L-x)]\sigma_2.$$

Finalmente:

$$\sigma_2 = \frac{q}{\kappa Lx + L(L-x)}, \quad \sigma_1 = \frac{\kappa q}{\kappa Lx + L(L-x)}.$$

E·E Exercício-exemplo 5.4

■ Considerando ainda o capacitor da Figura 5.5, suponha que $L = 10,0$ cm, $d = 5,00$ mm, $x = 5,0$ cm, $\kappa = 7,0$ e $q = 6,0$ nC e calcule a diferença de potencial entre as placas.

■ **Solução**

Para efetuar o cálculo da diferença de potencial, calcularemos primeiro a densidade σ_2 na parte do capacitor não preenchida pelo dielétrico. Considerando o resultado do Exercício-exemplo 5.3:

$$\sigma_2 = \frac{6,0\times10^{-9}\,\text{C}}{7,0\times10,0\times5,0\times10^{-4}\,\text{m}^2 + 10,0\times5,0\times10^{-4}\,\text{m}^2} = 1,5\times10^{-7}\,\frac{\text{C}}{\text{m}^2}.$$

A tensão entre as placas será

$$V = \frac{\sigma_2 d}{\varepsilon_o} = \frac{1,5\times10^{-7}\,\text{Cm}^{-2}\times5,0\times10^{-3}\,\text{m}}{8,85\times10^{-12}\,\text{C}^2\text{N}^{-1}\text{m}^{-2}} = 85\,\text{V}.$$

E·E Exercício-exemplo 5.5

■ Um capacitor de placas paralelas tem placas com área de 100 cm^2 e carga (livre) de $2,00$ nC. Uma pastilha quadrada de material dielétrico, cuja constante dielétrica vale $5,00$, é inserida entre as placas de modo a preencher inteiramente o espaço entre elas. Calcule (A) a densidade superficial de carga livre no capacitor; (B) a densidade superficial de carga de polarização na superfície do dielétrico; (C) o campo elétrico no interior do dielétrico.

■ **Solução**

(A) A densidade de carga livre nas placas é

$$\sigma_{\text{L}} = \frac{q_{\text{L}}}{A} = \frac{2,00\times10^{-9}\,\text{C}}{1,00\times10^{-2}\,\text{m}^2} = 2,00\times10^{-7}\,\frac{\text{C}}{\text{m}^2}.$$

(B) A densidade de carga de polarização é

$$\sigma_{\text{P}} = \frac{\kappa-1}{\kappa}\,\sigma_{\text{L}} = \frac{5-1}{5}\times2,00\times10^{-7}\,\frac{\text{C}}{\text{m}^2} = 1,60\times10^{-7}\,\frac{\text{C}}{\text{m}^2}.$$

(C) O campo no interior do dielétrico é

$$E = \frac{\sigma}{\varepsilon_o} = \frac{\sigma_{\text{L}} - \sigma_{\text{P}}}{\varepsilon_o} = \frac{0,40\times10^{-7}\,\text{Cm}^{-2}}{8,85\times10^{-12}\,\text{C}^2\text{N}^{-1}\text{m}^{-2}} = 4,5\times10^3\,\frac{\text{N}}{\text{C}}.$$

Exercícios

E 5.6 Um capacitor esférico tem placas com raios de $2,00$ cm e $4,00$ cm. Suas placas têm cargas de módulo $5,00$ nC. O capacitor está preenchido com dielétrico cuja constante dielétrica vale $7,00$. (A) Qual é a diferença de potencial entre as placas? (B) Qual é a densidade de carga de polarização na superfície externa do dielétrico?

E 5.7 Reconsiderando o Exercício-exemplo 5.4, suponha que $x = 7,5$ cm e calcule (A) as densidades de carga 1 e 2 e (B) a diferença de potencial entre as placas.

E 5.8 Mostre que, no capacitor da Figura 5.5, a densidade de carga de polarização nas superfícies do dielétrico é dada por $\sigma_{\text{P}} = \sigma_1 - \sigma_2$.

E 5.9 Um capacitor de placas paralelas cuja separação é d está inteiramente preenchido por uma pastilha dielétrica cuja constante dielétrica vale κ. Mostre que, se a tensão no capacitor for V, a densidade de carga de polarização nas superfícies da pastilha será $\sigma_{\text{P}} = (\kappa - 1)\varepsilon_o V / d$.

Seção 5.4 ■ Polarização elétrica

Consideremos as Figuras 5.4 e 5.5. Em ambos os casos, a pastilha dielétrica apresenta uma separação de cargas e por isso também apresenta um dipolo elétrico. Sendo d a espessura da pastilha e A a área de suas faces carregadas, o dipolo elétrico da pastilha será o vetor de módulo

$$p = q_{\mathrm{p}}d = \sigma_{\mathrm{p}}Ad = \sigma_{\mathrm{p}}V, \tag{5.9}$$

Polarização elétrica de um meio, designada pelo símbolo **P**, é o dipolo elétrico por unidade de volume do referido meio

onde V é o volume da pastilha. Define-se a polarização elétrica da pastilha como sendo o dipolo elétrico por unidade de volume. A polarização elétrica é designada pelo símbolo **P**. No caso da pastilha sob discussão, o módulo da polarização é

$$P = \frac{p}{V} = \sigma_{\mathrm{p}}. \tag{5.10}$$

Associado à polarização **P**, existe um campo $\mathbf{E}_{\mathrm{p}}$ indicado nas Figuras 5.6 e 5.7. Aplicando-se a lei de Gauss à superfície S da Figura 5.7B e considerando-se a Equação 5.10, vê-se que

$$E_{\mathrm{P}} = \frac{P}{\varepsilon_o}. \tag{5.11}$$

Portanto, o campo no interior da pastilha é

$$\mathbf{E} = \mathbf{E}_{\mathrm{L}} + \mathbf{E}_{\mathrm{P}} = \mathbf{E}_{\mathrm{L}} - \frac{\mathbf{P}}{\varepsilon_o}. \tag{5.12}$$

A susceptibilidade elétrica de qualquer material é positiva. Isso decorre do fato de que qualquer corpo eletricamente neutro é atraído por outro corpo carregado e por isso a constante dielétrica é maior que 1

Uma vez que $\mathbf{E} = \mathbf{E}_{\mathrm{L}} / \kappa$, a Equação 5.12 pode ser reescrita:

$$\frac{\mathbf{E}_{\mathrm{L}}}{\kappa} = \mathbf{E}_{\mathrm{L}} - \frac{\mathbf{P}}{\varepsilon_o}, \tag{5.13}$$

$$\mathbf{P} = \varepsilon_o \left(1 - \frac{1}{\kappa}\right)\mathbf{E}_{\mathrm{L}} = \varepsilon_o \frac{\kappa - 1}{\kappa}\mathbf{E}_{\mathrm{L}}. \tag{5.14}$$

Em termos do campo interno **E**, dado por $\mathbf{E} = \mathbf{E}_{\mathrm{L}} / \kappa$, a Equação 5.14 toma a forma

$$\mathbf{P} = \varepsilon_o(\kappa - 1)\mathbf{E}. \tag{5.15}$$

Define-se a *susceptibilidade elétrica* χ do dielétrico pela relação

■ **Definição da susceptibilidade elétrica**

$$\chi \equiv \kappa - 1. \tag{5.16}$$

É claro neste caso que a desigualdade $\kappa > 1$, válida para qualquer material, equivale a

$$\chi > 0. \tag{5.17}$$

Portanto, a susceptibilidade elétrica de um material é sempre positiva.

E-E Exercício-exemplo 5.6

■ Um capacitor de placas paralelas tem placas com área de 25 cm², carregadas com 0,75 nC. A separação entre as placas é de 2,0 mm, e o espaço entre elas está preenchido por uma pastilha dielétrica cuja constante dielétrica vale 8,0. A tensão no capacitor é de 100 V. (*A*) Qual é a polarização do dielétrico? (*B*) Qual é o seu dipolo elétrico?

■ **Solução**

(*A*) O campo elétrico no dielétrico (espaço entre as placas) é

$$E = \frac{V}{d} = \frac{100\text{V}}{2,0 \times 10^{-3}\,\text{m}} = 5,0 \times 10^4\,\frac{\text{V}}{\text{m}} = 5,0 \times 10^4\,\frac{\text{N}}{\text{C}}.$$

A polarização será dada por

$$P = \varepsilon_o(\kappa - 1)E = 8,85 \times 10^{-12}\,\frac{\text{C}^2}{\text{Nm}^2}(8,0 - 1) \times 5,0 \times 10^4\,\frac{\text{N}}{\text{C}} = 3,1 \times 10^{-6}\,\frac{\text{C}}{\text{m}^2}.$$

(*B*) O dipolo elétrico da pastilha é o produto da sua polarização pelo seu volume:

$$p = PAd = 3,1 \times 10^{-6}\,\frac{\text{C}}{\text{m}^2} \times 2,5 \times 10^{-3}\,\text{m}^2 \times 2,0 \times 10^{-3}\,\text{m} = 1,6 \times 10^{-11}\,\text{C} \cdot \text{m}.$$

Exercícios

E 5.10 Uma pastilha cilíndrica, feita de material dielétrico, tem raio de 1,00 cm e altura de 3,00 mm. A pastilha tem uma polarização elétrica de 6,00 μC/m² paralela ao seu eixo. (*A*) Qual é a carga de polarização na superfície da pastilha para a qual aponta a polarização? (*B*) Qual é o dipolo elétrico da pastilha?

E 5.11 Uma esfera dielétrica com raio de 5,00 mm tem uma polarização uniforme de 4,50 μC/m². Qual é o dipolo elétrico da esfera?

E 5.12 Calcule o valor da polarização elétrica à distância $r = 10$ cm do centro de uma pequena esfera metálica possuindo carga de $1,00 \times 10^{-12}$ C, imersa em um meio homogêneo de constante dielétrica $\kappa = 2,00$. *Sugestão*: considere o campo criado pela carga livre e a polarização que ele gera.

Seção 5.5 ■ A lei de Gauss em dielétricos

O campo elétrico é criado por todos os tipos de cargas. Por um lado, há as cargas livres, e por outro há as cargas de polarização. As cargas de polarização são associadas a dipolos elétricos contidos nos átomos ou nas moléculas de um meio dielétrico. As cargas livres estão associadas a monopolos elétricos, ou seja, cargas que não compõem um dipolo elétrico atômico-molecular. Como vimos, quando colocamos um material dielétrico entre as placas de um capacitor, as cargas de polarização sempre contribuem para reduzir o campo elétrico no interior do dielétrico. Na Figura 5.8, para tornar explícito que estamos falando de cargas livres, empregamos o termo q_L para indicar as cargas nas placas. Consideremos a superfície de Gauss S mostrada na figura. Pela lei de Gauss, podemos escrever

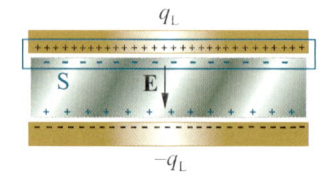

Figura 5.8

Esquema para aplicação da lei de Gauss em meios dielétricos.

$$\varepsilon_o \oint \mathbf{E} \cdot d\mathbf{A} = q = \sigma A, \tag{5.18}$$

onde A é a área das placas. Mas, considerando a Equação 5.6, podemos obter

$$\varepsilon_o \oint \mathbf{E} \cdot d\mathbf{A} = \frac{\sigma_\text{L}}{\kappa} A = \frac{q_\text{L}}{\kappa}, \tag{5.19}$$

ou

■ Lei de Gauss em meios dielétricos

$$\varepsilon_o \oint \kappa \mathbf{E} \cdot d\mathbf{A} = q_\text{L}. \tag{5.20}$$

A Equação 5.20 exprime a lei de Gauss em meios dielétricos. Essa equação foi deduzida no caso específico de um capacitor de placas paralelas, mas tem validade absolutamente geral. Na verdade, a constante dielétrica do dielétrico nem precisa ser uniforme, podendo variar de um ponto para outro. Nesse caso, devemos colocá-la dentro da integral, como fizemos na Equação 5.20. Nessa nova forma da lei de Gauss, podemos ignorar as cargas de polarização e considerar apenas as cargas livres, desde que em cada ponto da integração multipliquemos o campo elétrico pela constante dielétrica local. A interpretação das duas formas da lei de Gauss é a seguinte:

> O campo elétrico **E** percebe todas as cargas na vizinhança (e é gerado por todas), tanto as cargas livres quanto as cargas de polarização. Mas o campo $\kappa\mathbf{E}$ apenas percebe as cargas livres. Este é o campo criado pelas cargas livres.

O campo elétrico E percebe todas as cargas na vizinhança. Mas o campo κE percebe apenas as cargas livres

Essa variante da lei de Gauss, a do campo em dielétricos, é muito simples, pois possibilita calcular o campo elétrico sem que se conheça a distribuição das cargas de polarização, desde que se conheçam as cargas livres e a forma como a constante dielétrica varia de um ponto para outro.

E-E Exercício-exemplo 5.7

■ Uma pequena esfera com uma carga q_L em seu centro está inserida em um meio homogêneo cuja constante dielétrica vale κ. Calcule a intensidade do campo elétrico e da polarização à distância r do centro da esfera, fora desta.

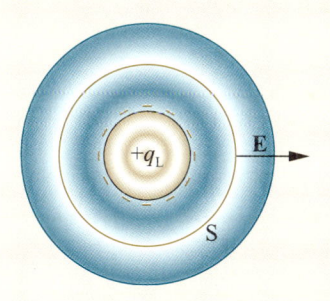

Figura 5.9

Pequena esfera com carga q_L em seu centro, imersa em um meio com constante dielétrica κ. A linha ocre é um corte em uma superfície de Gauss esférica de rio r, centrada na carga.

■ Solução

Aplicando-se a lei de Gauss expressa na Equação 5.20 à superfície esférica de raio r concêntrica com a carga q_L, obtém-se

$$\varepsilon_o \kappa E = \frac{q_L}{4\pi r^2},$$

$$E = \frac{q_L}{4\pi\kappa\varepsilon_o r^2}.$$

Considerando a Equação 5.15, calculamos a polarização elétrica:

$$P = \frac{\kappa-1}{\kappa}\frac{q_L}{4\pi r^2}.$$

Pela forma obtida para o campo elétrico vemos que a carga total q dentro de uma esfera qualquer centrada na carga é

$$q = \frac{q_L}{\kappa}.$$

Portanto, a carga livre é parcialmente blindada pelas cargas de polarização, como mostra a Figura 5.9. Para valores altos da constante dielétrica, a *carga vestida*, como freqüentemente se denomina a carga total q, é uma fração muito pequena da *carga nua* q_L. Deve-se observar que o mesmo tipo de análise vale para uma esfera metálica, com carga q_L em sua superfície.

E-E Exercício-exemplo 5.8

■ A densidade superficial de carga em um condutor imerso em um meio dielétrico é uma função σ_L da posição. Calcule o campo elétrico em pontos próximos à superfície.

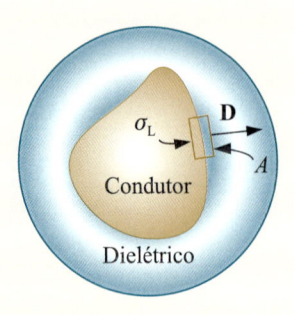

Figura 5.10

Corpo condutor carregado, imerso em um meio dielétrico. A densidade superficial de carga no condutor, na pequena região circundada pela superfície de Gauss cujo corte é traçado em linha ocre, tem valor σ_L.

■ **Solução**

Adotaremos procedimento análogo ao utilizado anteriormente para o cálculo do campo elétrico na vizinhança de um condutor carregado. Um elemento de área muito pequeno do condutor pode ser aproximado por um plano. Consideremos a superfície de Gauss mostrada na Figura 5.10. Tal superfície é uma pastilha fina cujas faces maiores têm área A. No interior do condutor, o campo elétrico é nulo. Na vizinhança externa do condutor, o campo elétrico é perpendicular à superfície. Pela lei de Gauss, calculamos

$$\kappa\varepsilon_o AE = A\sigma_L \quad \Rightarrow E = \sigma_L / \kappa\varepsilon_o.$$

Note-se que este valor do campo é idêntico ao obtido para o campo elétrico de um capacitor de placas planas preenchido por um dielétrico.

E-E Exercício-exemplo 5.9

■ Uma pastilha composta de dois dielétricos com constantes κ_1 e κ_2 está imersa em uma região na qual há um campo elétrico uniforme **E**, cujo módulo é 10,0 kV/cm, como mostra a Figura 5.11. As linhas de força do campo elétrico em todas as regiões são mostradas na figura. (A) Quanto valem as constantes κ_1 e κ_2? (B) Quanto valem as densidades de carga de polarização σ_1, σ_2 e σ_3 nas três interfaces indicadas na figura?

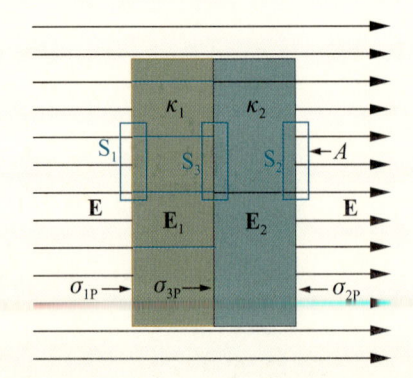

Figura 5.11

(Exercício-exemplo 5.9).

■ **Solução**

(A) Pela variação da densidade das linhas de campo, uma vez que estas são proporcionais à intensidade do campo elétrico, podemos concluir que $E_1 = 5,0$ kV/cm e $E_2 = 2,5$ kV/cm. Uma vez que $E_1 = E / \kappa_1$ e $E_2 = E / \kappa_2$, obtemos: $\kappa_1 = 2,0$ e $\kappa_2 = 4,0$.

(B) Para calcular as densidades de cargas de polarização, aplicamos a lei de Gauss para o campo **E**, (Equação 5.18) às superfícies de Gauss S_1, S_2 e S_3, respectivamente:

$$S_1: \begin{array}{l} \varepsilon_o(E_1 A - EA) = \sigma_{1P} A \\ \Rightarrow \sigma_{1P} = \varepsilon_o(E_1 - E) = \varepsilon_o(E/\kappa_1 - E) = \varepsilon_o(E/2 - E) = -\varepsilon_o E/2. \end{array}$$

$$S_2: \begin{array}{l} \varepsilon_o(EA - E_2 A) = \sigma_{2P} A \\ \Rightarrow \sigma_{2P} = \varepsilon_o(E - E_2) = \varepsilon_o(E - E/\kappa_2) = \varepsilon_o(E - E/4) = 3\varepsilon_o E/4. \end{array}$$

$$S_3: \begin{array}{l} \varepsilon_o(E_2 A - E_1 A) = \sigma_{3P} A \\ \Rightarrow \sigma_{3P} = \varepsilon_o(E_2 - E_1) = \varepsilon_o(E/\kappa_2 - E/\kappa_1) = \varepsilon_o(E/4 - E/2) = -\varepsilon_o E/4. \end{array}$$

Deve-se notar que as relações gerais, válidas para quaisquer valores de κ_1 e κ_2, são (verifique isto):

$$\sigma_{1P} = \frac{1-\kappa_1}{\kappa_1}\varepsilon_o E,$$

$$\sigma_{2P} = \frac{\kappa_2 - 1}{\kappa_2}\varepsilon_o E,$$

$$\sigma_{3P} = \left(\frac{1}{\kappa_2} - \frac{1}{\kappa_1}\right)\varepsilon_o E.$$

Usando os valores numéricos do problema, obtemos:

$$\sigma_{1P} = -8,85\times10^{-12}\frac{C^2}{Nm^2}\times 5,0\times10^5\frac{N}{C} = -4,4\times10\frac{\mu C}{m^2};$$

$$\sigma_{2P} = 6,6\frac{\mu C}{m^2};$$

$$\sigma_{3P} = -2,2\frac{\mu C}{m^2}.$$

Exercícios

E 5.13 No Exercício-exemplo 5.9, vê-se que $\sigma_{1P} + \sigma_{2P} + \sigma_{3P} = 0$. Mostre que esse resultado tem caráter geral, ou seja, deve valer, quaisquer que sejam os valores das constantes dielétricas dos dois materiais.

E 5.14 Refaça o Exercício-exemplo 5.9 e calcule as densidades de carga supondo que o campo elétrico **E** tenha módulo de 20,0 kV/cm e $\kappa_1 = 5,00$, $\kappa_2 = 3,00$.

Seção 5.6 ■ Vetor deslocamento (opcional)

A Equação 5.15 pode ser reescrita na forma

$$\varepsilon_o \kappa \mathbf{E} = \varepsilon_o \mathbf{E} + \mathbf{P}. \tag{5.21}$$

O vetor $\varepsilon_o \kappa \mathbf{E}$ recebe um nome especial, o de *vetor deslocamento*, e é designado pelo símbolo **D**. Escrevemos:

■ Definição do vetor deslocamento **D**

$$\mathbf{D} = \varepsilon_o \mathbf{E} + \mathbf{P} = \kappa \varepsilon_o \mathbf{E}. \tag{5.22}$$

Como vimos na seção anterior, $\kappa \mathbf{E}$ é o campo gerado pelas cargas livres. Portanto, exceto por uma constante universal multiplicativa ε_o, o deslocamento elétrico é o campo gerado pelas cargas livres. Somente cargas livres contribuem para o deslocamento elétrico. Em termos do vetor deslocamento, a lei de Gauss fica expressa na forma:

▪ Lei de Gauss para cargas livres

$$\oint_C \mathbf{E} \cdot d\boldsymbol{l} = 0 \quad . \tag{5.23}$$

A Equação 5.23 expressa a lei de Gauss para cargas livres. O fluxo do vetor deslocamento elétrico em uma superfície fechada é igual à carga livre total envolvida pela superfície.

E·E Exercício-exemplo 5.10

▪ Considere a interface entre dois isolantes eletricamente neutros de constantes dielétricas κ_1 e κ_2 e suponha que haja um deslocamento elétrico perpendicular a ela. Mostre que o valor do deslocamento elétrico na interface é contínuo. Calcule a densidade de carga de polarização na interface.

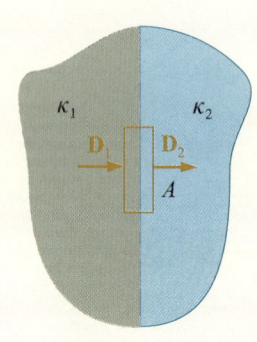

Figura 5.12

Interface plana entre dois dielétricos. O deslocamento elétrico é normal à interface. A linha azul é um corte em uma superfície de Gauss na forma de pastilha com faces de área A.

▪ **Solução**

Considere a superfície de Gauss mostrada com linha azul na Figura 5.12, uma pastilha com faces de área A paralelas à interface. Não havendo carga livre na interface, o fluxo do vetor deslocamento na superfície é nulo. Portanto,

$$D_2 A - D_1 A = 0 \quad \Rightarrow D_2 = D_1 = D.$$

Para calcular a densidade de carga de polarização na interface, aplica-se a lei de Gauss para o campo elétrico:

$$E_2 A - E_1 A = \sigma_P A \quad \Rightarrow E_2 - E_1 = \sigma_P.$$

Com a utilização da Equação 5.22 obtém-se

$$\frac{D}{\kappa_2 \varepsilon_o} - \frac{D}{\kappa_1 \varepsilon_o} = \sigma_P.$$

Observe-se que σ_P pode ser negativa ou positiva, dependendo de se ter $\kappa_2 > \kappa_1$ ou $\kappa_2 < \kappa_1$, respectivamente.

E·E Exercício-exemplo 5.11

▪ Considere a interface entre dois isolantes de constantes dielétricas κ_1 e κ_2 sujeita a um campo elétrico paralelo a ela. Mostre que o valor do campo elétrico na interface é contínuo.

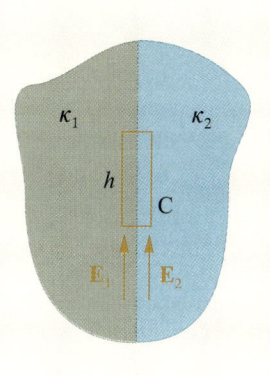

Figura 5.13

Interface plana entre dois dielétricos.
O campo elétrico é paralelo à interface.

■ **Solução**

A Figura 3.13 mostra a interface dos dois dielétricos. Mostra também uma curva C em forma de retângulo estreito (de base infinitesimal) de altura h. Pelo fato de o campo elétrico ser conservativo, podemos escrever

$$\oint_C \mathbf{E} \cdot d\mathbf{l} = 0.$$

Como a base da curva C pode ser desprezada, temos:

$$E_2 h - E_1 h = 0, \quad E_1 = E_2.$$

Os resultados obtidos nos Exercícios-exemplos 5.10 e 5.11 podem ser generalizados. Na situação mais geral, a interface entre os dois dielétricos está sujeita a um campo elétrico de orientação qualquer e, portanto, também a um deslocamento elétrico de orientação genérica. Vamos supor que não haja cargas livres na interface entre os dielétricos. Nesse caso podemos afirmar:

> *A componente normal do deslocamento elétrico e a componente paralela do campo elétrico na interface de dois dielétricos na qual não haja cargas livres são contínuas.*

A componente normal do deslocamento elétrico e a componente paralela do campo elétrico na interface de dois dielétricos na qual não haja cargas livres são contínuas

Seção 5.7 ■ Descrição microscópica de um dielétrico

Como vimos, sob o efeito de um campo elétrico um dielétrico se polariza, ou seja, adquire polarização. Nosso intuito é agora entender esse fenômeno com base na constituição molecular do material. Há dois tipos de materiais dielétricos. O primeiro é constituído de moléculas que já contêm um dipolo elétrico intrínseco, como é, por exemplo, o caso da água. Na ausência de um campo elétrico externo, os dipolos moleculares têm orientação inteiramente desordenada, como mostra a Figura 5.14A. (Na figura, consideramos um dielétrico líquido.) Devido à orientação aleatória dos dipolos moleculares, uma porção macroscópica do dielétrico tem dipolo elétrico nulo. Quando o material é submetido a um campo elétrico, os dipolos moleculares tendem a alinhar-se com o campo, como mostra a Figura 5.14B. Devido à agitação térmica, o alinhamento não é perfeito, mas é suficiente para que um dipolo macroscópico apareça no material. Para um material líquido, quanto mais baixa a temperatura mais perfeito é o alinhamento, o que significa que a constante dielétrica fica maior. Isso é realmente o que se vê na Tabela 5.1.

No segundo tipo de dielétricos, as moléculas não têm dipolo elétrico intrínseco. Neste caso, o próprio campo elétrico induz um dipolo nas moléculas, que sempre é alinhado com o campo. Esse segundo tipo de dielétrico sempre tem constantes dielétricas relativamente pequenas.

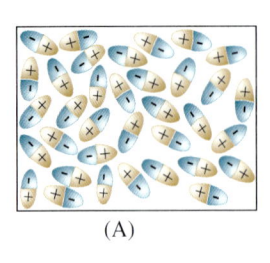

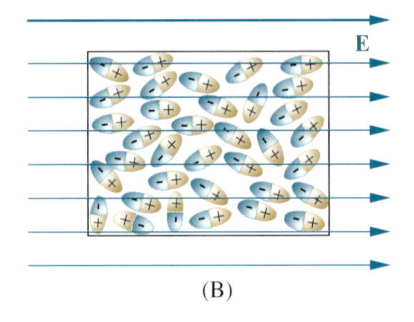

(A)

(B)

Figura 5.14

Se um líquido tem moléculas polares — ou seja, que apresentam dipolo elétrico intrínseco —, os dipolos moleculares alinham-se parcialmente com um campo elétrico externo.

O aparecimento das cargas superficiais de polarização pode ser visto claramente na Figura 5.14B, que é reproduzida na Figura 5.15 com modificações que facilitam a análise pretendida. Uma superfície de Gauss envolve a face direita da célula que contém o líquido polarizado. Vê-se prontamente que a superfície contém o pólo positivo de algumas moléculas, mas não o seu pólo negativo, e, em conseqüência, há uma carga líquida positiva no interior da superfície. Se construíssemos outra superfície de Gauss envolvendo a face esquerda da célula, ela conteria uma carga líquida negativa.

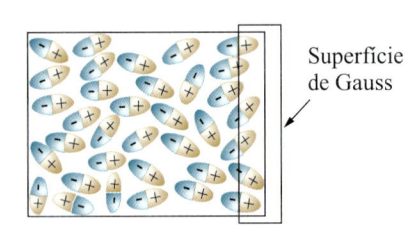

Superfície de Gauss

Figura 5.15

A superfície de Gauss no pólo positivo do corpo polarizado contém um excesso de cargas positivas.

Seção 5.8 ■ Capacitores de alta capacitância (opcional)

Em tempos recentes, tem havido grandes avanços na obtenção de capacitores capazes de armazenar grande quantidade de energia. Uma família de tais capacitores é baseada em filmes finos de polifluoreto de vinidileno (PVDF), um polímero cuja constante dielétrica é 11 e cuja rigidez dielétrica pode superar 1,0MV/mm. Para se construírem tais capacitores, filmes finos de PVDF são produzidos em forma de fitas. Atualmente, já é possível fabricar fitas com espessuras de 0,5 μm. Sobre uma das faces do filme deposita-se uma camada ultrafina de alumínio para funcionar como eletrodo e a fita é enrolada formando um cilindro. Filmes de alumínio com espessura de apenas 0,02 μm são suficientes para os eletrodos. Para estimar a capacitância que se pode obter, consideremos um cilindro com raio de 1,00 cm e altura de 5,0 cm feito de uma fita de PVDF. Para calcular a capacitância do novelo, temos primeiro de calcular a área do filme, que é a área do capacitor. O raio médio da fita no novelo é de 0,50 cm, e o número de voltas é

$$N = \frac{1,0 \text{ cm}}{0,50 \text{ μm}} = 2,0 \times 10^4. \tag{5.24}$$

O comprimento da fita será então

$$L = N 2\pi \overline{R} = 2,0 \times 10^4 \times 6,28 \times 0,50 \text{ cm} = 6,3 \times 10^2 \text{ m.} \tag{5.25}$$

A sua área será

$$A = 6,3 \times 10^2 \text{m} \times 0,05 \text{m} = 31 \text{m}^2. \tag{5.26}$$

Finalmente, podemos calcular a capacitância:

$$C = \kappa \varepsilon_o \frac{A}{d} = 11 \times 8,85 \times 10^{-12} \frac{\text{F}}{\text{m}} \times \frac{31 \text{m}^2}{5,0 \times 10^{-7} \text{m}} = 6,0 \text{ mF.} \tag{5.27}$$

Destaca-se que tal capacitor pode suportar uma voltagem de até 0,50 kV. Portanto, pode acumular uma energia de

$$U = \frac{1}{2}CV^2 = 3,0 \times 10^{-3} \text{F} \times 25 \times 10^4 \text{V}^2 = 7,5 \times 10^2 \text{J}.$$

Destaca-se ainda que o capacitor tem volume de apenas 16 cm³ e, portanto, armazena energia elétrica com densidade de 47 J/cm³, ou 47 MJ/m³.

Outros tipos de capacitores desenvolvidos recentemente, que não discutiremos aqui, podem atingir capacitância de alguns faradays por centímetro cúbico. A pesquisa nesses ultracapacitores é intensa, e um dos objetivos é obter sistemas de armazenamento de energia elétrica para uso em carros híbridos, com um motor elétrico e outro a combustível líquido.

PROBLEMAS

P 5.1 A Figura 5.16 mostra uma esfera metálica de raio igual a 1,00 cm, com carga de 0,100 μC, incrustada em uma esfera concêntrica de um material dielétrico cuja constante dielétrica vale 2,00, e cujo raio é 3,00 cm. Calcule a densidade superficial de carga de polarização na superfície (A) interna e (B) externa da esfera dielétrica.

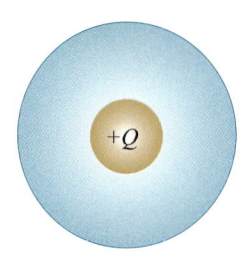

Figura 5.16

(Problema 5.1).

P 5.2 Esboce as linhas de força do campo elétrico referentes à Figura 5.16, utilizando as informações dadas no Problema 5.1.

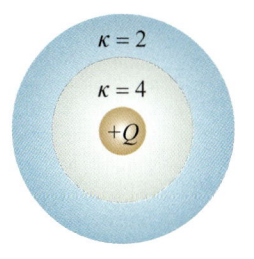

Figura 5.17

(Problema 5.3).

P 5.3 A Figura 5.17 mostra uma esfera metálica carregada, incrustada em outra esfera concêntrica contendo duas camadas de materiais dielétricos distintos. Esboce as linhas de campo (A) do campo **E** e (B) (opcional) do campo **D**.

P 5.4 Calcule a capacitância do capacitor mostrado na Figura 5.18.

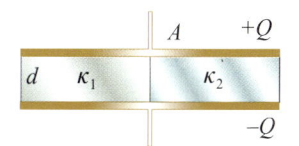

Figura 5.18

(Problemas 5.4 e 5.5).

P 5.5 Com referência ao capacitor visto na Figura 5.18, calcule: (A) (opcional) o deslocamento elétrico nos dois dielétricos; (B) a polarização dos dois dielétricos; (C) as carga elétricas nas metades 1 e 2 das placas.

P 5.6 Calcule a capacitância do capacitor visto na Figura 5.19.

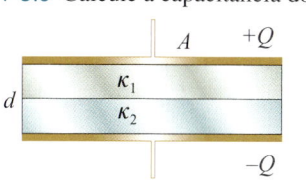

Figura 5.19

(Problemas 5.6, 5.7 e 5.8).

P 5.7 (Opcional) Calcule o vetor deslocamento dos dois dielétricos da Figura 5.19.

P 5.8 (A) Calcule a polarização elétrica em cada um dos dielétricos do capacitor visto na Figura 7.19. (B) Calcule a densidade superficial de carga de polarização na interface entre os dois dielétricos.

P 5.9 A constante dielétrica do capacitor visto na Figura 5.20 varia linearmente com a coordenada y, na forma $\kappa = 1 + (\kappa_d - 1) y / d$. Calcule $E(y)$ e $P(y)$ dentro do dielétrico.

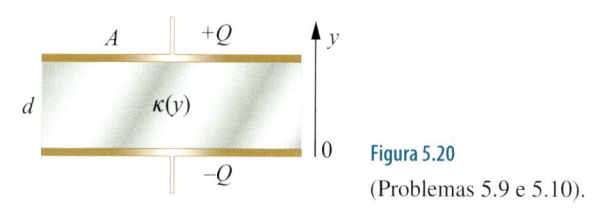

Figura 5.20

(Problemas 5.9 e 5.10).

P 5.10 Considerando o valor de $E(y)$ calculado no Problema 5.9, calcule a capacitância do capacitor visto na Figura 5.20.

P 5.11 O campo elétrico no interior de um meio cuja susceptibilidade elétrica varia na forma $\chi = ax$, onde a é constante, tem valor $\mathbf{E} = E\mathbf{i}$. Calcule (A) a expressão para a polarização elétrica $\mathbf{P}(x)$ dentro do meio; (B) (opcional) a expressão para o deslocamento elétrico $\mathbf{D}(x)$ dentro do meio.

P 5.12 (Opcional) A Figura 5.21 mostra uma esfera composta de hemisférios de materiais dielétricos distintos. O campo elétrico do lado no hemisfério esquerdo é constante, dado por $\mathbf{E} = 1,0$ kV /mm$(\mathbf{i} + \mathbf{j})$. Qual é o campo elétrico no hemisfério direito?

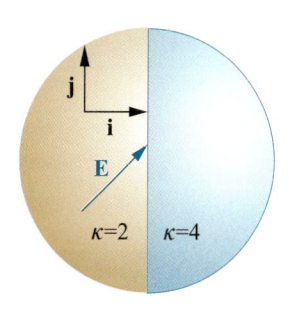

Figura 5.21

(Problema 5.12).

Respostas dos exercícios

E 5.2 (A) 0,18 nF. (B) 0,20 MV

E 5.3 (A) Para evitar descarga nas bordas. (B) 1,5 nF. (C) 0,15 mJ

E 5.4 10,0

E 5.5 0,16 kV

E 5.6 (A) 161 V. (B) 0,213 μC/m²

E 5.7 (A) $\sigma_1 = 7{,}0 \times 10^{-7}$ C/m², $\sigma_2 = 1{,}0 \times 10^{-7}$ C/m². (B) 56 V

E 5.10 (A) 1,88 nC. (B) $5{,}65 \times 10^{-12}$ C · m

E 5.11 $2{,}36 \times 10^{-12}$ C · m

E 5.12 4,0 pC/m²

E 5.14 $\sigma_{1P} = -14{,}2$ μC/m², $\sigma_{2P} = -11{,}8$ μC/m², $\sigma_{1P} = -2{,}4$ μC/m²

Respostas dos problemas

P 5.1 (A) –39,8 μC/m²; (B) 4,42 μC/m²

P 5.4 $C = \dfrac{\varepsilon_o A}{d}\left(\dfrac{\kappa_1 + \kappa_2}{2}\right)$

P 5.5 (A) $D_i = \dfrac{2\kappa_i Q}{A(\kappa_1 + \kappa_2)}$, (B) $P_i = \dfrac{2Q}{(\kappa_i - 1)(\kappa_1 + \kappa_2)A}$;

(C) $Q_i = \dfrac{\kappa_i Q}{\kappa_1 + \kappa_2}$

P 5.6 $C = \dfrac{2\varepsilon_o A}{d}\dfrac{\kappa_1 \kappa_2}{\kappa_1 + \kappa_2}$

P 5.7 $D_1 = D_2 = Q/A$

P 5.9 $E = \dfrac{Q}{\varepsilon_o A}\dfrac{d}{d + (\kappa_d - 1)y}$, $P = \dfrac{Q}{A}\dfrac{(\kappa_d - 1)d}{d + (\kappa_d - 1)y}$

P 5.10 $C = \dfrac{\varepsilon_o A}{d}\dfrac{\kappa_d - 1}{\ln(\kappa_d)}$

P 5.11 (A) $\mathbf{P} = ax\varepsilon_o E\mathbf{i}$; (B), $\mathbf{D} = (ax + 1)\varepsilon_o E\mathbf{i}$

P 5.12 $\mathbf{E} = 0{,}50$ kV / mm($\mathbf{i} + 2\mathbf{j}$)

6

Corrente Elétrica

Seção 6.1 ■ A definição da corrente

A corrente elétrica é o fenômeno mais importante para a tecnologia contemporânea. Nada marcou o século XX mais do que a eletricidade. É importante salientar que toda a eletrotécnica e a eletrônica decorrem de fenômenos relacionados com cargas em movimento, ou seja, com correntes elétricas. Os diversos tipos de motores elétricos, os equipamentos para telecomunicações, os inúmeros aparelhos elétricos que equipam as residências e empresas, o computador, quase todos têm suas funções baseadas não na carga elétrica em si, mas na corrente elétrica. O controle das correntes elétricas, primeiro na escala macroscópica e recentemente em escalas de tamanho cada vez mais diminuto, levou ao ambiente tecnológico em que vivemos. Toda essa tecnologia se fez possível principalmente em decorrência de um fato: a enorme disparidade que os diversos materiais apresentam em sua capacidade de transportar cargas elétricas em seu interior. Os metais são excelentes condutores de corrente. Por isso, invariavelmente as correntes elétricas são transportadas a grandes distâncias através de fios metálicos, principalmente de cobre ou alumínio. Além do mais, a corrente elétrica em um fio metálico é mais facilmente analisada do que correntes em outras situações, como em uma lâmpada de gás ou em um relâmpago. Por isso, neste capítulo daremos atenção especial à corrente em metais.

Consideremos a situação ilustrada na Figura 6.1: um fio metálico ligando os dois pólos de uma bateria. Neste caso, cargas negativas (elétrons) fluem do pólo negativo da bateria para o seu pólo positivo. Entretanto, a convenção sobre carga positiva e carga negativa foi feita antes da descoberta do elétron, que só veio a ocorrer em 1897. A carga do elétron acabou tendo o sinal negativo, e por isso o sinal da corrente elétrica I é do pólo positivo para o pólo negativo. Ou seja, a corrente elétrica em um metal tem direção oposta à do movimento dos portadores de cargas, os elétrons. Isso não gera nenhum inconveniente maior, de modo que tal idiossincrasia nunca foi corrigida.

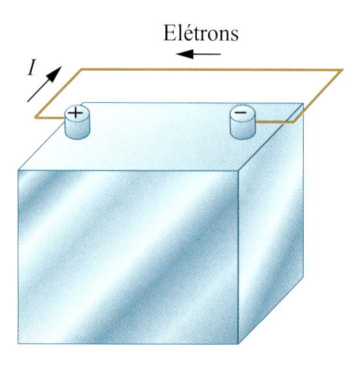

Figura 6.1

Um fio metálico liga os dois pólos de uma bateria. Os condutores de eletricidade (elétrons) neste caso fluem do pólo negativo para o pólo positivo da bateria. Entretanto, a corrente elétrica I segue o sentido oposto. A corrente elétrica tem o sentido de hipotéticas partículas com carga positiva que fossem responsáveis pelo transporte de carga.

O valor I da corrente é, por definição, a carga transferida por unidade de tempo. Ou seja,

■ Definição da corrente elétrica I

$$I \equiv \frac{\Delta q}{\Delta t}. \tag{6.1}$$

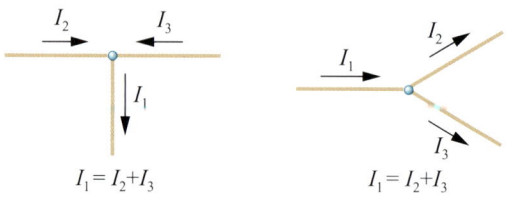

Figura 6.2

Corrente elétrica é uma grandeza orientada, mas não obedece à regra de soma de vetores e, portanto, não é um vetor.

Na Figura 6.1, a corrente é indicada por uma seta indo do pólo positivo para o pólo negativo. Entretanto, corrente não é uma grandeza vetorial. A Figura 6.2 mostra como são adicionadas correntes que convergem em um dado ponto. É claro pela figura que correntes se somam como grandezas algébricas, e não como vetores.

■ Definição do ampère, unidade de corrente elétrica no SI

No SI de unidades, a unidade de corrente é o ampère, símbolo A, definido por

$$1\,\text{ampère} = 1\frac{\text{coulomb}}{\text{segundo}}. \tag{6.2}$$

No SI o ampère é estabelecido como padrão de corrente, e o coulomb é definido como a carga transferida em 1 segundo por uma corrente de 1 ampère

Na prática, correntes podem ser diretamente medidas com muito maior precisão do que cargas. Por essa razão, no SI realmente o que é estabelecido como padrão é o ampère. O coulomb é então definido como a carga transferida em 1 segundo por uma corrente de 1 ampère.

Seção 6.2 ■ Densidade de corrente

Vimos que a corrente elétrica é um escalar ao qual também é possível associar-se uma orientação. Isto decorre do fato de que corrente elétrica é um fluxo. Toda corrente é o fluxo de alguma grandeza vetorial, seja corrente de eletricidade, de calor, de massa em um fluido, ou outra corrente qualquer. O vetor em questão é a densidade de corrente, que é designada pelo símbolo $\mathbf{j}$. Podemos então escrever

$$I = \int_S \mathbf{j} \cdot d\mathbf{A}. \tag{6.3}$$

A corrente que atravessa uma determinada superfície S é o fluxo nessa superfície do vetor densidade de corrente. No caso da corrente em um fio condutor, S é qualquer superfície que corte o fio de forma transversal. Para simplificar, consideremos um segmento de plano perpendicular ao fio, como mostra a Figura 6.3.

Figura 6.3

Corrente elétrica cruzando uma superfície de área orientada $\mathbf{A}$ em um fio. A corrente I é o fluxo da densidade de corrente $\mathbf{j}$ na superfície indicada.

Se a densidade de corrente for uniforme em toda a seção do fio, podemos escrever:

$$I = \mathbf{j} \cdot \mathbf{A} = jA, \tag{6.4}$$

onde A é a área de seção reta do fio. A densidade de corrente é um vetor. Sua direção é a da corrente e seu módulo é a corrente por unidade de área. Naturalmente, a definição da densidade de corrente pode ser generalizada para o caso em que a corrente seja não-homogênea no fio ou em um corpo qualquer. Tome-se uma superfície plana de pequena área ΔA. Em cada ponto do espaço existe uma orientação dessa superfície para a qual a corrente que a atravessa é máxima. Nessa orientação ótima, a densidade de corrente estará perpendicular à superfície. Sendo ΔI o valor da corrente para essa orientação, escreve-se:

$$j = \frac{\Delta I}{\Delta A}, \quad \mathbf{j} = j\mathbf{n}, \tag{6.5}$$

onde $\mathbf{n}$ é a normal à superfície de área ΔA.

A densidade de corrente tem dimensão de corrente por unidade de área. No SI, a unidade de j é Am^{-2}.

A esta altura, é oportuno tomar contato com as grandezas típicas para densidade de corrente em metais. O fio que alimenta um chuveiro clétrico para operação a 120 V tem seção reta de 6,0 mm^2 e transporta uma corrente de 40 A. Neste caso, a densidade de corrente é $6,7 \times 10^6\,\text{Am}^{-2}$. Densidades maiores de corrente geram aquecimento considerável no fio. O filamento de uma lâmpada tem seção reta da ordem de $10^{-2}\,\text{mm}^2$. Correntes da ordem de 1 A correspondem a densidades de corrente da ordem de $10^8\,\text{Am}^{-2}$ e aquecem o filamento até à incandescência.

Seção 6.3 ■ Lei de Ohm

Na Figura 6.1, a corrente no fio é causada pela bateria, a qual gera uma diferença de potencial entre as extremidades do fio. De modo geral, as correntes elétricas em um dado corpo são geradas por diferenças de potencial elétrico entre pontos distintos do mesmo. Seja V a voltagem diferença de potencial, ou tensão elétrica entre as extremidades do fio. A corrente será uma função dessa voltagem, ou seja, $I = I(V)$. Um fato experimental importante é que, exceto para voltagens muito altas, a corrente será simplesmente proporcional a V. Tal comportamento é denominado *lei de Ohm*. Formalmente se escreve:

■ Lei de Ohm

$$I = \frac{V}{R},\tag{6.6}$$

onde R é uma constante de proporcionalidade denominada *resistência elétrica* do fio. Resistência elétrica é um conceito fundamental em eletromagnetismo, principalmente na eletrotécnica. A unidade de resistência no SI é o *ohm*, símbolo Ω, definido por

■ Ohm, unidade de resistência elétrica no SI

$$1\,ohm = 1\ \frac{volt}{ampère}.\tag{6.7}$$

Um *resistor* é um elemento colocado em um circuito para oferecer uma resistência elétrica

Um corpo ou elemento qualquer colocado em um circuito para oferecer uma resistência elétrica bem definida é denominado resistor. O símbolo do resistor é ─W─. O regime de corrente em que vale a lei de Ohm é denominado regime ôhmico. Para metais e muitos outros materiais, o regime ôhmico aplica-se a correntes muito intensas e, portanto, a quase todas as situações de interesse. Exemplos de situações em que falha a lei de Ohm incluem campos elétricos acima da rigidez dielétrica de um material e várias outras. Por exemplo, em um relâmpago não vale a lei de Ohm. Muitos dispositivos microeletrônicos também operam fora do regime ôhmico.

Voltando ao fio, suponhamos que ele seja uma barra homogênea de comprimento L e área de seção reta A. Vê-se que sua resistência elétrica é proporcional a L. De fato, se imaginarmos a barra dividida em duas barras de comprimentos $\frac{1}{2}L$, a diferença de potencial em cada uma das partes será $\frac{1}{2}V$. Como a corrente em ambas as partes terá o mesmo valor I, pela Equação 6.6 cada parte terá uma resistência igual a $\frac{1}{2}R$. Consideração similar mostra que a resistência será inversamente proporcional à área de seção da barra. De fato, imaginemos agora a barra dividida ao meio por um plano paralelo ao seu eixo. Teremos nesse caso duas barras de área de seção igual a $\frac{1}{2}A$ e o mesmo comprimento L. Ambas as barras estarão submetidas à mesma voltagem V e cada barra transportará uma corrente igual a $\frac{1}{2}I$. Logo, pela Equação 6.6 cada parte terá uma resistência igual a $2R$.

Combinando essas duas regras de proporcionalidade, podemos expressar a resistência da barra na forma

■ Definição de resistividade elétrica ρ

$$R = \rho\frac{L}{A},\tag{6.8}$$

onde ρ é uma constante de proporcionalidade, característica do material que compõe a barra, denominada *resistividade elétrica*. A unidade de resistividade no SI é Ωm.

A Tabela 6.1 mostra a resistividade elétrica de alguns materiais a duas temperaturas. Alguns fatos expressos pela tabela são dignos de maior atenção. Primeiro, a resistividade à temperatura ambiente varia cerca de 26 ordens de grandeza dos metais para os melhores isolantes, tais como a sílica. Essa é uma faixa de variação excepcionalmente ampla. A baixas temperaturas essa faixa torna-se ainda maior. Os materiais apresentam várias propriedades específicas, tais como densidade, dureza, resistividade térmica etc., mas quase nunca o valor de qualquer propriedade varia entre um material e outro mais do que algumas ordens de grandeza. Consideremos, por exemplo, a resistividade térmica, grandeza térmica análoga à resistividade elétrica. Os metais são também bons condutores de calor, ou seja, a resistividade térmica é mais baixa para metais, comparada à resistividade de um bom isolante térmico. Entretanto, a variação entre a resistividade térmica de um ótimo isolante térmico e a resistividade térmica de um metal é somente de um fator de 10^5, e não de 10^{26}, como no caso da resistividade elétrica.

Conforme já mencionamos no Capítulo 1 (*A Força Elétrica*), a enorme disparidade no valor da resistividade elétrica dos materiais é um fato natural que possibilitou o desenvolvimento da eletrotécnica. Correntes oriundas de uma usina geradora de energia elétrica percorrem centenas de quilômetros através de fios elétricos até serem distribuídas entre milhares de usuários. Entretanto, uma camada de esmalte de 0,1mm de espessura impede que a corrente saia do fio. O controle preciso das correntes elétricas só é possível porque existem ótimos condutores e também ótimos isolantes elétricos.

Vê-se na tabela que à temperatura ambiente alguns materiais têm resistividade intermediária entre os bons isolantes e os bons condutores. Tais materiais são denominados *semicondutores*. A resistividade dos semicondutores pode ser fortemente reduzida pela adição de quantidades diminutas de impurezas. Impurezas nessas concentrações pouco alteram a resistividade dos metais e dos isolantes. A adição intencional de impurezas para diminuir a resistividade elétrica dos semicondutores é denominada *dopagem*. A microeletrônica baseia-se no controle da resistividade dos semicondutores através da dopagem. Na tabela também se nota que a resistividade dos metais aumenta, enquanto a dos semicondutores diminui, com o aumento da temperatura. A razão dessa diferença será discutida posteriormente.

■ **Tabela 6.1**
Resistividade elétrica (em ohm · metro) de materiais selecionados

Material	ρ (77K)	ρ (293K)
Metais		
Ag	$0,3 \times 10^{-8}$	$1,59 \times 10^{-8}$
Al	$0,3 \times 10^{-8}$	$2,65 \times 10^{-8}$
Au	$0,5 \times 10^{-8}$	$2,25 \times 10^{-8}$
Cu	$0,2 \times 10^{-8}$	$1,68 \times 10^{-8}$
Fe	$0,66 \times 10^{-8}$	$9,61 \times 10^{-8}$
Sn	$2,1 \times 10^{-8}$	$11,0 \times 10^{-8}$ (273K)
Ni		$6,03 \times 10^{-8}$
$Cu_{0,6}Ni_{0,4}$	40×10^{-8}	44×10^{-8}
Semicondutores		
Ge (puro)	10^{14}	$0,45$
Ge		$0,011$
Si (puro)	10^{31}	$2,2 \times 10^{3}$
Si (10^{-4}% As)	$0,1$	$0,003$
GaAs (puro)		$3,8 \times 10^{6}$
Isolantes		
Âmbar		5×10^{14}
Vidro		$10^{11} - 10^{14}$
Borracha		$10^{13} - 10^{16}$
Sílica		$7,5 \times 10^{17}$

Freqüentemente, é mais interessante expressar a lei de Ohm em termos de campo elétrico e densidade de corrente. Combinando as Equações 6.4 e 6.6, obtemos

$$R = \frac{V}{jA},$$ (6.9)

que, combinada com a Equação 6.8, gera

$$\rho\,\frac{L}{A} = \frac{V}{jA} \;\Rightarrow\; \rho\,j = \frac{V}{L}. \tag{6.10}$$

Considerando que $V = EL$, onde E é o campo elétrico, e que a densidade de corrente $\mathbf{j}$ é paralela a $\mathbf{E}$, obtemos

■ Lei de Ohm em termos da resistividade

$$\rho\mathbf{j} = \mathbf{E}. \tag{6.11}$$

A lei de Ohm na forma expressa pela Equação 6.11 relaciona a densidade de corrente com o campo elétrico em cada ponto. A constante de proporcionalidade é a resistividade elétrica do material naquele ponto.

Freqüentemente, as propriedades físicas do meio são expressas não em termos da resistividade, e sim da condutividade elétrica σ, dada por $\sigma = \rho^{-1}$. Nesse caso, a lei de Ohm fica na forma

■ Lei de Ohm em termos da condutividade

$$\mathbf{j} = \sigma\,\mathbf{E}. \tag{6.12}$$

E·E Exercício-exemplo 6.1

■ Calcule o campo elétrico necessário para gerar uma corrente de 40 A em um fio de cobre de área de seção reta igual a 6,0 mm².

■ Solução

A densidade de corrente no fio será $j = I / A = 6{,}7 \times 10^6\ \mathrm{A/m^2}$. Aplicando a Equação 6.11 e o valor de ρ dado na Tabela 6.1, obtemos

$$E = 1{,}69 \times 10^{-8}\,\frac{\mathrm{V}}{\mathrm{A}}\,\mathrm{m} \times 6{,}7 \times 10^6\,\frac{\mathrm{A}}{\mathrm{m^2}} = 0{,}11\ \frac{\mathrm{V}}{\mathrm{m}}.$$

E·E Exercício-exemplo 6.2

■ Calcule a densidade de corrente através da camada do plástico que recobre um fio elétrico, sabendo que sua espessura é 0,5 mm e a diferença de potencial entre seu exterior e seu interior é 220 V. A resistividade do plástico é $5{,}0 \times 10^{16}\ \Omega\mathrm{m} = 5{,}0 \times 10^{16}\ \mathrm{(V/A)m}$ e o campo elétrico nele aplicado é 200 V / $(5 \times 10^{-4}\ \mathrm{m})$.

■ Solução

Com a aplicação direta da Equação 6.12, obtém-se

$$j = \frac{220\ \mathrm{V}}{5 \times 10^{-4}\,\mathrm{m}} \times \frac{\mathrm{A}}{5 \times 10^{16}\ \mathrm{Vm}} = 9 \times 10^{-12}\ \frac{\mathrm{A}}{\mathrm{m^2}}.$$

Note-se a grande eficácia do isolamento do fio.

Exercícios

E 6.1 Fios de ouro com diâmetro de 15 μm são freqüentemente utilizados para alimentar circuitos integrados e outros microcircuitos. Calcule (A) a resistência por metro linear do fio; (B) a corrente máxima para que a densidade de corrente não exceda $5 \times 10^6\ \mathrm{Am^{-2}}$.

E 6.2 O cubo visto na Figura 6.4 tem duas faces metalizadas. O material do cubo tem resistividade ρ muito maior do que a do metal. Calcule a resistência elétrica entre as faces metalizadas.

E 6.3 A Figura 6.5 mostra um cubo de sílica de aresta igual a 3,0 cm. Sobre duas faces opostas são depositados filmes espessos de metal, e uma terceira face recebe um filme de ouro com espessura de apenas $1{,}0 \times 10^{-6}$ cm. Uma voltagem de 1,0 mV é aplicada entre as faces metalizadas com filmes espessos. Calcule a corrente (A) no filme de ouro; (B) no bloco de sílica.

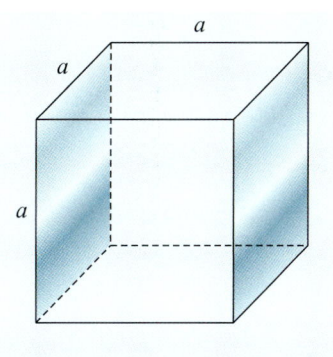

Figura 6.4
(Exercício 6.2).

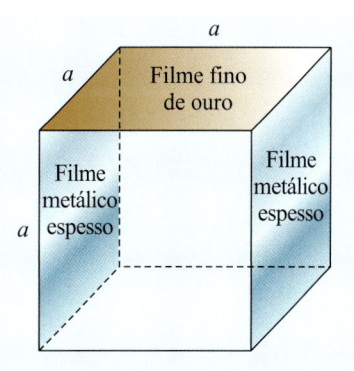

Figura 6.5
(Exercício 6.3).

E 6.4 Mostre que a resistência elétrica de uma placa quadrada de espessura fixa, para correntes paralelas a uma de suas arestas, independe do tamanho da placa.

Seção 6.4 ■ Potência dissipada em um resistor

Reconsideremos o transporte de cargas indicado na Figura 6.1. Se a força elétrica proveniente da bateria fosse a única atuante sobre as cargas transferidas de um pólo para o outro, cada elétron transferido iria adquirir uma energia cinética igual a eV, onde $-e$ é a carga do elétron. Entretanto, o atrito oferecido pelo fio ao movimento do elétron impede que ele acumule o trabalho feito pela bateria em forma de energia cinética. Desse modo, todo o trabalho é dissipado em forma de calor. A *potência* realizada pela bateria é dissipada pelo resistor

■ Potência realizada pela bateria

$$P = \frac{V\Delta q}{\Delta t} = VI.$$ (6.13)

Com a aplicação da lei de Ohm, Equação 6.6, a Equação 6.13 pode ser escrita em uma das formas alternativas:

■ Potência dissipada no resistor

$$P = RI^2 \text{ ou } P = \frac{V^2}{R}.$$ (6.14)

Considere como exemplo o resistor de um chuveiro elétrico, cuja resistência seja 3,00 Ω. Sendo 120 V a voltagem da rede, a corrente no resistor será 40 A e a potência dissipada será 4800 W. O exemplo contempla uma situação em que o resistor exerce uma função útil e programada. Em muitas situações, entretanto, a resistência dos fios e de outras componentes elétricas é uma característica que se deseja minimizar, para evitar desperdício de energia e aquecimento não-desejado dos equipamentos. A dissipação de energia em materiais que estão transportando corrente elétrica, decorrente da resistência elétrica, é denominada efeito Joule.

A dissipação de energia em materiais que estão transportando corrente elétrica, decorrente da resistência elétrica, é denominada efeito Joule

E-E Exercício-exemplo 6.3

■ *Perda de energia por efeito Joule em linhas de transmissão.* A distribuição de energia elétrica é feita com cabos de cobre ou de alumínio. Como a potência dissipada por efeito Joule nos cabos é dada por $P = RI^2$, é importante minimizar a corrente nos cabos. Para transferir altas potências usando correntes baixas, é necessário usar tensões altas, às vezes até de 1 megavolt, nas linhas de transmissão. Próximo às cidades em que a energia vai ser distribuída, a voltagem é reduzida, em geral para 13 kV, no caso do Brasil, por questões de segurança. Finalmente, a tensão é reduzida para 127 V ou 220 V, no caso brasileiro, para o fornecimento aos consumidores. Uma linha de transmissão transporta a potência de 1,0 GW de uma usina, na tensão de 500 kV, a uma distância de 400 km. Se os cabos são feitos de alumínio e têm o diâmetro de 3,0 cm, que energia se perde nos cabos por efeito Joule?

■ **Solução**

A transmissão é feita por corrente alternada, oscilando à freqüência de 60 Hz. Essa freqüência é muito baixa, e não tem qualquer efeito mensurável sobre a perda por efeito Joule. A rede também é trifásica. Por simplificação, consideraremos a situação em que dois cabos transferem a potência por corrente contínua. No percurso de ida e volta, temos 800 km de cabo. Sua resistência é

$$R = \rho \, \frac{L}{\pi D^2 / 4},$$

onde D é o diâmetro do cabo. Substituindo os valores numéricos, obtemos

$$R = 2,65 \times 10^{-8} \, \Omega \text{m} \, \frac{4 \times 8,0 \times 10^5 \text{m}}{3,14 \times 9 \times 10^{-4} \text{m}^2} = 30 \, \Omega.$$

A corrente que percorre a linha de transmissão é dada por

$$P = VI \quad \Rightarrow I = \frac{P}{V} = \frac{1,0 \times 10^9 \, \text{W}}{5,0 \times 10^5 \, \text{V}} = 2,0 \times 10^3 \, \text{A}.$$

Logo, a potência dissipada em calor na linha é

$$P = RI^2 = 30 \Omega \times 4,0 \times 10^6 \, \text{A}^2 = 0,12 \, \text{GW}.$$

Veja que 12% da energia da usina são perdidos por efeito Joule na linha de transmissão. No sistema por rede trifásica, a corrente no cabo a voltagem nula — o chamado cabo neutro — é quase nula. Isso significa que a corrente de retorno é quase nula. Usando-se três cabos com os mesmos 3,0 cm de diâmetro para as fases "quentes" (com tensão não-nula), as perdas ficam divididas por 6, tornando-se apenas 2,0% do total.

Exercícios

E 6.5 Uma rede de alta tensão de corrente contínua cobre a distância de 500 km entre a usina geradora e a estação de distribuição e, portanto, a corrente perfaz 1000 km no percurso de ida e volta. A usina gera uma potência de 5,0 gigawatt, a uma voltagem de 500 kV. Calcule a área de seção dos cabos de alumínio para que a perda nesses cabos por efeito Joule não exceda 5,0% da potência gerada pela usina.

E 6.6 Entre as faces fortemente metalizadas do cubo da Figura 6.5, cujos dados são fornecidos no Exercício 6.3, é aplicada uma tensão de 20 mV. Qual é a potência dissipada em calor (A) no interior do cubo? (B) No filme de ouro?

E 6.7 *Condução em nanofios*. Ultimamente, está se tornando possível produzir fios cujo diâmetro está na faixa de 1 a 100 nanômetros. São os chamados nanofios. Efeitos de natureza quântica alteram a resistividade elétrica nesses fios, que passa a depender do seu diâmetro. Ignorando tais efeitos quânticos, (A) calcule a resistência de um fio de ouro com diâmetro de 10 nm e comprimento de 1000 nm. (B) Qual é a corrente máxima que pode ser conduzida no fio para que a densidade de corrente não ultrapasse $1,0 \times 10^6 \, \text{Am}^{-2}$?

Seção 6.5 ■ Corrente nula no neutro de rede multifásica

No Exercício-exemplo 6.3, foi dito que em uma rede trifásica de distribuição de energia elétrica a corrente de retorno no cabo neutro é quase nula. Mostraremos por que isso acontece. O fato é verdadeiro tanto para rede bifásica como para trifásica, mas consideraremos especificamente a rede trifásica.

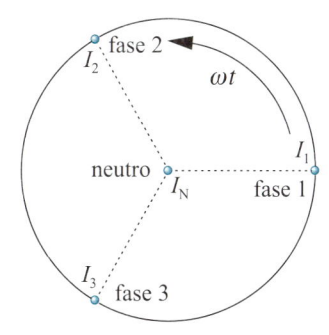

Figura 6.6

Esquema de uma rede trifásica. As correntes nas várias fases n são $I_n = I_{n,o} \cos(\omega t + \phi_n)$, onde $\phi_1 = 0$, $\phi_2 = 2\pi/3$, $\phi_3 = 4\pi/3$. A corrente no neutro é $I_N = I_1 + I_2 + I_3$.

A Figura 6.6 mostra um esquema das correntes nas diversas fases da rede. Cada fase está avançada $2\pi / 3$ em relação à anterior. Assim, podemos escrever

$$I_1 = I_{1,o} \cos \omega t, \; I_2 = I_{2,o} \cos (\omega t + 2\pi / 3), \; I_3 = I_{3,o} \cos(\omega t + 4\pi / 3). \tag{6.15}$$

No processo de distribuição, tenta-se escolher as fases destinadas a cada consumidor de maneira que estatisticamente as correntes máximas nas três fases sejam iguais. Ou seja, busca-se o equilíbrio tal que $I_{1,o} = I_{2,o} = I_{3,o}$. A corrente de retorno no cabo neutro é igual à soma das correntes nas três fases quentes: $I_N = I_1 + I_2 + I_3$. Explicitamente:

$$I_N = I_{1,o} \cos \omega t + I_{1,o} \cos (\omega t + 2\pi / 3) + I_{1,o} \cos(\omega t + 4\pi / 3). \tag{6.16}$$

Usando relações trigonométricas, verificamos que

$$\cos \omega t + \cos (\omega t + 2\pi / 3) + \cos(\omega t + 4\pi / 3) = 0. \tag{6.17}$$

Portanto, $I_N = 0$, ou seja, a corrente de retorno é nula. Esse é, na verdade, um resultado estatístico, e sempre há uma pequena corrente flutuante de retorno, pois a corrente efetivamente demandada pelos vários consumidores é flutuante. De qualquer forma, a corrente de retorno é pequena, e por isso o cabo neutro na rede de transmissão pode ser muito mais fino.

Exercícios

E 6.8 Verifique a Equação 6.17.

E 6.9 Mostre que a corrente de retorno também é nula para uma rede bifásica, ou seja, com duas correntes defasadas 180°.

Seção 6.6 ■ Força eletromotriz, baterias e outros geradores

Quando a corrente passa por um resistor, energia elétrica é convertida em calor. Os elétrons são puxados por um campo elétrico, mas também são freados pelo material em que se movem como se estivessem sujeitos a uma força de atrito, e esse atrito é o causador da geração de calor. Para que a corrente circule de modo permanente em um circuito, é necessário que algum dispositivo supra a energia elétrica que se perde em forma de calor. Há vários dispositivos capazes de fornecer tal energia elétrica, e no conjunto eles são denominados geradores de força eletromotriz, que se abrevia por fem. No Capítulo 9 (*Indução Eletromagnética*) estudaremos alguns geradores de fem. Um gerador de fem, para o qual se usa também a denominação fonte de tensão, é uma espécie de bomba que atua sob as cargas e as leva-as para pontos de potencial elétrico mais elevado. O primeiro gerador de fem a ser desenvolvido foi a bateria química, também chamada bateria voltaica. A bateria continua sendo um dos dispositivos mais amplamente utilizados para geração de corrente contínua. O símbolo de bateria, que também é usado para outros geradores de tensão elétrica contínua, é ⊣⊢. A bateria tem um pólo negativo e outro positivo, nos quais as voltagens são V_- e V_+, respectivamente, e entre os

Força eletromotriz é uma tensão elétrica que se aplica em um circuito e lhe dá o suprimento de energia

pólos há uma diferença de tensão $V = V_+ - V_-$. A Figura 6.7 mostra um circuito de uma única malha envolvendo uma bateria e um resistor.

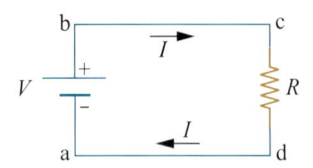

Figura 6.7

Circuito de uma única malha com uma bateria e um resistor. A corrente I é a mesma em todos os pontos da malha.

Uma bateria ou outro gerador de fem tem uma força eletromotriz que é designada pelo símbolo $\mathscr{E}$. Em uma bateria ideal, a diferença de potencial V entre os dois pólos é sempre igual à fem $\mathscr{E}$, independentemente da corrente no circuito. Nos casos reais, quando há corrente no circuito, a tensão na bateria é menor do que $\mathscr{E}$ porque ela tem uma resistência interna r. A queda de tensão nos fios de condução é geralmente ignorada nos circuitos, ou seja, os fios são imaginados com resistência nula. Assim, os pontos b e c na Figura 6.7 estão à mesma tensão V_+ e os pontos a e d estão à mesma tensão V_-. Se a batera é não ideal, a resistência do circuito é igual a $R + r$, e a relação entre $\mathscr{E}$ e a corrente é

$$\mathscr{E} = (R + r)I, \tag{6.18}$$

e a tensão entre os pólos da bateria é

$$V = \mathscr{E} - rI. \tag{6.19}$$

E·E Exercício-exemplo 6.4

■ Uma bateria tem uma fem igual a 12,0 V e sua resistência interna é 0,050 Ω. (*A*) Quanto de potência a bateria cede a um resistor com resistência de 0,50 Ω com o qual forma uma malha fechada como a da Figura 6.7? (*B*) Se a resistência R do resistor for variável, para qual valor de R a potência nele dissipada é máxima?

■ **Solução**

(*A*) A corrente no circuito é $I = \dfrac{\mathscr{E}}{R+r}$, e a potência dissipada no resistor é

$$P = RI^2 = R\frac{\mathscr{E}^2}{(R+r)^2} = 0,50\Omega\,\frac{144\mathrm{V}^2}{(0,50+0,050)^2\Omega^2} = 0,24\,\mathrm{kW}.$$

(*B*) A potência máxima no resistor ocorre quando a função $f(R) = \dfrac{R}{(R+r)^2}$ tiver seu valor máximo. Isso ocorre quando $R = r$.

Exercício

E 6.10 Uma bateria, com fem de 1,50 V e resistência interna de 0,060 Ω, alimenta corrente em um resistor com resistência de 1,00 Ω. (*A*) Qual é a corrente fornecida? (*B*) Que percentual da potência da bateria é desperdiçado na sua própria resistência interna?

Seção 6.7 ■ Combinações de resistores

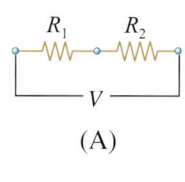
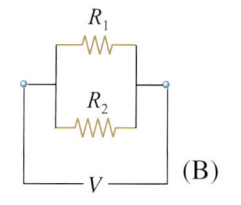

Figura 6.8

Ligações em série (A) e em paralelo (B) de resistores. Resistores ligados em série transportam a mesma corrente e resistores ligados em paralelo estão submetidos à mesma voltagem.

Freqüentemente, em um circuito, resistores são combinados de alguma maneira intencional ou involuntária. Existem duas maneiras distintas de se combinarem dois resistores, indicadas na Figura 6.8. Em uma delas, ilustrada na Figura 6.8A, a mesma corrente I passa pelos dois resistores. Esta combinação é denominada ligação em série de resistores. Na outra, a mesma voltagem é aplicada aos terminais dos dois resistores, de modo que uma corrente I se divide pelos dois ramos do circuito, como se vê na Figura 6.8B. Esta combinação é denominada ligação em paralelo de resistores.

> Na ligação em série de resistores, a mesma corrente passa pelos resistores. Na ligação em paralelo, os resistores estão sujeitos à mesma voltagem

Nos cálculos que envolvam circuitos elétricos, é conveniente substituir uma determinada combinação de resistores por um resistor equivalente. O cálculo da *resistência equivalente* de resistores ligados em série e em paralelo é bastante simples. Consideremos inicialmente dois resistores de resistências R_1 e R_2 ligados em série, como mostra a Figura 6.8A. A voltagem aplicada aos terminais da combinação é V. A resistência equivalente R da combinação é dada pela equação

$$V = RI. \tag{6.20}$$

Por outro lado, a voltagem V é a soma das voltagens aplicadas a cada um dos dois resistores envolvidos na combinação. Portanto,

$$V = V_1 + V_2. \tag{6.21}$$

Uma vez que equações análogas à Equação 6.20 podem ser escritas para cada um dos resistores, ou seja,

$$V_1 = R_1 I, \quad V_2 = R_2 I, \tag{6.22}$$

a Equação 6.20 toma a forma

$$V = (R_1 + R_2)I, \tag{6.23}$$

que, comparada com a Equação 6.20, nos possibilita concluir

> ■ Resistência equivalente de dois resistores ligados em série

$$R = R_1 + R_2. \tag{6.24}$$

No caso das resistências ligadas em paralelo, mostrado na Figura 6.8B, tem-se

$$I = I_1 + I_2, \tag{6.25}$$

ou

$$I = \frac{V}{R_1} + \frac{V}{R_2} = V \left(\frac{1}{R_1} + \frac{1}{R_2} \right), \tag{6.26}$$

que, comparada com a Equação 6.20, possibilita concluirmos

> ■ Resistência equivalente de dois resistores ligados em paralelo

$$\frac{1}{R} = \frac{1}{R_1} + \frac{1}{R_2} \quad \Rightarrow R = \frac{R_1 R_2}{R_1 + R_2}. \tag{6.27}$$

Uma vez estabelecida a resistência equivalente para ligações em série e em paralelo de dois resistores, pode-se calcular a resistência equivalente de diversos arranjos de resistores.

E-E **Exercício-exemplo 6.5**

■ Calcule as resistências equivalentes às combinações de resistores mostradas nas Figuras 6.9A e 6.9B.

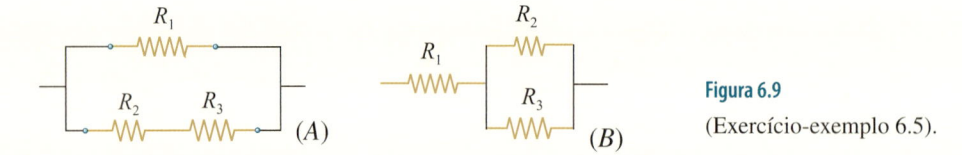

Figura 6.9
(Exercício-exemplo 6.5).

■ **Solução**

Na Figura 6.9A, estão ligados em paralelo os resistores R_1 e o resistor equivalente (R_2+R_3). Portanto, pela Equação 6.27, obtemos a resistência equivalente da combinação:

$$R = \frac{R_1(R_2 + R_3)}{R_1 + R_2 + R_3}$$ (*resistência equivalente à combinação da Figura 6.9A*).

Na Figura 6.9B o resistor R_1 está ligado em série com o resistor equivalente $\frac{R_2R_3}{R_2 + R_3}$. Portanto, pela Equação 6.24 obtemos a resistência equivalente da combinação:

$$R = R_1 + \frac{R_2R_3}{R_2 + R_3}$$ (*resistência equivalente à combinação da Figura 6.8B*).

E-E **Exercício-exemplo 6.6**

■ Calcule a resistência equivalente entre os pontos (*A*) A e C, e (*B*) A e B da Figura 6.10.

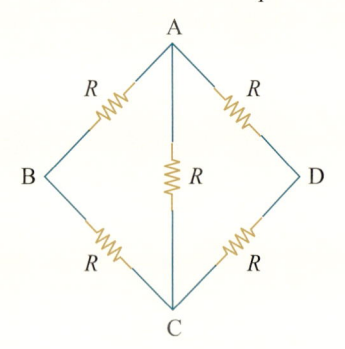

Figura 6.10
(Exercício-exemplo 6.6).

■ **Solução**

(*A*) Para calcular a resistência equivalente R_{AC} entre os pontos A e C, devemos considerar que corrente pode ir de A até C por três caminhos:

1) Diretamente de A para C, trajeto no qual a resistência é $R_1 = R$.

2) Pelo trajeto ABC, no qual a resistência equivalente é $R_2 = 2R$.

3) Pelo trajeto ADC, no qual a resistência equivalente é $R_3 = 2R$.

A resistência entre A e C é a resistência equivalente das resistências R_1, R_2 e R_3 ligadas em paralelo. Portanto:

$$\frac{1}{R_{AC}} = \frac{1}{R_1} + \frac{1}{R_2} + \frac{1}{R_3} = \frac{1}{R} + \frac{1}{2R} + \frac{1}{2R} = \frac{4}{2R} = \frac{2}{R}.$$

Logo,

$$R_{AC} = \frac{R}{2}.$$

(*B*) A corrente entre B e A pode seguir três caminhos:

1) Diretamente de B a A, por onde a resistência é *R*;

2) Pelo percurso ACB, por onde a resistência é 2*R*;

3) Pelo percurso BCDA, por onde a resistência é 3*R*.

Vendo essas três ligações feitas em paralelo, calculamos a resistência equivalente R_{AB}:

$$\frac{1}{R_{AB}} = \frac{1}{R} + \frac{1}{2R} + \frac{1}{3R} = \frac{11}{6R} \Rightarrow R_{AB} = \frac{6R}{11}.$$

Exercícios

E 6.11 Calcule as resistências equivalentes entre os pontos AB e AC no circuito da Figura 6.11.

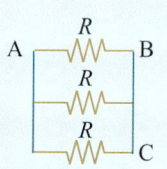

Figura 6.11
(Exercício 6.11).

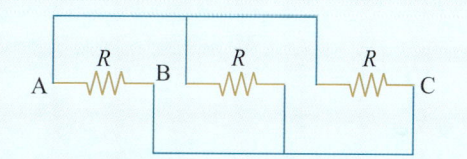

Figura 6.12
(Exercício 6.12).

E 6.12 Calcule as resistências equivalentes entre os pontos AB e AC no circuito da Figura 6.12.

Seção 6.8 ■ Regras de Kirchoff

O conceito de resistência equivalente não é suficiente para a análise de todos os circuitos. Em muitos deles, principalmente circuitos que envolvam mais de uma fonte de tensão, temos de recorrer a outros métodos de análise. A Figura 6.13 mostra um circuito muito simples que não podemos resolver usando resistências equivalentes. Os resistores R_1 e R_3 estão ligados em série. Já os resistores R_1 e R_2 podem parecer estar ligados em paralelo, mas isto não é verdade porque não estão submetidos à mesma tensão.

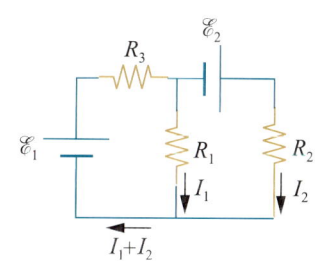

Figura 6.13

Exemplo de circuito em que os conceitos de ligação em série e ligação em paralelo são insuficientes para a análise.

Todos os circuitos podem ser analisados com a aplicação das duas seguintes regras, denominadas *regras de Kirchoff*:

■ Regras de Kirchoff

1. A soma algébrica das variações de potencial em uma malha fechada é sempre nula.
2. Em um nó do circuito — pontos em que correntes se adicionam ou se subtraem — a soma das correntes que chegam é igual à soma das correntes que saem.

Pode-se ver que, ao escrever as correntes no circuito da Figura 6.13, já levamos em conta a segunda regra de Kirchoff. Também na Figura 6.2 as correntes obedecem à referida regra. Com a aplicação da primeira regra, podemos completar a análise do circuito da Figura 6.13. Para isso, é importante levar em conta que, quando percorremos um resistor R no sentido em que nele circula uma corrente I, o potencial sofre uma variação $-RI$. Vamos considerar duas malhas no circuito, ambas passando pela bateria da esquerda. A primeira passa pelo resistor R_1, e a segunda, pelo resistor R_2. Percorrendo essas malhas no sentido horário, a primeira regra de Kirchoff fornece as seguintes equações:

$$\mathscr{E}_1 - R_3(I_1 + I_2) - R_1 I_1 = 0, \tag{6.28}$$

$$\mathscr{E}_1 - R_3(I_1 + I_2) + \mathscr{E}_2 - R_2 I_2 = 0. \tag{6.29}$$

Temos, portanto, duas equações com duas incógnitas I_1 e I_2, o que permite o cálculo dessas duas correntes.

Exercícios

E 6.13 Calcule I_1 e I_2, a partir das Equações 6.28 e 6.29, considerando os valores $\mathscr{E}_1 = 12,0\ V$, $\mathscr{E}_2 = 6,0\ V$, $R_1 = R_2 = 10,0\ \Omega$ e $R_3 = 5,0\ \Omega$.

E 6.14 Reescreva as Equações 6.28 e 6.29 supondo que as duas baterias tenham resistências internas r_1 e r_2, respectivamente.

Seção 6.9 ■ Modelo de Drude

Logo após a descoberta do elétron, *Drude* propôs um modelo para a condução elétrica e a condução de calor em metais em que o elétron é o agente portador. O *modelo de Drude* (1900) é anterior ao desenvolvimento da mecânica quântica, sem a qual não é possível descrever corretamente o movimento do elétron. Apesar disto, o modelo é útil e correto em várias das suas previsões. Os elétrons de valência dos átomos que compõem um metal não ficam ligados a um dado átomo. Seu movimento dentro do metal é aproximadamente um movimento livre, exceto por colisões com os átomos ionizados que compõem o sólido e raras colisões com outros elétrons. Tais elétrons são denominados elétrons de condução. Os elétrons de condução em um metal são portadores livres de corrente, conforme definição formulada no Capítulo 5 (*Dielétricos*). Para os elementos Ag, Au, Cu, etc., cada átomo no sólido contribui com um elétron de condução. Para os elementos Fe, Ni, etc., há dois elétrons de condução para cada átomo. Para o Al, o In, etc., há três elétrons de condução para cada átomo. Tipicamente, a densidade de elétrons de condução em um metal é $10^{28} - 10^{29}\ m^{-3}$.

Nos metais, há elétrons que se movem de forma quase livre, denominados elétrons de condução

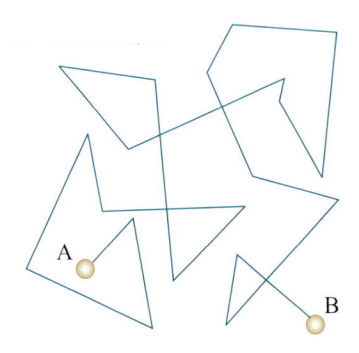

Figura 6.14

Movimento difusivo de um elétron de condução em um metal. O elétron movimenta-se entre os pontos A e B em ziguezague, sofrendo colisões com os íons ou com outro elétron. Entre duas colisões ele se move (na ausência de um campo elétrico externo) em linha reta. O tempo médio entre duas colisões é τ e o deslocamento médio entre uma colisão e outra tem módulo $\bar{l}$. O movimento difusivo também é denominado movimento browniano.

Especificamente para o cobre à temperatura ambiente, temos

■ Densidade de elétrons de condução no cobre

$$n = 8,47 \times 10^{28} \text{ m}^{-3}$$

No modelo de Drude, os elétrons movem-se em ziguezague como as moléculas em um gás. Esse movimento é denominado movimento difusivo, ou movimento browniano. Os elétrons sofrem colisões a intervalos de tempo cujo valor médio é igual a τ. As colisões são instantâneas e causam alterações abruptas na velocidade do elétron. Não há correlação entre as velocidades do elétron antes e depois de uma dada colisão. Na ausência de um campo elétrico externo, entre duas colisões, o elétron se move em linha reta. A Figura 6.14 ilustra o movimento do elétron na ausência de um campo elétrico. Quando o campo elétrico é nulo, a velocidade (vetorial) média dos elétrons é nula e, portanto, não há corrente elétrica. Entretanto, quando o material está submetido a um campo elétrico $\mathbf{E}$, no intervalo entre as colisões ele não mais se move em linha reta, pois fica submetido a uma aceleração dada por

$$\mathbf{a} = -\frac{e\mathbf{E}}{m}, \tag{6.30}$$

Velocidade de arraste, ou *velocidade de deriva do elétron* em um condutor é a velocidade que o elétron adquire, por estar sob o efeito de um campo elétrico

onde m é a massa do elétron e $-e$ é a sua carga. Isso dá aos elétrons uma velocidade vetorial média não-nula, denominada velocidade de arraste, ou velocidade de deriva. Tal velocidade é a responsável pela corrente elétrica. Para obter a velocidade de arraste, devemos considerar que, em média, logo após uma colisão sua velocidade vetorial é nula, pois todas as direções são igualmente prováveis. Como em média ele se move sob essa aceleração um tempo τ, poderíamos ser levados a concluir que a velocidade vetorial média obtida por tal aceleração seja $\mathbf{v}_a = -e\tau\mathbf{E}/2m$. Essa foi de fato a conclusão do próprio Drude, em seu artigo original. Entretanto, o fator ½ que aparece nessa fórmula desaparece por uma peculiaridade do próprio movimento difusivo, e a velocidade de arraste é dada por

■ Velocidade de arraste do elétron sob o efeito de um campo elétrico

$$\mathbf{v}_a = -\frac{e}{m}\tau\mathbf{E}. \tag{6.31}$$

A próxima meta é calcular a densidade de corrente elétrica associada a essa velocidade de arraste.

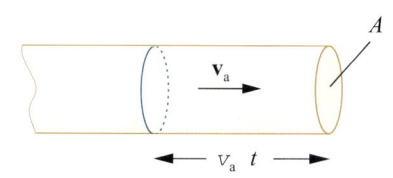

Figura 6.15

Os elétrons em um fio que porta corrente elétrica têm uma velocidade de arraste (velocidade vetorial média) $\mathbf{v}_a$ paralela ao fio. No intervalo de tempo Δt, os elétrons contidos no cilindro de comprimento $v_a\Delta t$ cruzam a superfície sombreada de área A.

A Figura 6.15 mostra um fio cilíndrico com seção reta de área A transportando corrente elétrica. A velocidade vetorial média dos elétrons, designada por $\mathbf{v}_a$, é igual à velocidade de arraste, pois na ausência do campo elétrico a velocidade vetorial média é nula. Para cálculo da corrente, podemos ignorar completamente o movimento browniano dos elétrons e supor que todos eles tenham a mesma velocidade $\mathbf{v}_a$. O erro envolvido se cancela para a coleção de elétrons, pois a soma vetorial das velocidades oriundas do movimento browniano é estatisticamente nula. No intervalo de tempo Δt, todos os elétrons contidos no segmento do cilindro com comprimento $v_a\Delta t$ irão cruzar a base à direita do cilindro. Sendo A a área dessa base, o número de tais elétrons será

$$\Delta N = nAv_a\Delta t. \tag{6.32}$$

Portanto, a carga elétrica que cruza a base será

$$\Delta q = -e\Delta N = -enAv_a\Delta t. \tag{6.33}$$

Isso corresponde a uma corrente elétrica

$$I = \frac{\Delta q}{\Delta t} = -enAv_a, \tag{6.34}$$

e a uma densidade de corrente

■ Densidade de corrente

$$\mathbf{j} = -en\mathbf{v}_a.$$ (6.35)

Substituindo $\mathbf{v}_a$ dada pela Equação 6.31 na Equação 6.35, obtemos

■ Densidade de corrente

$$\mathbf{j} = \frac{ne^2\tau}{m}\mathbf{E}.$$ (6.36)

Comparando as Equações 6.12 e 6.36, obtemos a *condutividade de Drude*

■ Condutividade elétrica de Drude

$$\sigma = \frac{ne^2\tau}{m}.$$ (6.37)

A Equação 6.37 pode ser utilizada para se obter o tempo médio entre colisões, também denominado *tempo de relaxação de Drude*, a partir da condutividade ou resistividade elétrica determinada experimentalmente. Obtém-se

■ Tempo de relaxação de Drude

$$\tau = \frac{m}{ne^2}\sigma = \frac{m}{ne^2\rho}.$$ (6.38)

Tomemos como exemplo o cobre à temperatura ambiente. Pelos valores medidos de n e ρ e o valor da massa do elétron $m = 9,11 \times 10^{-31}$ kg, obtemos

$$\tau = \frac{9,11\times10^{-31}\,\mathrm{Ns^2\,m^{-1}}}{8,47\times10^{28}\,\mathrm{m^{-3}}\times2,56\times10^{-38}\,\mathrm{C^2}\times1,68\times10^{-8}\,\mathrm{Nm^2\,sC^{-2}}} = 2,5\times10^{-14}\ \mathrm{s}.$$

Neste cálculo utilizamos a seguinte conversão de unidades:

$$\Omega\,\mathrm{m} = \frac{\mathrm{V\,m}}{\mathrm{A}} = \frac{\mathrm{N\,m\,m}}{\mathrm{C\,s^{-1}\,C}} = \mathrm{N\,m^2\,sC^{-2}}.$$

Vê-se que o tempo de relaxação dos elétrons no cobre é muito pequeno. Em ordem de grandeza, esse é o tempo típico para todos os metais à temperatura ambiente. Na verdade, é mais instrutivo calcular o livre percurso médio dos elétrons à temperatura ambiente e compará-lo com a distância interatômica no metal. A média do módulo das velocidades dos elétrons em um metal à temperatura ambiente é tipicamente $v = 10^6$ ms^{-1}. Daí podemos obter um valor típico para o livre percurso médio:

$$\overline{l} = vt \approx 10^6\ \mathrm{ms^{-1}} \times 10^{-14}\ \mathrm{s} \approx 10^{-8}\ \mathrm{m}.$$

Isto corresponde a cerca de 10^2 vezes a distância interatômica em um metal. Considerando-se que os átomos formam uma rede densa em que os íons se tocam, é surpreendente que os elétrons possam ter vôos livres tão longos. Os fatos ficam ainda mais intrigantes quando percebemos que a resistividade elétrica dos metais diminui quando a amostra é resfriada, sendo aproximadamente proporcional à temperatura absoluta. Portanto, pela Equação 6.38, o tempo de relaxação dos elétrons cresce continuamente com a diminuição da temperatura, tendendo para o infinito quando se aproxima do zero absoluto de temperatura. Na verdade, impurezas e outros defeitos inevitáveis na amostra impedem tal divergência. Entretanto, em amostras de ótima qualidade é possível a baixas temperaturas obter livre percurso médio muitas ordens de grandeza maiores que a distância interatômica. A física clássica não fornece explicação para esse fato.

E-E Exercício-exemplo 6.7

■ Um tarugo de silício é dopado com fósforo, a concentração de elétrons portadores de corrente (elétrons livre) é de $1,0 \times 10^{18}$ cm^{-3} e a 300 K sua resistividade é de $4,5 \times 10^{-4}$ Ωm. Sabe-se que no silício os elétrons livres têm uma massa efetiva que corresponde a 26% da massa do elétron. Qual é o tempo de relaxação de Drude dos elétrons livres?

■ Solução

Este problema envolve uma informação nova: dentro de um sólido, o elétron pode apresentar uma massa efetiva distinta da massa do elétron no vácuo. Nos metais, tal massa efetiva pouco se distingue da massa no vácuo, mas nos semicondutores a massa efetiva é bem menor. Por exemplo, no GaAs a massa efetiva do elétron é $m^* = 0{,}067m_e$, sendo m^* o símbolo indicado para designar a massa efetiva e m_e a massa do elétron. A Equação 6.38 deve ser agora escrita:

$$\tau = \frac{m^*}{ne^2\rho}.$$

Substituindo os valores numéricos, obtemos

$$\tau = \frac{0{,}26 \times 9{,}11 \times 10^{-31}\,\mathrm{kg}}{1{,}0 \times 10^{24}\mathrm{m}^{-3}(1{,}6 \times 10^{-19}\mathrm{C})^2 \times 4{,}5 \times 10^{-4}\Omega\mathrm{m}} = 2{,}1 \times 10^{-14}\mathrm{s}.$$

E-E Exercício-exemplo 6.8

■ Calcule a velocidade de arraste dos elétrons em um fio de cobre com diâmetro de 1,0 mm transportando uma corrente de 2,0 A.

■ Solução

Pela Equação 6.28, podemos escrever

$$v_a = \frac{j}{en} = \frac{I}{Aen}.$$

Substituindo os valores numéricos:

$$v_a = \frac{2{,}0\mathrm{Cs}^{-1}}{3{,}14 \times (0{,}50 \times 10^{-3}\mathrm{m})^2 \times 1{,}6 \times 10^{-19}\mathrm{C} \times 8{,}47 \times 10^{28}\,\mathrm{m}^{-3}} = 0{,}19 \text{ mm/s}.$$

Note-se o pequeno valor da velocidade de arraste.

Exercícios   E 6.15 Calcule o tempo de relaxação de Drude para o ouro às temperaturas de 77 K e 293 K. O ouro tem um elétron de condução por átomo e densidade de 19,3 g/cm³.

Seção 6.10 ■ Devido à mecânica quântica, o elétron colide muito menos (opcional)

O modelo de movimento difusivo em que as partículas se movem em linha reta entre duas colisões, mudando de trajetória após cada colisão, é excelente para se descrever o comportamento de um gás. Entretanto, o elétron tem massa $10^4 - 10^5$ vezes menor do que as moléculas, e a física clássica é por isso incapaz de oferecer uma descrição satisfatória do seu comportamento. A mecânica quântica descreve o elétron como uma onda cuja dinâmica obedece a leis específicas. Para o entendimento correto do comportamento eletrônico, é necessário levar em conta que os íons se organizam em um arranjo simétrico e periódico, denominado rede cristalina.

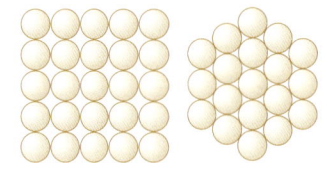

Figura 6.16

Dois arranjos periódicos de átomos em um plano. Os sólidos cristalinos são arranjos similares em três dimensões.

Um sólido cristalino é um arranjo de átomos densamente empacotados, como ilustra a Figura 6.16. Pela física clássica, um elétron não deslocaria uma distância maior do que a dimensão atômica sem sofrer com eles uma colisão. Entretanto, pela física quântica, o elétron pode percorrer distâncias muito maiores que a distância interatômica. Os fenômenos quânticos contrariam a nossa intuição

A Figura 6.16 mostra dois arranjos periódicos de átomos em um plano. Os sólidos cristalinos são arranjos similares em três dimensões. A primeira coisa que se infere da figura é que as propriedades do sólido dependem da direção considerada. O movimento de um elétron, por exemplo, será diferente para direções distintas. A visão do elétron como uma partícula clássica, entretanto, levará a conclusões completamente discordantes da realidade. O tempo até a próxima colisão previsto para uma partícula clássica seria extremamente dependente da posição e velocidade iniciais da partícula. A partícula poderia estar se movimentando em um corredor livre da rede e iria, nesse caso, percorrer um longo percurso sem colisões. Ou poderia estar se movendo em uma linha que passa pelo centro dos íons, e nesse caso seu percurso livre estimado seria muito curto. Nada disso está em acordo com a descrição da mecânica quântica e nem com a experiência. No que se refere às colisões, todas as direções para o movimento do elétron são equivalentes. Na verdade, em uma rede perfeita como a ilustrada na Figura 6.16 o elétron nunca sofreria colisão!

A mecânica quântica diz que em um cristal perfeitamente periódico o elétron forma uma onda que evita de maneira perfeita o choque com os íons. Nesse caso, somente a quebra de periodicidade pode originar colisões do elétron com os íons. Dois fatores podem gerar quebra de periodicidade. Um é a presença de impurezas ou outros defeitos na rede cristalina. Na Tabela 6.1, percebe-se que o constantan, que é uma liga com 60% de cobre e 40% de níquel, tem uma resistividade muito maior do que a do cobre ou a do níquel. Isto ocorre porque o cristal de constantan não é periódico. Os sítios disponíveis para os átomos formam um arranjo periódico, mas a ocupação desses sítios é completamente aleatória. Cada sítio tem 60% de probabilidade de ser ocupado por um íon de Cu e 40% de probabilidade de ser ocupado por um íon de Ni. Ligas metálicas, como o constantan, são utilizadas em resistores para aquecedores elétricos, tal como o de um chuveiro elétrico. A sua alta resistividade elétrica é, nesse caso, uma propriedade útil.

Mesmo em um cristal perfeito, a periodicidade da rede pode ser quebrada devido ao movimento térmico dos átomos. Isso gera colisões do elétron com os íons, que se tornam mais freqüentes quando o cristal é aquecido. As colisões devidas à vibração térmica dos íons são a causa do crescimento da resistência elétrica dos metais quando se aumenta a temperatura. No caso do constantan, a desordem ocupacional é dominante na limitação do tempo de relaxação (tempo de colisão) do elétron, de modo que quando o sistema é resfriado a resistividade diminui proporcionalmente muito pouco, como se vê na Tabela 6.1.

Seção 6.11 ■ Por que a condutividade varia tanto de um material para outro

Em um sólido, as energias permitidas para o elétron formam faixas denominadas bandas de energia

A enorme variação da condutividade elétrica dos diversos materiais tem origem na mecânica quântica. Em um átomo ou molécula os elétrons têm energia quantizada, ou seja, sua energia apenas pode ter determinados valores que variam discretamente. Quando os átomos ou moléculas se condensam para formar um sólido, cada nível de energia dá origem a uma faixa de energias permitidas para o elétron. Tais faixas também são denominadas bandas de energia.

Em um sólido, a banda de energia mais alta para o elétron é denominada banda de condução. A banda imediatamente abaixo é denominada banda de valência

Cada faixa, ou banda de energia, é formada por um contínuo de níveis permitidos para o elétron. Entre uma banda e outra de energias permitidas existe uma faixa proibida, ou seja, uma região em que não existem níveis de energia permitida para o elétron (ver Figura 6.17). A última banda de energia permitida para o elétron (a mais de cima) é a banda de condução. Em um metal, a banda de condução é parcialmente ocupada. Os elétrons nessa banda podem ser excitados por um campo elétrico, desta forma conduzindo corrente elétrica. A banda de

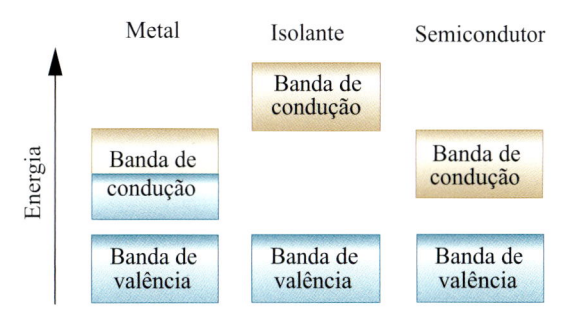

Figura 6.17

Os níveis de energia permitidos para os elétrons em um cristal formam faixas contínuas, denominadas bandas de energia. A banda mais de cima é denominada banda de condução. Em metais, a banda de condução está parcialmente preenchida por elétrons. Em isolantes, a banda de condução está completamente vazia. O mesmo ocorre em um semicondutor a baixas temperaturas; porém, para temperaturas próximas à ambiente, alguns elétrons no semicondutor são termicamente excitados para a banda de condução, possibilitando dessa forma alguma condução de eletricidade. Na figura a região da banda ocupada por elétrons tem cor azul. A região desocupada, cor ocre.

A condutividade elétrica de um material é determinada principalmente pela quantidade de elétrons na sua banda de conclusão

energia imediatamente abaixo, denominada banda de valência, está totalmente ocupada. Devido à ocupação total dos estados, nenhum elétron pode ser excitado para outro estado dentro dessa banda, porque o novo estado não estará disponível (desocupado).

Nos isolantes, a banda de condução está totalmente desocupada a baixas temperaturas, o mesmo ocorrendo com os semicondutores puros. Entretanto, em um semicondutor a separação entre as bandas de valência e de condução é relativamente pequena, de modo que alguns elétrons são termicamente ativados para a banda de condução e, uma vez ali situados, podem conduzir corrente. O tempo de relaxação dos elétrons nessa banda diminui com o aumento da temperatura, como ocorre nos metais. Entretanto, o número de elétrons termoexcitados para a banda de condução aumenta muito rapidamente com o aquecimento da amostra, o que compensa com sobra a diminuição do tempo de relaxação. Por essa razão, a resistividade dos semicondutores reduz-se com o aumento da temperatura, como ilustra a Tabela 6.1.

O efeito das impurezas usadas como dopantes nos cristais semicondutores é criar níveis de energia na faixa proibida entre as bandas de valência e de condução. Nesse caso, os processos de ativação térmica que geram a condução elétrica ficam muito mais eficazes, o que resulta em pronunciado aumento da condutividade mesmo para concentrações diminutas de dopantes. Dopantes em concentrações tão baixas como uma parte por 10^9 podem aumentar consideravelmente a condutividade elétrica de um semicondutor.

Seção 6.12 ■ Supercondutividade

Em 1911, Heike Kamerlingh Onnes (1853-1926) descobriu que a resistividade elétrica do mercúrio cai abruptamente para um valor aparentemente nulo à temperatura de 4,2 K. Descobriu assim a supercondutividade, e por isso recebeu o Prêmio Nobel de Física de 1913. A Figura 6.18 mostra a variação da resistência de um corpo de mercúrio obtida por Onnes. Investigações posteriores mostram que a transição para o estado supercondutor é uma transição de fase, tal como a verificada entre gelo e água, ou entre os estados paramagnético e ferromagnético do ferro. Como toda transição de fase, a transição para o estado supercondutor ocorre a uma temperatura bem definida T_c. No estado supercondutor, o material tem resistividade nula: experiências mostraram que correntes podem circular em uma bobina supercondutora por anos, sem nenhum estímulo externo e sem nenhum decréscimo mensurável. Mostrou-se que muitos outros metais ou ligas metálicas podem apresentar uma fase supercondutora a baixas temperaturas (sempre abaixo de 30 K). Em 1986, Karl Alex Muller e Georg Berdnoz descobriram que também alguns materiais isolantes podem apresentar supercondutividade e que suas fases supercondutoras permanecem até temperaturas mais elevadas — o recorde verificado é supercondutividade até 93 K. Muller e Berdnoz ganharam o Prêmio Nobel de Física de 1987 pela descoberta.

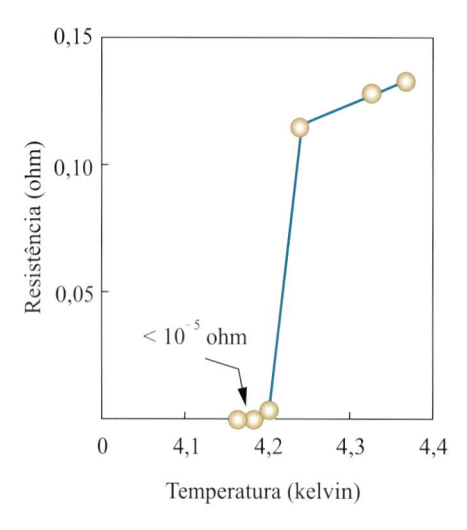

Figura 6.18

Variação da resistência elétrica de um corpo de mercúrio com a temperatura, observada por Kamerlingh Onnes. À temperatura de 4,2 K, o mercúrio apresenta transição para uma fase supercondutora de eletricidade.

A supercondutividade é um fenômeno de natureza quântica. No caso dos metais, ela foi explicada em 1957 por John Bardeen, Leon N. Cooper e J. Robert Schrieffer, que por isso receberam o Prêmio Nobel em 1972. Ainda não existe uma teoria para a supercondutividade em materiais isolantes, denominada supercondutividade de alto T_c.

PROBLEMAS

P 6.1 O valor finito da resistividade elétrica dos dielétricos utilizados nos capacitores resulta em correntes não-nulas entre as placas do capacitor, denominadas *correntes de fuga*. Considere um capacitor de placas planas preenchido com um dielétrico de constante dielétrica κ e resistividade ρ. Uma figura de mérito do capacitor é o produto RC, denominado *constante de tempo*. (A) Mostre que RC tem dimensão de tempo. (B) Mostre que a corrente de fuga no capacitor é $I = q / RC$. (C) Mostre que $RC = \rho\kappa\varepsilon_o$. (D) Calcule RC para a sílica, para a qual $\kappa = 3,8$.

P 6.2 A Figura 6.19 mostra um capacitor cilíndrico preenchido por um material dielétrico de resistividade elétrica ρ e constante dielétrica κ. Uma bateria aplica uma voltagem V ao capacitor. (A) Calcule a resistência R entre as placas. (B) Mostre que a constante de tempo RC do capacitor tem o mesmo valor $\rho\kappa\varepsilon_o$ obtido para o capacitor de placas paralelas no Problema 6.1.

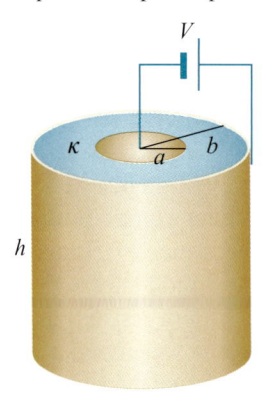

Figura 6.19

(Problema 6.2).

P 6.3 Seguindo procedimento análogo ao do Problema 6.1, calcule a constante de tempo de um capacitor esférico preenchido por um dielétrico.

P 6.4 A Figura 6.20 mostra um cone feito de material com resistividade ρ, com a ponta aparada por um plano paralelo à base. As duas faces circulares do corpo têm raios a e b, e foram metalizadas. Supondo que ρ seja muito maior do que a resistividade do metal depositado nas faces circulares, calcule a resistência elétrica entre essas faces.

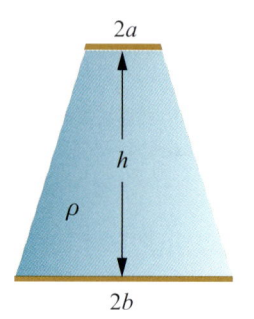

Figura 6.20

(Problema 6.4).

P 6.5 Um fio de cobre de 6,0 mm² de área alimenta um chuveiro elétrico cuja potência teórica é 4,0 kW. O comprimento do fio, incluindo seu retorno, é de 30 m. Calcule a perda de potência por efeito Joule no fio, para (A) rede elétrica de 127 V; (B) rede de 220 V.

P 6.6 (A) Calcule a velocidade de arraste em um fio de cobre com área de 4,0 mm² transportando corrente a uma densidade de $5,0 \times 10^6$ Am⁻². A densidade de elétrons de condução no cobre é $8,47 \times 10^{28}$ m⁻³. (B) Calcule o calor gerado por segundo em cada metro linear do fio.

P 6.7 Corrente elétrica de densidade j passa por um cabo de material cuja resistividade é ρ. Mostre que a potência dissipada por efeito Joule por unidade de volume do material é ρj^2.

P 6.8 Calcule a resistência elétrica entre os pontos a e b da Figura 6.21.

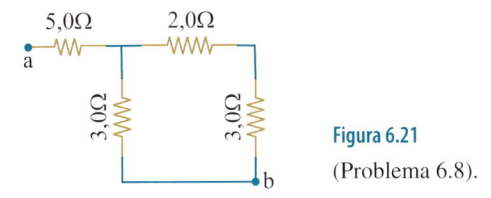

Figura 6.21

(Problema 6.8).

P 6.9 Calcule a resistência elétrica entre os pontos a e b da Figura 6.22.

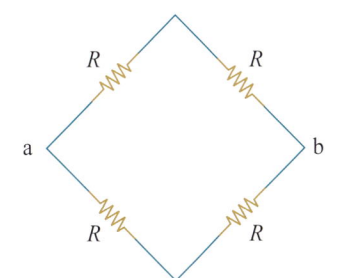

Figura 6.22

(Problema 6.9).

P 6.10 A Figura 6.23 mostra uma ponte de resistência, circuito amplamente utilizado para medidas de resistências elétricas. R_1 e R_2 são resistências de valor fixo, R_v é uma resistência de valor continuamente sintonizável e R_x é a resistência a ser medida. Um eletrômetro E mede a diferença de potencial V_{ab} entre os pontos a e b. Mostre que, quando V_{ab} é nulo, $R_x = R_2 R_v / R_1$.

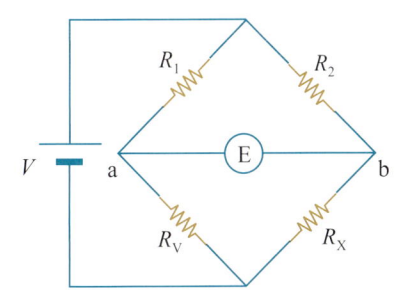

Figura 6.23

(Problema 6.10).

P 6.11 Calcule a corrente em cada resistor do circuito da Figura 6.24.

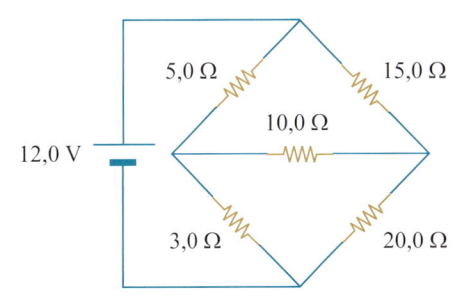

Figura 6.24

(Problema 6.11).

P 6.12 O resistor longo da Figura 6.25 pode ser variado do valor zero até o valor máximo R_o quando a coordenada x do ponto varia, respectivamente, de zero ao valor máximo L. Esse tipo de resistor é denominado *reostato*. Calcule a forma como a potência dissipada no resistor de valor fixo R varia com x.

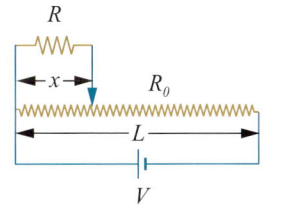

Figura 6.25

(Problema 6.12).

P 6.13 A Figura 6.26 mostra 12 resistores com a mesma resistência R conectados de modo a formar um cubo. Uma tensão V é aplicada entre vértices opostos do cubo. (*A*) Usando simetria, mostre que em seis dos resistores passa corrente do mesmo valor I_1 e que nos outros seis resistores passa corrente de valor $I_1/2$. (*B*) Mostre que a corrente total de b para a vale $6V/5R$.

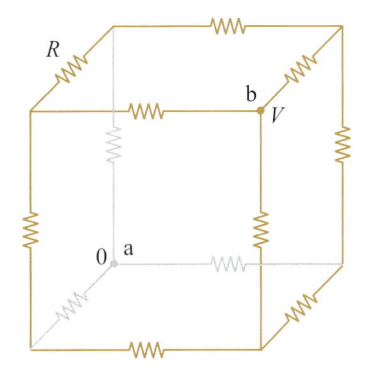

Figura 6.26

(Problema 6.13).

P 6.14 Calcule a resistência equivalente entre os pontos a e b e entre os pontos a e c da Figura 6.27. *Sugestão*: aplique voltagens entre os pontos adequados e utilize considerações de simetria para escrever as correntes.

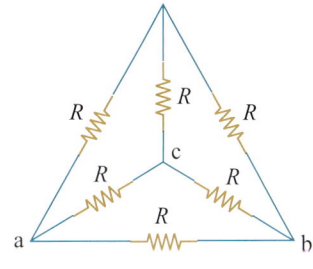

Figura 6.27

(Problema 6.14).

P 6.15 Um cilindro oco de altura h e raios interno e externo a e b, respectivamente, é cortado por um plano que passa pelo seu eixo, como mostra a Figura 6.28. O material do corpo tem resistividade ρ. Calcule a resistência entre os dois terminais retangulares do corpo.

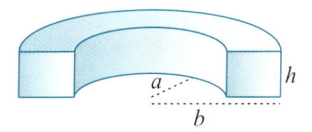

Figura 6.28

(Problema 6.15).

P 6.16 Entre os terminais a e b da Figura 6.29 é aplicada uma tensão de 20 V. Calcule a potência dissipada (*A*) em cada resistor de 5,0 Ω; (*B*) em cada resistor de 10,0 Ω.

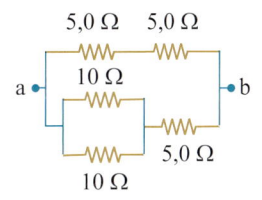

Figura 6.29

(Problema 6.16).

Respostas dos exercícios

E 6.1 (A) 0,13 kΩ. (B) 0,88 mA

E 6.2 $R = \rho / a$

E 6.3 (A) 0,44 mA; (B) $4,0 \times 10^{-23}$ A

E 6.5 106 cm^2

E 6.6 (A) $1,6 \times 10^{-23}$ W; (B) 0,18 mW

E 6.7 (A) $2,9 \times 10^2$ Ω. (B) 79 pA

E 6.10 (A) 1,42 A; (B) 5,6%

E 6.11 $R_{AB} = R_{AC} = R / 3$.

E 6.12 $R_{AB} = R_{AC} = R / 3$.

E 6.13 $I_1 = 0,45$ A, $I_2 = 1,05$ A.

Respostas dos problemas

P 6.1 (D) $RC = 2,5 \times 10^7$ s

P 6.2 (A) $R = \rho \ln(b / a)/(2\pi h)$

P 6.3 $RC = \rho \kappa \varepsilon_o$

P 6.4 $R = \dfrac{\rho h}{\pi ab}$

P 6.5 (A) 80 W; (B) 27 W

P 6.6 (A) 0,37 mm/s; (B) 1,7 W

P 6.8 7,5Ω

P 6.9 R

P 6.11 $I(5,0Ω) = 1,92$ A, $I(15,0Ω) = 1,39$ A, $I(10,0Ω) = 1,13$ A, $I(3,0Ω) = 0,79$ A, $I(20,0Ω) = 3,05$ A

P 6.12 $P = \dfrac{RV^2}{(R + R_o x/L)^2}$.

P 6.14 $R_{ab} = R / 2$. $R_{ac} = R / 2$

P 6.15 $R = \dfrac{\pi \rho}{h \ln(b/a)}$.

P 6.16 (A) 80 W; (B) 40 W

7

Campo Magnético

Seção 7.1 ■ Força magnética

Até aqui, consideramos forças elétricas atuando sobre cargas, ou seja, forças oriundas do campo elétrico. A força elétrica $\mathbf{F}_e$ sobre uma carga de prova q em um dado ponto tem sempre uma direção e sentido definidos, o que nos permite definir um vetor campo elétrico dado por

$$\mathbf{E} = \frac{\mathbf{F}_e}{q}. \tag{7.1}$$

> Força magnética é um tipo de força que só atua sobre cargas elétricas em movimento

Neste capítulo, investigaremos outro tipo de força sobre cargas elétricas que atua de maneira claramente distinta da força elétrica, a força magnética. Forças magnéticas só atuam sobre cargas em movimento. Sendo assim, para investigar a força magnética sobre uma carga é conveniente trabalhar numa região do espaço onde não haja campo elétrico. Em tal região, uma carga não sofre força quando está em repouso, mas fica sujeita à força magnética quando se põe em movimento. Sempre que uma carga fique livre de forças quando parada mas sinta uma força quando se move, podemos dizer que naquela região do espaço existe um campo magnético.

> Campo magnético é um campo que atua especificamente e somente sobre cargas em movimento

Experiências irão evidenciar alguns fatos gerais de grande significado. Primeiro, percebe-se que em cada ponto do espaço existe uma direção única na qual a carga de prova pode se mover sem ficar sujeita a qualquer força. Portanto, o campo magnético define em cada ponto uma direção privilegiada no espaço. O campo magnético é então uma grandeza orientada, e aquela será a sua direção. Movimentando-se a carga de prova em outras direções a um ângulo θ com a direção do campo magnético, percebe-se que a força será:

A) ortogonal à direção do campo magnético

B) ortogonal à velocidade $\mathbf{v}$ da partícula

C) proporcional a v e a sen θ.

Tais resultados podem sintetizados em uma equação para a força magnética

> ■ Força magnética sobre uma carga decorrente do seu movimento

$$\mathbf{F}_m = q\, \mathbf{v} \times \mathbf{B}. \tag{7.2}$$

Pergunta: se o campo magnético só atua sobre cargas em movimento e, por outro lado, exerce forças sobre materiais magnéticos, tal como uma agulha de bússola, o que se pode inferir sobre esses materiais?

A Equação 7.2 define o campo magnético, designado pelo símbolo $\mathbf{B}$. Outras experiências irão também mostrar que, onde há um campo magnético, a agulha de uma bússola se alinhará ao longo da direção deste, com a ponta norte da agulha apontando no sentido do campo. Além disso, todos os materiais magnéticos estarão sujeitos à ação do referido campo. No SI de medidas, a unidade de campo magnético é o tesla, símbolo T. Define-se:

> Tesla é a unidade de medida do campo magnético no SI

> ■ Definição do tesla, unidade de campo magnético no SI

$$1\,\text{T} = 1\frac{\text{N}}{\text{C}\cdot\text{m}\cdot\text{s}^{-1}}, \tag{7.3}$$

ou seja, uma carga de 1 C movendo-se em um campo de 1 T à velocidade de 1 m/s perpendicular a ele sentirá uma força magnética de 1 N.

Uma vez que $\text{Cs}^{-1} = \text{A}$, pode-se escrever também

> ■ Expressões alternativas para o tesla

$$\text{T} = \frac{\text{N}}{\text{A m}} = \frac{\text{J}}{\text{A m}^2}. \tag{7.4}$$

O tesla é uma unidade relativamente grande. Muito freqüentemente, se usa na prática a unidade de campo magnético do sistema CGS, o gauss (símbolo G), definido por

$$1\,\text{G} = 10^{-4}\,\text{T}. \tag{7.5}$$

A Tabela 7.1 mostra o valor do campo magnético típico de algumas situações.

■ **Tabela 7.1**

Alguns campos magnéticos típicos.

Campo magnético da Terra	10^{-4} T
Maiores campos estáveis obtidos	40 T
Campo dos elétrons sobre o núcleo	1000 T
Maiores campos pulsados obtidos	800 T
Superfície de estrela de nêutrons (valor calculado)	10^8 T
Magnetismo cerebral	$(10^{-13}$ a $10^{-12})$ T

No caso mais geral, a carga de prova estará sujeita à ação simultânea dos campos elétrico e magnético, e a força eletromagnética sobre ela, denominada *força de Lorentz*, será

■ Força de Lorentz $$\mathbf{F} = q(\mathbf{E} + \mathbf{v} \times \mathbf{B}).$$ (7.6)

Surge aqui naturalmente a pergunta sobre a origem do campo magnético. Sabemos que a fonte do campo elétrico são cargas elétricas. Qual é a fonte do campo magnético? A experiência de Oersted em 1819, citada no Capítulo 1 (*A Força Elétrica*), dá a primeira pista para a resposta. Oersted mostrou que uma bússola na proximidade de um fio que esteja conduzindo uma corrente elétrica tende a orientar sua agulha em uma direção perpendicular ao fio, contornando o mesmo. Isto sugere que o campo magnético seja gerado por correntes elétricas, ou seja, por cargas em movimento. Isso é um fato. Cargas em movimento são a única fonte conhecida de campos magnéticos. Uma vez que o campo magnético é gerado por cargas em movimento, não surpreende que seu efeito também só seja sentido por cargas em movimento. Este capítulo e alguns dos próximos capítulos serão dedicados ao estudo do campo magnético e da força magnética. Por ora, questionaremos sobre as leis que relacionam o campo magnético e suas fontes, e estaremos interessados somente em como o campo magnético afeta o comportamento das cargas de prova.

E·E Exercício-exemplo 7.1

■ Um próton tem, em dado instante, velocidade $\mathbf{v} = 3,0 \times 10^6$ m/s$(\mathbf{i} - \mathbf{j} + \mathbf{k})$ e move-se sob o efeito de um campo elétrico $\mathbf{E} = 2,0 \times 10^6$ V/m$(\mathbf{j} + \mathbf{k})$ e de um campo magnético $\mathbf{B} = 1,0$T$(\mathbf{i} + \mathbf{j})$. Qual é a força que atua sobre ele?

■ Solução

O próton estará sujeito à força de Lorentz, que no caso será
$\mathbf{F} = 1,6 \times 10^{-19}$ C$(\mathbf{E} + \mathbf{v} \times \mathbf{B})$. Para calcular tal força, primeiro obteremos a expressão numérica para $\mathbf{v} \times \mathbf{B}$:

$$\mathbf{v} \times \mathbf{B} = 3,0 \times 10^6 \frac{m}{s} \times 1,0 \frac{Ns}{Cm} \begin{vmatrix} \mathbf{i} & \mathbf{j} & \mathbf{k} \\ 1 & -1 & 1 \\ 1 & 1 & 0 \end{vmatrix} = 3,0 \times 10^6 \frac{N}{C}(-\mathbf{i} + \mathbf{j} + 2\mathbf{k}).$$

Uma vez que V/m = N/C, obtemos

$$\mathbf{E} + \mathbf{v} \times \mathbf{B} = 2,0 \times 10^6 \frac{N}{C}(\mathbf{j} + \mathbf{k}) + 3,0 \times 10^6 \frac{N}{C}(-\mathbf{i} + \mathbf{j} + 2\mathbf{k})$$

$$= 10^6 \frac{N}{C}(-3\mathbf{i} + 5\mathbf{j} + 8\mathbf{k}).$$

Finalmente, calculamos:

$$\mathbf{F} = 1,6 \times 10^{-13} \text{ N}(-3\mathbf{i} + 5\mathbf{j} + 8\mathbf{k}).$$

Exercícios

E 7.1 Um elétron tem, em dado instante, velocidade $\mathbf{v} = 2{,}0 \times 10^6$ m/s$(\mathbf{i} + \mathbf{j})$ numa região onde existe um campo elétrico $\mathbf{E} = 1{,}0$ kV/mm$\mathbf{j}$ e um campo magnético $\mathbf{B} = 0{,}50$T$(\mathbf{i} + 2\mathbf{k})$. Qual é a força sentida pelo elétron?

E 7.2 Um próton move-se com velocidade de módulo $v = 3{,}00 \times 10^5$ m/s na direção paralela a $\mathbf{i} + \mathbf{k}$. Um campo magnético de 1,00 T, na direção $\mathbf{i} + \mathbf{j} + \mathbf{k}$, atua sobre ele. Que campo elétrico devemos aplicar nessa região para que a força de Lorentz sobre o próton seja nula?

E 7.3 Um elétron move-se sem qualquer aceleração numa região onde há um campo magnético de 0,200 T e um campo elétrico de 3,00 kV/m. Qual é o valor mínimo da velocidade v do elétron? Faça um desenho indicando as grandezas $\mathbf{v}$, $\mathbf{E}$ e $\mathbf{B}$.

E 7.4 Um próton move-se à velocidade de $2{,}00 \times 10^5$ m/s a um ângulo de 30° com um campo magnético de 500 G. Calcule a força magnética sobre ele.

E 7.5 Numa região onde há um campo elétrico $\mathbf{E}$ e um campo magnético $\mathbf{B}$ mutuamente ortogonais, movem-se um próton e também um elétron, e a força de Lorentz sobre ambos é nula. Mostre que a velocidade de ambas as partículas é ortogonal a $\mathbf{E}$ e a $\mathbf{B}$ e que a razão entre as energias cinéticas do próton e do elétron é m_p/m_e.

Seção 7.2 ■ Movimento de uma carga em campo uniforme

Consideremos uma carga q movendo-se em um campo magnético $\mathbf{B}$, uniforme e constante no tempo, e suponhamos que o campo elétrico na região seja nulo. A carga terá sempre uma aceleração lateral (ortogonal) à sua velocidade, como ilustra a Figura 7.1.

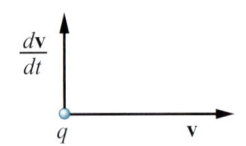

Figura 7.1

Uma partícula carregada movendo-se em um campo magnético sofre aceleração ortogonal à sua velocidade.

Neste caso, a velocidade da partícula terá módulo constante. De fato, deve-se notar que

$$\frac{d}{dt} v^2 = \frac{d}{dt}(\mathbf{v} \cdot \mathbf{v}) = 2\,\mathbf{v} \cdot \left(\frac{d\mathbf{v}}{dt}\right) = 0. \tag{7.7}$$

Vê-se então que a energia cinética da partícula será constante, o que significa que a força magnética não realizará qualquer trabalho sobre ela. Isto é claramente consistente com o fato de que a potência desenvolvida pela força magnética é

$$P = \mathbf{v} \cdot \mathbf{F}_m = q\mathbf{v} \cdot (\mathbf{v} \times \mathbf{B}) = 0. \tag{7.8}$$

Para sermos específicos, seja Oz a direção do campo magnético, ou seja, $\mathbf{B} = B\mathbf{k}$. Se a partícula estiver com sua velocidade inicial alinhada com o eixo dos z, simplesmente não sentirá o efeito do campo magnético. Consideremos, entretanto, o caso geral em que a velocidade inicial da partícula seja

$$\mathbf{v}_o = v_{ox}\mathbf{i} + v_{oy}\mathbf{j} + v_{oz}\mathbf{k}. \tag{7.9}$$

Naturalmente, a velocidade da partícula na direção Oz permanecerá constante no tempo, uma vez que a força magnética será perpendicular àquele eixo. Para calcular a projeção do seu movimento no plano xy, consideremos a Figura 7.2.

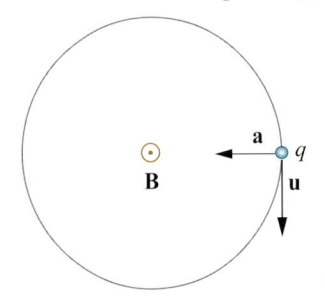

Figura 7.2

Movimento de uma partícula com carga positiva no plano ortogonal a um campo magnético $\mathbf{B}$ uniforme. O movimento é circular uniforme e, visto do lado para o qual aponta o campo, tem sentido horário. Uma partícula com carga negativa se moveria no sentido anti-horário.

Na figura, aparece a velocidade da partícula naquele plano, que está sendo simbolizada por **u**. O campo magnético está apontando para fora do plano do papel. A carga da partícula foi suposta positiva. A força magnética será sempre perpendicular a **u** e seu módulo será

$$F_m = quB. \tag{7.10}$$

Nesse caso, a partícula terá no plano xy um movimento circular uniforme cujo raio é dado por

■ Raio da órbita de uma partícula carregada em um campo magnético

$$m\frac{u^2}{r} = quB \quad \Rightarrow r = \frac{mu}{qB}. \tag{7.11}$$

O período do ciclo será T dado por

$$T = \frac{2\pi r}{u} = 2\pi\frac{m}{qB}, \tag{7.12}$$

e sua freqüência será

$$\nu_c = \frac{1}{T} = \frac{qB}{2\pi m}. \tag{7.13}$$

Note-se o interessante fato de que o período das rotações não depende da velocidade da partícula. Vista do lado para o qual aponta o campo magnético, a partícula circula no sentido horário. Uma partícula de carga negativa $-q$ circularia no sentido anti-horário.

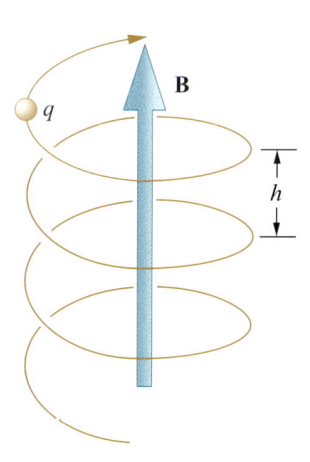

Figura 7.3

Uma partícula com carga q positiva move-se sob a ação de um campo magnético uniforme **B**. A trajetória da partícula é uma hélice com a helicidade esquerda (a de um parafuso esquerdo).

Combinando o movimento uniforme na direção do campo com o movimento circular uniforme no plano ortogonal a este, obtém-se para a partícula uma trajetória em forma de hélice, como mostra a Figura 7.3. O passo da hélice será

$$h = v_{oz}T = 2\pi\frac{mv_{oz}}{qB} = 2\pi\frac{p_z}{qB}, \tag{7.14}$$

onde p_z é o momento linear da partícula na direção do campo.

E·E Exercício-exemplo 7.2

■ Calcule a freqüência de oscilação de um elétron em um campo magnético de 1,0 T e o raio da sua órbita se a sua velocidade é um décimo da velocidade da luz.

■ **Solução**

Pela Equação 7.13, calcula-se

$$\nu = \frac{1,6\times10^{-19}\,\text{C}\times1,0\ \text{NsC}^{-1}\text{m}^{-1}}{6,28\times0,911\times10^{-30}\,\text{Ns}^2\text{m}^{-1}} = 2,8\times10^{10}\ \text{s}^{-1} = 28\ \text{GHz}.$$

O raio da órbita será

$$r = \frac{mc}{10eB} = \frac{9,11\times10^{-31}\,\text{Ns}^2\text{m}^{-1}\times3,0\times10^8\,\text{ms}^{-1}}{10\times1,6\times10^{-19}\,\text{C}\times1\text{T}} = 1,7\times10^{-4}\ \text{m}.$$

Exercícios

E 7.6 Calcule a freqüência de oscilação (freqüência de cíclotron) de um elétron no campo magnético (A) da Terra, $B = 0,50$ G; (B) campo de 40 T; (C) campo de uma estrela de nêutrons, $B = 1,0 \times 10^8$ T.

E 7.7 Qual é o raio da órbita de um elétron que circula em um campo de 1,0 T com velocidade $u = 3,0 \times 10^5$ m/s?

E 7.8 Qual é o raio da órbita de um próton que circula em um campo de 1,0 T com energia cinética de 50 MeV?

E 7.9 Um próton percorre órbita circular, com raio de 0,60 m, numa região onde há um campo magnético uniforme de 0,50 T. (A) Qual é a freqüência de cíclotron do próton? (B) Qual é sua velocidade orbital?

E 7.10 Um próton move-se em um campo magnético uniforme de 0,200 T orientado na direção **k**. Em um dado instante da órbita, o próton tem velocidade $\mathbf{v} = c(\mathbf{i} / 30 + \mathbf{j} / 40 + \mathbf{k} / 20)$, onde c é a velocidade da luz. Calcule (A) o raio e (B) o passo da hélice percorrida pelo próton.

Seção 7.3 ■ Campos elétrico e magnético ortogonais

Muitos equipamentos utilizam campos elétrico e magnético uniformes e ortogonais entre si para controlar de algum modo a trajetória de partículas carregadas. A Figura 7.4 mostra uma partícula de carga q (positiva) e massa m com velocidade $\mathbf{v} = v\mathbf{j}$, sob a ação simultânea de um campo elétrico $\mathbf{E} = -E\mathbf{i}$ e de um campo magnético $\mathbf{B} = B\mathbf{k}$. Pela Equação 7.6, obtém-se a força sobre a partícula:

$$\mathbf{F} = q(vB - E)\mathbf{i}. \tag{7.15}$$

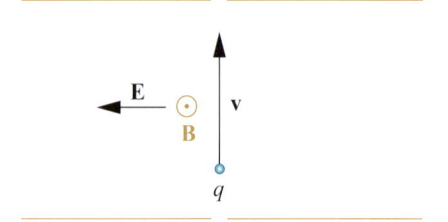

Figura 7.4

Partícula carregada sob a ação simultânea dos campos **E** e **B** ortogonais entre si. Existe uma velocidade **v** (ortogonal a **E** e **B**) com a qual a partícula sofrerá força total nula.

Se os valores de E e B são prefixados, existe uma velocidade $v = EB^{-1}$ para a qual a partícula sente uma força nula. Imagine que a partícula tenha que passar por duas fendas, como mostra a Figura 7.4. Nesse caso, só as partículas com a referida velocidade poderão atravessar a segunda fenda. Portanto, o arranjo mostrado na figura funciona como um filtro de velocidades para partículas carregadas.

Seção 7.4 ■ Espectrômetro de massa

O espectrômetro de massa é um dispositivo que determina a massa de partículas carregadas pela medida do seu raio de curvatura ao mover-se sob a atuação de um campo magnético

A Equação 7.11 mostra que o raio de curvatura da trajetória de uma partícula carregada com velocidade u, sujeita a um dado campo magnético, depende da sua razão carga/massa q/m. Uma vez que sabemos como selecionar a velocidade de partículas carregadas utilizando campos $\mathbf{E}$ e $\mathbf{B}$ cruzados, podemos injetar partículas com velocidades fixas $\mathbf{v}$ numa região onde só haja um campo magnético $\mathbf{B}$ e, medindo seu raio de curvatura, podemos determinar sua razão carga/massa. Com freqüência, a carga da partícula é conhecida (geralmente tem módulo igual à carga do elétron), e nesses casos tem-se um método para a determinação da sua massa. O dispositivo que realiza tal medida é denominado espectrômetro de massa.

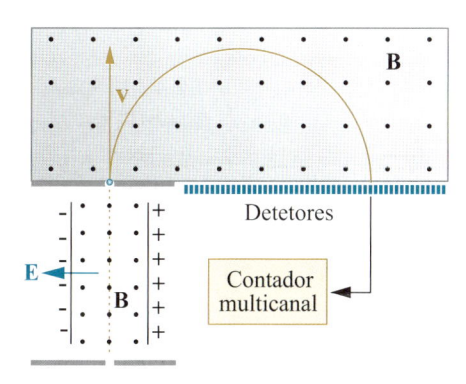

Figura 7.5

Espectrômetro de massa. Partículas carregadas, com carga conhecida, passam por um filtro de velocidades contendo duas fendas estreitas e campos elétrico e magnético ortogonais entre si. Somente as partículas com velocidade $v = E/B$ passam pelo filtro. O feixe de partículas com velocidade bem definida penetra então em uma região onde só existe o campo magnético. A medida do raio de curvatura dessas partículas possibilita a determinação de sua massa.

A Figura 7.5 mostra o esquema de funcionamento do espectrômetro. Ao completar meio ciclo, a partícula atinge um arranjo de detectores justapostos. As contagens dos eventos (cada partícula é um evento) nos vários detectores são registradas em canais distintos de um contador multicanal eletrônico de eventos. Se o feixe contiver uma única partícula, um único canal (correspondente ao detector na posição $2r$), indicará todos os eventos, cuja massa é automaticamente calculada pelo sistema eletrônico. Se houver muitos tipos de partículas, obtém-se a fração de partículas com cada massa. Este último caso corresponde à aplicação em que o espectrômetro é utilizado como *analisador de gases*. As moléculas do gás são ionizadas por uma descarga elétrica e aceleradas por um campo elétrico até à região onde existe o campo magnético. Nessa aplicação, freqüentemente o filtro de velocidades é dispensado, uma vez que a energia cinética das partículas é definida com razoável precisão pela voltagem V à qual elas são submetidas durante a aceleração pelo campo elétrico. Nesse caso, mostra-se que a posição do impacto da partícula no sistema de detectores será:

$$r = \frac{1}{qB}\sqrt{2mqV}. \tag{7.16}$$

E·E Exercício-exemplo 7.3

■ Considere uma molécula de carbono contendo o isótopo ^{12}C, ionizada na forma C_2^{+}, acelerada em uma região com diferença de potencial de 500 V, e então injetada numa região onde o campo magnético é 0,300 T. Calcule o raio de sua órbita.

■ Solução

A massa da molécula é $24,0 \times 1,66 \times 20^{-27}$ kg $= 3,98 \times 10^{-26}$ kg.

Pela Equação 7.16, obtemos

$$r = \frac{1}{0,300\text{T}}\left(\frac{2 \times 3,98 \times 10^{-26}\,\text{Ns}^2\text{m}^{-1} \times 500\text{NmC}^{-1}}{1,60 \times 10^{-19}\,\text{C}}\right)^{1/2} = 0,0526\,\frac{\text{Ns}}{\text{TC}} = 5,26 \text{ cm}.$$

Exercício

E 7.11 Átomos de carbono uma vez ionizados, C^+, são acelerados por uma diferença de potencial de 10,00000 kV. Uma vez que os átomos têm inicialmente pequenas velocidades aleatórias, suas velocidades finais ficam sujeitas a flutuações. Um filtro de velocidades como o que se vê na Figura 7.5 é então utilizado para somente deixar os átomos com energia cinética igual a 10,0000 keV. Sendo $B = 1000,00$ G e $d = 2,00000$ mm a separação entre as placas do capacitor, que voltagem deve ser aplicada entre as placas?

Seção 7.5 ■ Cíclotron e síncrotron

Combinações de campos elétrico e magnético são utilizadas na tecnologia de aceleradores de partículas. Partículas carregadas podem ser aceleradas em uma região na qual sejam submetidas a uma diferença de potencial V, ganhado assim uma energia cinética final igual a qV. Entretanto, para se obterem partículas com carga $q = e$ com energias acima de 10^6 eV, é necessária a utilização de sistemas mais elaborados. Um *elétron-volt*, símbolo eV, é a energia cinética de um elétron ou de um próton ao ser acelerado por uma diferença de potencial igual a 1V. No SI, o eV vale:

> O primeiro sistema utilizado para acelerar prótons até altas velocidades foi o cíclotron

> ■ Valor do elétron-volt no SI

$$1 \text{ eV} = 1{,}602\ 1773 \times 10^{-19} \text{ C} \times 1\text{V} = 1{,}602\ 1773 \times 10^{-19} \text{ J}. \tag{7.17}$$

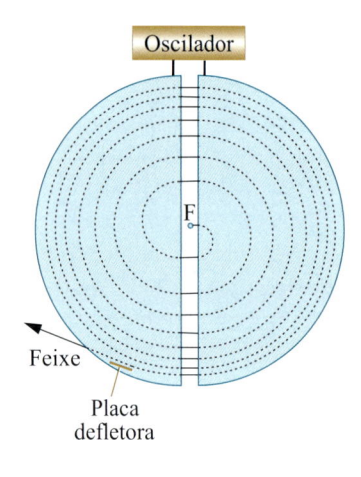

Oscilador

F

Feixe

Placa defletora

Figura 7.6

Esquema de um cíclotron. Cada "D" na figura é a vista de cima de dois pólos magnéticos opostos, um acima do outro e separados por uma estreita camada horizontal evacuada onde circula o próton. O campo magnético aponta para fora do papel. Uma placa metálica carregada negativamente deflete o próton para fora do cíclotron quando este atinge a velocidade final.

A Figura 7.6 mostra o esquema de um *cíclotron*. Dois ímãs em forma de D geram um campo magnético uniforme e estático **B**, apontando para fora do papel, na fina camada evacuada entre seus pólos. O próton move-se nessa camada, contida no plano do papel. A cada meio ciclo ele é acelerado por um campo elétrico tangencial à sua trajetória, o qual oscila com a freqüência v ajustada pela Equação 7.13. Tal campo atua na região clara que separa os dois pares de blocos sombreados em forma de D. À medida que o próton vai ganhando velocidade, seu raio de órbita vai aumentando. Eventualmente, o próton adquire a velocidade final desejada e é coletado para fora da região onde atua o campo magnético. Energias de até cerca de 5×10^7 eV (50 MeV) são obtidas dessa maneira. Exatamente devido a essa aplicação, a freqüência definida pela Equação 7.13 é denominada freqüência de cíclotron.

> Freqüência de cíclotron é a freqüência da órbita de uma partícula carregada em um campo magnético uniforme

A mecânica newtoniana utilizada para se calcular a freqüência de cíclotron falha quando a partícula atinge velocidades próximas à velocidade da luz. Quando o próton atinge a energia de 50 MeV, sua velocidade é $0{,}31c$, sendo c a velocidade da luz. Nesse ponto, o seu ciclo fica fora de sintonia com a freqüência do campo elétrico o suficiente para que não haja mais ganho de energia no ciclo. Portanto, o próton não é mais acelerado.

> Para a aceleração de prótons e elétrons até velocidades próximas à da luz, utiliza-se o síncrotron

Para aceleração de prótons a energias maiores do que essa utiliza-se o síncrotron. Nesse caso, os prótons são injetados em pulsos em um anel de raio fixo. Na verdade, o anel não é circular, mas tem a forma aproximada de um polígono de muitos lados em que a junção entre os lados tem forma circular. Em cada um desses segmentos circulares há um eletroímã cujo valor do campo magnético é sincronizado com a energia do feixe de modo a conduzir o próton na trajetória correta. Nos segmentos retos do polígono, os prótons são acelerados por um campo elétrico oscilante também sincronizado com o movimento do feixe. A Figura 7.7 mostra um esquema da trajetória do próton no síncrotron. Na verdade, o número de lados do polígono é muito maior do que o mostrado na figura.

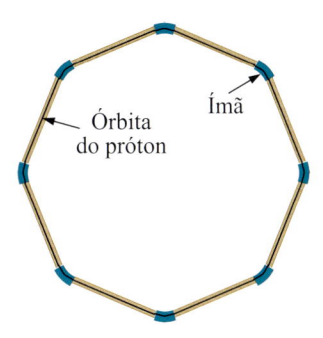

Figura 7.7

Esquema de um síncrotron. A partícula (no caso o próton) percorre uma órbita em forma de polígono em que os vértices são arcos de círculos onde ímãs desviam sua velocidade. Nos seguimentos retilíneos da órbita, o próton é acelerado por um campo elétrico.

O síncrotron é uma máquina colossal. O maior de todos em operação, o Tevatron, no *Fermilab*, tem circunferência de 6,28 km e acelera prótons à energia de 1 Tev (10^{12} eV). O LHC, em construção no *Centro Europeu de Pesquisas Nucleares* (CERN), tem circunferência de 26,7 km e poderá acelerar prótons à energia de 7 Tev. Prótons a essa energia têm velocidade de 0,999 999 96 *c*. As colisões entre partículas a essas velocidades produzem uma variedade de outras partículas subatômicas e o estudo desses produtos de colisões constitui a principal ferramenta para investigação das partículas e forças da Natureza, excluída a gravitação.

Seção 7.6 ■ Efeito Hall

A força lateral que um campo magnético exerce sobre cargas em movimento gera um importante fenômeno em corpos transportando correntes, o efeito Hall, assim denominado em homenagem a *Edwin Herbert Hall* (1855-1938), que o descobriu em 1879. Para descrever o efeito Hall, consideremos a Figura 7.8. Uma pastilha, em forma de paralelepípedo, transporta uma corrente *I*. Cargas *q* portadoras de corrente que se supõe positivas na figura movem-se com a velocidade de arraste $\mathbf{v}_a$ na direção *y*, e sob o efeito de um campo magnético orientado na direção –*z* sofrem a força magnética $\mathbf{F}_m = q\mathbf{v}_a \times \mathbf{B}$ orientada na direção –*x*. Devido a essa força magnética, parte das partículas portadoras de carga acumula-se na face do paralelepípedo à esquerda da corrente — a face vertical ao fundo da figura. Na face oposta, cria-se um déficit dessas partículas. Assim, as duas faces verticais da pastilha ficam carregadas com cargas de sinais opostos, do que resulta um campo na direção +*x*, o *campo Hall* $\mathbf{E}_H$. A concentração de cargas nas duas faces ajusta-se espontaneamente de forma que a força total sobre os portadores de carga seja nula, ou seja,

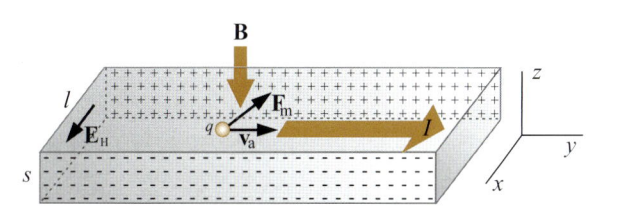

Figura 7.8

Quando se passa corrente em uma placa ortogonal a um campo magnético, nela aparece um campo elétrico e, portanto, também uma voltagem ortogonal tanto ao campo como à corrente. Esse fenômeno é denominado efeito Hall.

$$\mathbf{F} = q\mathbf{E}_H + q\mathbf{v}_a \times \mathbf{B} = 0. \tag{7.18}$$

O campo Hall tem, portanto, módulo e orientação dados por

$$\mathbf{E}_{\mathrm{H}} = -\mathbf{v}_a \times \mathbf{B}, \tag{7.19}$$

■ Campo Hall
$$E_{\mathrm{H}} = v_a B. \tag{7.20}$$

A velocidade de arraste é $v_a = j / nq$, sendo j a densidade de corrente e n a densidade de portadores de carga. Se a pastilha tiver largura l e espessura h, a densidade de corrente é dada por $j = I / ls$ e, portanto, a velocidade de arraste pode ser escrita na forma $v_a = I / lsnq$. O módulo do campo Hall pode então ser expresso na forma

$$E_{\mathrm{H}} = \frac{I}{lsnq} B. \tag{7.21}$$

Entre as duas faces da pastilha perpendiculares ao campo e à corrente aparece a voltagem Hall, dada por $V_{\mathrm{H}} = E_{\mathrm{H}}l$. Considerando-se a Equação 7.21, a *voltagem Hall* pode ser escrita na forma:

■ Voltagem Hall
$$V_{\mathrm{H}} = \frac{I}{snq} B. \tag{7.22}$$

A razão entre a voltagem Hall e a corrente, $R_{\mathrm{H}} \equiv V_{\mathrm{H}} / I$, é denominada *resistência Hall*, e seu valor é

■ Resistência Hall
$$R_{\mathrm{H}} = \frac{B}{snq}. \tag{7.23}$$

Considerando a Equação 7.20, e que $V_{\mathrm{H}} = E_{\mathrm{H}}l$, podemos escrever a resistência Hall também na forma:

$$R_{\mathrm{H}} = \frac{v_a lB}{I}, \tag{7.24}$$

ou seja, pela medida da resistência Hall podemos medir diretamente a velocidade de arraste dos portadores de carga.

O efeito Hall tem uma grande importância na pesquisa de materiais condutores e semicondutores, pois possibilita que se determine a densidade n de portadores de carga por meio da Equação 7.22. O sentido da voltagem possibilita também saber se os portadores de carga são positivos ou negativos, pois o sentido do campo Hall é sensível ao sinal da carga portadora de corrente. Como vimos no Capítulo 6 (*Corrente Elétrica*), a condutividade elétrica é dada por $\sigma = nq^2\tau / m$. Portanto, a condutividade depende do quadrado da carga dos portadores e, assim, não é capaz de determinar o sinal da carga. Esse tipo de informação pode ser obtido pelo efeito Hall. Os dispositivos da indústria microeletrônica, tais como diodos, transistores e outros, são baseados em materiais dopados com impurezas. A concentração e a valência dos átomos com que se dopa o semicondutor definem a densidade dos portadores e também o sinal da carga.

Consideremos, por exemplo, o silício, o semicondutor mais utilizado na microeletrônica. O silício tem valência 4. Se o material for dopado com arsênico, fósforo etc., que têm valência 5, os elétrons extras do dopante tornam-se portadores livres de corrente com carga $q = -e$. Se o silício for dopado com boro, alumínio etc., fica com uma deficiência de elétrons. Na linguagem técnica, ele fica com lacunas de elétrons — também denominadas buracos —, que são portadores de corrente com carga positiva $q = e$. A natureza (elétrons ou lacunas) dos portadores de corrente e também sua concentração é sempre feita pelo efeito Hall. A investigação dos materiais por efeito Hall revela alguns fatos surpreendentes, que só podem ser explicados pela mecânica quântica, com o emprego de cálculos que só puderam ser realizados após o advento de computadores poderosos. O primeiro deles é que nos metais o número de portadores livres não é um múltiplo inteiro do número de átomos. O segundo é que em alguns metais os portadores têm carga positiva, ou seja, são vacâncias e não elétrons. A Tabela 7.2 mostra alguns dados sobre portadores obtidos por efeito Hall.

■ Tabela 7.2
Medidas por efeito Hall à temperatura ambiente em alguns materiais.

Material	n (1028/m³)	Sinal da carga	Número de portadores por átomo
Cu	11	Negativo	1,3
Ag	7,4	Negativo	1,3
Al	21	Negativo	3,5
Sb	0,31	Negativo	0,09
Be	2,6	Positivo	2,2
Zn	19	Positivo	2,9
Si puro	10^{-16}	Negativo	10^{-13}

Nota-se que para o antimônio (Sb) o número de elétrons portadores por átomo é pequeno. Materiais que têm essa propriedade são denominados semimetais.

E·E Exercício-exemplo 7.4

■ Considere uma fita de cobre com espessura de 1,0 μm e largura de 5,0 mm, submetida a um campo magnético de 0,50 T ortogonal à sua face. Qual é a voltagem Hall obtida para a fita quando nela passa uma corrente com densidade $j = 3,0 \times 10^6$ A/m²?

■ Solução

A corrente na fita é

$$I = jA = 3,0 \times 10^6 \, \frac{A}{m^2} \times 1,0 \times 10^{-6} \, m \times 5,0 \times 10^{-3} \, m = 15 \, mA.$$

A voltagem Hall será

$$V_H = -\frac{15 \times 10^{-3} \, A \times 0,50 \, JA^{-1}m^{-2}}{1,0 \times 10^{-6} \, m \times 11 \times 10^{28} \, m^{-3} \times 1,6 \times 10^{-19} \, C} = 4,3 \times 10^{-7} \, V.$$

Observe-se que em materiais com alta densidade de portadores a voltagem Hall é bastante pequena.

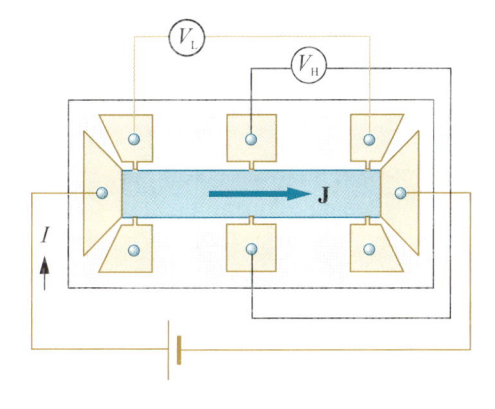

Figura 7.9
Prova Hall de um filme fino condutor ou semicondutor depositado sobre um substrato isolante. Por litografia, o filme é corroído, restando uma plataforma em forma de aranha, destacada com sombra. As pernas da aranha são metalizadas com uma camada de ouro, e contatos elétricos são então feitos sobre o ouro. Uma corrente de densidade uniforme **j** é injetada na plataforma retangular do filme a ser caracterizado, a qual é ortogonal ao campo magnético.

Em experiências de transporte elétrico em materiais sólidos, freqüentemente o material a ser investigado é preparado em forma de filme fino, de espessura s = 1 μm ou menos, depositado sobre um substrato isolante. Por litografia, o filme é então corroído de forma seletiva, deixando uma plataforma com formato esquemático de aranha, destacada com sombra na Figura 7.9. As pernas da aranha são metalizadas com uma fina camada de ouro, sobre a qual contatos elétricos são colocados para injeção de corrente e medição de voltagens. O dispositivo assim fabricado é denominado prova Hall. Uma fonte injeta uma corrente controlada I na prova. Medidas das voltagens Hall V_H e longitudinal V_L possibilitam a determinação da resistividade do material e da densidade e sinal dos portadores.

Prova Hall é um dispositivo, ilustrado na Figura 7.9, usado para medidas de efeito Hall

---

E·E Exercício-exemplo 7.5

■ O GaAs dopado com Si ganha portadores negativos de corrente. Um filme de GaAs com espessura de 0,10 μm, dopado com Si, é depositado sobre um substrato de GaAs sem dopagem (cristal puro). Uma prova Hall é fabricada, semelhante à que se vê na Figura 7.9. A largura do filme de GaAs dopado é de 100 μm e a distância entre os contatos para a medida da voltagem longitudinal é de 400 μm. Sob um campo magnético de 0,300 T, e injetando-se na prova uma corrente de 20,0 μA, obtêm-se as voltagens: $V_L = 2,24$ V, $V_H = 1,07$ mV. Calcule a resistividade do filme e a densidade de portadores.

■ Solução

Note-se que o substrato de GaAs puro pode ser tratado como um isolante, pois é muito menos condutor que o filme dopado. A resistência do filme entre os dois pontos usados para a medida de V_L é

$$R = \frac{V_L}{I} = \frac{2,24\text{V}}{2,00 \times 10^{-5}\text{A}} = 1,12 \times 10^5\ \Omega.$$

Mas $R = \rho L / A = \rho L / sl$ e, portanto,

$$\rho = \frac{slR}{L} = \frac{1,00 \times 10^{-7}\text{m} \times 1,00 \times 10^{-4}\text{m} \times 1,12 \times 10^5\Omega}{4,00 \times 10^{-4}\text{m}} = 2,8 \times 10^{-3}\ \Omega\text{m}.$$

A densidade de portadores é dada por

$$n = \frac{IB}{seV_H} = \frac{2,00 \times 10^{-5}\,A \times 0,3T}{1,00 \times 10^{-7}\text{m} \times 1,6 \times 10^{-19}\text{C} \times 1,07 \times 10^{-3}\text{V}} = 3,50 \times 10^{23}\ \text{m}^{-3}.$$

Exercício   **E 7.12** Uma fita condutora com largura de 3,00 cm está posicionada perpendicularmente a um campo magnético de 0,500 T. A voltagem Hall na fita é de 0,750 μV. Qual é a velocidade de arraste dos elétrons na fita?

Seção 7.7 ■ Efeito Hall quantizado (opcional)

Em algumas situações extremas, fenômenos de natureza quântica alteram drasticamente o comportamento do efeito Hall, relativamente ao descrito na seção anterior. Os dispositivos microeletrônicos são freqüentemente construídos a partir de películas muito finas de materiais semicondutores. Quase sempre nesses casos, as correntes elétricas são conduzidas em regiões ativas dentro dessas películas, cuja espessura costuma não ultrapassar 10 nm. A difusão de partículas leves como o elétron, confinadas em canais desta espessura, não pode ser descrita pela mecânica clássica, mas sim pela mecânica quântica. A temperaturas baixas, inferiores a 10 K, os efeitos quânticos se manifestam no efeito Hall de modo muito interessante.

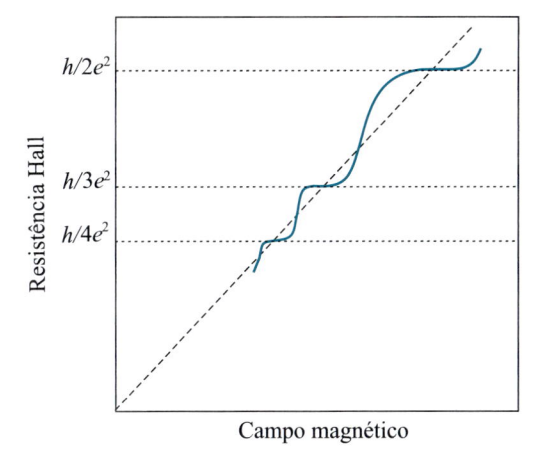

Figura 7.10

Efeito Hall quantizado. A linha tracejada diagonal mostra o efeito Hall clássico. A linha sólida mostra o efeito Hall quantizado, em que a resistência Hall apresenta platôs em submúltiplos de h / e^2. Tal comportamento é observado a baixas temperaturas e campos magnéticos elevados (acima de 1 T) em sistemas onde os portadores de carga estão confinados em camadas muito finas.

A Figura 7.10 mostra a variação da resistência Hall R_H com o campo magnético. Para um sistema cujo movimento seja descrito pela mecânica clássica, R_H é proporcional a B, como expressa a Equação 7.23. A linha tracejada inclinada na figura ilustra esse comportamento. Mas, para temperaturas baixas e campos magnéticos intensos, a variação de R_H com B é a indicada pela curva sólida oscilante vista na figura. Observa-se que o gráfico de $R_\mathrm{H}(B)$ apresenta platôs nos quais o valor de R_H é dado por

$$R_\mathrm{H} = \frac{1}{pe}\frac{h}{e^2}, \quad p = 1, 2, 3..., \tag{7.25}$$

onde h é a constante de Planck. O aparecimento desses platôs na resistência Hall é denominado efeito Hall quantizado (EHQ). O efeito foi descoberto em 1980 pelo físico alemão *Klaus von Klitzing*, o que lhe rendeu o Prêmio Nobel de Física de 1985.

A constante h/e^2 que aparece na Equação 7.25 recebeu o nome de *constante de Klitzing*, ou *resistência de Klitzing*. Uma vez que em princípio essa resistência pode ser reproduzida em qualquer laboratório, ela passou a ser o padrão de resistência no SI. Seu valor numérico é

$$R_\mathrm{K} \equiv \frac{h}{e^2} = 25{,}812806\mathrm{k}\ \Omega. \tag{7.26}$$

Em 1982, *Daniel C. Tsui* e *Horst Störmer* observaram o aparecimento de patamares em que p é um número racional não-inteiro. Nesse caso, o fenômeno é denominado *efeito Hall quantizado fracionário* (EHQF). Tsui e Störmer receberam o Prêmio Nobel em 1998, juntamente com *Robert Laughlin*, que deu importantes contribuições teóricas para o entendimento do EHQ e EHQF. A explicação teórica completa do EHQF ainda não foi obtida e é considerada um dos maiores desafios da física na atualidade.

> **Efeito Hall quantizado** é o aparecimento de platôs na resistência Hall com os valores dados pela Equação 7.24

> ■ Valor da resistência de Klitzing, padrão de resistência no SI

Exercício   E 7.13 Um gás de elétrons está em regime de efeito Hall quântico fracionário. Calcule a resistência Hall quando o sistema está em um patamar de $R_\mathrm{H}(B)$ correspondente ao número quântico $p = 1/3$.

Seção 7.8 ■ Força magnética sobre um fio condutor

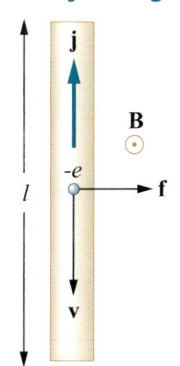

Figura 7.11

Fio metálico conduzindo corrente elétrica, na presença de um campo magnético **B**. A velocidade de arraste **v** dos elétrons é oposta à densidade de corrente **j**. Cada elétron fica sujeito a uma força **f** como a indicada na figura.

A Figura 7.10 mostra um fio condutor transportando uma corrente I sob o efeito de um campo magnético. Podemos nesse caso tratar a corrente como se fosse um vetor dado por

$$\mathbf{I} = A\mathbf{j},$$ (7.27)

onde A é a área de seção reta do fio. Alternativamente, podemos escrever

$$\mathbf{I} = -A\, ne\mathbf{v}_a.$$ (7.28)

Consideremos um segmento do fio de comprimento igual a l. Neste segmento haverá lAn elétrons submetidos a uma força magnética média dada por $\mathbf{f} = -e\mathbf{v}_a \times \mathbf{B}$, o que gera uma força total sobre o segmento de fio dada por

$$\mathbf{F} = -lAne\mathbf{v}_a \times \mathbf{B} = l\,\mathbf{I} \times \mathbf{B}.$$ (7.29)

Em algumas situações, é mais conveniente tratar a corrente como um escalar e o segmento do fio como um vetor que aponta para a direção da corrente. Nesse caso, a força magnética sobre o segmento de fio fica na forma

■ Força magnética sobre um condutor

$$\mathbf{F} = I\mathbf{l} \times \mathbf{B}.$$ (7.30)

E·E Exercício-exemplo 7.6

■ Um fio retilíneo transporta uma corrente de 10 A. Calcule a força, por unidade de comprimento do fio, realizada (A) pelo campo magnético da Terra, com módulo de 0,40 G; (B) por um campo de 1,0 T. Suponha que o fio seja ortogonal ao campo.

■ **Solução**

Fazendo l igual a 1,0 m na Equação 7.29, calculamos:

(A) $F = IlB = 10\mathrm{A} \times 1,0\mathrm{m} \times 0,40 \times 10^{-4}\, \dfrac{\mathrm{J}}{\mathrm{Am}^2} = 4,0 \times 10^{-4}\mathrm{N}.$

Portanto,

$f = 4,0 \times 10^{-4}$ N/m.

(B) Para o campo de 1,0 T, $f = 10$ N/m.

Exercício

E 7.14 Calcule a intensidade da força realizada por um campo magnético de 1,0 T sobre um fio com 0,50 m de comprimento, conduzindo uma corrente de 4,0 A, se o fio faz um ângulo de 45° com a direção do campo.

Seção 7.9 ■ Torque sobre um circuito elétrico

Consideremos um fio condutor, formando um circuito fechado C de forma genérica, conduzindo uma corrente I e submetido a um campo magnético uniforme $\mathbf{B}$. Podemos dividir o circuito em segmentos orientados $d\mathbf{l}$, e nesse caso a força total sobre o fio será

$$\mathbf{F} = \int d\mathbf{F} = I\oint_C d\mathbf{l} \times \mathbf{B} = I\left(\oint_C d\mathbf{l}\right) \times \mathbf{B} = 0.$$ (7.31)

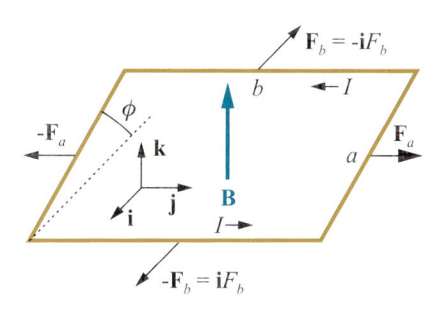

Figura 7.12A

Circuito fechado de forma retangular conduzindo uma corrente I, na presença de um campo magnético **B**. O plano do circuito faz um ângulo ϕ com a direção do campo. As forças que atuam sobre cada lado do retângulo são indicadas na figura. Note-se que as forças $\mathbf{F}_a$ e $-\mathbf{F}_a$ estão sobre a mesma linha de ação, e portanto não realizam torque sobre o circuito.

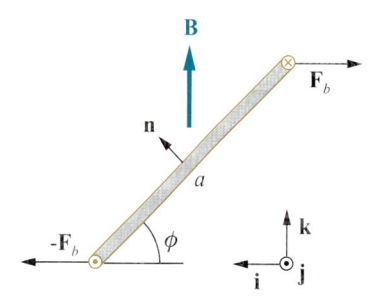

Figura 7.12B

Vista do circuito da Figura 7.12A de outro ângulo. Destaca-se que as forças $\mathbf{F}_b$ e $-\mathbf{F}_b$ realizam torque sobre o circuito.

O valor zero da força decorre de que a integral de $d\mathbf{l}$ no circuito fechado C é nula. Entretanto, o fio poderá estar sujeito a um torque não-nulo, conforme veremos a seguir. Consideremos um circuito fechado de forma retangular conduzindo uma corrente I, sob efeito de um campo magnético uniforme, como mostram as Figuras 7.12A e 7.12B. Um dos lados do retângulo, de comprimento b, tem direção normal à do campo magnético. O circuito fica sujeito a quatro forças representadas por dois pares de forças de sentidos opostos $(\mathbf{F}_a, -\mathbf{F}_a)$, $(\mathbf{F}_b, -\mathbf{F}_b)$. As forças $\mathbf{F}_a$ (não confundir com força de atrito, que tem sido representada pelo mesmo símbolo) e $-\mathbf{F}_a$ são opostas, ou seja, estão na mesma linha de ação. Portanto, tais forças não geram torque sobre o anel. Basta então considerarmos o efeito do par de forças $(\mathbf{F}_b, -\mathbf{F}_b)$. A Figura 7.12B mostra uma projeção do circuito no plano xz, onde é mais fácil estudar o efeito deste último par de forças. O torque tem direção paralela ao eixo y, e o sentido de $-\mathbf{j}$. Considerando que $F_b = IbB$, podemos escrever

$$\boldsymbol{\tau} = -IabB \operatorname{sen} \phi \, \mathbf{j}. \tag{7.32}$$

Os primeiros fatores da Equação 7.32 referem-se somente a características do circuito. É conveniente consolidá-los em um único símbolo. Vamos para isto definir o dipolo magnético do circuito pela equação

■ Dipolo magnético de um circuito

$$\boldsymbol{\mu} = IA\mathbf{n}, \tag{7.33}$$

onde $A = ab$ a área do retângulo e $\mathbf{n}$ a normal ao seu plano orientada para o lado do qual a corrente é vista no sentido anti-horário. A Equação 7.32 toma agora a forma

■ Torque sobre um dipolo magnético

$$\boldsymbol{\tau} = \boldsymbol{\mu} \times \mathbf{B}. \tag{7.34}$$

A Equação 7.34 tem uma generalidade que extrapola completamente as condições especiais em que foi deduzida. Para um circuito contido em um plano, o dipolo magnético é sempre definido pela Equação 7.33. Para um circuito fechado qualquer, ainda é possível definir-se um dipolo magnético $\boldsymbol{\mu}$ e a Equação 7.34 irá sempre representar o torque que um campo magnético uniforme exerce sobre ele. Note-se a grande similaridade entre a fórmula que exprime o torque magnético sobre um dipolo magnético e a fórmula que exprime o torque elétrico sobre um dipolo elétrico, estudada no Capítulo 3 (*Energia Eletrostática*).

As partículas subatômicas como o elétron, o próton e o nêutron possuem um dipolo magnético intrínseco que não pode ser descrito em termos de correntes elétricas. O valor desses dipolos é definido por meio da Equação 7.34. Ou seja, tais partículas ficam sujeitas a um torque quando submetidas a um campo magnético, e o valor do torque é utilizado para se medir o valor do seu dipolo magnético.

As dimensões de dipolo magnético são (corrente × área), como se vê pela Equação 7.33. No SI, sua unidade é Am^2. A Equação 7.34 sugere outras unidades equivalentes. Como a unidade de torque é J = Nm, pode-se concluir que $Am^2 = JT^{-1}$. Freqüentemente, esta é a unidade utilizada para se medir dipolo magnético. Na Tabela 7.3 vê-se o valor do dipolo magnético de alguns sistemas.

■ **Tabela 7.3**
Dipolo magnético de alguns sistemas.

Elétron	$9,28 \times 10^{-24}$ J/T
Próton	$1,41 \times 10^{-26}$ J/T
Terra	$8,0 \times 10^{22}$ J/T
Estrela de nêutrons	10^{32} J/T
Agulha de bússola	10^{-2} J/T

O torque sobre o dipolo magnético tem uma importância prática enorme. Ele é responsável pelo alinhamento da agulha de uma bússola. É também responsável pela operação da maioria dos motores de corrente alternada.

E·E Exercício-exemplo 7.7

■ Calcule o torque sobre um anel de área de 100 cm^2 conduzindo uma corrente de 20 A, cuja normal é perpendicular a um campo magnético de 500 G.

■ **Solução**

O momento magnético do circuito é

$\mu = 1,00 \times 10^{-2} \, m^2 \times 20A = 0,20 \, Am^2 = 0,20$ J/T.

Portanto, o torque sobre ele será

$T = 0,20$ J/T $\times 5,0 \times 10^{-2}$ T $= 1,0 \times 10^{-2}$ Nm.

Exercícios

E 7.15 (A) Calcule o valor da corrente elétrica que, ao circular a Terra em um anel sobre sua superfície, iria gerar um dipolo elétrico igual ao do planeta. (B) Faça o mesmo para uma estrela de nêutrons cujo raio é igual a 10 km e cujo dipolo magnético é igual a $1,0 \times 10^{32}$ J/T.

E 7.16 Um anel com raio de 10 cm conduz uma corrente de 20 A. (A) Calcule o dipolo magnético do anel. Calcule o torque exercido sobre o anel por um campo magnético de 1000 G com orientação (B) paralela ao eixo do anel; (C) paralela ao plano do anel.

PROBLEMAS

P 7.1 Efeito do campo magnético da Terra sobre televisores. Numa televisão, os elétrons, de massa m e carga de módulo e, têm energia cinética de K. Suponha que o campo magnético da Terra valha B e que sua direção seja ortogonal à do feixe eletrônico. (*A*) Mostre que o elétron fica sujeito a uma força magnética

$$F_m = eB\sqrt{\frac{2K}{m}}.$$

(*B*) Do canhão eletrônico até a tela, o elétron percorre uma distância L. Mostre que a força magnética causa-lhe um deslocamento lateral dado por

$$d = \frac{eBL^2}{\sqrt{8mK}}.$$

(*C*) Calcule o deslocamento d para o caso em que $B = 0,50$ G e $L = 0,30$ m.

P 7.2 A Figura 7.13 mostra um esquema para a medida da massa de íons. Uma fonte F fornece íons de carga q (que se supõe positivos na figura) que são acelerados por uma tensão elétrica V e injetados na região onde há um campo uniforme B. O semicírculo do íon na região do campo magnético tem raio r. Mostre que a massa do íon é dada por

$$m = \frac{qB^2}{2V}r^2.$$

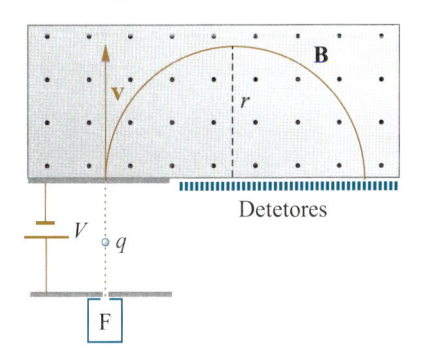

Figura 7.13

(Problema 7.2).

P 7.3 (*A*) Deduza a expressão para o valor do momento angular de uma partícula com carga q e massa m, orbitando em um campo magnético $\mathbf{B}$ uniforme com velocidade cuja projeção no plano normal a $\mathbf{B}$ tem módulo u. (*B*) Considere um elétron no GaAs, cuja massa efetiva é $6,2 \times 10^{-32}$ kg, com velocidade $u = 2,0 \times 10^5$ m/s, em um campo de 10 T. Calcule seu momento angular orbital, comparando-o com o valor $\hbar = 1,05 \times 10^{-34}$ J / s que quantiza o momento angular. (*C*) Você julga que nesse caso o uso da mecânica clássica permanece válido?

P 7.4 Em uma experiência de efeito Hall, utilizando uma prova semelhante à que se vê na Figura 7.9, o canal condutor tem espessura de 1,00 μm e largura de 200 μm. A distância entre as pernas do canal utilizadas para a medida de V_L é de 1,20 mm. Aplicada uma corrente de 5,00 μA à prova, submetida a um campo magnético de 0,300 T, os valores medidos de V_L e V_H são respectivamente 44,6 mV e 6,20 μV. Calcule (*A*) a resistividade elétrica e (*B*) a densidade de portadores da amostra.

P 7.5 Freqüentemente, o efeito Hall é descrito em termos da densidade superficial n_s de portadores de corrente, a qual é dada por $n_s = ns$, sendo s a espessura do filme condutor. Mostre que a voltagem Hall é neste caso dada por $V_H = \dfrac{BI}{q\,n_s}$.

P 7.6 Mobilidade μ de um gás de portadores de carga é a razão entre sua velocidade de arraste e o campo elétrico aplicado. Ou seja, $\mu \equiv v_a / E_L$. O recorde de mobilidade até hoje obtido foi em um filme de GaAs dopado com Si. A densidade superficial de elétrons — ou seja, o número de elétrons por unidade de área do filme — é de $n_s = 2,0 \times 10^{15}$ m^{-2} e a mobilidade a baixa temperatura (4 kelvins) é $\mu = 2,7 \times 10^3$ m²/Vs. Note que $n_s = sn$. (*A*) Mostre que a resistência da amostra pode ser expressa na forma

$$R = \frac{L}{ln_s e\mu}.$$

(*B*) Medidas são feitas em uma prova Hall cuja largura é de 50 μm, e os pontos de contato para a voltagem longitudinal V_L são de 500 μm. Uma corrente de 1,0 μA é injetada na prova submetida a um campo magnético de 0,300 T. Calcule as voltagens Hall e longitudinal medidas na prova. *Sugestão:* considere o Problema 7.4.

P 7.7 Muitos filmes finos semicondutores apresentam densidade superficial n_s de elétrons na faixa 10^{11} cm$^{-2} < n_s < 10^{12}$ cm^{-2}. Utilizando a fórmula cuja demonstração é proposta no Problema 7.6, calcule a voltagem Hall de um filme em que $n_s = 5,00 \times 10^{11}$ cm^{-2} submetido a um campo magnético de 1000 G, no qual se injeta uma corrente de 1,00 μA.

P 7.8 A Figura 7.14 mostra uma barra conduzindo corrente com uma densidade $\mathbf{j}$ ortogonal a um campo magnético $\mathbf{B}$. Suponha que os portadores de corrente tenham cargas positivas q, e que sua densidade seja n. (*A*) Mostre que, em regime permanente, as duas faces indicadas na figura acumulam densidades de cargas que neutralizam a força magnética. (*B*) Mostre que o campo elétrico ortogonal a $\mathbf{j}$ é dado pela Equação 7.21. (*C*) Calcule o valor de σ.

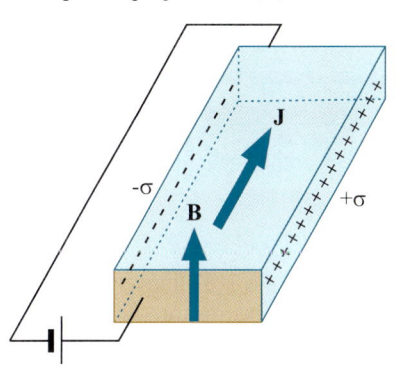

Figura 7.14

(Problema 7.8).

P 7.9 A Figura 7.15 mostra um circuito quadrado transportando uma corrente I, situado em uma região onde existe um campo magnético $\mathbf{B}$ normal ao plano do circuito. O campo magnético apresenta a seguinte variação espacial: $\mathbf{B} = \mathbf{k}\,B_o\,\dfrac{x}{a}$. Calcule (*A*) a força exercida sobre o circuito; (*B*) o torque exercido sobre o circuito, em relação ao centro do mesmo.

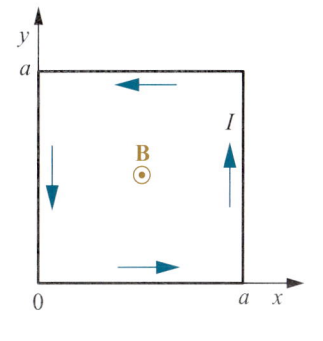

Figura 7.15

(Problema 7.9).

P 7.10 Um fio de comprimento L conduz uma corrente I. O fio é deformado para formar um solenóide circular e colocado numa região onde há um campo magnético uniforme. Pretende-se que o campo exerça o maior torque possível sobre o solenóide. Mostre que para isso o solenóide deve conter uma única volta, e que o torque máximo será

$$\tau = \frac{IL^2 B}{4\pi}.$$

P 7.11* Generalização da fórmula $\boldsymbol{\mu} = I A \mathbf{n}$. Considere um circuito fechado de forma genérica contido em um plano, transportando uma corrente I. Esse circuito pode ser substituído aproximadamente por um conjunto de circuitos retangulares, todos transportando a mesma corrente I, como mostra a Figura 7.16. (A) Mostre que o dipolo magnético do conjunto de circuitos retangulares é o produto da corrente I pela área do polígono que contorna todos eles. (B) Mostre que, quando os circuitos retangulares se tornam infinitamente estreitos, a área do polígono é igual à área A do circuito curvo.

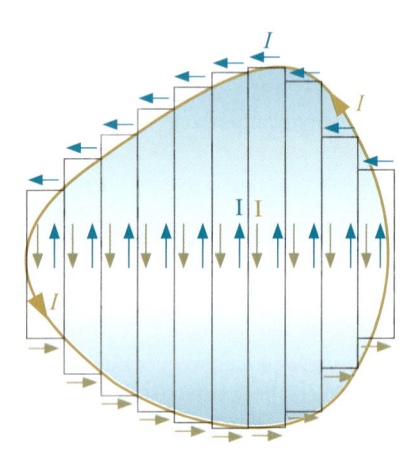

Figura 7.16

(Problema 7.11).

P 7.12 Dipolo magnético de circuitos não-planos. Calcule o dipolo magnético do circuito não-plano mostrado na Figura 7.17. *Sugestão:* imagine o circuito composto por dois circuitos planos e retangulares, que se completam pela linha tracejada.

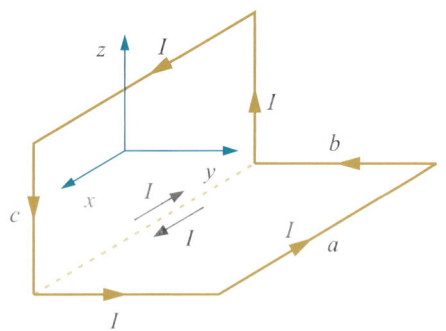

Figura 7.17

(Problema 7.12).

P 7.13 Calcule o momento magnético do circuito da Figura 7.18.

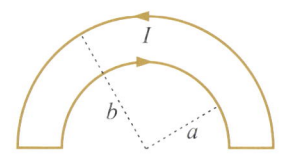

Figura 7.18

(Problema 7.13).

P 7.14 A Figura 7.19 mostra um cilindro oco, de raio interno a, raio externo b e comprimento L. O cilindro, de material isolante, tem uma densidade de carga ρ uniforme em seu corpo, e gira em torno de seu eixo com velocidade angular ω. Calcule o dipolo elétrico gerado pela rotação.

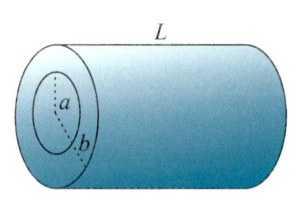

Figura 7.19

(Problema 7.14).

P 7.15 Uma barra de comprimento L, feita de material isolante e contendo carga com densidade linear λ, gira em torno de um eixo ortogonal a ela e que passa pelo seu centro com velocidade angular ω, como mostra a Figura 7.20. Calcule o momento magnético da barra girante.

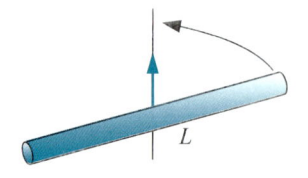

Figura 7.20

(Problema 7.15).

P 7.16 Uma esfera de raio R contém carga em sua superfície com densidade superficial s. A esfera gira em torno de um diâmetro com velocidade angular ω. Calcule o momento magnético da esfera girante.

P 7.17 Mostre a energia potencial de um dipolo magnético $\boldsymbol{\tau}$ sujeito a um campo magnético $\mathbf{B}$ é $U = -\boldsymbol{\tau} \cdot \mathbf{B}$.

Respostas dos exercícios

E 7.1 $\mathbf{F} = 1,6 \times 10^{-13}$ N$(-2\mathbf{i} + \mathbf{j} + \mathbf{k})$

E 7.2 $\mathbf{E} = 1,22 \times 10^{5}$ V/m$(\mathbf{i} - \mathbf{k})$

E 7.3 $v_{min} = 1,5 \times 10^{4}$ m/s

E 7.4 $1,6 \times 10^{-14}$ N

E 7.6 (A) $v_c = 1,4$ Mhz; (B) $v_c = 1,1 \times 10^{12}$ Hz; (C) $v_c = 2,8 \times 10^{18}$ Hz

E 7.7 $r = 1,7$ μm

E 7.8 $r = 1,0$ m

E 7.9 (A) 7,6 MHz; (B) $2,9 \times 10^{7}$ m/s

E 7.10 (A) 0,652 m; (B) 4,91 m

E 7.11 $V = 81,9348$ V

E 7.12 $v_a = 5,00 \times 10^{-5}$ m/s

E 7.13 77,4 kΩ

E 7.14 1,4 N

E 7.15 (A) $I = 6,3 \times 10^{8}$ A; (B) $I = 3,2 \times 10^{23}$ A

E 7.16 (A) 0,63J/T; (B) zero; (C) 0,063 Nm

Respostas dos problemas

P 7.1 (C) 6,1 mm

P 7.3 (A) $L = \dfrac{(mu)^2}{qB}$; (B) $L = 0,96 \times 10^{-34}$ J/s $= 0,91\hbar$; (C) Não

P 7.4 (A) $\rho = 1,49 \times 10^{-3}$ Ω · m; (B) $n = 1,51 \times 10^{24}$ m^{-3}

P 7.6 $V_L = 12$ μV, $V_H = 0,94$ mV

P 7.7 $V_H = 125$ μV

P 7.8 (C) $\sigma = \kappa\varepsilon_o\, Bj\, /\, ne$, sendo κ a constante dielétrica da barra

P 7.9 (A) $\mathbf{F} = a\, I\, B_o\, \mathbf{i}$; (B) $\tau = 0$

P 7.12 $\boldsymbol{\mu} = aI(b\mathbf{k} + c\mathbf{j})$

P 7.13 $\pi I(b^2 - a^2)\, /\, 2$

P 7.14 $\pi\omega\sigma L(b^4 - a^4)\, /\, 4$

P 7.15 $\lambda\omega L^3\, /\, 24$

P 7.16 $4\pi\sigma\omega R^4\, /\, 3$

8

Lei de Ampère

Seção 8.1 ■ Lei de Biot e Savart

Conforme demonstrou a experiência de Oersted em 1819, uma bússola próxima a um fio que conduz uma corrente tende a orientar sua agulha na direção ortogonal ao fio e contornando o mesmo. Isso mostra que o campo magnético criado pela corrente tem linhas de força que contornam o fio. Verifica-se também que as linhas de força contornam o fio no sentido anti-horário quando vistas do lado para o qual aponta a corrente, como ilustra a Figura 8.1.

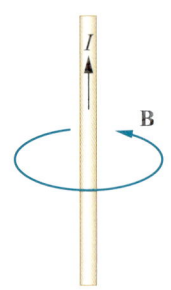

Figura 8.1

As linhas de força do campo magnético criado pela corrente em um fio contornam o fio no sentido anti-horário, quando vistas do lado para o qual aponta a corrente.

A questão que se apresenta neste ponto é a obtenção da lei que descreve a variação do campo magnético na vizinhança do fio. Um problema análogo já foi resolvido, o de descrever o campo elétrico na vizinhança de uma carga. Conforme vimos, a solução deste problema pode ser formulada de duas maneiras. A primeira (expressa pela lei de Coulomb) descreve o campo $\mathbf{E}$ em um ponto $\mathbf{r}$, criado por uma carga q localizada em $\mathbf{r}' = 0$, em termos do valor q da carga e do vetor $\mathbf{r}$. A segunda (expressa pela lei de Gauss) estabelece uma relação entre o fluxo do campo em uma superfície fechada que envolve a carga e o valor desta. No caso do campo magnético gerado por uma corrente, também temos duas maneiras de formular a lei de campo. A primeira, análoga à lei de Coulomb, é a *lei de Biot e Savart*. Para se obter uma lei nos moldes da lei de Coulomb, será necessário decompor o fio em pequenos segmentos dl. Neste caso, a corrente será expressa em termos de elementos $I dl$. Naturalmente, o vetor $\mathbf{r}$ que vai desse elemento ao ponto de prova também será envolvido. Nota-se então uma diferença básica em relação ao problema de Coulomb, onde o campo $\mathbf{E}$ depende de um escalar dq e de um vetor $\mathbf{r}$: o campo magnético irá depender dos dois vetores $I dl$ e $\mathbf{r}$. O fato de que o campo magnético é um pseudovetor sugere que ele seja expresso em termos do produto vetorial entre $I dl$ e $\mathbf{r}$. A lei de Biot e Savart diz que o campo magnético $d\mathbf{B}$ gerado pelo elemento de corrente $I dl$ é expresso por:

■ Lei de Biot e Savart

$$d\mathbf{B} = \frac{\mu_o}{4\pi} \frac{I \, dl \times \hat{\mathbf{r}}}{r^2}. \tag{8.1}$$

O princípio da superposição possibilita então que se obtenha o campo gerado pelo fio, ou conjunto de fios conduzindo corrente, em um ponto qualquer. Para isso, basta somar vetorialmente as contribuições de todos os elementos de corrente. Para efetuar essa soma, é conveniente fazer uma alteração em nossa notação. Em um dado sistema de coordenadas, o ponto de prova é descrito por um vetor $\mathbf{r}$ e os elementos de circuito têm posições descritas pelo vetor $\mathbf{r}'$. Com essa notação, o vetor deslocamento do elemento de circuito ao ponto de prova (que na Equação 8.1 é designado por $\mathbf{r}$) será $\mathbf{r} - \mathbf{r}'$. O campo magnético no ponto $\mathbf{r}$ será então

■ Lei de Biot e Savart na forma integral

$$\mathbf{B} = \frac{\mu_o}{4\pi} \int \frac{I(\mathbf{r}') dl \times (\mathbf{r} - \mathbf{r}')}{|\mathbf{r} - \mathbf{r}'|^3}. \tag{8.2}$$

A constante de proporcionalidade que aparece na lei de Biot e Savart (BS) tem no SI o valor numérico

$$\frac{\mu_o}{4\pi} = 10^{-7} \text{ Tm/A} = 10^{-7} \text{ N/A}^2 \text{ (valor exato)}. \tag{8.3}$$

O aparecimento de um fator de proporcionalidade exato na lei de BS pode gerar surpresa.

Como a lei tem um caráter experimental, seria natural que a constante de proporcionalidade nela contida fosse determinada pela experiência e não algo definido de forma exata. Na lei de Coulomb, há uma constante $1/4\pi\varepsilon_o$ definida pela experiência, e isso faz sentido; entretanto, agora temos uma lei análoga para o magnetismo na qual a constante de proporcionalidade surge sem necessidade de qualquer medida. A razão disso é a seguinte: na Natureza existe uma força elétrica, cuja intensidade é definida pelo fator $1/4\pi\varepsilon_o$. Existe também uma força magnética, mas essa força não é independente da força elétrica. Portanto, sua intensidade não pode ter um valor independente da intensidade da força elétrica. Definida a intensidade de uma força, a da outra ficará automaticamente definida. Em outras palavras, existe somente uma interação eletromagnética na Natureza, com duas manifestações, a força elétrica e a força magnética. Uma única constante universal comanda a intensidade da interação eletromagnética, e no SI essa constante é ε_o. A constante

■ Permeabilidade magnética do vácuo

$$\mu_o = 4\pi \times 10^{-7}\ \text{T m/A} \cong 1{,}256 \times 10^{-6}\ \text{T m/A} \tag{8.4}$$

é denominada *permeabilidade magnética* do vácuo.

Seção 8.2 ■ Campo magnético da corrente em um fio reto

A lei de BS nos possibilita em princípio obter o campo magnético de qualquer configuração de correntes. Em alguns casos o cálculo é bastante simples. Neste capítulo exemplificaremos a aplicação da lei em situações simples de grande interesse prático. A primeira aplicação se refere ao campo gerado por um fio reto infinito que conduz uma corrente I, como mostra a Figura 8.2.

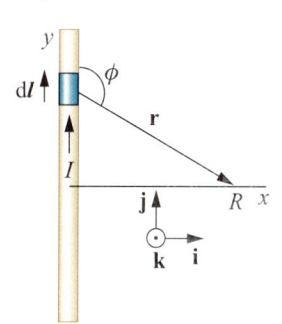

Figura 8.2

Esquema para o cálculo do campo magnético de um fio reto infinito transportando uma corrente I.

O sistema de eixos é escolhido de maneira que o fio se localiza ao longo do eixo y. O ponto genérico no qual se pretende calcular o campo está no plano xy. O campo gerado pelo segmento diferencial $d\mathbf{l} = \mathbf{j}\,dy$ do fio é dado por

$$d\mathbf{B} = \frac{\mu_o I}{4\pi}\frac{dy\,\mathbf{j}\times\hat{\mathbf{r}}}{r^2} = -\frac{\mu_o I}{4\pi}\frac{dy\,\text{sen}\,\phi}{r^2}\mathbf{k}. \tag{8.5}$$

A inspeção da figura, considerando que $\text{sen}\,\phi = \text{sen}(\pi - \phi)$ e $\cos\phi = -\cos(\pi - \phi)$, permite-nos escrever

$$\frac{1}{r} = \frac{\text{sen}\,\phi}{R}, \quad y = -R\cot g\phi \quad \Rightarrow dy = R\frac{d\phi}{\text{sen}\,\phi}. \tag{8.6}$$

Portanto, a intensidade do campo magnético será

$$B = \frac{\mu_o I}{4\pi}\int_{-\infty}^{\infty}\frac{\text{sen}\,\phi\,dy}{r^2} = \frac{\mu_o I}{4\pi R}\int_{0}^{\pi}\text{sen}\,\phi\,d\phi. \tag{8.7}$$

■ Campo magnético de um fio reto

$$B = \frac{\mu_o I}{2\pi R}. \tag{8.8}$$

A Figura 8.3 mostra as linhas de força do campo magnético gerado por um fio reto perpendicular à folha de papel. O sentido da corrente é para fora do papel.

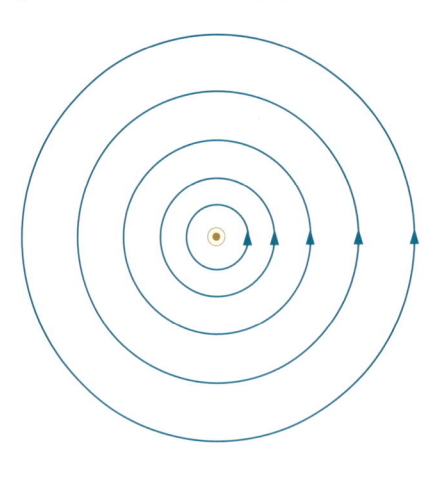

Figura 8.3

Linhas de força do campo magnético criado por um fio retilíneo infinito, perpendicular ao papel, conduzindo uma corrente elétrica que aponta para fora do papel.

E-E Exercício-exemplo 8.1

■ Calcule o campo magnético à distância R de um fio reto que conduz uma corrente de 40 A. Qual é o valor do campo a 20 cm do fio?

■ Solução

A variação do campo com a distância R será

$$B = 2 \times 10^{-7}\, \text{T m/A} \frac{40\text{A}}{R} = 8,0 \times 10^{-6}\, \text{T} \frac{\text{m}}{R}.$$

Para a distância $R = 20$ cm, o campo terá intensidade $0,40 \times 10^{-4}$ T $= 0,40$ G, o que equivale aproximadamente ao campo magnético da Terra.

E-E Exercício-exemplo 8.2

■ Dois fios paralelos separados pela distância $2a$ transportam correntes I de sentidos opostos. Calcule o campo em uma posição genérica sobre a linha que corta os fios perpendicularmente a eles.

■ Solução

A Figura 8.4A ilustra os dois fios, perpendiculares à página; no fio 1 a corrente sai da página e no fio 2 ela entra nela. A figura também mostra os campos gerados por cada um dos fios em dois pontos distintos. Nota-se que na região $-a < x < a$ entre os fios os dois campos têm o mesmo sentido e, portanto, se reforçam. Já nas regiões externas aos dois fios, os campos têm sentidos opostos e, portanto, se cancelam mutuamente. Podemos escrever o campo na forma $\mathbf{B} = B\mathbf{j}$. O valor de B varia com x na forma:

$$B(x) = B_1 + B_2 = \frac{\mu_o I}{2\pi(a+x)} + \frac{\mu_o I}{2\pi(a-x)} = \frac{a\mu_o I}{\pi(a^2 - x^2)}.$$

A Figura 8.4B mostra o gráfico de $B(x)$ para $a = 10$ mm e $I = 30$ A.

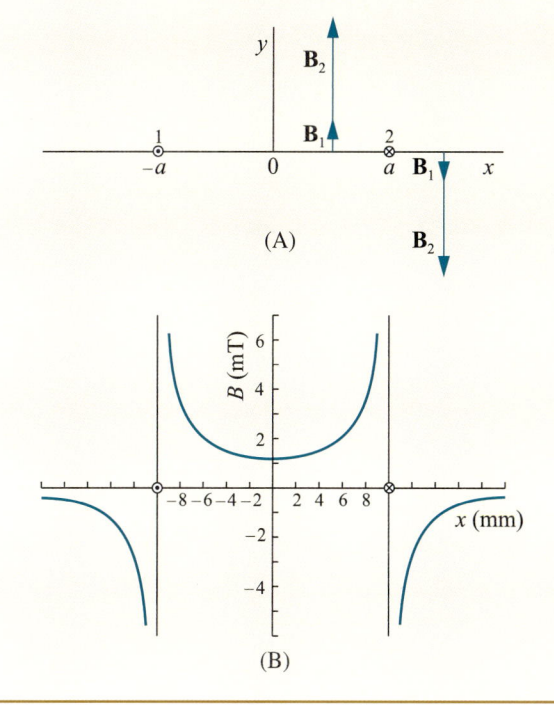

(A)

(B)

Figura 8.4

(A) Dois fios paralelos, perpendiculares à página, separados pela distância $2a$, onde $a = 10$ mm, transportam correntes $I = 30$ A de sinais opostos. Em (B) vê-se o gráfico da variação do campo magnético sobre o eixo x que passa pelos dois fios.

E-E Exercício-exemplo 8.3

■ Calcule o campo magnético criado pela corrente no ponto P da Figura 8.5.

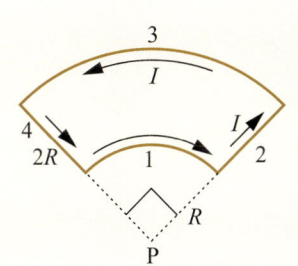

Figura 8.5

(Exercício-exemplo 8.3).

■ **Solução**

O campo pode ser calculado pela aplicação da lei de Biot e Savart. Para isso, é necessário calcular separadamente os campos criados por cada um dos segmentos 1, 2, 3 e 4 do circuito, indicados na figura. Consideremos inicialmente o segmento 1. Vê-se que esse segmento é um quadrante de um círculo de raio R centrado no ponto P. Devemos dividir o segmento em elementos dl_1 de modo análogo ao que foi feito na Figura 8.2. Uma vez que qualquer pequeno segmento de um círculo é perpendicular à direção que vai ao seu centro, para qualquer dl_1 o ângulo ϕ é igual a 90°. Aplicando a regra da mão direita para o produto vetorial, vemos ainda que a direção do campo criado pelo elemento dl_1 é sempre $-\mathbf{k}$, onde $\mathbf{k}$ é o unitário que sai do papel. Combinando esses resultados, obtemos:

$$d\mathbf{B}_1 = -\frac{\mu_o I}{4\pi}\frac{dl_1}{R^2}\mathbf{k}.$$

Fazendo a integração:

$$\mathbf{B}_1 = -\frac{\mu_o I}{4\pi}\frac{\mathbf{k}}{R^2}\int dl_1 = -\frac{\mu_o I}{4\pi}\frac{\mathbf{k}}{R^2}\frac{\pi R}{2} = -\frac{\mu_o I}{8}\frac{\mathbf{k}}{R}.$$

Consideremos agora o segmento 3 do circuito. Podemos verificar que ele cria um campo que aponta para fora do papel, ou seja, na direção $\mathbf{k}$. O valor do campo é semelhante ao do segmento 1, exceto quanto ao fato de que R deve agora ser trocado por $2R$. Assim, obtemos

$$\mathbf{B}_3 = \frac{\mu_o I}{8} \frac{\mathbf{k}}{2R}.$$

Ao calcularmos o campo gerado pelo segmento 2, verificamos que $d\mathbf{l}_2$ e $\mathbf{r}$ são paralelos, ou seja, o ângulo ϕ é igual a zero. Portanto, esse segmento do circuito gera um campo nulo no ponto P, ou seja, $\mathbf{B}_2 = 0$. Analogamente, $\mathbf{B}_4 = 0$. O campo total será a soma dos quatro campos parciais, já obtidos:

$$\mathbf{B} = \mathbf{B}_1 + \mathbf{B}_2 + \mathbf{B}_3 + \mathbf{B}_4 = -\frac{\mu_o I}{8} \frac{\mathbf{k}}{R} + 0 + \frac{\mu_o I}{8} \frac{\mathbf{k}}{2R} + 0.$$

$$\mathbf{B} = -\frac{\mu_o I}{16R} \mathbf{k}.$$

Exercícios

E 8.1 Um fio de material supercondutor de raio igual a 10 μm transporta uma corrente de 100 A. Calcule o campo magnético na superfície do fio.

E 8.2 Considerando a situação tratada no Exercício-exemplo 8.2, calcule o campo nas posições (A) $x = 0$; (B) $x = 9,0$ mm; (C) $x = 11$ mm, e compare com as leituras feitas na Figura 8.4B.

E 8.3 Um fio reto e infinito está posicionado sobre o eixo z de coordenadas, e transporta uma corrente I orientada no sentido positivo do eixo. Mostre que em um ponto de coordenadas (x, y, z) o campo magnético gerado pela corrente é $\mathbf{B} = \dfrac{\mu_o I}{2\pi(x^2 + y^2)}(y\mathbf{i} + x\mathbf{j})$.

E 8.4 A Figura 8.6 mostra dois fios paralelos conduzindo correntes de sentidos opostos I_1 e I_2, separados pela distância $2a$. Calcule os campos $\mathbf{B}_1$ e $\mathbf{B}_2$ e o campo total $\mathbf{B}$ gerados pelas correntes no ponto P sobre a mediatriz da linha que une os dois fios, deslocado da distância a desta linha. Note que P está à distância $\sqrt{2}a$ de ambos os fios. Considere os valores $I_1 = 30$ A, $I_2 = 20$ A $a = 2,00$ cm.

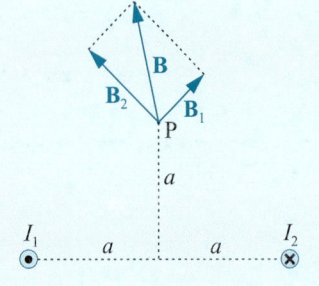

Figura 8.6
(Exercício 8.4).

E 8.5 Um fio longo e retilíneo transporta uma corrente de 10 A. Estando o fio orientado de forma ortogonal ao campo da Terra, de 0,40 G, determine os pontos em que o campo magnético é nulo.

E 8.6 Calcule o campo magnético gerado pela corrente do circuito da Figura 8.7 no ponto P. Use $\mathbf{k}$ para indicar a direção que sai do papel.

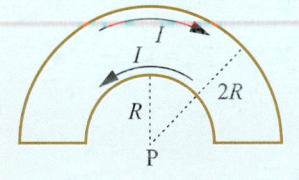

Figura 8.7
(Exercício 8.6).

Seção 8.3 ■ Força entre duas correntes

Uma vez que uma corrente elétrica gera um campo magnético e esse campo exerce força sobre outra corrente elétrica, haverá naturalmente uma força de interação entre duas correntes. No caso de dois fios retos que conduzam corrente, a força dependerá dos valores das correntes, da distância entre os fios e também da sua orientação relativa. A Figura 8.8 mostra dois fios paralelos, separados pela distância R, conduzindo correntes I_1 e I_2 no mesmo sentido. Seja $\mathbf{F}_{21}$ a força que o fio 1 exerce sobre um segmento do fio 2 de comprimento l. Pela Equação 7.29 do Capítulo 7 (*Campo Magnético*), temos:

$$\mathbf{F}_{21} = I_2\, l \times \mathbf{B}_1, \tag{8.9}$$

onde $\mathbf{B}_1$ é o campo gerado pelo fio 1. Esse campo é perpendicular à folha de papel, apontando para baixo. Nesse caso, a força $\mathbf{F}_{21}$ é atrativa, como mostra a figura.

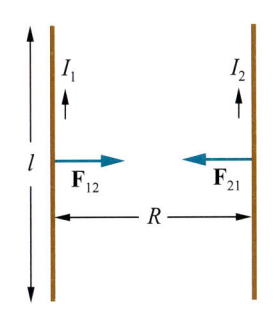

Figura 8.8

Forças magnéticas que atuam sobre dois fios retilíneos paralelos conduzindo correntes elétricas no mesmo sentido.

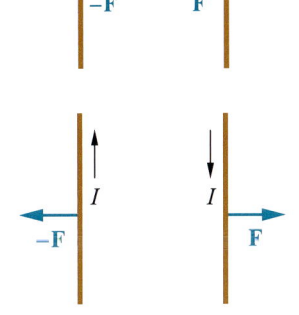

Figura 8.9

Dois fios retilíneos paralelos conduzindo correntes se atraem quando as correntes têm o mesmo sentido e se repelem quando os sentidos das correntes são opostos.

Utilizando o valor de B_1 calculado na seção anterior, podemos escrever

■ Força entre dois fios conduzindo correntes

$$f_{21} \equiv \frac{F_{21}}{l} = -\frac{\mu_o}{2\pi} \frac{I_1 I_2}{R}, \tag{8.10}$$

onde f_{21} é a força por unidade de comprimento de fio. O sinal menos na equação indica que a força é atrativa quando as duas correntes têm o mesmo sinal. Quando seus sinais são opostos, a força torna-se repulsiva. A dependência da interação com o sentido relativo das duas correntes é ilustrada na Figura 8.9.

E·E ## Exercício-exemplo 8.4

■ Qual é o módulo da força de interação entre dois fios paralelos que conduzem cada qual uma corrente de 40 A, separados pela distância de 1,0 cm?

■ **Solução**

Pela Equação 7.10, a força por unidade de comprimento entre os fios é

$$f = 2 \times 10^{-7}\,\mathrm{T\,m/A} \times \frac{(40\mathrm{A})^2}{0,01\mathrm{m}} = 3,2 \times 10^{-2}\,\frac{\mathrm{N}}{\mathrm{m}}.$$

Note-se que, considerando-se a intensidade da interação elétrica, a força magnética é muito pequena.

E 8.7 Uma linha de transmissão de corrente contínua conduz correntes opostas em seus cabos paralelos separados por 2,0 m. Sendo $I = 1,0 \times 10^4 A$ a corrente em cada cabo, calcule a força de repulsão por metro linear dos cabos.

E 8.8 *Medida de um campo magnético*. A Figura 8.10 mostra um circuito, na forma de retângulo, no qual circula uma corrente I. O circuito está suspenso de uma balança que permite medir a força vertical sobre ele. O lado inferior do circuito está numa região onde há um campo magnético uniforme **B** cujo módulo se pretende medir. Observa-se que, quando a corrente I vale 2,00 A, a força magnética **F** sobre ele tem módulo de 0,0255 N. Quanto vale B?

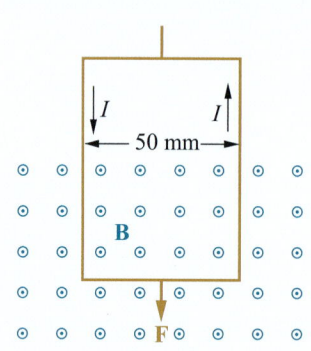

Figura 8.10

Medida de um campo magnético.

Seção 8.4 ■ Campo de um dipolo magnético

No capítulo anterior, vimos que um campo magnético uniforme exerce uma força nula sobre um circuito fechado que conduzem uma corrente. Vimos também que o circuito sente um torque cujo valor é proporcional ao produto vetorial entre o dipolo magnético do circuito e o campo. Portanto, o dipolo magnético interage com o campo magnético de maneira análoga à interação entre um dipolo elétrico e um campo elétrico. Nosso próximo passo será mostrar que um dipolo magnético cria um campo magnético cuja variação espacial é também inteiramente análoga à do campo elétrico gerado por um dipolo elétrico. Para simplificar, consideraremos um anel de raio R conduzindo uma corrente I, e estudaremos o campo magnético gerado sobre o eixo de simetria do anel. A Figura 8.11 mostra o esquema utilizado para o cálculo do campo no ponto de coordenada z acima do plano do anel. Usaremos a lei de Biot e Savart para o cálculo da corrente. Consideremos o elemento dl do anel (ver figura). Como dl e **r** são ortogonais entre si, da Equação 8.1 obtemos

$$dB = \frac{\mu_o}{4\pi} \frac{Idl}{r^2}.$$

(8.11)

O campo $d\mathbf{B}$ tem uma componente dB_z paralela ao eixo z e outra $dB_\perp$ ortogonal a ele. Quando somarmos as contribuições do campo geradas por todos os elementos do anel, por simetria essa componente ortogonal se anula e resta apenas um campo paralelo a z. Da figura, podemos também ver que

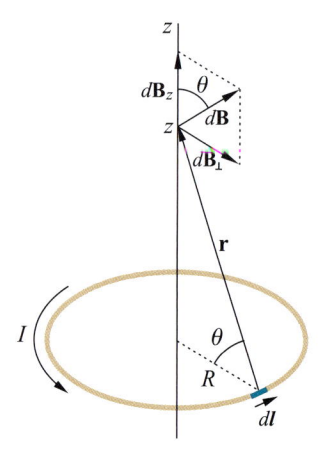

Figura 8.11

Esquema empregado para o cálculo do campo magnético de um anel que transporta corrente, em um ponto sobre seu eixo.

$$dB_z = dB\cos\theta = \frac{\mu_o}{4\pi}\frac{Idl}{r^2}\cos\theta. \tag{8.12}$$

Uma vez que $\cos\theta = R / r$, temos

$$dB_z = \frac{\mu_o}{4\pi}\frac{IR}{r^3}dl. \tag{8.13}$$

Efetuando a integração:

$$B = \int dB_z = \frac{\mu_o}{4\pi}\frac{IR}{r^3}\int dl = \frac{\mu_o}{4\pi}\frac{IR}{r^3}2\pi R, \tag{8.14}$$

$$B = \frac{\mu_o}{2}\frac{IR^2}{r^3}. \tag{8.15}$$

Em termos da coordenada z, o campo se expressa na forma:

$$B = \frac{\mu_o}{2}\frac{IR^2}{(R^2 + z^2)^{3/2}}. \tag{8.16}$$

Este campo pode também ser expresso em termos do dipolo magnético do anel de corrente. O dipolo é dado por $\mu = IA\mathbf{n}$, sendo $\mathbf{n}$ normal ao plano do anel. Assim, a direção do dipolo é paralela ao eixo z. Considerando que $A = \pi R^2$, podemos escrever:

■ Campo magnético de um dipolo magnético em pontos sobre seu eixo

$$\mathbf{B} = \frac{\mu_o}{2\pi}\frac{\mu}{(R^2 + z^2)^{3/2}}. \tag{8.17}$$

Para grandes distâncias do anel, $R \ll z$, logo podemos escrever:

■ Campo em pontos distantes sobre o eixo do dipolo

$$\mathbf{B} = \frac{\mu_o}{2\pi}\frac{\mu}{z^3}. \tag{8.18}$$

O campo magnético em pontos distantes fora do eixo do dipolo tem comportamento inteiramente similar ao do campo elétrico gerado por um dipolo elétrico, estudado no Capítulo 3 (*Energia Eletrostática*). Por analogia direta com as fórmulas das Equações 3.55 e 3.56 daquele capítulo, podemos escrever:

$$B_x = \frac{\mu_o\mu}{4\pi}\frac{3xz}{r^5}, \quad B_y = \frac{\mu_o\mu}{4\pi}\frac{3yz}{r^5},$$

$$B_z = \frac{\mu_o\mu}{4\pi}\left(\frac{3z^2}{r^5} - \frac{1}{r^3}\right). \tag{8.19}$$

As linhas de força de um campo magnético sempre formam circuitos fechados

A Figura 8.12A mostra as linhas de força do campo gerado pelo dipolo magnético. Observe-se a analogia com as linhas de força do campo elétrico gerado por um dipolo elétrico, mostradas na Figura 8.12B. Mas a figura também mostra uma diferença que tem importância

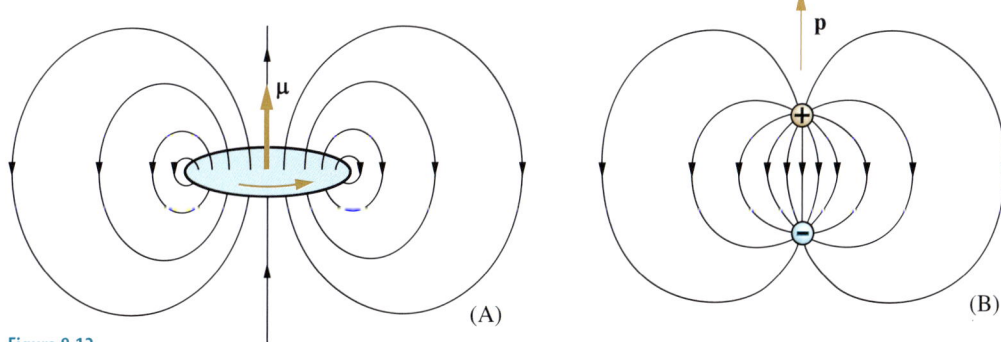

Figura 8.12

Linhas de forças do campo magnético gerado por um dipolo magnético (A) e do campo elétrico gerado por um dipolo elétrico (B). Nota-se grande similaridade entre os dois campos, mas deve-se observar uma distinção fundamental e de grande importância: as linhas de força do campo criado pelo dipolo magnético formam circuitos fechados, enquanto as linhas de força do campo criado pelo dipolo elétrico nascem no ponto-posição da carga negativa e morrem no ponto-posição da carga positiva.

fundamental: enquanto as linhas de força do campo criado pelo dipolo elétrico nascem no ponto-posição da carga negativa e morrem no ponto-posição da carga positiva, as linhas de força do campo criado pelo dipolo magnético formam circuitos fechados. Essa característica das linhas de força do campo de um dipolo magnético é absolutamente geral: as linhas de força de um campo magnético sempre formam circuitos fechados.

E·E   Exercício-exemplo 8.5

■ Em um anel com raio de 3,00 cm circula uma corrente de 2,00 A. (A) Calcule o momento magnético do anel. Calcule o campo magnético (B) no centro do anel; (C) em um ponto a 5,00 cm do centro do anel, sobre o seu eixo.

■ **Solução**

(A) O momento magnético será

$$\mu = I\,\pi\,R^2 = 3,14 \times 2,00\text{A} \times 9,00 \times 10^{-4}\,\text{m}^2 = 5,65 \times 10^{-3}\,\text{Am}^2.$$

(B) Fazendo $z = 0$ na Equação 8.17, calculamos:

$$B = 2 \times 10^{-7}\,\frac{\text{Tm}}{\text{A}}\,\frac{5,65 \times 10^{-3}\,\text{Am}^2}{27,0 \times 10^{-6}\,\text{m}^3} = 4,19 \times 10^{-5}\,\text{T}.$$

(C) Repetindo o cálculo para $z = 5,00$ cm, obtemos:

$$B = 2 \times 10^{-7}\,\frac{\text{Tm}}{\text{A}}\,\frac{5,65 \times 10^{-3}\,\text{Am}^2}{(25,0 + 9,00)^{3/2} \times 10^{-6}\,\text{m}^3} = 5,70 \times 10^{-6}\,\text{T}.$$

E·E   Exercício-exemplo 8.6

■ Calcule o campo magnético nos pontos A e B, vistos na Figura 8.13, ambos à distância de $1,0 \times 10^5$ km do centro da Terra. (*Nota*: as distâncias não estão em escala.)

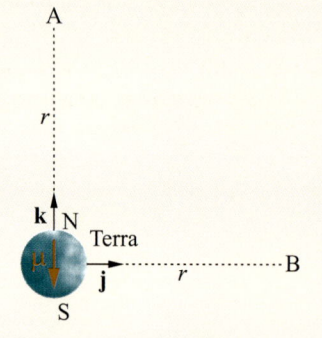

Figura 8.13
(Exercício-exemplo 8.6).

■ **Solução**

As coordenadas do ponto A são $(0, 0, r)$, onde $r = 1,0 \times 10^8$ m. Portanto, pelas Equações 8.19, temos $D_x = 0$, $D_y = 0$ e

$$B_z = -\frac{\mu_o\mu}{4\pi}\left(\frac{3z^2}{r^5} - \frac{1}{r^3}\right) = -\frac{\mu_o\mu}{4\pi}\left(\frac{3r^2}{r^5} - \frac{1}{r^3}\right) = -\frac{\mu_o\mu}{4\pi}\,\frac{2}{r^3}.$$

O sinal menos vem do fato de que o dipolo magnético da Terra aponta para baixo, ou seja, para o Pólo Sul. Substituindo os valores numéricos, obtemos:

$$B_z = -10^{-7}\,\frac{\text{Tm}}{\text{A}} \times 8,0 \times 10^{22}\,\text{Am}^2 \times \frac{2}{(10^8\,\text{m})^3} = -16\,\text{nT},$$

B = −16,0 nT**k** (campo no ponto A).

As coordenadas do ponto B são (0, r, 0). Portanto, nesse ponto temos $B_x = 0$,
$B_y = 0$ e

$$B_z = \frac{\mu_o \mu}{4\pi} \frac{1}{r^3} = 8,0 \, \text{nT},$$

B = 8,0 nT**k** (campo no ponto B).

O campo magnético gerado pelo dipolo da Terra desempenha papel importante no fenômeno das auroras boreal e austral. As auroras são causadas por partículas carregadas que chegam à Terra provenientes de ventos solares. Quando penetram na atmosfera, tais partículas causam ionização das moléculas e, com isso, emissão de luz. A Figura 8.14 mostra a foto de uma aurora boreal.

Figura 8.14

Uma aurora boreal. O fulgor luminoso é causado por partículas carregadas, provenientes do Sol, que ionizam as moléculas da atmosfera. Foto de Tom Walker / Getty Images.

O fenômeno da aurora ocorreria mesmo que o campo magnético da Terra não existisse. Entretanto, devido a esse campo, a incidência das partículas carregadas que o provoca é muito maior em altas latitudes. A razão disso é o fato de que, na presença de um campo magnético, partículas carregadas percorrem trajetórias helicoidais cujo eixo é uma linha de força do campo. A Figura 8.15 mostra trajetórias típicas de uma partícula carregada que incide sobre a Terra. Uma linha de força do campo da Terra foi incluída. Como mostra a figura, a partícula é "capturada" pela linha de campo, e em torno dela segue uma trajetória helicoidal na direção próxima a um dos pólos magnéticos. Assim, muito mais partículas penetram na atmosfera em regiões próximas aos pólos.

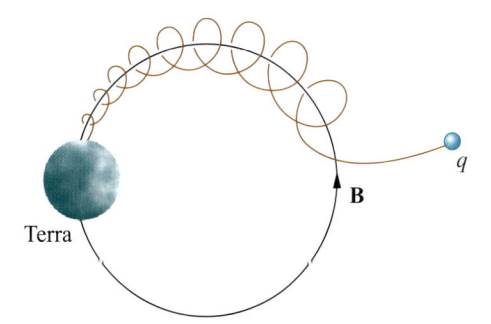

Figura 8.15

Trajetória típica de uma partícula carregada que incide sobre a Terra. O sinal da carga da partícula influi apenas sobre o caráter direito–esquerdo da hélice, e na figura consideramos o caso de carga positiva.

Exercícios

E 8.9 Um anel de raio igual a 10 cm, de material supercondutor, conduz uma corrente de 100 A. Calcule o campo magnético (A) no centro do anel; (B) em um ponto sobre o eixo do anel, 1,0 m acima do seu centro.

E 8.10 (A) Calcule o dipolo magnético do circuito da Figura 8.16. (B) Usando a aproximação de dipolo, calcule o campo magnético no ponto P, de coordenadas (0, 3, 0, 6, 0)cm.

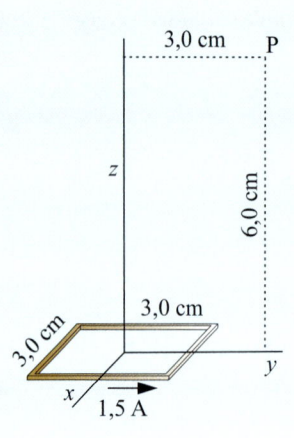

Figura 8.16
(Exercício 8.10).

E 8.11 A Figura 8.17 mostra três pares de ímãs. Descreva o tipo de interação (atração, repulsão ou torque) entre cada par.

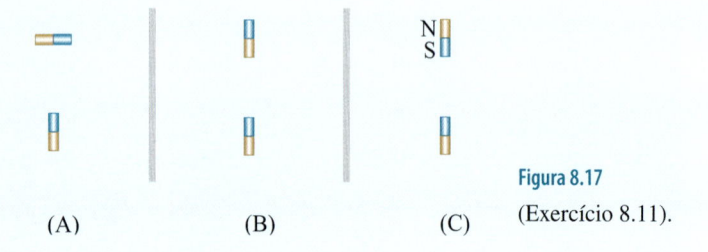

Figura 8.17
(Exercício 8.11).

(A)   (B)   (C)

E 8.12 Calcule o torque exercido sobre o dipolo magnético antiparalelo ao unitário **j** na Figura 8.18.

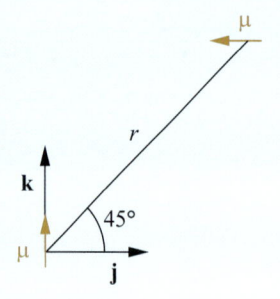

Figura 8.18
(Exercício 8.12).

Seção 8.5 ■ Lei de Ampère

As linhas de força do campo magnético de um fio reto que conduz corrente contornam o fio no sentido anti-horário, conforme mostra a Figura 8.3. O valor do campo é inversamente proporcional à distância ao fio, como mostra a Equação 8.8. Neste caso, é fácil calcular a circulação do vetor **B** em um círculo de raio R centrado no fio:

$$\oint \mathbf{B} \cdot d\mathbf{l} = \frac{\mu_o I}{2\pi} \oint \frac{dl}{R}. \tag{8.20}$$

Uma vez que

$$\oint \frac{dl}{R} = \frac{1}{R} \oint dl = \frac{1}{R} 2\pi R = 2\pi, \tag{8.21}$$

concluímos que

■ Lei de Ampère $$\oint_C \mathbf{B} \cdot d\mathbf{l} = \mu_o I. \tag{8.22}$$

Vemos que a circulação do campo magnético é proporcional à corrente I no fio envolvido pelo círculo. Tal relação é uma conseqüência da lei de Biot e Savart. Mas a lei de Ampère tem validade muito mais geral do que as condições em que a Equação 8.22 foi obtida. Os fios que transportam a corrente não precisam ser longos e retilíneos. Na verdade, nem é necessário que a corrente esteja conduzida em fios. Além disso, a curva fechada onde se faz a integração não precisa ser um círculo. A Figura 8.19 ilustra a forma como se aplica a lei de Ampère na sua generalidade. Temos uma curva C fechada, que não precisa estar contida em um plano. Escolhemos um sentido de circulação para a curva, e esse deve ser o sentido em que a integração da Equação 8.22 tem de ser feita. Consideremos uma superfície qualquer S contornada pela curva C (sombreada na Figura 8.19). Essa superfície também é orientada, e seu lado positivo é aquele do qual a circulação em C tem o sentido anti-horário. Ao computar a corrente total que passa por S, contamos como positivas as que vão para o lado positivo de S e como negativas as que vão para o lado negativo. No caso específico da Figura 8.19, a corrente que passa no interior da curva C é $I = I_1 + I_2 - I_3 - I_4$.

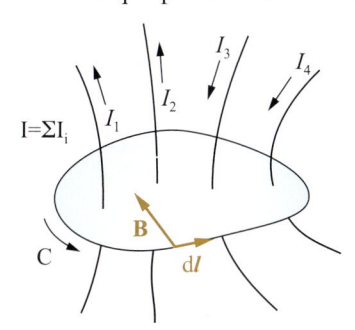

Figura 8.19

Entidades envolvidas na lei de Ampère. A superfície S sombreada é contornada pela curva C. O lado positivo de S é aquele no qual o contorno C tem sentido anti-horário. As correntes que cruzam S para o lado positivo são positivas e as que cruzam S para o lado negativo são negativas. A corrente total que cruza S é a soma algébrica de todas as correntes. No caso específico da figura, $I = I_1 + I_2 - I_3 - I_4$.

A lei de Ampère pode ser expressa em outras formas equivalentes, e uma delas é especialmente útil para desenvolvimentos posteriores. Conforme vimos no Capítulo 6 (*A Corrente Elétrica*), a corrente I é o fluxo da densidade de corrente **j** na superfície S:

$$I = \Phi_{\mathbf{j}} \equiv \int_S \mathbf{j} \cdot d\mathbf{S}. \tag{8.23}$$

Utilizando esta relação, podemos escrever:

■ Forma alternativa da lei de Ampère

$$\oint_C \mathbf{B} \cdot d\mathbf{l} = \mu_o \int_S \mathbf{j} \cdot d\mathbf{S}. \tag{8.24}$$

A lei de Ampère tem validade extremamente ampla. Na verdade, ela vale para qualquer situação estática, ou seja, em que a distribuição de cargas e correntes não varie no tempo. Na época em que ela foi formulada, pensava-se que sua validade também se estendia a problemas dinâmicos. Entretanto, quase meio século depois, Maxwell descobriu que, nas situações em que o campo elétrico esteja variando no tempo, aparece um termo adicional na referida lei. Isso será estudado no Capítulo 10 (*Equações de Maxwell*).

E·E **E**xercício-exemplo 8.7

■ Um fio de raio R transporta uma corrente I cuja densidade é uniforme em seu corte. Calcule o campo magnético em pontos à distância r do centro fio.

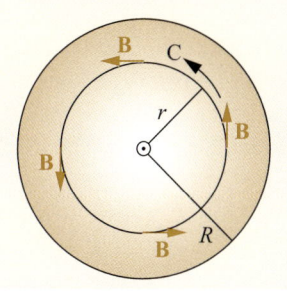

Figura 8.20

(Exercício-exemplo 8.7).

■ **Solução**

A Figura 8.20 mostra um corte no fio, com a corrente saindo do papel. Mostra também uma curva circular C que será utilizada para a aplicação da lei de Ampère. A corrente $I(r)$ que passa no interior de C é dada por

$$I(r) = I\frac{r^2}{R^2}.$$

Aplicando a lei de Ampère à curva C temos:

$$\oint_C \mathbf{B} \cdot d\boldsymbol{l} = \mu_o I(r) = \mu_o I\frac{r^2}{R^2} \quad r < R.$$

Por simetria, $\mathbf{B}$ é tangencial a C e uniforme em toda a curva de integração. Portanto,

$$\oint_C \mathbf{B} \cdot d\boldsymbol{l} = B\oint_C dl = B2\pi r.$$

Combinando esses dois resultados obtemos:

$$B2\pi r = \mu_o I\frac{r^2}{R^2} \quad r < R,$$

$$B = \frac{\mu_o I r}{2\pi R^2} \quad r < R.$$

Para $r > R$, temos $I(r) = I$, e nesse caso temos

$$B = \frac{\mu_o I}{2\pi r} \quad r > R.$$

A Figura 8.21 mostra um gráfico da variação do campo gerado pela corrente.

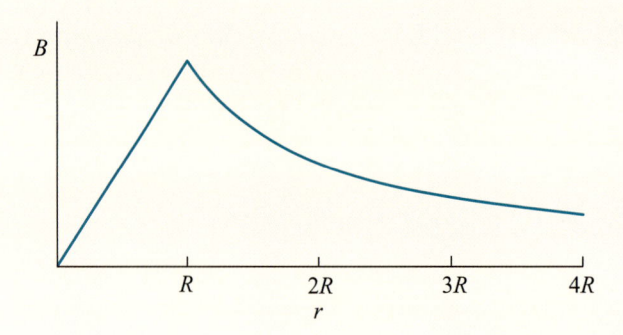

Figura 8.21

(Exercício-exemplo 8.7).

Exercício

E 8.13 Um cabo cilíndrico com diâmetro de 1,00 cm conduz uma corrente de 200 A. Calcule o campo magnético (A) em um ponto a 2,5 mm do eixo do cabo; (B) na superfície do cabo.

Seção 8.6 ■ Solenóide e bobina

Conforme vimos na Seção 8.2, o campo gerado por um fio reto conduzindo corrente é muito fraco, mesmo para correntes bastante elevadas. Para obter campos mais elevados, é necessário enrolar o fio em uma bobina, de modo que a corrente passe pela mesma vizinhança várias vezes. A geometria da bobina corresponde à de vários solenóides superpostos, o que sugere que se investigue primeiro o campo criado por um solenóide. O solenóide é uma hélice em que o passo é pequeno, com freqüência justamente igual ao diâmetro do fio. A Figura 8.22 mostra um corte no solenóide por um plano contendo o seu eixo. A forma das linhas de força do campo do solenóide pode ser qualitativamente inferida com base na observação de que ele é muito aproximadamente uma superposição de anéis. Em (A) vê-se o comportamento qualitativo das linhas do campo magnético. Em (B) é vista uma forma idealizada das linhas de campo. Um solenóide que crie um campo como o que se vê na Figura 8.22B é denominado solenóide ideal. Na prática, um solenóide muito longo cria no seu interior o campo de um solenóide ideal, exceto próximo das suas extremidades. Pode-se então utilizar a lei de Ampère para se obter o campo magnético no interior do solenóide ideal. Note-se que, próximo do meio do solenóide, o campo na parte externa próxima ao mesmo é desprezível, uma vez que a Figura 8.22 não mostra linhas de força nessa região. Isso vale aproximadamente para um solenóide real e exatamente para um solenóide ideal.

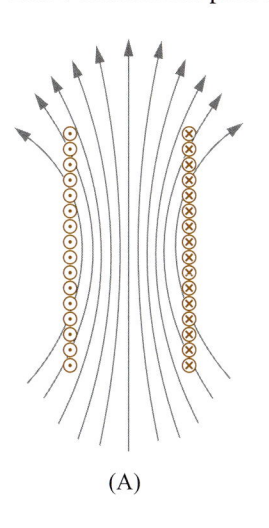 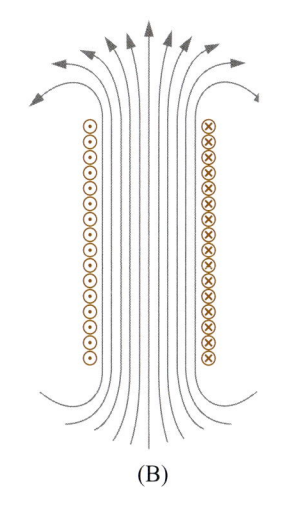

(A)   (B)

Figura 8.22

(A) Linhas do campo magnético gerado por um solenóide. Em (B) vê-se a forma idealizada do campo. Um solenóide que gere esse campo idealizado é denominado solenóide ideal.

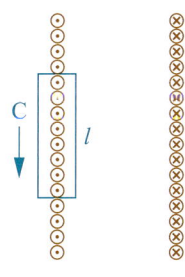

Figura 8.23

Corte em um solenóide por um plano que contém o seu eixo, mostrando o perfil aproximado das linhas de força do campo magnético. Os símbolos ⊙ e ⊗ representam respectivamente correntes emergindo do, e penetrando no, plano do papel.

Consideremos então a circulação do campo magnético no contorno C indicado na Figura 8.23. Essa circulação vale

$$\oint_{C} \mathbf{B} \cdot d\boldsymbol{l} = Bl. \tag{8.25}$$

Aplicando a lei de Ampère à curva C, obtemos

$$Bl = \mu_{o} \frac{l}{h} I, \tag{8.26}$$

onde h é o passo da espiral. Portanto,

■ Campo dentro de um solenóide ideal

$$B = \frac{\mu_{o}}{h} I. \tag{8.27}$$

Um fato relevante revelado pela Equação 8.27 é que o campo B não depende do raio do solenóide. Nesse caso, se N solenóides forem superpostos, como ocorre em uma bobina, o campo resultante será simplesmente N vezes o campo expresso pela Equação 8.27. Portanto,

■ Campo dentro de uma bobina ideal

$$B = N \frac{\mu_{o}}{h} I. \tag{8.28}$$

Aplicando-se correntes em bobinas, podem-se obter campos magnéticos relativamente intensos. A limitação básica está no fato de que correntes em um fio condutor geram calor, devido ao efeito Joule, e o calor gerado tem de ser retirado por um sistema de refrigeração. Isso limita o número N de camadas na bobina.

E·E Exercício-exemplo 8.8

■ Considere uma bobina tal como a que mostra a Figura 8.24. O fio de cobre, incluindo sua cobertura de verniz isolante, tem diâmetro de 1,0 mm, e a área de seção reta do núcleo de cobre é 0,50 mm². A bobina tem 100 espiras superpostas, cada qual com 200 voltas. O comprimento da bobina é 20 cm, e seus raios interno e externo são respectivamente 3,5 cm e 13,5 cm. O sistema de refrigeração da bobina tem capacidade para retirar 2,0 kW de calor. Calcule o campo magnético máximo que pode ser gerado.

Figura 8.24

Corte em uma bobina por um plano contendo o seu eixo (Exercício-exemplo 8.8).

■ **Solução**

O campo no interior da bobina pode ser calculado pela Equação 8.28, fazendo-se $N = 100$ e $h = 1,0$ mm:

$$B = \frac{100}{10^{-3}\,\text{m}}\,1,26 \times 10^{-6}\,\frac{\text{T m}}{\text{A}}\,I = 0,126\,\frac{\text{T}}{\text{A}}\,I.$$

Para se calcular a corrente máxima permitida no fio, é necessário primeiro conhecer a sua resistência. O raio médio da bobina é

$$\bar{r} = \tfrac{1}{2}(3,5 + 13,5)\,\text{cm} = 8,5\,\text{cm}.$$

Logo, o comprimento do fio será

$$L = 100 \times 200 \times 2\pi\bar{r} = 1,07 \times 10^4\,\text{m},$$

e sua resistência será

$$R = \rho\,\frac{L}{A} = 1,68 \times 10^{-8}\,\Omega\,\text{m}\,\frac{1,07 \times 10^4\,\text{m}}{0,50 \times 10^{-6}\,\text{m}^2} = 358\,\Omega.$$

A corrente máxima permitida na bobina é definida por

$$RI_{\text{máx}}^2 = P \quad \therefore I_{\text{máx}} = \left(\frac{2000\,\Omega\,\text{A}^2}{358\,\Omega}\right)^{1/2} = 2,36\,\text{A}.$$

Portanto, o campo máximo obtido será

$$B_{\text{máx}} = 0,126\,\frac{\text{T}}{\text{A}} \times 2,36\,\text{A} = 0,30\,\text{T}.$$

E-E Exercício-exemplo 8.9

■ Qual é o dipolo magnético da bobina do Exercício-exemplo 8.8 quando sua corrente é de 2,36 A?

■ **Solução**

Cada espira, de raio r, da bobina tem um dipolo cujo módulo é $I\pi r^2$. Como todos os dipolos estão alinhados, seus módulos se somam, e o dipolo total terá um módulo dado por

$$\mu = 100 \times 200 \times I \times \pi < r^2 >.$$

O valor quadrático médio dos raios das espiras é

$$< r^2 >= \frac{1}{b-a}\int_a^b r^2 dr = \frac{1}{3(b-a)}(b^3 - a^3),$$

onde a e b são os raios interno e externo da bobina. Substituindo os valores numéricos, obtemos

$$< r^2 >= \frac{(13,5)^3 - (3,5)^3}{3(13,5 - 3,5)} \times 10^{-4}\,\text{m}^2 = 8,06 \times 10^{-3}\,\text{m}^2.$$

Podemos finalmente calcular o dipolo magnético:

$$\mu = 2,0 \times 10^4 \times 2,36\,\text{A} \times 3,14 \times 8,06 \times 10^{-3}\,\text{m}^2 = 1,2 \times 10^3\,\text{Am}^2.$$

Exercício

F 8.14 Um solenóide tem 5,0 cm de raio e 20 cm de altura, e o seu fio, no qual circula uma corrente de 0,50 A, dá 300 voltas. Calcule (A) o dipolo magnético da espira e (B) o campo magnético no seu interior.

Seção 8.7 ■ Lei de Gauss do magnetismo

No início deste capítulo, ao investigar o campo magnético gerado por uma corrente, desenvolvemos um raciocínio por analogia com a lei de Coulomb. Isso pode ter levado você à conclusão de que a lei de Biot e Savart é o análogo no magnetismo da lei de Coulomb. Entretanto, esta seria uma conclusão errônea. O verdadeiro análogo da lei de Coulomb envolveria uma expressão do tipo

$$d\mathbf{B} \propto \frac{dq_{\text{m}}\hat{\mathbf{r}}}{r^2}, \tag{8.29}$$

Carga magnética, ou monopolo magnético, seria, se existisse, o análogo magnético da carga elétrica

onde q_{m} seria o análogo magnético da carga elétrica, denominado carga magnética ou monopolo magnético. A partir da lei expressa pela Equação 8.29, poderíamos então escrever o análogo magnético da lei de Gauss:

$$\oint \mathbf{B} \cdot d\mathbf{A} \propto q_{\text{m}}. \tag{8.30}$$

Em palavras, a lei diz que o fluxo do campo magnético em uma superfície fechada é proporcional à carga magnética líquida q_{m} contida no volume interior da superfície.

O campo magnético gerado por um fio que conduz corrente tem linhas de força que contornam o fio. Em uma situação estacionária, o fio que conduz a corrente tem que formar um circuito fechado. Nesse caso, o circuito é descrito em termos de um dipolo magnético. A Figura 8.12A mostra as linhas de força geradas por um dipolo magnético. Vê-se que tais linhas de força se fecham também em circuitos fechados, e portanto não há ponto algum em que haja divergência ou convergência de linhas. Tal fato contrasta claramente com o que se vê nas linhas de força do campo elétrico gerado por um dipolo elétrico, como ilustra a Fi-

Correntes elétricas podem formar dipolos magnéticos, mas nunca monopolos magnéticos

gura 8.12B. Neste caso, as linhas divergem da carga positiva e convergem na carga negativa. Isso ocorre porque o dipolo elétrico pode ser decomposto em dois monopolos elétricos, um positivo e outro negativo, o que não é possível no caso do dipolo magnético gerado por uma corrente elétrica. O fato geral é que em nenhum campo magnético gerado por correntes elétricas aparecem pontos de divergência ou convergência de linhas de força. Este é o resultado natural da tendência de as linhas de força contornarem as correntes. Sendo assim, o fluxo do campo **B** gerado por correntes elétricas em qualquer superfície fechada é sempre nulo. Portanto, com base na Equação 8.30, podemos afirmar que correntes elétricas são incapazes de gerar monopolos magnéticos.

Se dividirmos um ímã ao meio, como mostra a Figura 8.25, cada metade continuará apresentando seu pólo norte e seu pólo sul. Não há como isolarmos os dois pólos

Outro exemplo de dipolo magnético são os ímãs. Conforme veremos em detalhe no Capítulo 11 (*Materiais Magnéticos*), o campo magnético de um ímã tem origem em correntes elétricas que formam circuitos na escala atômica. Na verdade, correntes elétricas (cargas elétricas em movimento) são a única fonte conhecida de campo magnético. Por esta razão, a impossibilidade de gerar monopolos magnéticos através de correntes se aplica também aos ímãs. Se dividirmos ao meio um ímã constituído de uma barra de ferro, como se vê na Figura 8.25, cada metade continuará sendo um ímã com metade do dipolo do ímã original. Portanto, não há como isolar os pólos norte e sul do ímã. Surge então a questão:

Existem monopolos magnéticos na Natureza?

Figura 8.25

Um ímã com pólos norte e sul e dipolo magnético **μ** é dividido ao meio. Cada metade continuará apresentando pólos norte e sul, com a única diferença de que seu dipolo magnético será igual a **μ** / 2. Não há como isolar um dos pólos de um ímã.

Pela evidência disponível, não há cargas magnéticas na Natureza. Por isso, o fluxo do campo magnético em uma superfície fechada é sempre nulo, como diz a Equação 8.31

Em princípio, parece ser possível haver na Natureza partículas possuidoras de carga magnética, assim como há partículas possuidoras de carga elétrica. Entretanto, a matéria estável que ocupa o espaço que habitamos possui cargas elétricas, mas não cargas magnéticas. Além disso, intensa investigação da radiação cósmica e da matéria gerada em colisões de partículas nos aceleradores foi até hoje incapaz de revelar a existência de cargas magnéticas na Natureza. Assim sendo, pela evidência experimental disponível, na Natureza não existe carga magnética, e a *lei de Gauss do magnetismo* tem a forma

■ Lei de Gauss do magnetismo

$$\oint \mathbf{B} \cdot d\mathbf{A} = 0. \tag{8.31}$$

Seção 8.8 ■ Lei de Ampère da eletricidade

Assim como há uma lei de Gauss para o magnetismo, haverá também uma *lei de Ampère para a eletricidade*. Imagine uma corrente magnética, ou seja, uma corrente de cargas magnéticas. Seja I_m o valor da corrente. Tal corrente iria criar um campo elétrico descrito por uma lei análoga à de Biot e Savart. Associada à corrente haveria também uma lei análoga à de Ampère, que pode ser escrita na forma:

■ Lei de Ampère para a eletricidade

$$\oint \mathbf{E} \cdot d\mathbf{l} \propto I_m. \tag{8.32}$$

Posto que no Universo conhecido não há correntes magnéticas, a Equação 8.32 leva a:

■ Lei de Ampère para a eletricidade

$$\oint \mathbf{E} \cdot d\mathbf{l} = 0. \tag{8.33}$$

Seção 8.9 ■ Síntese da eletrostática e da magnetostástica

Com este capítulo, completamos a investigação do eletromagnetismo em condições estacionárias. Nestas condições, a distribuição das cargas não se altera com o tempo. Além disso, as correntes elétricas são estacionárias. As únicas correntes estacionárias consistentes com a imutabilidade da distribuição de cargas são as correntes em circuitos fechados. Todos os fenômenos eletromagnéticos observados em condições estacionárias podem ser descritos por um conjunto de quatro leis que já conhecemos e que serão sintetizadas no Quadro 8.1.

■ **Quadro 8.1**

Leis estáticas do eletromagnetismo.

$$\oint_S \mathbf{E} \cdot d\mathbf{A} = q / \varepsilon_o$$

$$\oint_S \mathbf{B} \cdot d\mathbf{A} = 0$$

$$\oint_C \mathbf{E} \cdot d\mathbf{l} = 0$$

$$\oint_C \mathbf{B} \cdot d\mathbf{l} = \mu_o I$$

As leis de Coulomb e de Biot e Savart não são fatos independentes desse conjunto de leis. A lei de Coulomb pode ser deduzida da primeira e terceira equações do conjunto acima, enquanto a lei de BS pode ser deduzida da segunda e quarta equações. A partir do próximo capítulo serão investigados os fenômenos dinâmicos do eletromagnetismo, isto é, fenômenos que decorrem do fato de os campos elétrico e magnético variarem no tempo.

PROBLEMAS

P 8.1 Na Figura 8.26, o fio se prolonga indefinidamente nas regiões em que ele é inclinado. Calcule o campo magnético no ponto, usando **k** para designar a direção que sai do papel.

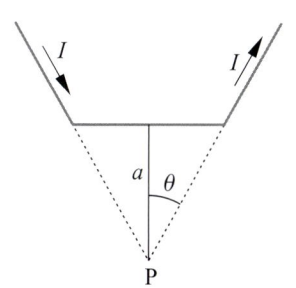

Figura 8.26

(Problema 8.1).

P 8.2 A Figura 8.27 mostra um cabo muito longo orientado segundo o eixo z ortogonal ao papel, transportando uma corrente I (saindo do papel) que se distribui uniformemente no cabo. O cabo tem um orifício cilíndrico, de raio r, centrado sobre o eixo x no ponto de coordenada a. Calcule o campo magnético no ponto de coordenadas $x = 0$ e $y = 2R$. (*Sugestão*: considere a corrente como a superposição de duas correntes, uma que ocupe todo o cabo e outra oposta dentro do furo.)

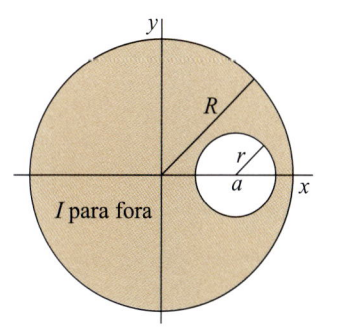

Figura 8.27

(Problema 8.2).

P 8.3 Uma corrente $2I$ em um fio retilíneo muito longo se decompõe em duas correntes I ao passar por um anel, como mostra a Figura 8.28. Quanto vale o campo magnético no centro do anel?

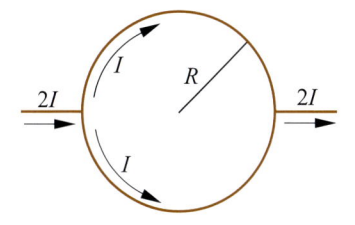

Figura 8.28

(Problema 8.3).

P 8.4 A Figura 8.29 mostra um fio retilíneo muito longo transportando uma corrente I. Calcule o módulo do campo magnético criado no ponto P unicamente pelo segmento do fio, de comprimento L, indicado na figura.

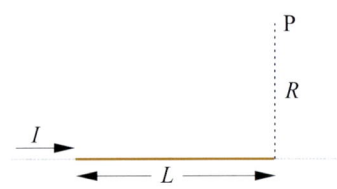

Figura 8.29

(Problema 8.4).

P 8.5 Calcule o módulo do campo magnético no ponto P da Figura 8.30.

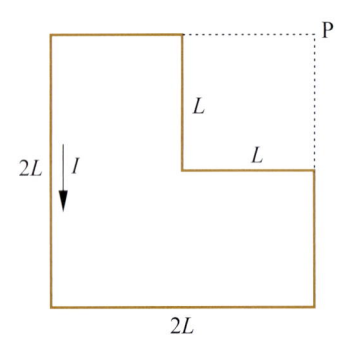

Figura 8.30

(Problema 8.5).

P 8.6 Mostre que o campo magnético no centro de uma espira retangular de lados a e b na qual circula uma corrente I vale

$$\frac{4\mu_o I}{\pi \sqrt{a^2 + b^2}}.$$

P 8.7 Uma fita metálica de largura l conduz uma corrente I. Portanto, a densidade superficial de corrente é $j_s = I / l$. Calcule a intensidade do campo magnético em pontos próximos à superfície da fita.

P 8.8 *Campo de um toróide*. Um toróide é um corpo em forma de uma câmara de ar de pneu. Uma espira pode ser enrolada em torno do toróide, como mostra a Figura 8.31. Neste caso, conclui-se por análise de simetria que as linhas de força do campo magnético têm a forma de círculos fechados, como mostra a figura. Calcule o campo magnético (A) no interior do toróide; (B) fora do toróide.

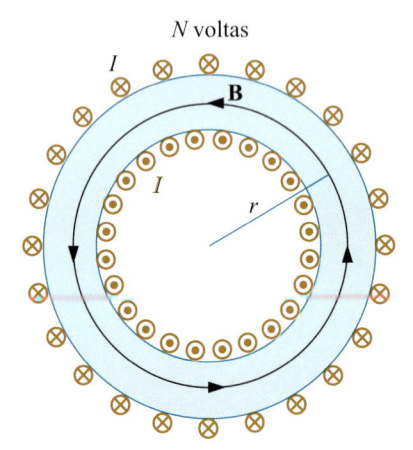

Figura 8.31

(Problema 8.8).

P 8.9 Calcule o campo magnético no ponto P da Figura 8.32, que é o centro comum dos dois semicírculos.

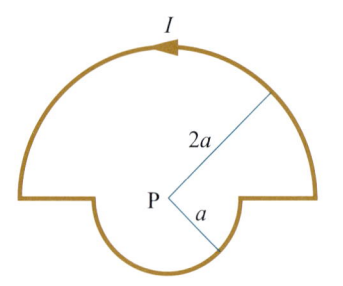

Figura 8.32

(Problema 8.9).

P 8.10 A Figura 8.33 mostra um anel circular de raio R transportando uma corrente I, na presença de um campo magnético não-uniforme. Em cada ponto do anel o campo tem a mesma intensidade B e faz o mesmo ângulo θ com a normal ao plano daquele. Calcule a força que o campo exerce sobre o anel. (*Sugestão*: por simetria, as componentes do força no plano do anel se cancelam.)

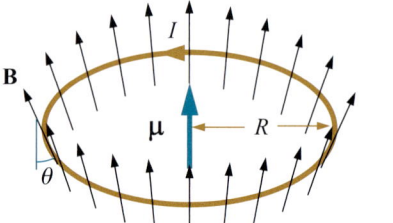

Figura 8.33

(Problema 8.10).

P 8.11 Utilizando o resultado do Problema 8.10 e o esboço das linhas de força do campo magnético criado por um dipolo magnético, analise para cada um dos pares de anéis A ou B da Figura 8.34 se a força é atrativa ou repulsiva.

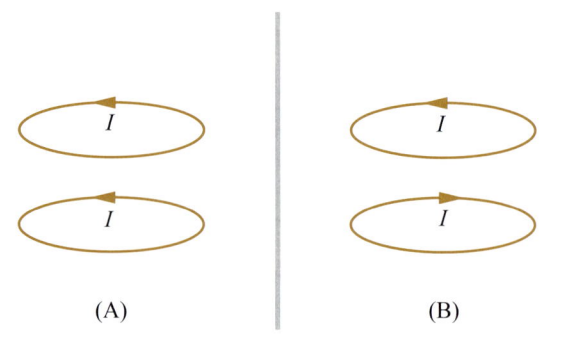

(A) (B)

Figura 8.34

(Problema 8.11).

P 8.12 Calcule o dipolo magnético da bobina descrita no Exercício-exemplo 8.8, estando a mesma conduzindo uma corrente de 1,5 A.

P 8.13 É possível gerar um campo magnético descrito por (A) $\mathbf{B} = B_o(x\mathbf{i} + y\mathbf{j})$; ($B$) $\mathbf{B} = B_o(x\mathbf{i} - y\mathbf{j})$; ($C$) $\mathbf{B} = B_o(x\mathbf{j} - y\mathbf{i})$? Considere a lei de Gauss do magnetismo.

P 8.14 É possível gerar um campo elétrico estático descrito por (A) $\mathbf{E} = E_o(x\mathbf{i} + y\mathbf{j})$; ($B$) $\mathbf{E} = E_o(x\mathbf{i} - y\mathbf{j})$; ($C$) $\mathbf{E} = E_o(x\mathbf{j} - y\mathbf{i})$? Considere a lei de Ampère da eletricidade.

Respostas dos exercícios

E 8.1 $B = 2{,}0$ T.

E 8.2 (A) $B = 1{,}2$ mT; (B) $B = 6{,}3$ mT; (C) $B = -5{,}7$ mT.

E 8.4 $\mathbf{B}_1 = 0{,}15$ mT$(-\mathbf{i} + \mathbf{j})$; $\mathbf{B}_1 = 0{,}10$ mT$(\mathbf{i} + \mathbf{j})$; $\mathbf{B} = 0{,}05$ mT$(-\mathbf{i} + 5\mathbf{j})$.

E 8.5 Sobre uma linha paralela ao fio, 5,0 cm distante dele.

E 8.6 $\mathbf{B} = \dfrac{\mu_o I \mathbf{k}}{8R}$.

E 8.7 $f = 10$ N.

E 8.8 $B = 0{,}255$ T.

E 8.9 (A) $B = 6{,}3 \times 10^{-4}$ T; (B) $B = 6{,}3 \times 10^{-7}$ T.

E 8.10 (A) $\mu = 13{,}5 \times 10^{-4}$ Am^2; (B) $B_x = 0$, $B_y = 0{,}54$ μT, $B_z = 1{,}0$ μT.

E 8.11 (A) Os imãs exercem torque um sobre o outro. (B) Os ímãs se atraem. (C) Os ímãs se repelem.

E 8.12 $\boldsymbol{\tau} = -\dfrac{\mu_o \mu}{8\pi r^3}\mathbf{i}$.

E 8.13 (A) $B = 1{,}0$ mT 1,0; (B) $B = 4{,}0$ mT.

E 8.14 (A) $\mu = 1{,}2$ Am^2; (B) $B = 0{,}95$ mT.

Respostas dos problemas

P 8.1 $B = \dfrac{\mu_o I}{2\pi a}\,\mathrm{sen}\,\theta$.

P 8.2 $\mathbf{B} = \dfrac{\mu_o I}{2\pi(R^2 - r^2)}\left[\left(-R + \dfrac{Rr^2}{R^2 + a^2}\right)\mathbf{i} + \dfrac{ar^2}{R^2 + a^2}\mathbf{j}\right]$.

P 8.3 $B = 0$.

P 8.4 $B = \dfrac{\mu_o I}{4\pi R}\dfrac{L}{(L^2 + R^2)^{1/2}}$.

P 8.5 $B = \dfrac{\mu_o I}{4\pi L \sqrt{2}}$, direção entrando no papel.

P 8.6 $B = \mu_o j_s / 2$.

P 8.7 $B = \mu_o j_s / 2$.

P 8.8 (A) $B = \dfrac{N\mu_o I}{2\pi r}$; (B) $B = 0$.

P 8.9 $B = 3\mu_o I / 8a$.

P 8.10 $F = -\dfrac{2B\mu}{R}\,\mathrm{sen}\,\theta$.

P 8.11 Força atrativa em A e repulsiva em B.

P 8.12 $\mu = 7{,}6 \times 10^2$ J/T.

P 8.13 (A) Não; (B) Sim; (C) Sim.

P 8.14 (A) Sim; (B) Sim; (C) Não.

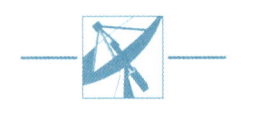

9

Indução Eletromagnética

Seção 9.1 ■ Lei de Lenz

O primeiro efeito eletromagnético de natureza dinâmica foi descoberto por Faraday, em 1831. Faraday preparou dois solenóides próximos um ao outro. Um solenóide estava ligado a uma bateria e o outro completava um circuito fechado, passando por um galvanômetro. Ele constatou então que, ao fechar a chave C do circuito no primeiro solenóide para iniciar a corrente elétrica I, o galvanômetro acusava momentaneamente uma corrente induzida I_{ind} no segundo solenóide. Ao desligar a corrente I, o galvanômetro também acusava outra corrente induzida, só que dessa vez com sinal contrário ao observado quando a corrente I era ligada.

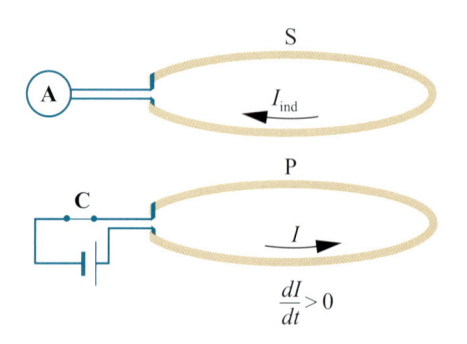

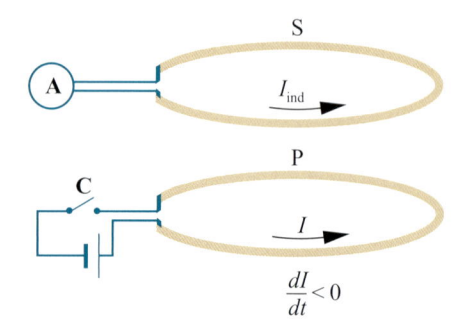

Figura 9.1A

Esquema da experiência de Faraday, no qual, para simplificar, os solenóides foram substituídos por anéis. Imediatamente após a chave C do circuito primário P ser fechada, a corrente I tem valor crescente. Observa-se que no circuito secundário S surge uma corrente I_{ind} de sentido (sentido esquerdo-direito) oposto ao de I. A corrente I_{ind} persiste até o momento em que a corrente I atinge seu valor estacionário.

Figura 9.1B

A chave C é desligada, e após isto a corrente I inicia sua queda para o valor final nulo. Durante esse transiente, aparece no circuito S uma corrente I_{ind} no mesmo sentido (sentido esquerdo-direito) da corrente I.

As Figuras 9.1A e 9.1B mostram esquematicamente as observações de Faraday. Para simplificar, nas figuras os solenóides foram substituídos por anéis. Os dois anéis são arranjados de modo a ter o mesmo eixo. Denominemos *circuito primário* (P) aquele ligado à bateria e *circuito secundário* (S) aquele em que a corrente está sendo induzida. Quando a chave no circuito P é ligada e, portanto, a corrente I tem um valor crescente, a corrente induzida I_{ind} tem sentido (sentido esquerdo-direito) oposto ao de I. Quando a chave é desligada, e portanto I tem valor decrescente, I_{ind} tem o mesmo sentido (sentido esquerdo-direito) de I.

Experiências complementares de Faraday mostraram que a causa da indução de corrente no circuito S é a alteração do campo magnético gerado pelo circuito P. O circuito P pode ser substituído por um ímã permanente (por exemplo, uma barra de ferro imantado posicionada ao longo do eixo do circuito S), como mostram as Figuras 9.2A e 9.2B. Se o ímã se mover em relação ao anel, aparecerá neste uma corrente induzida. O sinal da corrente induzida depende do sentido do movimento do ímã, conforme a indicação nas figuras. Observa-se também que, se o ímã ficar parado e o anel se mover, o resultado será o mesmo, ou seja, só importa o movimento relativo entre as duas partes do sistema. Em suma, uma corrente é induzida no anel quando o campo magnético varia no tempo, ou quando o anel se move em relação à fonte do campo magnético. Tal fenômeno é uma manifestação da chamada indução eletromagnética.

Quando o campo magnético no interior de um anel (ou de outro circuito) muda com o tempo, nele aparece uma corrente elétrica. Isso é uma manifestação da indução eletromagnética

Michael Faraday

Michael Faraday (1791-1867). Faraday, físico e químico inglês, um de dez filhos de um ferreiro, nunca teve educação formal. Aos 14 anos tornou-se aprendiz de um encadernador de livros e passou a ler com voracidade todos os livros de ciência que lhe caíam às mãos. Começou também a assistir palestras no Royal Institute. Foi aceito assistente de Sir Humphrey Davy, o descobridor de doze dos elementos químicos, após mostrar-lhe as memórias que fez sobre um curso que Davy havia proferido no Royal Institute. Além dos experimentos em química, dos quais ficou incumbido (neles descobriu o cloro e o benzeno), iniciou outros em eletricidade e magnetismo. Logo após tomar conhecimento da experiência de Oersted (1719), que demonstra que uma corrente elétrica reorienta a agulha de uma bússola, Faraday repetiu a experiência e também descobriu que um ímã exerce força sobre uma corrente elétrica. Inventou (1821), com base nessa descoberta, o primeiro motor elétrico da história. Em 1831, Faraday descobriu um dos fenômenos mais fundamentais do eletromagnetismo, a indução eletromagnética, tema deste capítulo. Com base nela inventou o primeiro gerador de corrente elétrica de natureza puramente eletromagnética. Por não ter instrução em matemática, Faraday criou o conceito de linhas de campo elétrico e magnético para interpretar seus experimentos, e assim tornou-se o criador do conceito de campo, que acabou se revelando um dos mais seminais da física. Sua incapacidade de expressar os fenômenos em termos matemáticos o levou a uma crise de nervos que interrompeu seus trabalhos por seis anos. Faraday descobriu que, quando a luz atravessa um corpo transparente sujeito a um campo magnético, sua polarização gira. Isso o levou a especular que a luz fosse um fenômeno resultante de vibrações das linhas dos campos elétrico e magnético, o que foi demonstrado por Maxwell após elaborar matematicamente as idéias de Faraday. Descobriu os fenômenos da susceptibilidade elétrica e magnética e neles uma importante assimetria: enquanto temos materiais diamagnéticos e paramagnéticos, só existem materiais dielétricos. Em 1857, estabeleceu as bases da moderna eletroquímica. Faraday terá sido o maior dos físicos experimentais. Sempre manteve uma postura modesta, e não aceitou ser condecorado cavaleiro, a mais alta distinção do Império britânico.

(A) (B)

Figuras 9.2A e 9.2B

A experiência de Faraday é agora repetida usando-se um ímã em movimento para induzir corrente no circuito S. Quando o ímã se move aproximando-se de S, aparece nesse circuito uma corrente cujo dipolo magnético se opõe ao dipolo do ímã (9.2A). Quando o ímã se move afastando-se de S, aparece nesse circuito uma corrente cujo dipolo magnético tem o mesmo sentido do dipolo do ímã (9.2B).

Tanto na experiência descrita nas Figuras 9.1A e 9.1B como na descrita nas Figuras 9.2A e 9.2B, a corrente induzida gera um campo magnético que tende a se opor às alterações no campo magnético da fonte indutora. Consideremos primeiro a corrente induzida por outra corrente que varia no tempo. Ao ligar-se a chave no circuito primário, a corrente I gera um campo magnético crescente que aponta para cima na região do circuito secundário. Enquanto a corrente indutora cresce, aparece no circuito secundário uma corrente que gera um campo magnético apontando para baixo na região interna ao anel. Quando a chave é desligada e a corrente no circuito primário está decaindo, o campo magnético da corrente induzida aponta para cima. Em ambos os casos, o campo magnético da corrente induzida tende a se opor à mudança do campo magnético local.

A Figura 9.3 ilustra o campo magnético da corrente induzida em um anel por um ímã que se move em relação a ele. Quando o ímã se aproxima do anel (Figura 9.3A), neste é gerada uma corrente cujo campo é oposto ao do ímã, e isso tenta impedir o aumento do campo dentro do anel. Quando o ímã se afasta do anel (Figura 9.3B), neste é gerada uma corrente cujo campo fortalece o do ímã, e isso tenta impedir a diminuição do campo dentro do anel.

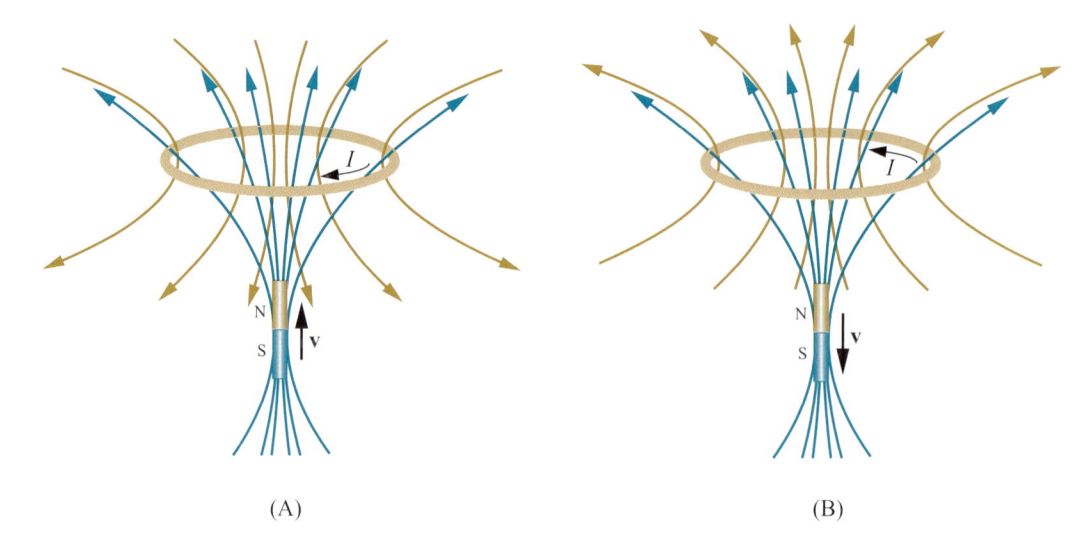

(A)   (B)

Figuras 9.3A e 9.3B

Um ímã move-se em relação a um anel e nele induz uma corrente. Quando o ímã se aproxima do anel (9.3A), seu campo magnético na região do anel tende a aumentar; nesse caso, uma corrente é induzida no anel, cujo campo magnético opõe-se ao do ímã. Quando o ímã se afasta do anel (9.3B), seu campo na região do anel tende a diminuir; nesse caso, o campo gerado pela corrente induzida no anel fortalece o campo do ímã. Em ambos os casos, a corrente induzida opõe-se à alteração do campo na região do anel.

Esse comportamento geral é denominado *lei de Lenz* (1834), e pode ser enunciado da seguinte maneira:

■ Lei de Lenz   *A corrente induzida por um campo magnético variável no tempo sempre gera um campo magnético que se opõe à mudança desse campo.*

A lei de Lenz é uma conseqüência natural da conservação da energia, como se pode ver facilmente. Consideremos o caso do ímã que se aproxima do circuito, como mostra a Figura 9.2A. A corrente induzida gera no circuito um dipolo magnético que aponta para baixo. Neste caso, os dois dipolos (o do ímã e o da corrente) são antiparalelos e se repelem. Sendo assim, para aproximar o ímã do anel, é necessário fazer um trabalho sobre o ímã ou sobre o anel. Analogamente, no caso em que o ímã e o anel estão se afastando (Figura 9.2B), os dois dipolos são paralelos e se atraem, o que significa que, para afastá-los, também é necessário um trabalho externo. Portanto, em ambos os casos a corrente é gerada à custa de um trabalho externo. Observa-se que, se o sinal da corrente fosse invertido na lei de Lenz, uma vez que o sistema ímã-anel iniciasse um movimento de aproximação ou afastamento relativo, a corrente induzida reforçaria esse movimento. No fim, teríamos uma corrente e ao mesmo tempo uma energia cinética no sistema, o que seria uma clara violação da lei de conservação da energia.

A lei de Lenz exprime somente um aspecto qualitativo do efeito de indução eletromagnética descoberto por Faraday, que, como vimos, decorre da conservação da energia. Coube ao próprio Faraday a descrição completa do efeito em uma lei quantitativa fundamental. Antes de enunciar essa lei nos termos utilizados por Faraday, faremos uma breve introdução ao problema de correntes elétricas em circuitos fechados.

Seção 9.2 ■ Força eletromotriz

Conforme já vimos, uma das leis fundamentais do eletromagnetismo estático é a lei de Ampère da eletricidade, cuja expressão matemática é

$$\oint \mathbf{E}_{est} \cdot d\mathbf{l} = 0. \tag{9.1}$$

A lei diz que o trabalho em um circuito fechado feito pela força eletrostática sobre uma carga q é nulo. De fato, o trabalho é expresso por

$$W_{\text{circuito}} = \oint q\mathbf{E}_{\text{est}} \cdot d\boldsymbol{l} = q \oint \mathbf{E}_{\text{est}} \cdot d\boldsymbol{l} = 0. \tag{9.2}$$

Nas Equações 9.1 e 9.2, usamos $\mathbf{E}_{\text{est}}$ para designar campo eletrostático. Por outro lado, em geral, pelo efeito Joule, uma corrente elétrica em um circuito fechado dissipa energia em forma de calor. Nesse caso, surge naturalmente a indagação das condições em que uma corrente pode percorrer um circuito fechado em um circuito resistivo (que tem resistência elétrica). De fato, para que haja conservação da energia, é necessário que o calor gerado pelo efeito Joule seja compensado de alguma maneira, e não há como suprir tal energia pelo trabalho da força eletrostática. Porém, há vários sistemas capazes de gerar correntes em um circuito fechado. Todos eles envolvem conversão de alguma forma de energia em energia elétrica. Gerador de força eletromotriz é uma fonte capaz de gerar corrente estacionária em um circuito fechado. Discutiremos sucintamente três sistemas capazes de gerar correntes estacionárias, ou seja, três tipos de força eletromotriz — a saber, o gerador eletrostático de van der Graaff, a célula voltaica e a célula solar. Conforme já foi comentado, correntes estacionárias têm que percorrer um circuito fechado; caso contrário, cargas elétricas estariam se acumulando em algum ponto.

> Gerador de força eletromotriz é uma fonte capaz de gerar corrente estacionária em um circuito fechado

Seção 9.3 ■ Gerador de van der Graaff

> A Figura 9.4 ilustra o funcionamento de um gerador de van der Graaff, que converte trabalho em energia elétrica

O funcionamento do gerador de van der Graaff pode ser entendido a partir da ilustração na Figura 9.4. Uma correia de material isolante circula entre dois cilindros de materiais isolantes distintos, tais que um deles (disco A) se eletriza negativamente pelo atrito com a correia enquanto o outro (disco B) se eletriza positivamente. Nesse caso, se o sistema gira sob o efeito de um agente propulsor qualquer, um lado da correia transporta cargas negativas do cilindro B para o cilindro A, enquanto o outro lado transporta cargas positivas do cilindro A para o cilindro B. Diferenças de potencial bastante altas podem ser desse modo obtidas entre os dois cilindros. Se estes forem conectados por um circuito externo no qual exista uma resistência R, o sistema atingirá um regime estacionário em que o agente propulsor transfere cargas de um pólo para o outro a uma taxa igual à corrente I conduzida pelo circuito externo.

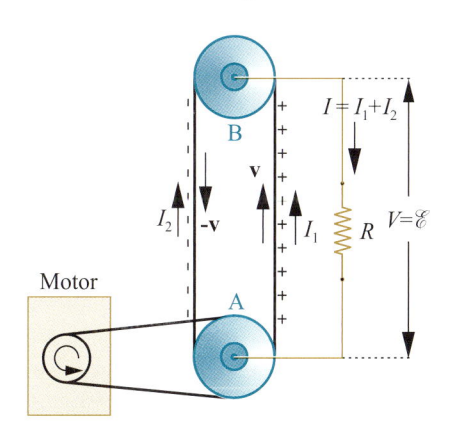

Figura 9.4

Esquema do gerador de van der Graaff. Uma correia circula entre dois cilindros A e B de materiais distintos, propulsionada por um motor. O atrito com a correia gera cargas negativas no cilindro A e cargas positivas no cilindro B. Isso gera uma força eletromotriz $\mathscr{E}$ entre os dois cilindros.

A diferença de potencial entre os pólos neste regime é

$$\mathscr{E} = RI. \tag{9.3}$$

> Força eletromotriz de um gerador é a diferença de potencial elétrico que ele é capaz de gerar

Tal diferença de potencial é denominada força eletromotriz (fem) do gerador. Note-se que a Equação 9.1 permanece válida no circuito fechado. A integral do campo eletrostático no circuito P da polia tem valor exatamente oposto à integral no circuito R externo:

$$\int_{A,P}^{B} \mathbf{E}_{\text{est}} \cdot d\boldsymbol{l} = -\mathscr{E}, \quad \int_{B,R}^{A} \mathbf{E}_{\text{est}} \cdot d\boldsymbol{l} = V = RI. \tag{9.4}$$

Somando as duas integrais na Equação 9.4, tem-se um valor nulo para a integral do campo no circuito fechado. A energia dissipada em forma de calor no circuito externo é nesse caso suprida pelo agente externo (motor) que propulsiona o gerador. Quando uma carga positiva q sobe do cilindro A para o cilindro B, o campo eletrostático faz sobre ela um trabalho negativo $-q\mathscr{E}$, mas o arraste da polia faz um trabalho positivo $q\mathscr{E}$ que o neutraliza. Em outras palavras, a carga sobe a ladeira eletrostática de A para B arrastada pela polia. Esse arraste é a origem da força eletromotriz no gerador. A energia deste é fornecida pelo agente que roda a polia. Voltagens da ordem de milhões de volts, ou mais, podem ser obtidas com geradores de Van der Graaff.

E·E Exercício-exemplo 9.1

■ Um gerador de van der Graaff gera corrente de 2,0 mA e uma fem de 1,0 MV. Qual é a potência elétrica fornecida pelo gerador?

■ Solução

A energia fornecida pelo gerador quando uma carga dq é transferida de um pólo ao outro é a carga multiplicada pela diferença de potencial entre esses pólos:

$U = q\mathscr{E}$.

A potência é a taxa de fornecimento dessa energia. Portanto,

$$P = \frac{dq}{dt}\mathscr{E}.$$

Mas $dq/dt = I$. Logo,

$P = \mathscr{E}I = 1,0 \times 10^6\,\text{V} \times 2,0 \times 10^{-3}\,\text{A} = 2,0\,\text{kW}.$

Seção 9.4 ■ Célula voltaica

A célula voltaica é um gerador de fem que converte diretamente energia química em energia elétrica

O primeiro gerador de corrente estacionária a ser desenvolvido foi a célula voltaica. Sua invenção, pelo físico italiano *Alessandro Volta* (1745-1827) em 1800, é por isso um dos grandes marcos da história da eletricidade. A célula voltaica, também denominada *pilha voltaica*, ou *bateria,* é um dispositivo que converte diretamente energia química em energia elétrica. A energia de ligação dos elétrons de valência nos diversos átomos ou moléculas varia de um desses sistemas para outro. Por isso, quando um elétron é transferido de um átomo (ou molécula) para outro em que a energia de ligação é maior, acaba cedendo uma quantidade de energia igual à diferença entre as duas energias de ligação. Essa é uma reação química denominada *óxido-redução*. O átomo que perde o elétron é *oxidado* e o que o recebe é *reduzido*. A energia envolvida nas reações químicas é denominada *energia química*. Um esquema da célula voltaica desenvolvida por Volta pode ser visto na Figura 9.5. O funcionamento da célula será discutido a seguir.

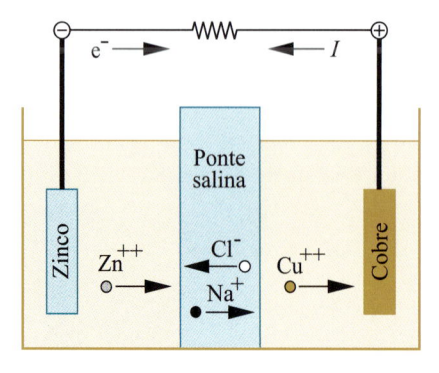

Figura 9.5
Célula voltaica (operação descrita no texto).

Duas câmaras com solução aquosa, uma de Zn e a outra de Cu, são separadas por uma parede constituída de uma pasta saturada com água salgada, denominada *ponte salina*. Na primeira câmara é instalada uma placa de Zn e na outra uma placa de Cu. (Volta, na verdade, utilizou os metais Ag e Cu.) Ocorre que a energia de ligação dos elétrons de valência no Zn é menor do que no Cu. Por isso, ocorrem na pilha duas reações químicas complementares. Na câmara da esquerda, zinco metálico da placa é convertido em íons Zn^{++} dissolvidos na água (oxidação), enquanto na câmara da direita ions Cu^{++} são convertidos em cobre metálico adicionados à placa (redução). A reação completa de óxido-redução é

■ Operação da célula voltaica da Figura 9.5

$$Zn + Cu^{++} (aq) \rightarrow Zn^{++} (aq) + Cu. \tag{9.5}$$

Cada elétron envolvido na reação acima cede uma energia de 1,10 eV. Isso significa que a reação gera uma fem $\mathscr{E} = 1,10$ V. Os elétrons cedidos pela placa de zinco à placa de cobre circulam pelo circuito externo, com resistência R. Se o circuito não fosse fechado de algum modo, é claro que a câmara da esquerda acabaria se carregando positivamente, enquanto a da direita se carregaria positivamente, o que rapidamente iria interromper a reação.

A ponte salina entre as câmaras provê o contato elétrico necessário para manter o sistema eletricamente neutro. Os íons Na^+ e Cl^- fluem, respectivamente, para a direita e para a esquerda, resultando em uma corrente elétrica para a direita dentro da célula. A célula voltaica pode operar continuamente enquanto haja zinco na placa da esquerda e íons Cu^{++} na câmara da direita. Esgotado um desses suprimentos, a célula terá exaurido sua carga. Um fato notável e muito útil é que a pilha pode ser recarregada. Aplicando-se aos seus pólos outra fonte com fem maior do que $\mathscr{E}$ e polaridade reversa, a corrente na pilha se inverte, invertendo-se também o sentido da reação química, que é agora:

■ Carregamento da pilha voltaica

$$Zn + Cu^{++} (aq) \leftarrow Zn^{++} (aq) + Cu. \tag{9.6}$$

Freqüentemente são ligadas várias células voltaicas em série para se obter uma maior fem. Daí o termo bateria ou pilha (de células)

Para obter valores maiores da fem, Volta utilizou várias células montadas em série. Resultaram daí os nomes bateria e pilha (de células) que acabaram sendo usados mesmo no caso em que há somente uma célula. Há atualmente em uso um grande número de pilhas voltaicas, incluindo as pilhas secas, em que as soluções aquosas de íons (*eletrólitos*) são substituídas por eletrólitos sólidos ou pastosos.

E-E Exercício-exemplo 9.2

■ Na bateria de automóveis, as placas são chumbo metálico e óxido de chumbo, e o eletrólito é uma solução de ácido sulfúrico. Cada célula gera uma fem de 2,0 V e a bateria contém seis células em série para gerar uma fem de 12 V. Calcule a energia elétrica produzida quando a bateria transfere 40 C através de um circuito externo.

■ Solução

A energia é o produto da fem pela carga transferida:

$$U = \mathscr{E}q = 12V \times 40C = 480 \text{ J.}$$

Exercício

E 9.1 Considere uma célula voltaica de Zn e Cu, em que a solução de Cu^{++} contenha 10 g desses íons. Calcule (*A*) a carga total que a célula pode fornecer; (*B*) a energia elétrica total que se pode retirar da célula antes que ela seja recarregada.

Seção 9.5 ■ Célula fotovoltaica

A célula fotovoltaica, também chamada célula solar, é um gerador de fem que converte diretamente energia da luz em energia elétrica

As células fotovoltaicas são geradores que convertem diretamente energia da luz em energia elétrica. Assim como na célula voltaica, o princípio físico da operação da célula fotovoltaica é também baseado na transferência de elétrons entre estados de diferentes energias de ligação na matéria. A diferença está em que, na célula fotovoltaica, o elétron é transferido entre diferentes estados de ligação no mesmo material. Conforme já foi mencionado no Capítulo 6 (*Corrente Elétrica*), as energias permitidas para os elétrons em um sólido estão distribuídas em faixas, ou bandas. Em um semicondutor não-dopado, a banda de valência está totalmente ocupada, enquanto a banda de condução está vazia. A luz incidente no semicondutor pode excitar elétrons da banda de valência para a banda de condução. Nesse processo, cada elétron ganha uma energia igual ao valor E_g da energia que separa as bandas de valência e de condução.

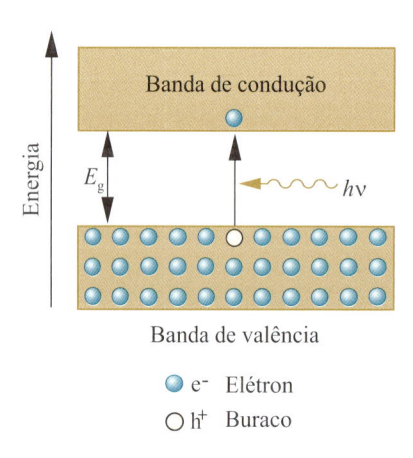

Figura 9.6

Princípio de operação da célula fotovoltaica. Um fóton de energia $h\nu$ é absorvido por um material semicondutor, excitando um elétron da banda de valência para a banda de condução. Esse ganho de energia do elétron é a origem da fem de célula.

A Figura 9.6 mostra em forma esquemática os processos envolvidos na operação da célula. Um fóton de energia $h\nu \geq E_g$ é absorvido pelo semicondutor, e com isso um elétron é excitado da banda de valência para a banda de condução. Pode ser que o fóton tenha energia maior do que E_g, mas nesse caso o excesso de energia é rapidamente dissipado em forma de calor. A célula é construída de tal modo que o elétron se separa rapidamente do buraco deixado na banda de valência, indo para uma região onde essa banda está completamente cheia. Isso impede que ele decaia novamente para a banda de valência. Com isso, o cristal fica polarizado: uma de suas extremidades fica carregada com elétrons (negativos) e, a outra, com buracos (positivos). Estando a célula sob iluminação, corrente pode fluir continuamente de uma extremidade do cristal para a outra através de um circuito externo. A fem da célula é

■ Fem da célula fotovoltaica

$$\mathscr{E} = \frac{1}{e} E_g. \tag{9.7}$$

A célula fotovoltaica é também denominada célula solar. Tais células estão ganhando uma importância crescente como geradores de energia elétrica. Sob iluminação, elas em princípio podem operar de modo permanente. Com a tecnologia atual, células solares baseadas em silício cristalino podem converter energia solar em eletricidade com eficiência superior a 20%. Células mais baratas de silício amorfo, com eficiência de 14%, são uma alternativa para a geração de energia elétrica em locais muito isolados. Células fotovoltaicas baseadas em GaAs cristalino podem atingir eficiência de até 30%, e são amplamente utilizadas como fontes de eletricidade em naves espaciais.

E-E Exercício-exemplo 9.3

■ Células fotovoltaicas baseadas em GaAs podem atingir eficiência de até 30% na conversão da energia solar em eletricidade, e são amplamente utilizadas como fontes de eletricidade em naves espaciais. Considere uma célula com eficiência de 27%, e que sua superfície exposta ao Sol tenha área de 0,50 m². Considerando-se que a luz do Sol, nas proximidades da Terra, tem uma intensidade (potência por unidade de área incidente) de 1340 W/m², qual é a potência elétrica máxima que a célula pode fornecer?

■ Solução

A potência elétrica máxima será o produto da potência luminosa pela eficiência da célula:

$$P_{elét} = 0,27\, P_{luz}.$$

Mas a potência da luz é o produto da intensidade luminosa pela área da célula:

$$P_{luz} = 1340 \text{W/m}^2 \times 0,50 \text{m}^2 = 0,67 \text{ kW}.$$

Combinando esses resultados, obtemos:

$$P_{elét} = 0,27 \times 0,67 \text{ kW} = 0,18 \text{ kW}.$$

Exercício   E 9.2 Pretende-se construir um sistema de geração de energia elétrica fotovoltaica baseado em placas de silício amorfo. O sistema tem eficiência de 12%. Quando o Sol está no zênite, em dia sem nuvens, a intensidade luminosa é de 1,3 kW/m². Qual deve ser a área das placas de silício para que a usina possa gerar eletricidade com uma potência de pico de 1,0 kW?

Pode-se concluir, a partir do resultado do Exercício 9.2, que para se construir uma usina elétrica capaz de gerar uma potência de pico (ao meio-dia, em tempo sem nuvens) de 1 GW, baseada em células fotovoltaicas de silício amorfo (o material economicamente mais viável), seriam necessários mais de 6 km² de placas de silício. Isso mostra a dificuldade de se obter energia fotovoltaica em grandes quantidades.

Seção 9.6 ■ Lei de Faraday

A indução eletromagnética descoberta por Faraday manifesta um tipo de força eletromotriz completamente distinto dos discutidos na seção anterior. Uma corrente circula em um anel fechado que não faz contato físico com nenhum sistema cuja ação possa ser relacionada com a energia cedida ao circuito. Faraday sintetizou o resultado de suas experiências em uma lei que relaciona o valor da fem no circuito com as outras variáveis do sistema, como descreveremos.

Considere um circuito fechado orientado C e uma superfície qualquer S contornada pelo circuito. Como é usual, definiremos o lado positivo de S como sendo aquele do qual a circulação no contorno C é vista no sentido anti-horário. Seja Φ_B o fluxo de **B** nessa superfície. A lei da indução de Faraday diz que a fem no circuito C é igual à taxa de variação temporal de Φ_B, com sinal negativo:

■ Lei da indução de Faraday $$\mathscr{E} = -\frac{d\Phi_B}{dt} = -\frac{d}{dt}\int_S \mathbf{B} \cdot d\mathbf{A}.$$ (9.8)

Salienta-se que a lei não particulariza a superfície S na qual se calcula o fluxo do campo magnético. Tal generalidade, como veremos, decorre do fato de que, pela lei de Gauss do magnetismo, o fluxo de **B** em uma superfície fechada qualquer é sempre nulo. Por isso, se considerarmos duas superfícies S_1 e S_2 distintas contornadas por C, essas duas superfícies podem ser combinadas para formar uma superfície fechada S. O fluxo de **B** em S é nulo, ou seja, $\Phi_B = 0$. Levando em conta que, na combinação para formar a superfície fechada S, as superfícies S_1 e S_2 têm de ser orientadas em sentidos opostos, podemos escrever:

$$\Phi_{1B} + (-\Phi_{2B}) = 0 \quad \Rightarrow \Phi_{1B} = \Phi_{2B}. \tag{9.9}$$

A Figura 9.7 ilustra geometricamente esse tipo de argumentação.

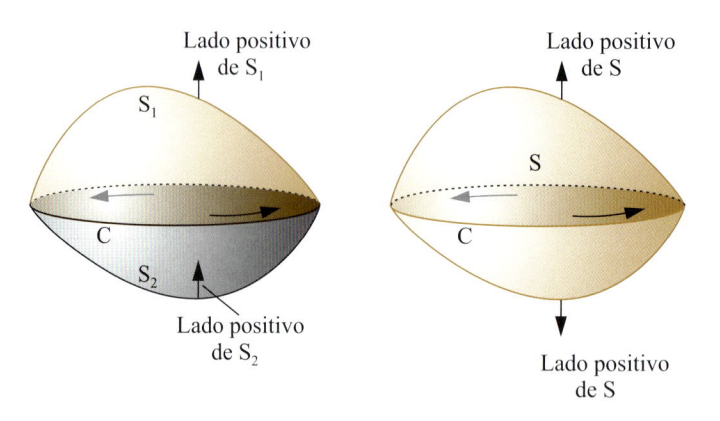

Figura 9.7

Duas superfícies S_1 e S_2 são contornadas pela curva orientada C. As duas superfícies combinam-se para formar uma superfície fechada S. O lado positivo da superfície S_1 aponta para fora, mas o lado positivo de S_2 aponta para dentro da superfície composta S. Se o fluxo de **B** na superfície S é nulo, então esse fluxo é o mesmo nas superfícies S_1 e S_2, como mostra a Equação 9.9.

A força eletromotriz dada pela Equação 9.8 diz respeito ao caso em que o fio condutor da corrente faz o contorno C somente uma vez. No caso do solenóide usado por Faraday, o fio percorre essencialmente o mesmo circuito N vezes. Neste caso, para cada volta do fio corresponde uma força eletromotriz dada pela Equação 9.8 e, portanto, a fem no solenóide é

$$\mathscr{E} = -N \frac{d\Phi_B}{dt}. \tag{9.10}$$

A formulação da lei de Faraday foi um dos feitos mais brilhantes na construção do eletromagnetismo. Ela sintetiza o resultado de mais de uma dezena de experiências nas quais Faraday evidenciou as várias faces do fenômeno da indução eletromagnética. Como parte da investigação, Faraday desenvolveu os conceitos de campo elétrico e campo magnético — e das suas linhas de força —, para visualização intuitiva dos campos envolvidos. O resultado foi a primeira lei dinâmica do eletromagnetismo e também a primeira lei a envolver ambos os campos, o elétrico e o magnético.

A unidade de fluxo magnético no SI de unidades é denominada *weber*, símbolo Wb. Seu valor é dado por

■ Weber, unidade de fluxo no SI

$$1\,Wb = \frac{1\,T}{1\,m^2}. \tag{9.11}$$

E·E Exercício-exemplo 9.4

■ Um solenóide cilíndrico contendo 200 espiras tem comprimento de 20 cm e diâmetro de 3,0 cm. Um anel com diâmetro de 2,0 cm está situado no centro do solenóide, posicionado de forma coaxial com o mesmo. A corrente no solenóide em um dado intervalo de tempo tem o comportamento temporal $I(t) = 3,0A + 2,0(A/s)t$. Calcule (A) o fluxo do campo magnético no anel em $t = 1,5$ s; (B) a fem induzida no anel.

■ **Solução**

O campo magnético no interior do solenóide vale $B = \mu_o I / h$, sendo h o espaçamento entre as espiras. No presente caso, $h = 20\text{cm} / 200 = 0,10$ cm. O fluxo do campo no anel é dado por $\Phi_B = \pi r^2 B$, sendo r o raio do anel. Portanto,

$$\Phi_B = \pi r^2 \frac{\mu_o}{h} (3,0\text{A} + 2,0 \frac{\text{A}}{\text{s}} t).$$

(A) Em $t = 1,5$ s, a corrente será $I = 6,0$ A, e o fluxo será:

$$\Phi_B = 3,14 \times 1,0 \times 10^{-4} \text{m}^2 \times \frac{1,26 \times 10^{-6} \text{TmA}^{-1}}{1,0 \times 10^{-3}\text{m}} \times 6,0\text{A} = 2,4 \; \mu\text{Wb}.$$

(B) A fem na espira vale

$$\mathscr{E} = -\frac{d\Phi_B}{dt} = -\pi r^2 \frac{\mu_o}{h} 2,0 \frac{\text{A}}{\text{s}}.$$

Substituindo os números nesta fórmula temos:

$$\mathscr{E} = -3,14 \times 1,0 \times 10^{-4} \text{m}^2 \times \frac{1,26 \times 10^{-6} \text{TmA}^{-1}}{1,0 \times 10^{-3} \text{m}} \times 2,0 \frac{\text{A}}{\text{s}} = -0,79 \, \mu\text{V}.$$

E·E ## Exercício-exemplo 9.5

■ Um anel de raio a está numa região onde há um campo magnético uniforme **B**, e se orienta perpendicularmente ao campo (Figura 9.8). O anel está ligado a um circuito que inclui um resistor R e um integrador de corrente C. Esse instrumento é capaz de integrar a corrente que passa por ele em um dado intervalo de tempo, medindo desse modo a carga total que circula pelo circuito. O anel faz um giro de 180° em torno do seu diâmetro, ficando no final novamente perpendicular ao campo. A única resistência no circuito, que inclui o anel, está no resistor. Qual é a carga q medida pelo integrador de corrente?

■ **Solução**

Enquanto o anel gira, o fluxo de **B** em seu interior muda. Com a escolha conveniente de sinal, o fluxo tem o valor inicial $\Phi_o = BA = B\pi a^2$ e o valor final $\Phi_f = -BA = B\pi a^2$. A fem induzida no anel vale

$$\mathscr{E} = -\frac{d\Phi}{dt}.$$

Como $\mathscr{E} = RI$, podemos escrever:

$$I = -\frac{1}{R} \frac{d\Phi}{dt}.$$

A carga total que passa pelo circuito é

$$q = \int_{t_o}^{t_f} I dt = \int_{t_o}^{t_f} -\frac{1}{R} \frac{d\Phi}{dt} dt = \int_{t_o}^{t_f} -\frac{1}{R} d\Phi.$$

Efetuando a integração temos:

$$q = -\frac{1}{R}(\Phi_f - \Phi_o) = -\frac{1}{R}(-\pi a^2 B - \pi a^2 B) = \frac{2\pi a^2 B}{R}.$$

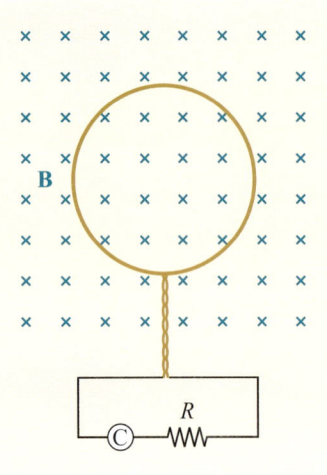

Figura 9.8
(Exercício-exemplo 9.5).

E·E Exercício-exemplo 9.6

■ Um anel retangular com lados a e b está orientado com seu plano ortogonal a um campo magnético que é uniforme de valor **B** em uma região do espaço, e nulo fora dessa região, como mostra a Figura 9.9. O anel move-se para fora da região do campo com velocidade **v**, que é paralela ao plano do anel (portanto, ortogonal ao campo). Calcule a força eletromotriz induzida no anel.

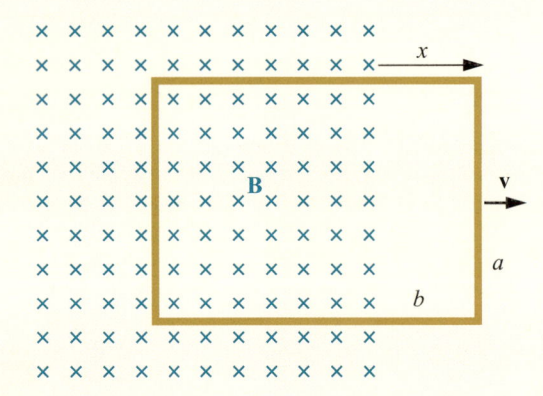

Figura 9.9
(Exercício-exemplo 9.6).

■ **Solução**

Tomando-se como positivo o lado do anel que aponta para fora do papel, o fluxo do campo nele é

$$\Phi_B = - Ba(b - x),$$

onde x é a coordenada mostrada na figura. A fem induzida será

$$\mathscr{E} = -\frac{d\Phi_B}{dt} = \frac{d}{dt}[Ba(b-x)] = -Ba\frac{dx}{dt} = -Bav.$$

O sinal menos indica que a fem se orienta no sentido horário do anel.

Exercícios

E 9.3 Uma bobina com raio de 3,0 cm e contendo 10 espiras ocupa um lugar no qual há um campo magnético com valor uniforme de 0,040 T. A bobina está ligada a um circuito análogo ao da Figura 9.8, no qual $R = 50\ \Omega$. Inicialmente a bobina está no plano perpendicular ao campo, mas em um dado intervalo de tempo ela faz um giro de 90°, ficando finalmente em um plano paralelo ao campo. Qual é a carga q medida pelo integrador de corrente C?

> **E 9.4** Considere o Exercício-exemplo 9.6 e suponha os seguintes dados para a Figura 9.9: $a = 5,0$ cm, $b = 8,0$ cm, $B = 0,050$ T, $v = 3,0$ m/s. Suponha ainda que o anel tenha uma resistência de 20 Ω. (*A*) Quanto vale a corrente no anel? (*B*) Que força tem de ser aplicada sobre o anel para que ele permaneça com velocidade constante?

Seção 9.7 ■ Fem gerada por movimento do circuito

No Exercício-exemplo 9.6, a fem é gerada pelo movimento do circuito em um campo magnético que não muda com o tempo. Esse tipo de fem pode ser inteiramente entendido a partir da força que o campo magnético exerce sobre uma carga em movimento. A Figura 9.10 será utilizada para essa interpretação da fem. Consideremos uma carga positiva q contida no lado vertical esquerdo do anel. Essa carga fica sujeita à força magnética

$$\mathbf{F}_{mag} = q\mathbf{v} \times \mathbf{B}, \tag{9.12}$$

cujo módulo vale $F_{mag} = qvB$, que se orienta para cima na figura, ou seja, indo do ponto 1 para o ponto 2. Essa força realiza sobre a carga, quando esta se desloca do ponto 1 para o ponto 2, o trabalho dado por

$$W_{1 \to 2} = F_{mag}a = qvBa. \tag{9.13}$$

A fem decorrente desse trabalho é

$$\mathcal{E} = \frac{1}{q}W_{1 \to 2} = vBa. \tag{9.14}$$

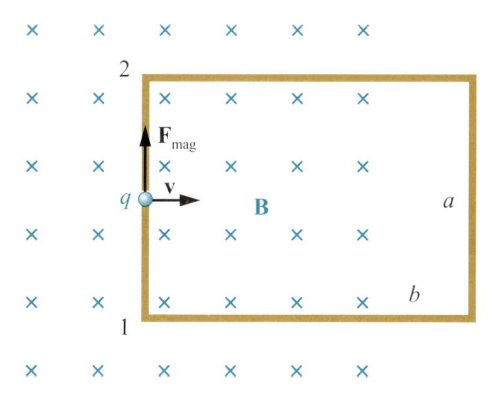

> Quando um circuito, ou parte dele, se move em um campo magnético estático, a fem induzida pode ser entendida em termos da força magnética que o campo exerce sobre cargas em movimento

Figura 9.10

Entre as várias experiências realizadas por Faraday sobre a indução eletromagnética, inclui-se uma na qual essa interpretação da fem em termos da força magnética é especialmente esclarecedora. Tal experiência é ilustrada na Figura 9.11. Um disco gira em torno de um eixo coincidente com seu eixo geométrico. Um circuito é fechado com um aro tendo uma extremidade ligada ao eixo e a outra apoiada sobre a borda do disco. Todo o sistema está imerso em um campo magnético uniforme e estático, cuja direção é paralela ao eixo de rotação.

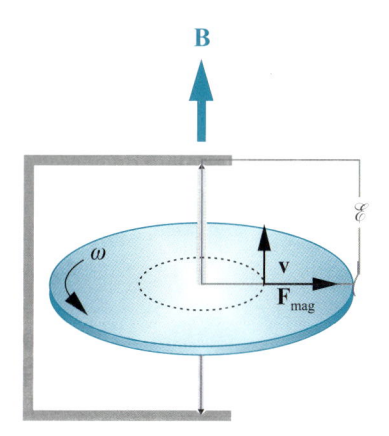

Figura 9.11

Uma das experiências de Faraday. Um disco metálico gira em torno de um eixo paralelo a um campo magnético **B**. Esse movimento induz uma fem $\mathcal{E}$ no circuito traçado com linha ocre, apesar de o fluxo do campo magnético na superfície contornada pelo circuito ser constante (de fato, é sempre nulo). Observe que o sistema é um dínamo, ou seja, um gerador de corrente baseado na indução.

O sistema é posto a girar com uma velocidade angular ω no mesmo sentido do campo. Uma carga q do disco situada à distância r do eixo fica sujeita a uma força magnética radial cujo módulo é

$$F_{mag} = qvB = q\omega rB. \tag{9.15}$$

Se a carga é positiva, a força é centrífuga. Portanto, a parte externa do disco fica com potencial positivo em relação ao centro. A fem é dada por

$$\mathscr{E} = \int_0^R \omega B r\, dr = \frac{1}{2}\omega B R^2, \tag{9.16}$$

onde R é o raio do disco. O sistema criado por Faraday é um dínamo, ou seja, um gerador de força eletromotriz baseado na indução eletromagnética. Na verdade, foi o primeiro dínamo a ser inventado.

> Dínamo é um gerador de força eletromotriz baseado na indução eletromagnética

Exercícios

E 9.5 Reconsidere o Exercício-exemplo 9.4. Suponha que o anel seja substituído por um solenóide com diâmetro de 2,5 cm contendo 10 espiras, e que seu eixo esteja inclinado 30° em relação ao eixo do solenóide externo. Calcule a força eletromotriz no solenóide interno.

E 9.6 Em uma região do espaço há um campo magnético quase homogêneo cuja intensidade queremos medir usando o efeito Faraday. Um anel com diâmetro de 4,0 cm é posto a girar com velocidade angular ω em torno de um eixo cuja orientação pode ser controlada. Depois de encontrada a orientação em que se obtém a máxima fem induzida no anel, verificamos que ela varia no tempo na forma $\mathscr{E} = 1,4\mu V \cdot \omega \cdot \text{sen}(\omega t + \phi)$. Qual é o valor do campo?

E 9.7 Considere um disco com raio de 5,00 cm girando numa região onde há um campo magnético uniforme de 0,500 T. O disco perfaz 200 giros por segundo, e seu eixo de rotação coincide com a direção do campo. (A) Calcule a diferença de potencial elétrico entre a borda e o centro do disco. (B) A polaridade da tensão depende do sentido da rotação do disco?

E 9.8 Uma barra de comprimento $l = 0,20$ m gira com velocidade angular $\omega = 377\ /\ s$ no plano horizontal em torno de um eixo que passa por uma das suas extremidades. Em toda a região varrida pela barra existe um campo magnético homogêneo vertical de intensidade $B = 0,020$ T. (A) Calcule a fem induzida entre as extremidades da barra. (B) Refaça o cálculo para o caso em que o eixo passe pelo meio da barra.

E 9.9 Um trilho em forma de U está numa região onde existe um campo magnético cujo valor uniforme é de 0,025 T. Uma barra de comprimento $l = 20$ cm apóia-se sobre o trilho, formando um circuito fechado (Figura 9.12). A barra move-se com velocidade de 2,0 m/s. Qual é a tensão elétrica entre os terminais da barra?

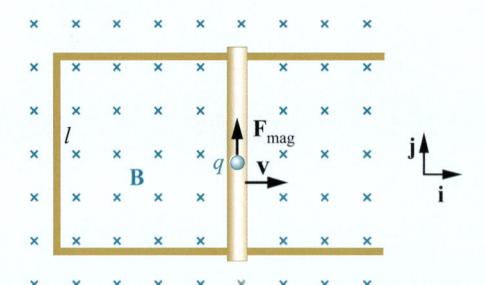

Figura 9.12
(Exercício 9.9).

E 9.10 Um carro viaja horizontalmente na direção leste-oeste com velocidade de 120 km/h. O campo magnético local da Terra tem intensidade de 40 μT e faz um ângulo de 45° com a horizontal. A componente horizontal do campo faz um ângulo de 17° com a direção norte-sul, desviando-se para oeste. O carro tem uma antena vertical de comprimento igual a 1,00 m. (A) Calcule a fem induzida na antena. (B) Qual extremidade da antena é positiva?

E 9.11 Considerando o sistema ilustrado na Figura 9.11, suponha que o disco tenha 10,0 cm de raio e que o campo magnético aplicado valha 2000 G. Se a resistência do circuito fechado for 300 Ω e o disco girar com a freqüência de 60 Hz, (A) qual será a fem no circuito? (B) Qual será a potência despendida para manter o disco em rotação? (C) Qual será o torque necessário para que o disco gire com freqüência constante?

E 9.12 O campo magnético em uma região do espaço é homogêneo e tem o valor $B = 0,10$ T. Um anel circular de raio igual a 10 cm, situado nessa região, gira em torno de um eixo contido em seu plano, passando pelo seu centro. Tal eixo é ortogonal ao campo **B**, como mostra a Figura 9.13. O anel gira com a freqüência de 60 Hz, e sua resistência vale 0,50 Ω. Calcule (A) a variação temporal da corrente elétrica no anel; (B) a potência média realizada pelo motor que gira o anel.

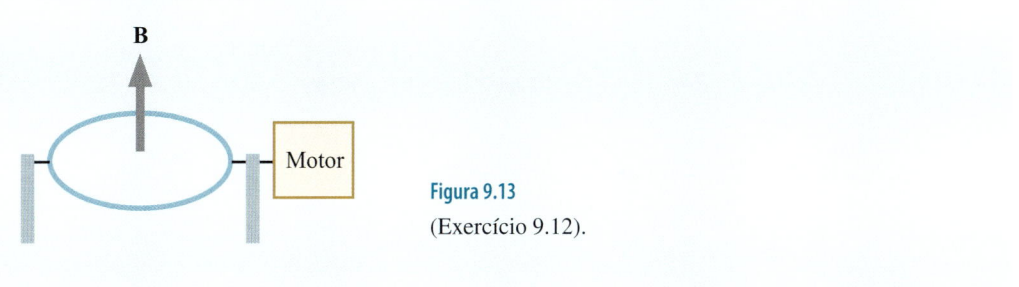

Figura 9.13

(Exercício 9.12).

Seção 9.8 ▪ Faraday e o motor

O fato de o movimento relativo entre um ímã e um circuito fechado gerar neste uma fem sugere imediatamente que a indução eletromagnética seja utilizada para geração de energia elétrica a partir de outras formas de energia. Tal idéia foi colocada em prática com grande sucesso. Toda a energia elétrica distribuída nas cidades e no campo através de redes de tensão alternada é gerada com base na indução eletromagnética. Nos dínamos que geram tal energia elétrica, um ímã permanente de grandes dimensões é forçado a girar próximo a uma bobina na qual é induzida a fem alternada. O mesmo esquema pode funcionar como motor elétrico de corrente alternada: uma corrente alternada passando na bobina faz girar o ímã, tendo-se assim um sistema que realiza trabalho a partir de energia elétrica, como mostra a Figura 9.14. Tanto o motor como o gerador de corrente alternada foram inventados em 1887 por Nikola Tesla (1856-1943). O motor de corrente contínua, de menor relevância econômica, fora inventado pelo próprio Faraday em 1821, mas sua operação não envolve o fenômeno de indução.

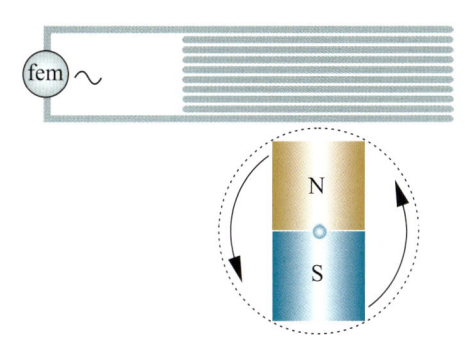

Figura 9.14

Uma fonte fem de corrente alternada alimenta uma bobina cujo campo magnético oscilante faz girar um ímã. Tem-se assim um motor de corrente alternada. A rotação do ímã induz uma força eletromotriz na bobina que se opõe à fonte que a alimenta. Isto impõe um custo energético para a operação do motor. Na ausência da indução de Faraday, a fonte despenderia energia somente para vencer a resistência ôhmica da bobina. Dessa maneira, o princípio da conservação da energia seria violado.

Nosso intuito no momento é discutir uma outra questão relativa aos motores de corrente alternada, que em parte movimentam o mundo industrial. Considere uma situação como a esboçada na Figura 9.14. Uma fonte de tensão alternada gera uma corrente na bobina e isto força o giro do ímã. Tem-se então um motor de corrente alternada. Suponhamos que não existisse o efeito de indução de Faraday. Neste caso, a fonte de tensão que gera a corrente poderia realizar muito pouca potência. Bastaria a potência dissipada pelo efeito Joule no circuito que inclui a bobina. Imaginando que este fosse um circuito supercondutor, nenhuma potência seria necessária. Nesse caso, estaríamos a custo de nada realizando trabalho sobre um sistema. Isso seria um moto-perpétuo! Devido ao efeito de indução, a coisa não pode ficar tão barata. O ímã em movimento gera na bobina uma fem que se opõe à tensão alternada aplicada, de modo que a fonte dessa tensão tem que realizar um trabalho positivo em cada ciclo.

Quando Faraday anunciou a descoberta da indução eletromagnética, alguém lhe perguntou que uso poderia ter aquilo. Faraday respondeu com outra pergunta: que uso pode ter uma criança recém-nascida? A criança de Faraday acabou virando um gigante que transformou o mundo. Entretanto, cabe aqui uma pequena retificação. É comum dizer-se que o efeito da

O efeito de indução de Faraday não é o que torna possível o motor elétrico. Na verdade, o que a indução faz é impor um custo energético para a operação do motor: não fosse ela, poderíamos operar o motor sem gastar energia elétrica

indução, descoberto por Faraday, é a origem do funcionamento do motor elétrico. Isso é totalmente falso. Na verdade, o que a indução eletromagnética faz é impor um custo energético para o funcionamento do motor. Este tem que gastar uma energia no mínimo igual ao trabalho que realiza. Na verdade, a energia gasta é sempre maior, pois temos ainda de considerar o atrito. Em suma, a lei da indução é, em última instância, uma das inúmeras regras que a Natureza nos impôs para impedir trabalho de graça.

Pergunta: sem o efeito de indução de Faraday seria impossível construir um gerador de corrente alternada com o esquema mostrado na Figura 9.14?

Seção 9.9 ■ Gerador e motor trifásicos (opcional)

As redes de fornecimento público de energia elétrica são, na verdade, trifásicas: temos um cabo neutro e três cabos "quentes", cada um oscilando 120° fora de fase em relação aos outros. O sistema para gerar tal fem trifásica é mostrado esquematicamente na Figura 9.15. Um ímã gira no centro de um arranjo de três bobinas iguais, cada qual girada 120° em relação às outras. Os cabos neutros são ligados entre si. Os cabos quentes têm voltagens oscilantes com o mesmo valor de pico, mas suas oscilações estão defasadas 120° entre si. O sistema pode também ser usado como um motor elétrico trifásico. Neste caso, as bobinas são alimentadas com uma voltagem trifásica, cada fase ligada a uma bobina, e o campo magnético criado pelas bobinas faz girar o ímã.

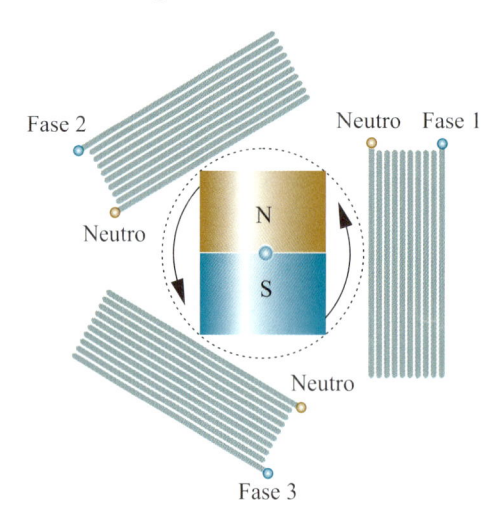

Figura 9.15

Gerador de fem trifásico. Um ímã gira no centro de um arranjo de três bobinas iguais, cada qual girada 120° em relação às outras. Os cabos neutros são ligados entre si. Os cabos quentes têm voltagens oscilantes com o mesmo valor de pico, mas suas oscilações estão defasadas 120° entre si.

Seção 9.10 ■ Indutância

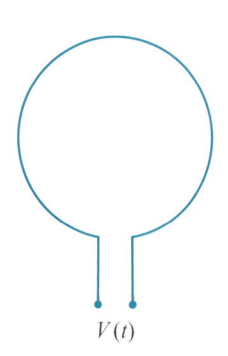

Figura 9.16

Circuito excitado por uma fonte de tensão alternada $V(t)$. Pelo efeito de auto-indutância, surge no circuito uma fem que se opõe às mudanças na corrente.

A lei de Faraday não faz referência à fonte do campo magnético cuja mudança está gerando força eletromotriz. Sendo assim, o campo pode ser gerado pela própria corrente no anel. Em outras palavras, uma corrente se alterando em um circuito irá gerar um efeito de indução que se opõe a essa mudança. Esse fenômeno é denominado efeito de auto-indutância. Consideremos um circuito tal como o que mostra a Figura 9.16, cuja excitação elétrica é feita por uma fonte de tensão alternada $V(t)$. A tensão dá origem a uma corrente alternada $I(t)$. Sendo R a resistência do circuito, na ausência da indução de Faraday a corrente gerada seria

$$I(t) = \frac{V(t)}{R}. \tag{9.17}$$

Consideremos, porém, o efeito da indução. O circuito se opõe à mudança na corrente com uma força eletromotriz dada por

$$\mathscr{E} = -\frac{d\Phi_B}{dt} = -\frac{d}{dt}\int_S \mathbf{B} \cdot d\,\mathbf{A}, \tag{9.18}$$

onde S é uma superfície contornada pelo circuito. Entretanto, o campo magnético em cada ponto da integral da Equação 9.18 é proporcional à corrente I, o que significa que o fluxo expresso pela integral também é proporcional a I. Podemos então escrever

■ Definição de indutância

$$\Phi_B = LI, \tag{9.19}$$

onde a constante de proporcionalidade L é denominada *auto-indutância* ou simplesmente *indutância* do circuito. Com esta relação, podemos escrever

■ Fem gerada por indutância

$$\mathscr{E} = -L\frac{dI}{dt}. \tag{9.20}$$

A Equação 9.17 será agora modificada para

$$I(t) = \frac{V(t) + \mathscr{E}(t)}{R}. \tag{9.21}$$

Considerando-se a Equação 9.20, a Equação 9.21 pode ser escrita na forma

$$L\dot{I} + RI = V(t), \tag{9.22}$$

onde o ponto em cima de I indica, como sempre, derivada em relação ao tempo. A solução desta equação será vista em detalhe no Capítulo 12 (*Correntes Alternadas*), para alguns tipos de função $V(t)$. Por ora estamos interessados em uma implicação de caráter geral. A potência cedida ao circuito pela fonte de tensão é

$$P = VI = (L\dot{I} + RI)I = LI\dot{I} + RI^2. \tag{9.23}$$

Uma vez que L não varia no tempo, podemos escrever:

$$P = \frac{d}{dt}(\frac{1}{2}LI^2) + RI^2. \tag{9.24}$$

O termo RI^2 da expressão para a potência já é conhecido nosso. Ele representa a potência dissipada pelo efeito Joule. O primeiro termo é diferente de zero quando o valor da corrente não é estacionário. Conclui-se que ele representa a potência necessária para vencer a fem induzida no circuito. Vemos assim que existe um custo energético para se estabelecer uma corrente em um circuito, mesmo que a resistência deste seja nula. O valor dessa energia pode ser obtido pela integração no tempo do primeiro termo de potência na Equação 9.24:

$$U(t) - U(0) = \int_0^t \frac{d}{dt'}\left(\frac{1}{2}LI^2\right)dt' = \frac{1}{2}LI^2 - \frac{1}{2}LI_o^2, \tag{9.25}$$

onde $I = I(t)$ e $I_o = I(0)$. Se a corrente inicial I_o é nula, podemos fazer $U(0) = 0$ e, portanto,

■ Energia do campo magnético gerado por uma corrente elétrica

$$U = \frac{1}{2}LI^2. \tag{9.26}$$

Esta é a energia que aparece no circuito pelo fato de nele haver uma corrente elétrica.

A unidade de indutância no SI de unidades é o *henry*, símbolo H. Seu valor é

■ Henry, unidade de indutância no SI

$$H = J / A^2 = T\,m^2 / A. \tag{9.27}$$

Essa unidade é uma homenagem ao físico *Joseph Henry* (1797-1878), que independentemente de Faraday descobriu, em 1832, o efeito de indução gerado por uma corrente variável. Em termos do henry, a permeabilidade do vácuo pode ser escrita na forma

$$\mu_o = 1{,}26 \times 10^{-6} \text{ Tm/A} = 1{,}26 \times 10^{-6} \text{ H/m}. \tag{9.28}$$

Um elemento em um circuito elétrico cuja função fundamental é apresentar indutância é chamado indutor e seu símbolo é visto na Figura 9.17. No Capítulo 12 (*Correntes Alternadas*) trataremos de vários circuitos que contêm indutores.

Figura 9.17
Símbolo de indutor.

E·E Exercício-exemplo 9.7

■ Calcule a indutância de um solenóide de seção circular de raio R.

■ Solução

Pela lei de Ampère, o campo dentro da bobina vale

$$B \cong \frac{\mu_o}{h} I,$$

onde h é o passo da hélice. Sendo N o número de espiras do solenóide, o fluxo magnético no solenóide será

$$\Phi_B \cong \mu_o \pi R^2 \frac{N}{h} I.$$

Portanto, a indutância será

■ Indutância de um
solenóide
$$L \cong \mu_o \pi R^2 \frac{N}{h} = \mu_o \pi R^2 \frac{nl}{h} = \mu_o \pi R^2 n^2 l, \tag{9.29}$$

onde $n = 1/h$ é o número de espiras por unidade de comprimento e l é o comprimento do solenóide.

E·E Exercício-exemplo 9.8

■ A Figura 9.18 mostra um circuito contendo uma bateria com fem $\mathscr{E}$ e resistência interna desprezível, um resistor com resistência R e uma bobina com indutância L e resistência também desprezível. Uma chave C que pode abrir (desligar) e fechar (ligar) o circuito. No instante $t = 0$, a chave C é ligada. Determine a forma como a corrente evolui no circuito ao longo do tempo.

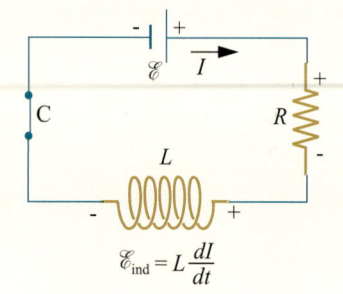

$$\mathscr{E}_{\text{ind}} = L \frac{dI}{dt}$$

Figura 9.18
(Exercício-exemplo 9.8).

■ **Solução**

Quando a chave é ligada, a corrente no circuito começa a se estabelecer de modo crescente. A tensão na bateria é $\mathcal{E}$, no resistor é RI e na bobina é $\mathcal{E}_{ind} = LdI/dt$. As polaridades dessas tensões é mostrada na figura. Podemos escrever:

$$\mathcal{E} = RI + L\frac{dI}{dt}.$$

Temos aqui uma equação diferencial que determina a evolução da corrente I no circuito. Esta equação será estudada em detalhe no Capítulo 12 (*Correntes Alternadas*). Por ora, apresentaremos a solução da equação:

$$I = \frac{\mathcal{E}}{R}(1 - e^{-Rt/L}).$$

Pode-se verificar que esta corrente satisfaz a equação diferencial que determina a corrente no circuito.

Exercícios

E 9.13 Reconsidere o Exercício-exemplo 9.8 e suponha que $\mathcal{E} = 12$ V, $R = 10\ \Omega$ e $L = 50$ mH. Faça um gráfico da corrente em função do tempo.

E 9.14 Um fio de cobre de diâmetro igual a 0,50 mm é utilizado para a fabricação de um solenóide com comprimento de 17 cm, contendo 300 espiras de raio igual a 2,0 cm. Utilizando os resultados do Exercício-exemplo 9.7, calcule a voltagem que deve ser aplicada à bobina para que se obtenha uma corrente variando na forma $I = (1,0\text{A}) \cdot \text{sen}(5000t / \text{s})$.

E 9.15 Uma bobina supercondutora tem indutância de 4,0 H, resistência elétrica nula e área de seção reta de 13 cm². Uma fonte de corrente variável aplica à bobina uma corrente cuja variação no tempo é vista na Figura 9.19. Faça gráficos (*A*) da variação do campo magnético com o tempo; (*B*) da variação no tempo da voltagem aplicada aos terminais da bobina.

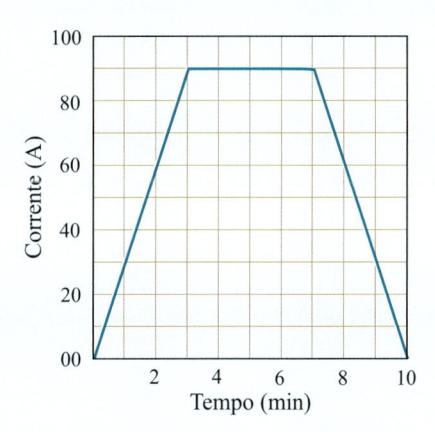

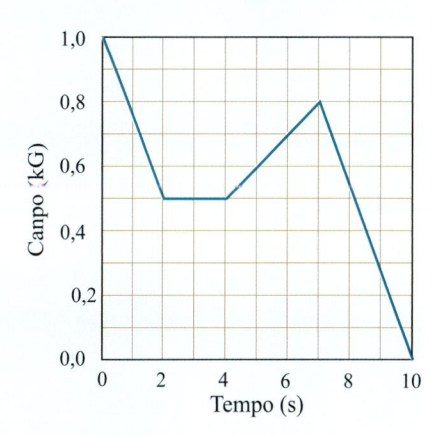

Figura 9.19
(Exercício 9.15).

Figura 9.20
(Exercício 9.16).

E 9.16 Um anel circular de raio valendo 5,0 cm está em uma região onde um campo magnético homogêneo, paralelo ao seu eixo, varia no tempo, como mostra a Figura 9.20. Faça um gráfico da fem induzida no anel.

Seção 9.11 ■ Indutância mútua (opcional)

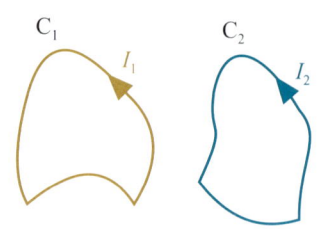

Figura 9.21

Dois circuitos C_1 e C_2, próximos um do outro. Corrente em um dos circuitos gera um fluxo de campo magnético no outro, como descrevem as Equações 9.30, 9.31 e 9.33.

Analogamente à auto-indutância, podemos definir a indutância mútua entre dois circuitos. Consideremos dois circuitos fechados C_1 e C_2, transportando correntes I_1 e I_2, respectivamente, como mostra a Figura 9.21. Sabemos que o campo gerado por uma corrente varia linearmente com ela e também que o campo gerado por duas correntes é a soma vetorial dos campos de cada uma delas. Podemos então concluir que o campo magnético em qualquer ponto do espaço será uma combinação linear de I_1 e I_2, ou seja, $\mathbf{B}(\mathbf{r}) = \mathbf{a}(\mathbf{r})I_1 + \mathbf{b}(\mathbf{r})I_2$, sendo que $\mathbf{a}(\mathbf{r})$ e $\mathbf{b}(\mathbf{r})$ independem das correntes I_1 e I_2. Consideremos agora o fluxo do campo no circuito 1. Seu valor será dado pela fórmula

$$\Phi_{1B} = \int_{S_1} \mathbf{B} \cdot d\mathbf{A} = I_1 \int_{S_1} \mathbf{a}(\mathbf{r}) \cdot d\mathbf{A} + I_2 \int_{S_1} \mathbf{b}(\mathbf{r}) \cdot d\mathbf{A}. \tag{9.30}$$

As duas integrais do lado direito da Equação 9.30 podem ser representadas pelos símbolos

$$L_{11} \equiv \int_{S_1} \mathbf{a}(\mathbf{r}) \cdot d\mathbf{A},$$
$$L_{12} \equiv \int_{S_1} \mathbf{b}(\mathbf{r}) \cdot d\mathbf{A}. \tag{9.31}$$

Agora a Equação 9.30 pode ser escrita na forma compacta

$$\Phi_{1B} = L_{11}I_1 + L_{12}I_2. \tag{9.32}$$

Usando procedimento inteiramente análogo, concluímos que

$$\Phi_{2B} = L_{21}I_1 + L_{22}I_2, \tag{9.33}$$

onde

$$L_{21} \equiv \int_{S_2} \mathbf{a}(\mathbf{r}) \cdot d\mathbf{A},$$
$$L_{22} \equiv \int_{S_2} \mathbf{b}(\mathbf{r}) \cdot d\mathbf{A}. \tag{9.34}$$

Os coeficientes L_{12} e L_{21} sempre têm valores iguais e são chamados indutância mútua dos circuitos

Os coeficientes L_{11} e L_{22} são, respectivamente, as auto-indutâncias dos circuitos C_1 e C_2. Pode-se demonstrar que, para qualquer par de circuitos, $L_{12} = L_{21}$. Esses coeficientes são denominados indutância mútua dos dois circuitos.

E·E Exercício-exemplo 9.9

■ Calcule a indutância mútua entre um circuito retangular e um fio retilíneo paralelo a um dos lados do retângulo, contido no plano do circuito.

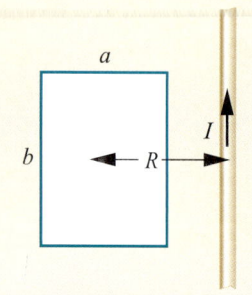

Figura 9.22

Uma corrente I em um fio retilíneo gera um fluxo magnético no circuito retangular, situado em sua vizinhança. As variáveis relevantes para o cálculo da indutância mútua entre os dois circuitos são indicadas na figura.

■ Solução

A Figura 9.22 mostra o fio conduzindo uma corrente I. O fluxo de seu campo magnético na superfície contornada pelo retângulo é

$$\Phi_B = \int_S \mathbf{B} \cdot d\mathbf{A} = \int_S B dA = \int_S B b dr.$$

Uma vez que $B = \mu_o I / 2\pi r$,

$$\Phi_B = \int_{R-\frac{a}{2}}^{R+\frac{a}{2}} \frac{b\mu_o I}{2\pi r} \, dr = \frac{b\mu_o}{2\pi} \ln\left(\frac{2R+a}{2R-a}\right) I.$$

Portanto,

$$L_{12} = \frac{\Phi_B}{I} = \frac{b\mu_o}{2\pi} \ln\left(\frac{2R+a}{2R-a}\right).$$

Exercício

E 9.17 Um anel de raio a está no centro de uma bobina cilíndrica ideal com n espiras por unidade de comprimento, e seu eixo coincide com o da bobina. Calcule a indutância mútua entre os dois circuitos. (*Sugestão*: considere o Exercício-exemplo 9.7.)

Seção 9.12 ■ Energia magnética

A energia da corrente, expressa pela Equação 9.26, fica disponível para recuperação. Em um processo no qual a corrente seja novamente reduzida a zero, ela poderá ser transformada em outra forma de energia elétrica, como, por exemplo, energia eletrostática. Ou então, no caso em que o circuito seja resistivo e o agente externo que a criou seja desligado, será transformada em calor pelo efeito Joule. Resta saber a forma como tal energia é armazenada. Poder-se-ia pensar que a energia fica na forma de energia cinética dos portadores. Entretanto, tal hipótese não resiste a análise. A energia cinética depende da massa das partículas e da sua velocidade. A massa dos portadores não entra no cômputo da corrente e, portanto, não há como estabelecer uma relação consistente entre a energia da corrente e a energia cinética dos portadores. A energia cinética, tanto a associada ao movimento browniano como a pequeníssima parte associada à velocidade de arraste dos elétrons, faz parte da energia interna do fio que compõe o circuito.

No Capítulo 3 (*Energia Eletrostática*), vimos que a energia acumulada em um capacitor carregado está associada ao campo elétrico. Uma vez que o campo dentro de um capacitor idealizado de placas paralelas e infinitas é uniforme, foi possível estabelecer a relação entre a densidade de energia elétrica e a intensidade do campo elétrico. Analogamente, a energia acumulada em um circuito que conduz corrente está associada ao campo magnético. Felizmente, no caso da corrente existe o análogo do capacitor de placas paralelas infinitas, que nos possibilitou encontrar a fórmula para a densidade da energia acumulada no campo elétrico. Estamos nos referindo ao solenóide ideal (infinitamente longo), que nos permitirá chegar facilmente à expressão para a densidade de energia armazenada no campo magnético. No Capítulo 8 (*Lei de Ampère*), vimos que o campo magnético de um solenóide longo tende a se concentrar em seu interior. No caso idealizado em que o solenóide é infinitamente longo, só há campo magnético em seu interior, e ali o campo é totalmente uniforme, de valor

$$B = n\mu_o I, \tag{9.35}$$

onde n é o número de espiras por unidade de comprimento. Para calcular a indutância do solenóide, podemos visualizá-lo como uma série de anéis ligados em série. Considerando a

Equação 9.19, vê-se que cada anel tem uma indutância dada por

$$n \mu_o I A = L_1 I, \quad \therefore \ L_1 = n \mu_o A, \tag{9.36}$$

onde A é a área dos anéis. Se considerarmos um segmento da bobina de comprimento l, nele haverá nl anéis e sua indutância será

$$L = n l L_1 = l n^2 \mu_o A, \tag{9.37}$$

o que reproduz a Equação 9.29, agora como expressão exata. A energia acumulada nesse segmento do solenóide é

$$U = \frac{1}{2} L I^2 = \frac{1}{2} l A \frac{(n \mu_o I)^2}{\mu_o}. \tag{9.38}$$

Considerando a Equação 9.35 e que o segmento do solenóide tem um volume $V = lA$, podemos escrever

$$U = \frac{V}{2 \mu_o} B^2. \tag{9.39}$$

Esta é a energia acumulada naquele volume do solenóide. A energia por unidade de volume é a densidade de energia magnética. Portanto,

■ Densidade de energia magnética

$$u_B = \frac{1}{2 \mu_o} B^2. \tag{9.40}$$

Pelo fato de a permeabilidade magnética do vácuo aparecer no denominador da Equação 9.40, a energia associada a um campo magnético de valor moderado pode ser bastante grande. Para $B = 1$ T, temos:

$$u_B = \frac{T^2}{2 \times 1,26 \times 10^{-6} \, \text{Tm/A}} = 0,397 \times 10^6 \ \text{TA/m}.$$

Considerando que $T = j \, / \, Am^2$, obtemos

■ Densidade de energia em campo de 1 tesla

$$u_B = 0,397 \times 106 \ \text{j/m}^3 \,.$$

Exercícios

E 9.18 Uma bobina supercondutora tem 15.000 espiras, raio interno de 2,0 cm e comprimento de 10 cm. (*A*) Quanto vale a indutância da bobina? (*B*) Qual é o valor da voltagem a ser aplicada à bobina para que seu campo varie à taxa de 5,0 T/min? (*C*) Qual deve ser a corrente na bobina para que ela gere um campo de 17 T? (*D*) Qual é a energia armazenada na bobina quando seu campo atinge esse valor? Trate a bobina como um solenóide ideal com raio de 2,0 cm.

E 9.19 Uma bobina semicondutora armazena uma energia magnética de 12,0 kJ quando nela passa uma corrente de 80,0 A. (*A*) Qual é a sua indutância? (*B*) Se aplicarmos a ela uma tensão constante de 3,00 V, a que taxa cresce a corrente que nela circula?

Seção 9.13 ■ Campo elétrico induzido

O fluxo do campo magnético em um circuito pode variar por duas razões: (*A*) o circuito se movimenta na região onde está o campo; (*B*) o circuito fica imóvel, mas o campo magnético muda com o tempo. Como vimos, quando um circuito se move numa região onde há um campo magnético constante, a fem que nele aparece pode ser entendida em termos da força magnética que atua sobre cargas em movimento. Naturalmente, esse não pode ser o mecanismo responsável pelo aparecimento de uma fem em um circuito imóvel situado numa região onde há um campo magnético variável no tempo. Nesse último caso, estamos diante de um fenômeno inteiramente novo: o aparecimento de um campo elétrico induzido por um campo magnético variável no tempo. Para discutir em mais detalhe esse fenômeno, consideremos um circuito C, que permanece imóvel. Seja S uma superfície contornada por C. Nesse caso, a fem envolvida na lei de Faraday pode ser expressa na forma:

$$\mathscr{E} = -\frac{d}{dt} \int_S \mathbf{B} \cdot d\mathbf{A} = -\int_S \frac{d\mathbf{B}}{dt} \cdot d\mathbf{A}. \tag{9.41}$$

Essa fem é o trabalho realizado pelo campo elétrico induzido sobre uma carga q que circule o circuito C, dividido por q. Formalmente, isso se expressa por:

$$\mathscr{E} = \frac{1}{q} \oint_C q\mathbf{E}_{ind} \cdot d\boldsymbol{l} = \oint_C \mathbf{E}_{ind} \cdot d\boldsymbol{l}. \tag{9.42}$$

Combinando as Equações 9.41 e 9.42, concluímos que

$$\oint_C \mathbf{E}_{ind} \cdot d\boldsymbol{l} = -\int_S \frac{d\mathbf{B}}{dt} \cdot d\mathbf{A}. \tag{9.43}$$

Esta equação mostra que o campo elétrico induzido não é conservativo, ou seja, sua integral em um circuito fechado não é nula. Isso contrasta com o campo eletrostático, ou seja, criado por cargas em repouso, para o qual já sabemos que

$$\oint_C \mathbf{E}_{est} \cdot d\boldsymbol{l} = 0. \tag{9.44}$$

Ou seja, o campo eletrostático é conservativo, o mesmo não ocorrendo com o campo elétrico induzido. Para completar nossa visão do comportamento do campo elétrico, devemos ainda considerar mais um fato. Todo campo elétrico tem origem em cargas elétricas. Cargas em repouso criam o campo eletrostático, e cargas em movimento criam campo magnético; este, como acabamos de ver, quando muda no tempo gera o campo elétrico induzido. Assim, o campo elétrico total é sempre a soma dos campos eletrostático e induzido:

$$\mathbf{E} = \mathbf{E}_{est} + \mathbf{E}_{ind}. \tag{9.45}$$

Podemos agora escrever:

$$\oint_C \mathbf{E} \cdot d\boldsymbol{l} = \oint_C \mathbf{E}_{est} \cdot d\boldsymbol{l} + \oint_C \mathbf{E}_{ind} \cdot d\boldsymbol{l} = \oint_C \mathbf{E}_{ind} \cdot d\boldsymbol{l}. \tag{9.46}$$

Das Equações 9.43 e 9.46, podemos concluir:

$$\oint_C \mathbf{E} \cdot d\boldsymbol{l} = -\int_S \frac{d\mathbf{B}}{dt} \cdot d\mathbf{A}. \tag{9.47}$$

A Equação 9.47 é uma das equações fundamentais do eletromagnetismo. Ela substitui a Equação 9.44, que só vale em condições estáticas, para o caso mais geral em que as cargas podem estar paradas ou em movimento. O movimento das cargas gera um campo magnético, responsável pelo lado direito da Equação 9.47.

E·E Exercício-exemplo 9.10

■ *Um exemplo de campo induzido.* A Figura 9.23 mostra uma região circular onde há um campo magnético **B** uniforme. Campos desse tipo podem ser criados, por exemplo, no interior de uma bobina. Variando a corrente na bobina, faz-se com que o campo magnético varie linearmente com o tempo, ou seja, $B(t) = at$, onde a é uma constante. Calcule o campo elétrico induzido em pontos à distância r do centro da região ocupada pelo campo magnético (ou seja, o eixo da bobina).

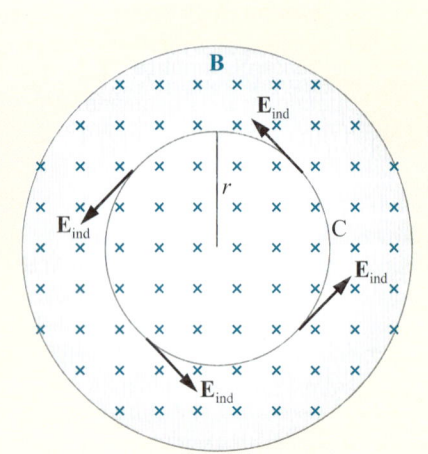

Figura 9.23

(Exercício-exemplo 9.10).

■ **Solução**

Consideremos o circuito C, um círculo de raio r centrado no eixo da bobina. Escolhendo o lado positivo da superfície S apontando para fora do papel, podemos escrever

$$\oint_C \mathbf{E}_{ind} \cdot d\mathbf{l} = -\int_S \frac{d\mathbf{B}}{dt} \cdot d\mathbf{A} = \frac{dB}{dt}\pi r^2 .$$

Por simetria, o campo elétrico induzido é tangente ao círculo C. Portanto,

$$\oint_C E_{ind}\, dl = \frac{dB}{dt}\pi r^2 ,$$

$$E_{ind}\, 2\pi r = a\pi r^2 \quad \Rightarrow E_{ind} = \frac{ar}{2}.$$

Exercício

E 9.20 Uma bobina de seção circular cria em seu interior um campo magnético uniforme que cresce à taxa de 6,0 tesla/min. Calcule o módulo do campo elétrico induzido no interior da bobina, a 1,0 cm do seu eixo.

PROBLEMAS

P 9.1 Uma espira quadrada, com lado de 0,50 m, está imersa em um campo magnético homogêneo normal ao seu plano, como se vê na Figura 9.24. Uma bateria de resistência interna desprezível está ativando a espira. O campo, direcionado para fora do papel, passa por um transiente rápido em que sua intensidade varia na forma $B = 0,010\ \mathrm{T} + 0,50\ \mathrm{T}\ t/s$. (A) Qual é a fem total na espira durante o transiente? (B) Qual é o sentido da corrente na espira?

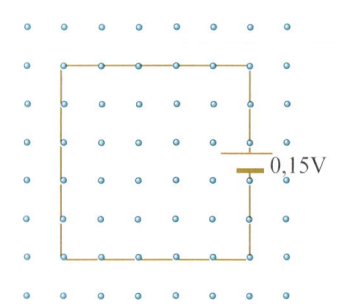

Figura 9.24

(Problema 9.1).

P 9.2 Um circuito tem indutância L e resistência elétrica R. (A) Mostre que, para gerar no circuito uma corrente $I = I_o\ \mathrm{sen}\omega t$, é necessário que se lhe aplique uma voltagem

$$V(t) = RI_o\ \mathrm{sen}\omega t + \omega L I_o\ \cos\omega t.$$

(B) Mostre que a potência média fornecida ao circuito pela fonte de tensão é

$$\overline{P} = \tfrac{1}{2} R I_o^{\ 2}$$

P 9.3* Um ímã se aproxima de um anel, movendo-se sobre o eixo deste. A Figura 9.25 mostra a situação em um dado instante em que o centro do anel está à distância z do centro do ímã. Note-se a simetria axial do campo magnético no plano do anel. Utilizando a aproximação de dipolo para o campo magnético, mostre que (A) seu fluxo na superfície contornada pelo anel vale

$$\Phi_B = \frac{\mu_o \mu}{2}\left[\frac{1}{(z^2 + R^2)^{1/2}} - \frac{z^2}{(z^2 + R^2)^{3/2}} \right]; (B)\ \text{para}\ z \gg R,\ \text{esta}$$

expressão se aproxima para $\Phi_B \cong \dfrac{\mu_o \mu}{2}\dfrac{R^2}{z^3}$; (C) a fem no anel vale

$$\mathcal{E} = \frac{\mu_o \mu}{2}\left[\frac{zv}{\left(z^2 + R^2\right)^{3/2}} - \frac{3z^3 v}{\left(z^2 + R^2\right)^{5/2}}\right]$$

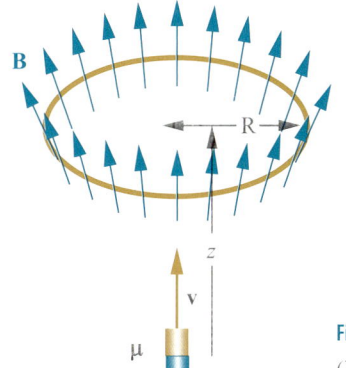

Figura 9.25

(Problema 9.3).

P 9.4 A Figura 9.26 mostra uma barra metálica de resistência elétrica desprezível, em forma de U, posicionada na vertical, à qual se prende uma barra horizontal de resistência elétrica R. Os anéis que prendem a barra horizontal à barra metálica permitem que a barra horizontal deslize na vertical com atrito desprezível. A massa do conjunto barra horizontal mais anéis vale m. Um campo magnético horizontal de intensidade uniforme B cobre toda a região do sistema. (A) Qual é o sentido da corrente induzida? (B) Qual é a força magnética sobre a barra? (C) Escreva a equação de movimento da barra.

(D) Mostre que a velocidade terminal da barra é $v_{máx} = \dfrac{mgR}{(lB)^2}$.

(E) Mostre que, após atingida a velocidade terminal, a energia dissipada na barra por efeito Joule é igual à taxa de perda de energia potencial gravitacional do sistema.

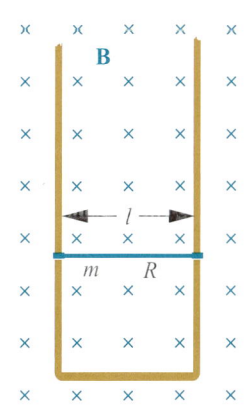

Figura 9.26

(Problema 9.4).

P 9.5 Uma barra de comprimento l está orientada em direção perpendicular a um fio longo no qual corre uma corrente I. A extremidade da barra mais próxima ao fio está à distância d do fio e move-se com velocidade **v** paralela ao fio (Figura 9.27). Mostre que entre as extremidades da barra há uma tensão elétrica dada por $V = \dfrac{\mu_o I v}{2\pi}\ln\dfrac{d+l}{d}$.

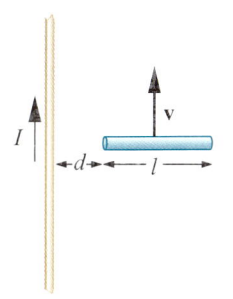

Figura 9.27

(Problema 9.5).

P 9.6 Uma barra de comprimento l ocupa uma região onde há um campo magnético uniforme e estático **B**. A barra gira com velocidade angular ω em torno de um ponto fixo em uma das suas extremidades, em um plano perpendicular ao campo (Figura 9.28). (A) Mostre que uma carga q da barra, à distância r do eixo de rotação, fica sujeita a uma força magnética $F_{mag} = qr\omega B$ e que entre as extremidades da barra existe uma tensão elétrica $V = \omega l^2 B / 2$. (B) Analise o problema do ponto de vista da lei de indução de Faraday: mostre que a barra girando varre uma área que cresce linearmente no tempo na forma $A = l^2 \omega t / 2$ e calcule a derivada no tempo do fluxo magnético nessa área. Calcule a força eletromotriz usando diretamente a lei de Faraday e mostre que ela é igual à tensão anteriormente calculada.

$$
\begin{array}{ccccccc}
\times & \times & \times & \times & \times & \times & \times \\
\times & \times & \times & \times & \times & \times & \times \\
\times & \times & \times & \times & \times & \times & \times \\
\times & \times & \times & \times & \times & \times & \times \\
\times & \times & \times & \times & \times & \times & \times \\
\times & \times & \times & \times & \times & \times & \times \\
\times & \times & \times & \times & \times & \times & \times \\
\end{array}
$$

Figura 9.28

(Problema 9.6).

P 9.7 Considere um circuito fechado com uma resistência elétrica total R. Imagine que o campo magnético na região do circuito varie no espaço e no tempo de forma arbitrária, e seja $\Phi_B(t)$ o fluxo magnético na superfície contornada pelo circuito no instante t. Mostre que no intervalo de tempo entre os instantes t_1 e t_2 a carga total que percorre o circuito é

$$q = \frac{1}{R}\left[\Phi_B(t_1) - \Phi_B(t_2)\right].$$

P 9.8 *Tensão elétrica gerada pela força centrífuga inercial.* Se girarmos um disco metálico em torno de seu eixo, em uma região inteiramente livre de campo magnético, aparece uma diferença de potencial entre a borda e o centro decorrente da força centrífuga que atua sobre os elétrons, que podem mover-se livremente no metal e acabam sendo arrastados para a borda. Essa migração cessa quando o campo elétrico gerado pelo acúmulo de elétrons na borda equilibra a força centrífuga sobre eles. (A) Mostre que a borda do disco fica negativa e que a tensão elétrica entre o eixo e a borda é $V = m\omega^2 R^2 / 2e$, onde m e e são, respectivamente, a massa e a carga do elétron, ω a velocidade angular e R é o raio do disco.

(B) Calcule V para um disco com raio de 5,0 cm perfazendo 200 giros por segundo.

P 9.9 (*Opcional*) O cabo (longo) que transporta a corrente na Figura 9.29 está no mesmo plano da espira quadrada, a qual também se move naquele plano. O fio da espira tem resistência de 30 mΩ. Calcule a corrente na espira.

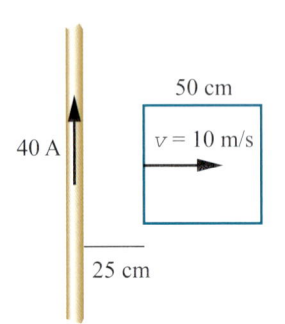

Figura 9.29

(Problema 9.9).

P 9.10 (*Opcional*) Calcule a indutância mútua entre o fio (longo) vertical e a espira quadrada azul mostrados na Figura 9.30.

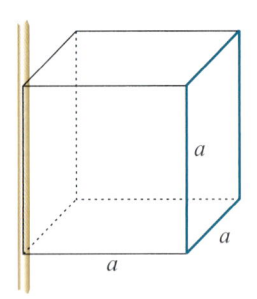

Figura 9.30

(Problema 9.10).

P 9.11 A Figura 9.31 mostra um cabo coaxial. Um fio metálico cilíndrico de raio a é envolvido por uma capa metálica cilíndrica de raio b. Um plástico isolante preenche o espaço entre o fio e a capa. O plástico não é magnético, de modo que, para cálculo do campo magnético, podemos tratá-lo como vácuo. Em operação como cabo elétrico, a corrente de mesma intensidade I se propaga no fio e na capa em sentidos opostos. Calcule a auto-indutância por unidade de comprimento do cabo.

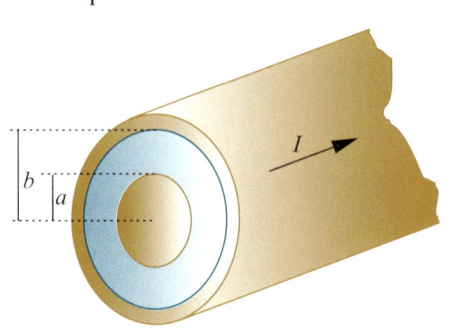

Figura 9.31

(Problema 9.11).

P 9.12 Mostre que a indutância de duas bobinas ligadas em série é

$$L = L_1 + L_2 \pm L_{12}$$

e discuta o significado do duplo sinal.

P 9.13 (*Opcional*) Mostre que a indutância mútua de dois solenóides longos coaxiais de mesmo comprimento l e números de espiras N_1 e N_2 é

$$L_{12} = \pm \mu_o \pi R_1^2 \frac{N_1 N_2}{l},$$

onde R_1 é o raio do solenóide interior. Discuta o duplo sinal.

P 9.14 Um solenóide de longo raio R cria um campo magnético homogêneo em seu interior, o qual varia no tempo na forma $B(t) = at$, onde a é uma constante. (A) Calcule a intensidade do campo elétrico induzido à distância r do eixo do solenóide, sobre o plano normal ao eixo que corta o solenóide ao meio. (B) Desenhe as linhas de força do campo elétrico induzido.

Respostas dos exercícios

E 9.1 (A) 30 kC; (B) 33 kJ

E 9.2 6,4 m²

E 9.3 q = 45 μC

E 9.4 (A) 0,37 mA; (B) 0,94 μN

E 9.5 11 μV

E 9.6 1,1 mT

E 9.7 (A) V = 0,785 V. (B) Sim, a borda do disco é o pólo positivo quando o sentido de ω é o mesmo que o de **B**.

E 9.8 (A) $\mathcal{E}$ = 0,15 V. (B) $\mathcal{E}$ = 0

E 9.9 10 mV

E 9.10 (A) $\mathcal{E}$ = 0,90 mV. (B) a de baixo

E 9.11 (A) 0,377 V; (B) 0,473 mW; (C) $1,26 \times 10^{-6}$ Nm

E 9.12 (A) $I = 2,4A \cdot \text{sen}(377s^{-1} \cdot t + \phi)$; (B) $\bar{P}$ = 1,4 W

E 9.14 V = 4,2 Vcos(5000 t/s)

E 9.17 $L_{12} = \mu_o \pi a^2 n$

E 9.18 (A) L = 0,89 H. (B) V = 0,39 V. (C) I = 90 A, (D) U = 3,6 kJ

E 9.19 (A) 3,75 H; (B) 0,800 A/s

E 9.20 0,50 mV/m

Respostas dos problemas

P 9.1 (*A*) $\mathscr{E} = 0,025$ V. (*B*) Sentido anti-horário

P 9.4 (*A*) Sentido horário; (*B*) $F = -\dfrac{e^2 B^2}{R}\,\dot{y}$;

(*C*) $m\ddot{y} = mg - \dfrac{(lB)^2}{R}\,\dot{y}$

P 9.8 (*B*) $V = 36$ nV

P 9.9 3,6 mA, no sentido horário

P 9.10 $L_{12} = \dfrac{\mu_o}{2\pi a}\left(1 - \dfrac{\sqrt{2}}{2}\right)$

P 9.11 $\dfrac{L}{l} = \dfrac{\mu_o}{2\pi}\ln\left(\dfrac{b}{a}\right)$

P 9.14 $E_{ind} = ar/2 \quad r < R, \quad E_{ind} = aR^2/2r \quad r > R$

10

Equações de Maxwell

Seção 10.1 ■ Introdução

Este capítulo é dedicado ao estudo da síntese que Maxwell fez do eletromagnetismo, nas hoje chamadas equações de Maxwell. Estas equações incluem as leis fundamentais antes descobertas e que foram estudadas nos capítulos anteriores: as leis de Gauss, de Ampère e da indução de Faraday; além dessas, a hoje chamada lei de Gauss do magnetismo, que diz que o fluxo do campo magnético em qualquer superfície fechada é sempre nulo. O trabalho de Maxwell tem muitas faces. Uma delas, colocar as referidas leis na linguagem matemática que é usada ainda hoje, embora atualmente usemos a notação vetorial, que é muito mais compacta. Maxwell também reconheceu que a lei de Ampère não vale em situações dinâmicas — ou seja, regimes em que as correntes elétricas não são estacionárias — e deu-lhe uma nova formulação que tem validade irrestrita. Correntes não-estacionárias podem levar a campos elétricos que variam no tempo, e Maxwell postulou que esses campos elétricos variáveis induzem campos magnéticos, do mesmo modo que — segundo a lei de Faraday — campos magnéticos variáveis no tempo induzem campos elétricos. Isso o levou a modificar a lei de Ampère, transformando-a em uma lei que vale em regimes dinâmicos. A lei de Ampère foi, assim, transformada na lei de Maxwell-Ampère, que é uma das quatro equações de Maxwell. O terceiro feito de Maxwell foi analisar as quatro equações no seu conjunto, antever que elas abrangiam todo o eletromagnetismo e analisar as suas principais conseqüências. Ele demonstrou que a luz é uma onda eletromagnética, uma onda em que os campos elétrico e magnético propagam-se no espaço, oscilando e induzindo-se mutuamente. Mostrou que era possível entender todas as propriedades então conhecidas da luz a partir do eletromagnetismo. O futuro mostrou que a síntese de Maxwell foi perfeita e completa. Até hoje, nenhum fenômeno eletromagnético jamais foi descoberto que não obedeça àquele conjunto de leis. Vale ainda ressaltar que a obra de Maxwell se mostrou mais robusta e duradoura que a mecânica de Newton. A teoria da relatividade de Einstein, na qual a mecânica de Newton só vale quando as velocidades são baixas comparadas à velocidade da luz, preservou integralmente as equações de Maxwell. Na verdade, Einstein se inspirou no eletromagnetismo para desenvolver sua teoria da relatividade restrita em 1905. Seu artigo original não se intitula Teoria da Relatividade, e sim Sobre a Eletrodinâmica de Corpos em Movimento. Nesta teoria, fica evidente a maneira como uma única força na Natureza se manifesta em duas formas distintas, a força elétrica e a força magnética. A mecânica quântica, desenvolvida nos anos 1920, também deixa intocadas as equações de Maxwell. Sua contribuição para o eletromagnetismo é mostrar que a energia contida em uma onda eletromagnética não pode ser infinitamente pequena: existe um *quantum* mínimo de energia, cujo valor é proporcional à freqüência da onda. A incorporação das leis da quantização ao eletromagnetismo resultou na *eletrodinâmica quântica*. Esta teoria leva à melhor concordância até hoje obtida entre previsão teórica e observação experimental: uma parte em 10^9. Esta precisão equivale à de se escrever o diâmetro da Terra com precisão de um centímetro.

Seção 10.2 ■ Juntando as peças

Os fenômenos eletromagnéticos investigados até aqui, e já conhecidos em meados do século XIX, quando Maxwell procurou organizá-los, podem ser sintetizados em quatro leis fundamentais, já estudadas neste livro e agrupadas a seguir:

■ Lei de Gauss
$$\oint_S \mathbf{E} \cdot d\mathbf{A} = q/\varepsilon_o,$$
(10.1)

■ Lei de Gauss do magnetismo
$$\oint_S \mathbf{B} \cdot d\mathbf{A} = 0,$$
(10.2)

■ Lei de Faraday
$$\oint_C \mathbf{E} \cdot d\boldsymbol{l} = -\int_S \mathbf{B} \cdot d\mathbf{A},$$
(10.3)

■ Lei de Ampère
$$\oint_C \mathbf{B} \cdot d\boldsymbol{l} = \mu_o I.$$
(10.4)

James Clerk Maxwell

Distintamente de Faraday, o escocês James Maxwell (1831-1879) foi filho único de um advogado, e teve amplo acesso à educação formal. Seu talento matemático revelou-se muito cedo. As idéias de Faraday sobre linhas de campo capturaram sua imaginação e ele propôs-se desenvolvê-las em um formalismo matemático. Nos anos 1860, obtém uma formidável síntese de todos os fenômenos eletromagnéticos em quatro equações fundamentais, as hoje chamadas equações de Maxwell. Para realizar tal feito, ele postula, sem qualquer evidência experimental, o complemento simétrico da lei de indução de Faraday: a lei de indução de Maxwell. A primeira diz que um campo magnético variável no tempo gera um campo elétrico; a segunda, que um campo elétrico variável gera um campo magnético. Por meio dessa mútua indução, os campos elétrico e magnético logram propagar-se como onda através do espaço, cada qual gerando o outro, interminavelmente. Dessa maneira, coloca em bases sólidas a conjectura de Faraday de que a luz fosse uma oscilação conjunta dos campos elétrico e magnético. Com o trabalho de Maxwell, o processo pelo qual podem ser geradas as ondas eletromagnéticas ficou evidente, e isso foi realizado em 1887 por Heinrich Hertz. Juntamente com a mecânica de Newton e a teoria da relatividade de Einstein, as equações de Maxwell são as maiores contribuições individuais para a física. Segundo muitos, Maxwell foi o homem do século XIX que mais influenciou o século XX. Deu outras importantes contribuições para a ciência. Em 1847, para concorrer a um prêmio sobre os anéis de Saturno, demonstrou que, para que os anéis sejam estáveis, é necessário que eles sejam compostos de partículas sólidas, o que foi definitivamente confirmado pelas naves Voyager 1 e 2 (1980). Desenvolveu, independentemente de Ludwig Boltzmann, os fundamentos da mecânica estatística e deduziu, pela primeira vez, a distribuição estatística das velocidades das moléculas em um gás. Deu importantes contribuições para a teoria do calor, uma delas a demonstração do caráter estatístico da segunda lei da termodinâmica — que diz que os sistemas de muitas partículas sempre tendem para a desordem —, e de por que isso ocorre. Foi um cristão conservador que acabou opondo-se a teorias que negavam o criacionismo. Opôs-se à teoria da evolução de Darwin com argumentos de difícil refutação, ainda hoje utilizados. Na teoria de Laplace de formação do sistema solar a partir de uma nuvem de gases, conseguiu encontrar dois erros que levaram tal teoria temporariamente ao descrédito. Acima do gênio impunha-se o homem fervoroso. Segundo seu médico, ninguém demonstrou mais consciência e tranqüilidade ao morrer.

Estas leis evidenciam uma clara assimetria entre fenômenos elétricos e fenômenos magnéticos. A assimetria mais óbvia decorre de a Natureza possuir cargas elétricas, mas não cargas magnéticas. Isto distingue a Equação 10.2 da Equação 10.1: a carga magnética q_m é nula e, por isso, o fluxo do campo magnético em uma superfície S fechada é nulo, como diz a lei de Gauss do magnetismo. Além do mais, a corrente de carga magnética é nula e, por conseqüência, o termo análogo ao do lado direito da Equação 10.4, que deveria aparecer também no lado direito da Equação 10.3 se na Natureza houvesse carga magnética, inexiste.

Mas as assimetrias não param aí. O fenômeno da indução descoberto por Faraday gera uma assimetria nas equações que tem caráter distinto das assimetrias anteriores: falta no lado direito da lei de Ampère um termo análogo ao do lado direito da lei de Faraday. Em outras palavras, falta na Equação 10.4 um termo que represente a indução de um campo magnético por um campo elétrico variável no tempo. Na época de Maxwell, o fenômeno correspondente não era conhecido. Nenhum experimento havia dado indicação de que a variação no tempo de um campo elétrico gerasse um campo magnético. Entretanto, Maxwell se convenceu de que tal fenômeno deveria ocorrer na Natureza. Além das considerações sobre simetria que acabamos de fazer, Maxwell baseou sua conclusão no conceito de corrente de deslocamento, apresentado na próxima seção.

Seção 10.3 ■ Corrente de deslocamento

Consideremos o processo de carregamento de um capacitor de placas planas paralelas, ilustrado na Figura 10.1. Nota-se que esse é um processo que não pode ser continuado indefinidamente, ou seja, a corrente I não pode ser estacionária. Como veremos, a aplicação da lei de Ampère na análise dessa corrente não-estacionária leva a resultados contraditórios. Consideremos a circulação do campo magnético na curva C indicada na figura. Pela Equação

10.4, tal circulação é igual ao fluxo da corrente elétrica em qualquer superfície contornada por C. Consideremos, porém, duas superfícies S_1 e S_2, indicadas nas Figuras 10.2A e 10.2B, respectivamente.

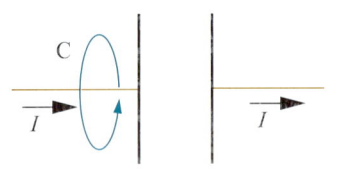

Figura 10.1

Capacitor de placas paralelas sendo carregado pela corrente I. A lei de Ampère aplicada à curva C leva a contradições.

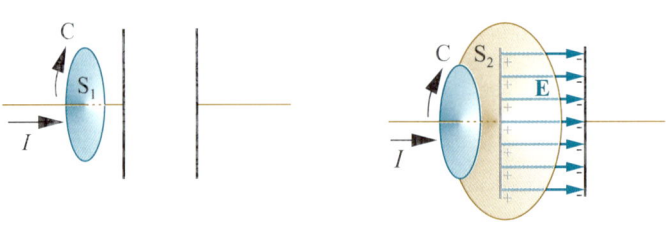

Figuras 10.2A e 10.2B

Duas superfícies abertas distintas são mostradas, contornadas pela mesma curva C: a superfície S_1, atravessada pelo fio, e portanto pela corrente, tem um fluxo de corrente igual a I; a superfície S_2, que envolve uma das placas do capacitor, tem fluxo nulo de corrente.

Na superfície S_1, o fluxo de corrente elétrica é igual a I, que é a corrente no fio. Na superfície S_2, o fluxo de corrente é nulo. Portanto, pela lei de Ampère, obtemos:

$$\oint_C \mathbf{B} \cdot d\mathbf{l} = \mu_o \int_{S_1} \mathbf{j} \cdot d\mathbf{A} = \mu_o I, \tag{10.5}$$

$$\oint_C \mathbf{B} \cdot d\mathbf{l} = \mu_o \int_{S_2} \mathbf{j} \cdot d\mathbf{A} = 0. \tag{10.6}$$

Obtemos neste caso previsões contraditórias para a mesma grandeza física, ou seja, temos um paradoxo. Simplesmente aplicamos a lei de Ampère a duas superfícies distintas contornadas pela mesma curva C e obtivemos resultados conflitantes. Isso significa que a lei de Ampère falha no sistema ao qual foi aplicada.

Maxwell deu para esse paradoxo a solução que passaremos a expor. O fluxo de corrente elétrica na superfície S_1 pode ser expresso na forma

$$I = \int_{S_1} \mathbf{j} \cdot d\mathbf{A} = \frac{dq}{dt} = A\frac{d\sigma}{dt}, \tag{10.7}$$

onde A é a área das placas e σ é a densidade de cargas na placa positiva. O campo elétrico é $E = \sigma / \varepsilon_o$ no interior do capacitor e nulo na região exterior. Portanto,

$$\frac{dq}{dt} = \varepsilon_o A \frac{dE}{dt}. \tag{10.8}$$

O lado direito da Equação 10.8 pode ser posto na forma

$$\varepsilon_o A \frac{dE}{dt} = \int_{S_2} (\varepsilon_o \frac{d\mathbf{E}}{dt}) \cdot d\mathbf{A}. \tag{10.9}$$

A justificativa formal da Equação 10.8 pode ser vista no Exercício-exemplo 10.1. Maxwell deu o nome *densidade de corrente de deslocamento* à grandeza definida por:

$$\mathbf{j}_d \equiv \varepsilon_o \frac{d\mathbf{E}}{dt}. \tag{10.10}$$

A **corrente de deslocamento** I_d através de uma superfície S é o fluxo de $\mathbf{j}_d$ na mesma. Matematicamente, isso se expressa por

■ Definição de corrente de deslocamento

$$I_d = \int_S \mathbf{j}_d \cdot d\mathbf{A}, \tag{10.11a}$$

$$I_d = \int_S (\varepsilon_o \frac{\partial \mathbf{E}}{\partial t}) \cdot d\mathbf{A}. \tag{10.11b}$$

Na Equação 10.11b, escrevemos a derivada parcial de $\mathbf{E}$ em relação a t porque em geral o campo elétrico também varia com a posição no espaço. Definida a corrente de deslocamento, Maxwell postulou que o que deve entrar do lado direito da Equação 10.4 que exprime a lei de Ampère é a soma da corrente elétrica e da corrente de deslocamento, ou seja,

■ Lei de Maxwell-Ampère

$$\oint_C \mathbf{B} \cdot d\boldsymbol{l} = \mu_o (I + I_d). \tag{10.12}$$

De modo equivalentemente, esta lei pode ser escrita na forma

■ Lei de Maxwell-Ampère

$$\oint_C \mathbf{B} \cdot d\boldsymbol{l} = \mu_o I + \mu_o \varepsilon_o \int \frac{\partial \mathbf{E}}{\partial t} \cdot d\mathbf{A}. \tag{10.13}$$

E·E Exercício-exemplo 10.1

■ *Justificativa da Equação 10.9*. Na Figura 10.3, a superfície S_3 é uma placa plana paralela às placas do capacitor. Mostre que o fluxo do campo elétrico é o mesmo nas superfícies S_2 e S_3.

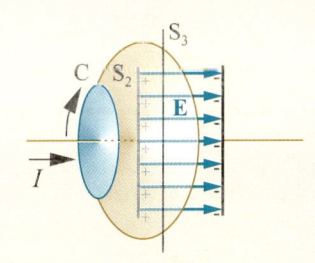

Figura 10.3
(Exercício-exemplo 10.1).

■ **Solução**

A superfície S_3 corta a superfície S_2 de forma a construir uma superfície fechada S com uma parte côncava à direita e outra plana à esquerda. O campo elétrico entra em S pela superfície S_3 e sai de S pela superfície S_2. O fluxo de $\mathbf{E}$ em S é então dado por

$$\oint_S \mathbf{E} \cdot d\mathbf{A} = -\int_{S_3} \mathbf{E} \cdot d\mathbf{A} + \int_{S_2} \mathbf{E} \cdot d\mathbf{A}.$$

Mas, pela lei de Gauss, uma vez que não há cargas dentro de S,

$$\oint_S \mathbf{E} \cdot d\mathbf{A} = 0.$$

Portanto,

$$\int_{S_3} \mathbf{E} \cdot d\mathbf{A} = \int_{S_2} \mathbf{E} \cdot d\mathbf{A}.$$

O fluxo de $\mathbf{E}$ em S_3 é claramente dado por

$$\int_{S_3} \mathbf{E} \cdot d\mathbf{A} = EA.$$

Esta equação leva imediatamente à Equação 10.9.

E·E   Exercício-exemplo 10.2

■ Considere o capacitor sendo carregado mostrado na Figura 10.2 e suponha que $I = 10{,}0$ A e $A = 200$ cm². Calcule: (A) a densidade de corrente de deslocamento; (B) o fluxo da corrente de deslocamento nas superfícies S_1 e S_2.

■ **Solução**

(A) A densidade de corrente de deslocamento apenas não é nula no espaço entre as placas do capacitor, pois somente ali o campo elétrico não é nulo. No espaço entre as placas ela vale

$$j_d \equiv \varepsilon_o \frac{\partial E}{\partial t} = \varepsilon_o \frac{d}{dt}(\sigma / \varepsilon_o) = \frac{d\sigma}{dt} = \frac{1}{A}\frac{dq}{dt}.$$

Mas $dq/dt = I$ e, portanto,

$$j_d = \frac{I}{A} = \frac{10{,}0\,\text{A}}{200\,\text{cm}^2} = 5{,}00\times10^2\,\frac{\text{A}}{\text{cm}^2}.$$

(B) O fluxo da corrente de deslocamento em S_1 é nulo, pois a densidade de corrente de deslocamento é nula em todos os pontos dessa superfície. Na superfície S_2, o fluxo I_d da densidade de corrente é igual a $j_d A$. Portanto, nessa superfície, $I_d = I$. Vemos assim que o fluxo total de corrente, $I_{tot} = I + I_d$, tem o mesmo valor nas superfícies S_1 e S_2.

E·E   Exercício-exemplo 10.3

■ Suponha que o capacitor considerado nas Figuras 10.1 e 10.2 tenha placas circulares de raio R. (A) Escreva a expressão para o campo magnético induzido na região entre as placas, em função da distância r ao eixo do capacitor, tanto para $r < R$ como para $r > R$. (B) Considere o caso em que $R = 10{,}0$ cm e $I = 20{,}0$ A e faça um gráfico de $B(r)$.

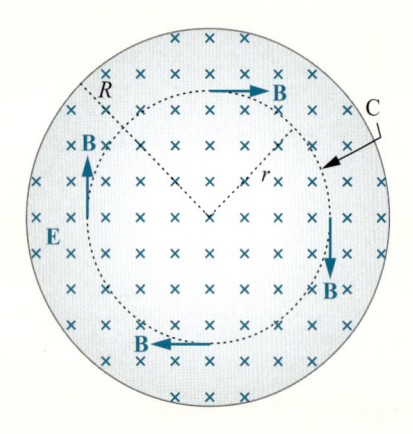

Figura 10.4

Um capacitor de placas paralelas, circulares de raio R, está sendo carregado. O campo elétrico, cujo módulo é crescente, aponta para dentro da página. O campo magnético induzido tem simetria cilíndrica e suas linhas de campo são círculos concêntricos com as placas, percorridos no sentido horário.

■ **Solução**

A Figura 10.4 mostra o campo elétrico no interior das placas (apontando para dentro da página e com módulo crescente no tempo) e o campo magnético induzido, percorrendo um círculo no sentido horário. O campo magnético induzido será calculado a partir da lei de Maxwell-Ampère, expressa pela Equação 10.13. Deve-se notar que $I = 0$ no espaço em que a lei será aplicada. Consideremos a curva C um círculo de raio r e a superfície S que ela circunda. Se tomarmos como lado positivo de S aquele que aponta para fora do papel, o fluxo do campo elétrico será negativo e, como o campo está crescendo, a derivada no tempo do fluxo também será negativa. Conseqüentemente, o campo magnético irá circular pela curva C no sentido negativo, ou seja, no sentido horário.

(*A*) Para $r < R$ podemos escrever:

$$\int_S \varepsilon_o \frac{\partial \mathbf{E}}{\partial t} \cdot d\mathbf{A} = -\int_S \varepsilon_o \frac{\partial E}{\partial t} dA = -\varepsilon_o \frac{\partial E}{\partial t} \pi r^2.$$

Mas temos também:

$$\varepsilon_o \frac{\partial E}{\partial t} = \frac{\partial \sigma}{\partial t} = \frac{1}{\pi R^2} \frac{dq}{dt} = \frac{1}{\pi R^2} I,$$

e, portanto,

$$\int_S \varepsilon_o \frac{\partial \mathbf{E}}{\partial t} \cdot d\mathbf{A} = -I \frac{r^2}{R^2}.$$

Por outro lado,

$$\oint_C \mathbf{B} \cdot d\mathbf{l} = -\oint_C B dl = -B 2\pi r.$$

Pela Equação 10.13, temos então

$$B 2\pi r = \mu_o I \frac{r^2}{R^2} \quad \Rightarrow \quad B = \mu_o I \frac{r}{2\pi R^2}.$$

Para $r > R$,

$$\int_S \varepsilon_o \frac{\partial \mathbf{E}}{\partial t} \cdot d\mathbf{A} = -I,$$

e obtemos nesse caso:

$$B = \mu_o I \frac{1}{2\pi r}.$$

(*B*) considerando os valores numéricos do problema, temos:

$$B = 4,00 \times 10^{-6} \, \text{Tm} \frac{r}{R^2} \quad r < R = 0,1\text{m}$$

$$B = 4,00 \times 10^{-6} \, \text{Tm} \frac{1}{r} \quad r > R.$$

Na Figura 10.5, vemos o gráfico da variação do campo magnético com a distância r ao eixo do capacitor.

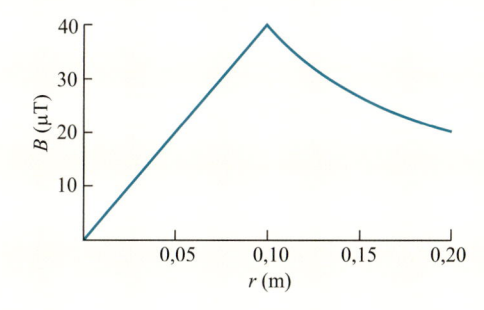

Figura 10.5

Variação espacial do campo magnético do capacitor mostrado na Figura 10.4, quando seu raio R é de 10,0 cm e a corrente I que o carrega vale 20,0 A.

E 10.1 Um capacitor de placas planas e paralelas está sendo descarregado de forma que o campo elétrico entre as placas decresce a uma taxa de $1,50 \times 10^8$ V / (m × s). Quanto vale a densidade de corrente de deslocamento no espaço entre as placas?

E 10.2 Um capacitor é formado de placas circulares paralelas com raio de 5,00 cm. A carga do capacitor cresce à taxa de 12,0 C/s. (*A*) Qual é a corrente de deslocamento entre as placas do capacitor? (*B*) Quanto vale o campo magnético em um ponto entre as placas, distante 3,00 cm do eixo dos discos?

E 10.3 Mostre que a corrente de deslocamento entre as placas de um capacitor de placas paralelas, cuja capacitância vale *C*, pode ser expressa por

$$I_{\mathrm{d}} = C \frac{dV}{dt}.$$

E 10.4 Mostre que, no Exercício-exemplo 10.3, a densidade de corrente de deslocamento, tanto para *r* < *R* quanto para *r* > *R*, vale

$$j_{\mathrm{d}} = \varepsilon_o \frac{\partial E}{\partial t}.$$

E 10.5 O campo elétrico em uma região do espaço oscila no tempo segundo a equação $E = 30 \dfrac{\mathrm{V}}{\mathrm{cm}}$ sen(200t/s). (*A*) Calcule a expressão para a variação no tempo da densidade de corrente de deslocamento. (*B*) Qual é o valor máximo da corrente de deslocamento em uma área de 4,0 cm² perpendicular a **E**?

E 10.6 Um capacitor de placas paralelas, quadradas com lado de 10,0 cm, está sendo carregado com uma corrente de 6,00 A. A Figura 10.6 mostra o capacitor visto do seu topo, e vê-se que o campo elétrico, crescente, aponta para dentro do papel. Considere a curva fechada C mostrada na figura. Calcule o valor de $\oint_{\mathrm{C}} \mathbf{B} \cdot d\mathbf{l}$ supondo que a curva é percorrida no sentido anti-horário.

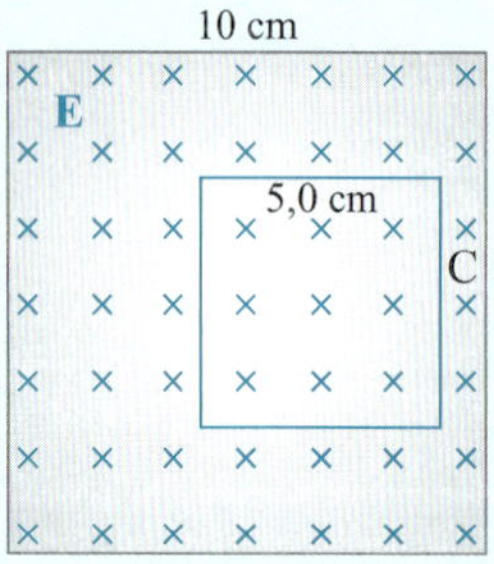

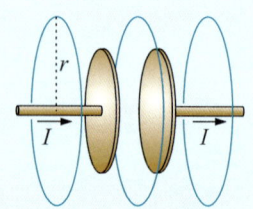

Figura 10.6
(Exercício 10.6).

E 10.7 O capacitor de placas circulares paralelas visto na Figura 10.7 está sendo carregado com uma corrente *I*. A figura mostra também três círculos de raio *r* maior que o das placas. Mostre que em qualquer dos círculos o campo magnético vale

$$B = \frac{\mu_o I}{2\pi r}.$$

Figura 10.7
(Exercício 10.7).

E 10.8 Em 1929, *M. R. Van Cauweberghe* mediu pela primeira vez diretamente o campo magnético induzido pela corrente de deslocamento. Ele utilizou um capacitor de placas cilíndricas paralelas, de raio igual a 40 cm, cuja capacitância era 100 pF. A voltagem aplicada teve a forma $V = 174$kV · sen (314 *t* / s). (*A*) Qual é a variação temporal da corrente de deslocamento I_d? (*B*) Qual foi o valor máximo atingido pelo campo magnético induzido?

Seção 10.4 ■ Corrente de deslocamento em dielétricos

A análise que fizemos da corrente elétrica interrompida por um capacitor tem de ser reconsiderada no caso em que o capacitor esteja preenchido por um dielétrico. É o que faremos agora. As Figuras 9.8A e 9.8B são as equivalentes às Figuras 9.2A e 9.2B para a situação em que o espaço entre as placas do capacitor está inteiramente preenchido por um dielétrico. Neste caso o campo elétrico entre as placas do capacitor é dado por $E = \sigma / \kappa \varepsilon_o$, e portanto a Equação 10.8 deve ser modificada para

$$\frac{dq_{\text{L}}}{dt} = \kappa \varepsilon_o A \frac{\partial E}{\partial t}, \tag{10.14}$$

onde escrevemos q_{L} para indicar que nos referimos à carga livre no capacitor. Esta é a carga alimentada pela corrente, ou seja, $I = dq_{\text{L}} / dt$. A densidade de corrente de deslocamento assume a forma

■ Densidade de corrente de deslocamento em um meio dielétrico

$$\mathbf{j}_{\text{d}} \equiv \kappa \varepsilon_o \frac{\partial \mathbf{E}}{\partial t}. \tag{10.15}$$

Figuras 10.8A e 10.8B

Representam situações análogas às vistas nas Figuras 10.2A e 10.2B para o caso em que o capacitor é preenchido por um dielétrico.

A lei de Maxwell-Ampère, na sua forma mais geral, em que o campo elétrico pode estar em um meio cuja constante dielétrica vale κ, tem a forma

■ Lei de Maxwell-Ampère para meios dielétricos

$$\oint_C \mathbf{B} \cdot d\mathbf{l} = \mu_o I + \mu_o \kappa \varepsilon_o \int \frac{\partial \mathbf{E}}{\partial t} \cdot d\mathbf{A}. \tag{10.16}$$

E·E Exercício-exemplo 10.4

■ Calcule a corrente de deslocamento no capacitor das Figuras 10.8A e 10.8B.

■ **Solução**

A corrente de deslocamento será

$$I_{\text{d}} = \mathbf{j}_{\text{d}} \cdot \mathbf{A} \equiv \kappa \varepsilon_o \frac{\partial \mathbf{E}}{\partial t} \cdot \mathbf{A} = \kappa \varepsilon_o \frac{\partial E}{\partial t} A.$$

Considerando a Equação 10.14, podemos escrever

$$I_{\text{d}} = \frac{dq_{\text{L}}}{dt} = I.$$

Vemos então que a corrente de deslocamento no capacitor é igual à corrente no fio que o alimenta, independentemente de ele ser ou não preenchido por um dielétrico.

Exercício   E 10.9 Um capacitor de placas paralelas com área de 50 cm² está preenchido com um material cuja constante dielétrica vale 7,0. O campo elétrico no material dielétrico varia à taxa $dE/dt = 8,0 \times 10^{10}$ V / (m × s). (*A*) Qual a densidade de corrente de deslocamento no material? (*B*) Qual é a corrente *I* no circuito que alimenta o capacitor?

Seção 10.5 ■ Equações de Maxwell

O Quadro 10.1 mostra as equações de Maxwell nas situações estática (campos estacionários) e dinâmica (campos variáveis no tempo). Obviamente, as equações de Maxwell estáticas são um caso particular das equações dinâmicas. Por isso, quando falamos de equações de Maxwell, sem maiores especificações, estamos nos referindo à sua versão dinâmica, ou seja, ao conjunto das quatro equações da coluna da direita do Quadro 10.1. Tal conjunto de equações é capaz de explicar todo e qualquer fenômeno eletromagnético.

■ **Quadro 10.1**
Equações de Maxwell.

Situações estáticas	Situações dinâmicas
$\oint_S \mathbf{E} \cdot d\mathbf{A} = \varepsilon_o^{-1} q$ Lei de Gauss	$\oint_S \mathbf{E} \cdot d\mathbf{A} = \varepsilon_o^{-1} q$ Lei de Gauss
$\oint_S \mathbf{B} \cdot d\mathbf{A} = 0$ Lei de Gauss do magnetismo	$\oint_S \mathbf{B} \cdot d\mathbf{A} = 0$ Lei de Gauss do magnetismo
$\int_C \mathbf{B} \cdot d\boldsymbol{l} = \mu_o I$ Lei de Ampère	$\oint_C \mathbf{B} \cdot d\boldsymbol{l} = \mu_o I + \mu_o \varepsilon_o \int_S \frac{\partial \mathbf{E}}{\partial t} \cdot d\mathbf{A}$ Lei de Maxwell-Ampère
$\oint_C \mathbf{E} \cdot d\boldsymbol{l} = 0$ Força conservativa	$\oint_C \mathbf{E} \cdot d\boldsymbol{l} = -\int_S \frac{\partial \mathbf{B}}{\partial t} \cdot d\mathbf{A}$ Lei de Faraday

Deve-se salientar, entretanto, que as equações de Maxwell nada falam sobre as forças que os campos eletromagnéticos exercem sobre cargas. Como sabemos, uma carga *q* sujeita a um campo eletromagnético sofre a força de Lorentz, dada por

$$\mathbf{F} = q(\mathbf{E} + \mathbf{v} \times \mathbf{B}).$$ (10.17)

Quando juntamos as equações de Maxwell e a expressão para a força eletromagnética — a força de Lorentz — temos toda a eletrodinâmica.

Seção 10.6 ■ Ondas

Como já antecipamos, a luz é um tipo de onda, a onda eletromagnética. Antes de estudarmos especificamente as ondas eletromagnéticas, faremos uma introdução de caráter genérico às ondas, que são um tipo especial e importante de movimento. O movimento ondulatório é muito comum na Natureza. Em algumas situações, o caráter ondulatório do movimento é visualmente perceptível, como é o caso das ondas na água ou em uma corda esticada. Vários outros tipos de ondas não são prontamente reconhecidos como tais, como, por exemplo, o som e a luz. Algumas características distintivas do movimento ondulatório podem ser observadas facilmente, como no caso da onda na água. Consideremos um lago de superfície inicialmente tranqüila, no qual se atira uma pedra. Uma deformação circular se forma, com centro no ponto atingido pela pedra, cujo raio cresce linearmente com o tempo. Outros círculos de deformação são sucessivamente gerados a partir daquele ponto, e durante um dado intervalo de tempo o espelho de água fica marcado por um padrão de círculos que irradiam com velocidade uniforme do ponto inicial em que a pedra caiu. Com o passar do tempo a intensidade das deformações vai decaindo, até que finalmente o lago volta à sua quietude inicial. O movimento das partículas de água pode ser entendido pela observação do comportamento de pequenos pedaços de cortiça inicialmente espalhados sobre o lago. Cada um desses corpos apresenta um movimento na vertical (direção y), em forma de um oscilador harmônico amortecido.

Seção 10.7 ■ Ondas harmônicas propagantes

As ondas geradas pela pedra na superfície do lago, descritas anteriormente, são ondas propagantes. Tais ondas são geradas em um ponto e dali irradiam com certa velocidade. Um tipo de onda propagante tem descrição particularmente simples e, além disso, fornece o modelo básico de toda onda linear: a *onda harmônica propagante*. Sua descrição é ainda mais simples no caso unidimensional, que estudaremos a seguir, tomando como exemplo a onda em uma corda. Consideremos uma corda esticada na direção x. A extremidade esquerda da corda, que tomaremos como posição $x = 0$, é forçada por um vibrador, o que a obriga a realizar um movimento vertical em forma de oscilador harmônico. O deslocamento vertical da corda no ponto x e no instante t é descrito pela função $y(x, t)$. Em $x = 0$, tem-se

> Ondas propagantes são aquelas que se propagam em dado meio

$$y(0, t) = A \cos(\omega t - \phi_o). \tag{10.18}$$

Por enquanto, vamos ignorar a existência da outra extremidade da corda, ou seja, tomaremos a corda como sendo semi-infinita. Além disso, consideraremos uma corda ideal em que não haja atrito, de modo que nenhuma energia seja dissipada em forma de calor. Nesse caso, todos os pontos da corda irão apresentar o mesmo tipo de movimento harmônico, com a única diferença de que os osciladores nos diversos pontos estarão defasados uns dos outros. Ou seja, a fase inicial ϕ_o (fase em $t = 0$) do oscilador em $x = 0$ é substituída, no ponto genérico x, pela fase

$$\phi_o(x) = \phi_o + \frac{2\pi}{\lambda} x. \tag{10.19}$$

O deslocamento de um ponto genérico da corda é dado por

$$y(x, t) = A \cos[\omega t - \phi_o(x)]. \tag{10.20}$$

Substituindo a Equação 10.19 na Equação 10.20 e lembrando que a função co-seno é par, ou seja, $\cos\theta = \cos(-\theta)$, obtemos

> ■ Deslocamento de uma corda em que se propaga uma onda. Funções desse tipo são chamadas função de onda

$$y(x, t) = A\cos(\frac{2\pi}{\lambda} x - \omega t + \phi_o). \tag{10.21}$$

A função $y(x, t)$ que define o deslocamento da corda é denominada *função de onda*. Em um dado instante, por exemplo $t = 0$, o perfil de deslocamento da corda tem a forma

$$y(x, 0) = A\cos(\frac{2\pi}{\lambda} x + \phi_o). \tag{10.22}$$

O significado das grandezas que aparecem na função $y(x,t)$ definida pela Equação 10.21 pode ser facilmente entendido. O deslocamento máximo é igual a A e denominado amplitude da onda. O valor de $y(x, 0)$ se repete periodicamente no espaço. Tal periodicidade está expressa pela função co-seno, a qual se repete quando o argumento sofre um incremento igual a 2π. Portanto, o deslocamento da corda se repete quando a posição x sofre um incremento igual a λ: de fato, observa-se que $y(x + \lambda, t) = y(x, t)$. Este valor λ é denominado comprimento de onda. O argumento da função co-seno é denominado *fase da onda*. A fase se repete quando x sofre incrementos iguais a λ. A grandeza ϕ_o no argumento do co-seno dá conta do fato de que o valor de y em $x = 0$ é arbitrário e depende de como se escolheu o instante inicial. O ângulo ϕ_o é denominado *fase inicial* da onda. Exceto quando a análise exigir o contrário, para simplificar as equações suporemos que $\phi_o = 0$.

> Amplitude de uma onda é o valor máximo atingido por sua grandeza oscilante. Comprimento de onda é a periodicidade com que a onda se repete no espaço

Para $\phi_o = 0$, a Equação 10.21 pode ser reescrita na forma

$$y(x,t) = A\cos\left[\frac{2\pi}{\lambda}\left(x - \frac{\lambda\omega}{2\pi}t\right)\right].$$

(10.23)

A fase da onda varia com x e t. Com esse tipo de variação, o perfil de deslocamento da corda se move continuamente para a direita, como mostra a Figura 10.9, onde se vê o perfil em dois instantes: t e $t + \Delta t$.

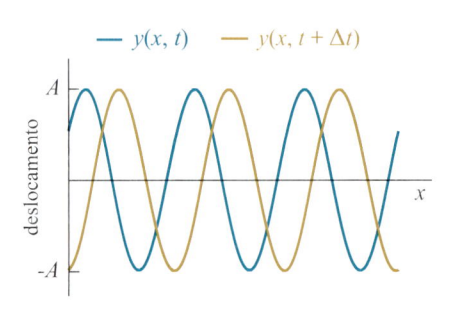

Figura 10.9

Perfil da corda em que se propaga a onda descrita pela Equação 10.21, em dois instantes próximos t e $t + \Delta t$.

Um observador correndo ao lado da corda verá a mesma fase, e portanto o mesmo deslocamento para o ponto da corda a seu lado, se seu deslocamento for tal que

$$x - \frac{\lambda\omega}{2\pi}t = \text{constante}.$$

(10.24)

Ou seja, o observador acompanhará um ponto de deslocamento constante da corda se se mover para a direita com a velocidade

$$v = \frac{\lambda\omega}{2\pi}.$$

(10.25)

Esta é portanto a velocidade com que o perfil de deformação da corda se desloca, ou seja, a *velocidade de propagação da onda*. Como esta é a velocidade com que um ponto da onda com dada fase se desloca, é também denominada velocidade de fase.

Consideremos agora um ponto de coordenada fixa da corda, digamos $x = 0$. Seu deslocamento varia no tempo na forma

$$y(0,t) = A\cos(\omega t) = A\cos\left(\frac{2\pi}{\lambda}vt\right),$$

(10.26)

onde utilizamos a Equação 10.25 para escrever a expressão mais à direita. Tal deslocamento se repete quando o tempo t sofre incrementos iguais a T, definido por

$$\frac{vT}{\lambda} = 1 \quad \Rightarrow T = \frac{\lambda}{v}.$$

(10.27)

O tempo T é o período da onda. Seu inverso exprime o número de ciclos que a onda executa por unidade de tempo. Esta grandeza, o número de ciclos executados por unidade de tempo, é denominada freqüência da onda e designada por ν. Portanto,

$$\nu = \frac{1}{T} - \frac{v}{\lambda}$$

(10.28)

Da Equação 10.26 vê-se que $\omega = 2\pi v / \lambda$. Comparando esse resultado com a Equação 10.28, concluímos que

$$\nu = \frac{\omega}{2\pi}.$$

(10.29)

Definindo-se o *vetor de onda k* na forma

■ Definição de vetor de onda de uma onda

$$k \equiv \frac{2\pi}{\lambda},$$ (10.30)

a Equação 10.23 adquire a forma compacta e muito freqüentemente utilizada para descrever a função de onda

$$y(x, t) = A \cos (kx - \omega t).$$ (10.31)

Note-se que agora a velocidade de fase pode ser escrita na forma

$$v = \frac{\omega}{k}.$$ (10.32)

E·E # Exercício-exemplo 10.5

■ Identifique e calcule as várias grandezas associadas à onda

$$y(x,t) = 0{,}020\text{m} \cos(0{,}25\text{m}^{-1}x - 50\text{s}^{-1}t + \tfrac{\pi}{3}).$$

■ **Solução**

A fase inicial da onda é $\phi_o = \dfrac{\pi}{3}$. Sua amplitude, seu vetor de onda e sua freqüência angular são, respectivamente,

$$A = 0{,}020 \text{ m}, \quad k = 0{,}25 \text{ m}^{-1}, \quad \omega = 50 \text{ s}^{-1}.$$

A velocidade da onda é

$$v = \frac{50\text{s}^{-1}}{0{,}25\text{m}^{-1}} = 200 \text{ m/s}.$$

O comprimento de onda e a freqüência são, respectivamente,

$$\lambda = \frac{2\pi}{k} = \frac{6{,}28}{0{,}25} \text{ m} = 25{,}1\text{m},$$

$$\nu = \frac{\omega}{2\pi} = \frac{50}{6{,}28} \text{ s}^{-1} = 7{,}96\text{s}^{-1}.$$

E·E # Exercício-exemplo 10.6

■ Mostre que a função de onda harmônica propagando-se para a direita em uma corda pode ser escrita também em uma das seguintes formas alternativas:

$$(A) \; y = A \cos k \, (x - vt); \quad (B) \; y = A \cos 2\pi(\frac{x}{\lambda} - \frac{t}{T}); \quad (C) \; y = A \cos \frac{2\pi}{\lambda}(x - vt).$$

■ **Solução**

(A) Consideremos a Equação 10.31. Podemos reescrevê-la na forma

$$y = A \cos k(x - \frac{\omega}{k}t).$$

Mas, uma vez que $v = \omega / k$, obtemos

$$y = A \cos k \, (x - vt).$$

(B) Partindo ainda da Equação 10.31, podemos escrever

$$y = A \cos(kx - \omega t) = A \cos\left(\frac{2\pi}{\lambda} x - 2\pi vt\right).$$

Uma vez que $v = 1 / T$, obtemos

$$y = A\cos\left(\frac{2\pi}{\lambda}x - 2\pi\frac{t}{T}\right) = A\cos 2\pi\left(\frac{x}{\lambda} - \frac{t}{T}\right).$$

(*C*) Esta última equação pode ser ainda escrita na forma

$$y = A\cos\frac{2\pi}{\lambda}\left(x - \lambda\frac{t}{T}\right).$$

Mas $v = \lambda / T$, e portanto

$$y = A\cos\frac{2\pi}{\lambda}(x - vt).$$

Exercícios

E 10.10 Uma onda é descrita por $y(x, t) = 3{,}0\ \text{cm} \cos(2{,}0\ \text{m}^{-1} x + 120\ \text{s}^{-1} t + \pi / 4)$. Calcule (*A*) seu período de oscilação; (*B*) sua velocidade de fase; (*C*) sua fase inicial.

E 10.11 Qual é a velocidade de fase de uma onda cuja freqüência é 220 Hz e cujo comprimento de onda é 1,56m?

E 10.12 Uma onda tem freqüência de 440 Hz e se propaga com a velocidade de fase de 343 m/s. Sabendo-se que entre os pontos A e B há uma diferença de fase de 45°, qual é a menor distância possível entre esses pontos?

E 10.13 A Figura 10.10 mostra o perfil de uma onda $y(x, t)$ em dois instantes distintos. Calcule (*A*) a velocidade de fase da onda; (*B*) seu comprimento de onda; (*C*) sua freqüência.

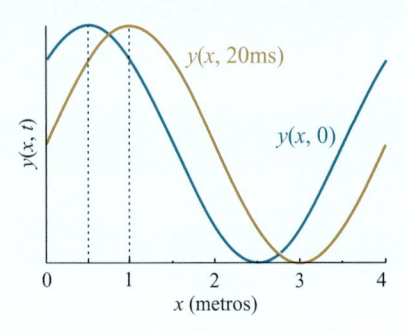

Figura 10.10
(Exercício 10.13).

Seção 10.8 ■ Ondas eletromagnéticas

10.8.1 Os campos **E** e **B** na onda

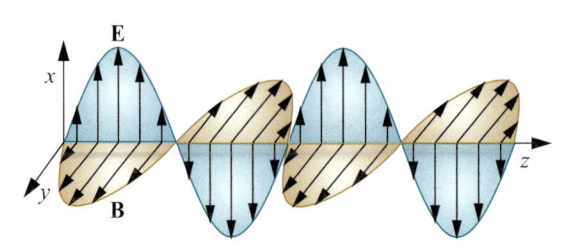

Figura 10.11

Instantâneo de uma onda eletromagnética. A onda propaga-se na direção *z*. O campo elétrico oscila na direção *x* e o campo magnético oscila na direção *y*. Os dois campos oscilam em fase, ou seja, quando um passa pelo seu valor máximo o outro também passa. Quando um é nulo, o mesmo ocorre com o outro.

Em uma onda eletromagnética, o produto vetorial $\mathbf{E} \times \mathbf{B}$ sempre tem a direção e o sentido do vetor de onda $\mathbf{k}$

Uma onda eletromagnética, como a luz, as ondas de rádio, microondas etc., contém não uma única grandeza oscilante, mas duas grandezas: o campo elétrico e o campo magnético. A Figura 10.11 mostra a forma como esses dois campos oscilam. No caso da figura, a onda propaga-se na direção *z*. O campo elétrico oscila na direção *x*, e o campo magnético, na direção y. A regra geral é que o produto vetorial $\mathbf{E} \times \mathbf{B}$ sempre tem a direção (e o sentido) na qual a onda se propaga, ou seja, a direção do vetor de onda $\mathbf{k}$. Os dois campos também oscilam em fase: quando um é máximo ou nulo o mesmo ocorre com o outro. Se supusermos que o instantâneo da onda mostrada na Figura 10.11 foi tomado no instante $t = 0$, os campos E e B evoluem no espaço e no tempo segundo as fórmulas:

$$E = E_{\mathrm{m}}\operatorname{sen}(kz - \omega t), \tag{10.33}$$

$$B = B_{\mathrm{m}}\operatorname{sen}(kz - \omega t). \tag{10.34}$$

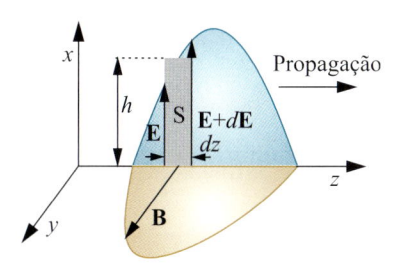

Figura 10.12

Detalhe de uma onda eletromagnética que se propaga na direção z, no instante t. Uma pequena superfície retangular de base dz e altura h é destacada para análise. No lado esquerdo da superfície (coordenada z), o campo elétrico é $\mathbf{E}$, e no lado direito (coordenada $z + dz$) o campo é $\mathbf{E} + d\mathbf{E}$. O fluxo de $\mathbf{B}$ na superfície é $\Phi_B = Bhdz$.

A Figura 10.12 mostra um instantâneo da onda no instante t, na região próxima do ponto de coordenada z. Uma pequena superfície retangular de base dz e altura h é destacada para análise. No lado esquerdo da superfície (coordenada z), o campo elétrico tem valor $\mathbf{E}$, e no lado direito (coordenada $z + dz$) o campo é $\mathbf{E} + d\mathbf{E}$. O fluxo de $\mathbf{B}$ na superfície é $\Phi_B = Bhdz$. O sentido positivo da superfície aponta para fora do papel. Portanto, a curva C que circula S faz essa circulação no sentido anti-horário. A lei de Faraday nos diz que, para a superfície S e a curva C que a circula, vale a equação:

$$\oint_C \mathbf{E} \cdot d\mathbf{l} = -\int_S \frac{\partial \mathbf{B}}{\partial t} \cdot d\mathbf{A}. \tag{10.35}$$

Mas, vê-se também que

$$\oint_C \mathbf{E} \cdot d\mathbf{l} = h(E + dE) - hE = hdE, \tag{10.36}$$

$$\int_S \frac{\partial \mathbf{B}}{\partial t} \cdot d\mathbf{A} = \frac{\partial B}{\partial t} hdz. \tag{10.37}$$

Considerando-se as Equações 10.36 e 10.37, a Equação 10.35 leva à conclusão de que

$$hdE = -\frac{\partial B}{\partial t} hdz, \tag{10.38}$$

ou

$$\frac{\partial E}{\partial z} = -\frac{\partial B}{\partial t}. \tag{10.39}$$

Na Equação 10.39, escrevemos a derivada parcial de E em relação a z porque na Equação 10.38 o deslocamento z é tomado sem que se altere o tempo. Nesse caso, o incremento dE decorre unicamente do incremento dz. Considerando as Equações 10.33 e 10.34, da Equação 10.39 podemos escrever:

$$kE_{\mathrm{m}} \cos(kz - \omega t) = \omega B_{\mathrm{m}} \cos(kz - \omega t) \implies kE_{\mathrm{m}} = \omega B_{\mathrm{m}}. \tag{10.40}$$

Portanto,

$$E_{\mathrm{m}} = \frac{\omega}{k} B_{\mathrm{m}}. \tag{10.41}$$

Uma vez que a onda se propaga com a velocidade c, temos $\omega / k = c$. Portanto, $E_m = cB_m$ e, uma vez que os campos E e B oscilam na mesma fase,

$$E = cB. \tag{10.42}$$

Esta equação diz que o campo elétrico da onda é, em qualquer ponto, igual ao campo magnético multiplicado pela velocidade c da luz. Consideremos uma partícula de carga movendo-se com velocidade $\mathbf{v}$ na região onde propaga a onda. A força de Lorentz sobre ela será $\mathbf{F} = q(\mathbf{E} + \mathbf{v} \times \mathbf{B})$. Uma vez que $\mathbf{E} = E\mathbf{i}$ e $\mathbf{B} = B\mathbf{j}$, da Equação 10.42 obtemos:

$$\mathbf{F} = q(E\mathbf{i} + \mathbf{v} \times B\mathbf{j}) = \mathbf{F}_e + \mathbf{F}_m = qE\left(\mathbf{i} + \frac{\mathbf{v} \times \mathbf{j}}{c} \right). \tag{10.43}$$

Vê-se que $F_e = qE$ e $F_m = qEv / c$. Assim, nas situações ordinárias em que a velocidade v da partícula é muito menor do que c, a força exercida pelo campo elétrico sobre a partícula é muito maior que a exercida pelo campo magnético.

E·E Exercício-exemplo 10.7

■ Seja uma onda propagando-se na direção z em que o campo elétrico é dado por $\mathbf{E} = 4{,}00(\text{kV/m})$ $\cos(kz - \omega t)\mathbf{i}$. (A) Escreva a expressão para o campo magnético associado à onda. (B) Considere que, em $z = 0$ e no instante $t = 0$, haja um elétron com velocidade $\mathbf{v} = 500 \ (\text{km/s})\mathbf{i}$. Calcule as forças elétrica e magnética sobre o elétron.

■ Solução

(A) Uma vez que a amplitude do campo magnético será a amplitude do campo elétrico dividida pela velocidade da luz, calculamos:

$$\mathbf{B} = 4{,}00(\text{kV/m}) \frac{1}{3{,}00 \times 10^8 \text{ m/s}} \cos(kz - \omega t)\mathbf{j} = 13{,}3\mu\text{T} \cdot \cos(kz - \omega t)\mathbf{j}$$

(B) Em $z = 0$ e $t = 0$, os campos elétrico e magnético serão, respectivamente:

$$\mathbf{E}(0,0) = 2{,}00(\text{kV/m})\mathbf{i},$$

$$\mathbf{B}(0,0) = 13{,}3 \ \mu\text{T}\mathbf{j}.$$

A força elétrica sobre o elétron será

$$\mathbf{F}_e = -eE(0,0) = -1{,}60 \times 10^{-19} \text{C} \times 4{,}00 \times 10^3 \frac{\text{N}}{\text{C}}\mathbf{i} = -6{,}40 \times 10^{-16} \text{N}\mathbf{i}.$$

A força magnética será

$$\mathbf{F}_m = -e\mathbf{v} \times \mathbf{B}(0,0) = -1{,}60 \times 10^{-19} \text{C} \times 5{,}00 \times 10^5 \frac{\text{m}}{\text{s}} \times 13{,}3 \times 10^{-6} \text{T}(\mathbf{i} \times \mathbf{j}) \ ,$$

Uma vez que T = Ns/mC, obtemos:

$$\mathbf{F}_m = 1{,}06 \times 10^{-19} \text{N}\mathbf{k}.$$

10.8.2 Velocidade da onda eletromagnética

Podemos agora obter o valor da velocidade de propagação da onda, em termos de grandezas eletromagnéticas, aplicando a lei de Maxwell-Ampère à superfície S mostrada na Figura 10.13. Uma vez que não há corrente elétrica cruzando a superfície S, podemos escrever:

$$\oint_C \mathbf{B} \cdot d\mathbf{l} = \mu_o \varepsilon_o \int_S \frac{\partial \mathbf{E}}{\partial t} \cdot d\mathbf{A}. \tag{10.44}$$

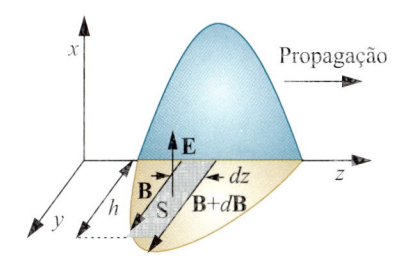

Figura 10.13.

A curva C circula a superfície C no sentido anti-horário, e portanto

$$\oint_C \mathbf{B} \cdot d\mathbf{l} = -h(B + dB) + hB = -hdB. \tag{10.45}$$

Vê-se também que

$$\int_S \frac{\partial \mathbf{E}}{\partial t} \cdot d\mathbf{A} = \frac{\partial E}{\partial t} hdz. \tag{10.46}$$

Portanto,

$$-hdB = \mu_o \varepsilon_o \frac{\partial E}{\partial t} dz, \tag{10.47}$$

ou

$$\frac{\partial B}{\partial z} = -\mu_o \varepsilon_o \frac{\partial E}{\partial t}. \tag{10.48}$$

Considerando as Equações 10.33 e 10.34, da Equação 10.48 podemos escrever

$$kB_m \cos(kz - \omega t) = \omega \mu_o \varepsilon_o E_m \cos(kz - \omega t), \tag{10.49}$$

ou

$$E_m = \frac{k}{\omega} \frac{1}{\mu_o \varepsilon_o} B_m = \frac{1}{c} \frac{1}{\mu_o \varepsilon_o} B_m, \tag{10.50}$$

$$E = \frac{1}{c} \frac{1}{\mu_o \varepsilon_o} B. \tag{10.51}$$

Comparando as Equações 10.42 e 10.51, concluímos que

$$c = \frac{1}{c} \frac{1}{\mu_o \varepsilon_o}, \tag{10.52}$$

e, finalmente, que

■ Velocidade da luz no vácuo $\qquad c = \frac{1}{\sqrt{\mu_o \varepsilon_o}}. \tag{10.53}$

Substituindo os valores numéricos nesta equação, temos:

$$c = \frac{1}{\sqrt{4\pi \times 10^{-7} \, (\text{Tm/A}) \times 8,854187817 \times 10^{-12} \text{C}^2/(\text{Nm}^2)}} = 299.792458 \text{m/s},$$

que é de fato, e com toda a precisão, a *velocidade da luz no vácuo*.

E-E Exercício-exemplo 10.8

■ Uma onda eletromagnética tem vetor de onda dado por $\mathbf{k} = k\hat{\mathbf{i}}$, onde $k = 1,26 \times 10^7$ m^{-1}. O campo elétrico associado a ela varia no espaço e no tempo na forma $\mathbf{E} = E_m \cos(kx - \omega t)\hat{\mathbf{j}}$, onde $E_m = 2,00$ V/m. Calcule (*A*) a expressão para o campo magnético da onda; (*B*) o comprimento de onda e a freqüência da onda.

■ Solução

(A) O primeiro passo a ser dado é identificar a orientação do campo magnético. Uma vez que $\mathbf{E} \times \mathbf{B}$ aponta para a direção do vetor de onda $\mathbf{k}$, que é a direção x, se o campo elétrico aponta para a direção y o campo magnético aponta para a direção z. Portanto, considerando que $\mathbf{E}$ e $\mathbf{B}$ oscilam em fase, podemos escrever:

$$\mathbf{B} = B_m \cos(kx - \omega t)\hat{\mathbf{k}}.$$

A amplitude B_m do campo magnético é

$$B_m = \frac{E_m}{c} = \frac{2,00\text{V/m}}{3,00 \times 10^8\,\text{m/s}} = 6,67\text{ nT}.$$

(B) O comprimento de onda é dado por

$$\lambda = \frac{2\pi}{k} = \frac{6,28}{1,26 \times 10\text{m}^{-1}} = 4,98 \times 10^{-7}\text{m} \cong 0,50\,\mu\text{m}.$$

A freqüência da onda é dada por

$$\nu = \frac{\omega}{2\pi} = \frac{ck}{2\pi}.$$

Substituindo os valores numéricos, obtemos:

$$\nu = \frac{3,00 \times 10^8\text{m}\cdot\text{s}^{-1} \times 1,26 \times 10^7\text{m}^{-1}}{6,28} = 6,02 \times 10^{14}\text{ Hz}.$$

Exercícios

E 10.14 A luz visível tem comprimento de onda que, no vácuo, varia na faixa de 0,40 μm (violeta) a 0,70 μm (vermelho). Calcule a faixa de freqüências da luz visível.

E 10.15 Calcule o comprimento de onda da radiação usada em forno de microondas, cuja freqüência é de 2,45 GHz.

Seção 10.9 ■ Energia transportada na onda eletromagnética

10.9.1 Vetor de Poynting

O vetor de Poynting tem direção paralela à do vetor de onda; seu módulo é o fluxo de energia por unidade de tempo e por unidade de área ortogonal à onda

O Sol é a grande fonte de energia da Terra. Tal energia chega até nós por meio da luz (infravermelha, visível, e ultravioleta) irradiada pelo nosso astro. No alto da atmosfera, em cada metro quadrado de área ortogonal à direção que aponta para o Sol incide uma potência de 1340 watts de irradiação. Neste parágrafo faremos a conexão entre a energia transportada pela radiação e o campo eletromagnético associado a ela. A Figura 10.14 mostra uma onda plana incidindo perpendicularmente sobre uma superfície imaginária de área A. O fluxo, por unidade de tempo, de energia que cruza tal superfície, dividido pela área A, é descrito pelo vetor de Poynting, denominação dada em homenagem ao físico *John Henry Poynting* (1852-1914). O módulo do vetor de Poynting é igual a esse fluxo por unidade de tempo e de área, e sua direção é a do vetor de onda.

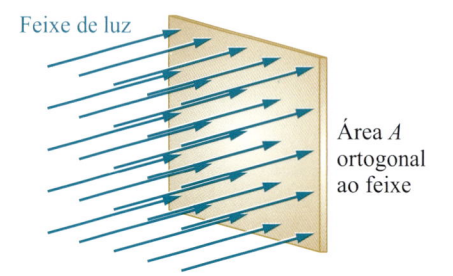

Feixe de luz

Área A ortogonal ao feixe

Figura 10.14

Em termos do campo eletromagnético, o vetor de Poynting é expresso por

■ Definição matemática do
vetor de Poynting

$$\mathbf{S} = \frac{1}{\mu_o} \mathbf{E} \times \mathbf{B}.$$

(10.54)

Como os campos $\mathbf{E}$ e $\mathbf{B}$ são ortogonais entre si, concluímos que

$$S = \frac{1}{\mu_o} EB.$$

(10.55)

Uma vez que $E = cB$, e considerando a Equação 10.53, podemos ainda escrever:

■ Fórmulas alternativas para o
módulo do vetor de Poynting

$$S = \frac{1}{\mu_o c} E^2,$$

$$S = \varepsilon_o c E^2,$$

(10.56)

$$S = \frac{c}{\mu_o} B^2.$$

Da segunda das Equações 10.56, podemos escrever:

$$S = \varepsilon_o c E_{\mathrm{m}}^2 \operatorname{sen}^2 (kz - \omega t).$$

(10.57)

Vemos assim que o módulo do vetor de Poynting, embora sempre positivo, oscila no tempo entre o valor nulo e o valor máximo $S_{\mathrm{m}} = \varepsilon_o c E_{\mathrm{m}}^2$. Isso significa que o fluxo de energia que cruza uma dada superfície oscila no tempo.

10.9.2 Intensidade da onda eletromagnética

Intensidade da onda é o valor médio
no tempo do seu fluxo de energia por unidade de área e por
unidade de tempo

A intensidade da onda é o valor médio desse fluxo dividido pelo tempo e pela área. Ou seja, a intensidade da onda é o valor médio no tempo do módulo do vetor de Poynting.

A intensidade da onda é designada pelo símbolo I. Pela sua definição, podemos escrever

$$I = \langle S \rangle = \varepsilon_o c E_{\mathrm{m}}^2 \left\langle \operatorname{sen}^2 (kz - \omega t) \right\rangle.$$

(10.58)

Uma vez que

$$\left\langle \operatorname{sen}^2 (\theta) \right\rangle = \frac{1}{2},$$

(10.59)

a intensidade da onda é dada por

$$I = \frac{1}{2} \varepsilon_o c E_{\mathrm{m}}^2.$$

(10.60)

Nem sempre a radiação é descrita por uma onda harmônica. No caso mais geral, ela é a superposição de ondas com várias freqüências — que podem compor um espectro contínuo, como é o caso da luz solar. Mesmo que a onda seja monocromática — ou seja, contenha só uma freqüência —, ela pode ser a superposição de ondas harmônicas com fases diferentes. Neste último caso, dizemos que a radiação é incoerente. As ondas harmônicas que se superpõem também podem ter orientações distintas para os campos elétrico e magnético, e neste caso dizemos que a onda composta não é polarizada. Qualquer que seja a combinação de ondas que compõe um feixe de radiação, a sua intensidade é definida por $I = \langle S \rangle$. Ou seja, no caso geral,

$$I = \varepsilon_o c \left\langle E^2 \right\rangle.$$

(10.61)

Usando a conhecida definição de valor quadrático médio de uma grandeza, temos:

$$E_{\mathrm{rms}} \equiv \sqrt{\left\langle E^2 \right\rangle},$$

(10.62)

onde o índice rms vem de *root of the mean square* (raiz da média do quadrado). Com essa definição, podemos escrever

$$I = \varepsilon_o c E_{rms}^2 = \frac{1}{\mu_o c} E_{rms}^2 = \frac{c}{\mu_o} B_{rms}^2 = \frac{1}{\mu_o} E_{rms} B_{rms}. \tag{10.63}$$

E-E Exercício-exemplo 10.9

■ Um feixe de *laser* tem intensidade de 1,00 W/mm², que é uma potência típica de vários tipos de *laser* que operam em regime contínuo. (*A*) Calcule os valores máximos dos campos elétrico e magnético associados ao feixe. (*B*) Calcule a força máxima exercida pelos campos elétrico e magnético sobre um elétron que tem velocidade de $5,00 \times 10^5$ m/s orientada na direção do vetor de Poynting.

■ Solução

(*A*) O campo elétrico máximo pode ser calculado diretamente da Equação 10.60:

$$E_m = \sqrt{\frac{2I}{\varepsilon_o c}} = \sqrt{\frac{2 \times 1,00 \times 10^6 \, \text{Js}^{-1}\text{m}^{-2}}{8,85 \times 10^{-12} \text{C}^2\text{N}^{-1}\text{m}^{-2} \times 3,00 \times 10^8 \text{ms}^{-1}}},$$

$$E_m = 2,74 \times 10^4 \, \frac{\text{N}}{\text{C}} = 2,74 \times 10^4 \, \frac{\text{V}}{\text{m}}.$$

O campo magnético máximo será

$$B_m = \frac{E_m}{c} = \frac{2,74 \times 10^4 \text{NC}^{-1}}{3,00 \times 10^8 \text{ms}^{-1}} = 9,13 \times 10^{-5}\text{T}.$$

(*B*) A força máxima exercida pelo campo elétrico será

$$F_{em} = eE_m = 1,60 \times 10^{-19} \text{ C} \times 2,74 \times 10^4 \text{ NC}^{-1} = 4,38 \times 10^{-15} \text{ N}.$$

Se a velocidade do elétron for paralela ao vetor de Poynting, será ortogonal ao campo magnético. Nesse caso, temos

$$F_{mm} = veB_m = 5,0 \times 10^5 \text{ ms}^{-1} \times 1,60 \times 10^{-19} \text{ C} \times 9,13 \times 10^5 \text{ T}$$

$$= 7,30 \times 10^{-18} \text{ N}.$$

10.9.3 Intensidade e densidade de energia eletromagnética

Como já sabemos, a densidade de energia associada a um campo elétrico é dada por $u_E = \varepsilon_o E^2 / 2$, e a densidade de energia associada a um campo magnético é $u_B = B^2 / 2\mu_o$. Com essas relações e a forma em que se expressa o vetor de Poynting (Equações 10.56), podemos expressar a densidade de energia associada à onda na forma:

$$u = u_E + u_B = \frac{1}{2}\varepsilon_o E^2 + \frac{1}{2}\frac{B^2}{\mu_o} = \frac{S}{2c} + \frac{S}{2c} = \frac{S}{c}. \tag{10.64}$$

Portanto,

$$S = cu. \tag{10.65}$$

A intensidade pode ser agora escrita na forma

■ Intensidade de uma onda em termos da densidade média de energia eletromagnética

$$I = c \langle u \rangle. \tag{10.66}$$

A Equação 10.66 tem interpretação muito simples: a densidade de energia eletromagnética da onda tem valor médio $\langle u \rangle$, e a energia desloca-se com velocidade c. Portanto, o fluxo médio de energia por unidade de área é igual a $c \langle u \rangle$. Mas esse fluxo médio é exatamente a intensidade da onda.

Exercícios

E 10.16 A intensidade da radiação solar na Terra é de 1340 W/m². Calcule os valores de E_{rms} e B_{rms} dessa radiação.

E 10.17 No Lawrence Livermore National Laboratory, em Berkeley, EUA, realiza-se pesquisa de fusão nuclear de deutério usando um conjunto de *lasers* pulsados de forma sincronizada, focalizados sobre uma pequena esfera contendo deutério. Cada *laser* tem uma potência de pico de $1,20 \times 10^{14}$ W. Imagine que o *laser* seja focalizado em um círculo com diâmetro de 1,00 mm, e faça a idealização de que sua luz esteja uniformemente distribuída no círculo. (*A*) Qual é a intensidade do *laser* em seu foco no seu instante de máxima potência? (*B*) Qual é o valor de E_{rms} e B_{rms} naquele ponto e naquele instante? Compare E_{rms} com a rigidez dielétrica do ar.

Seção 10.10 ▪ Pressão de radiação

Como vimos, a onda eletromagnética transporta energia. Uma vez que, pela relatividade de Einstein, energia e massa estão relacionadas pela fórmula $U = mc^2$, a onda transporta massa, e conseqüentemente contém momento linear. A relação entre a energia e o momento linear p de que qualquer coisa — seja partícula ou onda — que se desloque à velocidade da luz é dada por

$$U = pc. \tag{10.67}$$

Consideremos um feixe de luz que incide sobre uma placa e é inteiramente absorvido por ela. Durante um dado intervalo de tempo Δt, a quantidade de energia ΔU da luz é absorvida pela placa. O momento linear dessa luz, antes de ser absorvida, era $\Delta p = \Delta U / c$, e depois de ser absorvida a luz tem momento linear nulo. Logo, a variação de momento linear da luz ao ser absorvida é $-\Delta p$. Podemos então concluir que a força exercida pela placa sobre a luz é dada por

$$F_{luz} = -\frac{\Delta p}{\Delta t} = -\frac{\Delta U}{c\Delta t}. \tag{10.68}$$

O sinal menos indica que a força tem sentido oposto ao da velocidade da luz. A luz exerce sobre a placa uma força igual e oposta a esta:

$$F_{placa} = \frac{\Delta U}{c\Delta t}. \tag{10.69}$$

Suponhamos que a placa, de área A, seja iluminada uniformemente, e que a luz tenha intensidade I. Nesse caso, podemos escrever:

▪ Força da luz sobre uma placa pela qual seja absorvida

$$F_{placa} = \frac{IA\Delta t}{c\Delta t} = \frac{IA}{c}. \tag{10.70}$$

A pressão que a luz exerce sobre a placa é igual a essa força dividida pela área A da placa. Portanto,

$$P = \frac{F_{placa}}{A} = \frac{I}{c}. \tag{10.71}$$

No caso em que a placa seja um espelho perfeito, a luz é inteiramente refletida. Nesse caso, sua variação de momento é duas vezes maior do que no caso já considerado em que ela é absorvida. Por isso, as forças envolvidas ficam multiplicadas por dois. A lei geral para a pressão que a luz exerce sobre a placa é, portanto,

▪ Pressão da radiação sobre uma placa ortogonal a ela

$$P = \frac{I}{c} \text{ (absorção total)}, \tag{10.72}$$

$$P = \frac{2I}{c} \text{ (reflexão total)}. \tag{10.73}$$

No caso em que uma parte da luz é absorvida e a outra é refletida, a pressão da radiação é algo intermediário entre os valores expressos pelas Equações 10.72 e 10.73 (ver Problema 10.14).

E·E Exercício-exemplo 10.10

■ Algumas pessoas têm sugerido a possibilidade de usar a pressão da radiação do Sol sobre espelhos conectados a naves espaciais para as propulsionar. Assim, as naves "velejariam" impulsionadas pela luz do Sol. Calcule a força exercida pela luz solar incidindo perpendicularmente em um espelho de 25 m² ligado a uma nave próxima à Terra.

■ **Solução**

Supondo que a luz seja inteiramente refletida pelo espelho, podemos calcular a força usando a Equação 10.70, introduzindo um fator dois porque temos reflexão e não absorção da luz. Uma vez que $I = 1340$ W/m², temos:

$$F_{espelho} = 2\frac{IA}{c} = 2\frac{1340\text{Wm}^{-2} \times 25\text{m}^2}{3,00 \times 10^8 \text{ms}^{-1}} = 2,2 \times 10^{-4}\text{N}.$$

Vê-se que a força é muito pequena, equivalente ao peso de uma partícula de 22 microgramas na superfície Terra. Entretanto, o efeito permanente de tal força pode ser muito significativo. Um exemplo prático da pressão da radiação do Sol é a formação da cauda dos cometas. Esses corpos são constituídos, em parte, de gelo, que parcialmente sublima e forma uma atmosfera de vapor de água; esse vapor novamente se cristaliza, formando partículas de gelo na proximidade do núcleo (cabeça) do cometa. Ao se aproximar do Sol, a pressão da radiação sobre as moléculas de água e eventuais partículas de gelo empurra esse material para o lado do cometa oposto do Sol, formando sua cauda, que pode atingir 100 mil quilômetros de comprimento.

Exercício

E 10.18 (A) Calcule a força exercida sobre a Terra pela radiação do Sol, supondo que toda a radiação incidente seja absorvida pela atmosfera e pelo planeta. (B) Com a hipótese da absorção total, a força está sendo subestimada ou superestimada? A Terra tem um raio médio de $6,37 \times 10^6$ m.

Seção 10.11 ■ Ondas esféricas

No tipo de onda até aqui considerado, os campos elétrico e magnético oscilam com amplitudes que não dependem da coordenada z, como se vê nas Equações 10.33 e 10.34. Isso significa que a intensidade da onda não decai com a distância da fonte radiadora. Tais ondas são denominadas ondas planas. O termo planas indica que os pontos da onda em que a fase é a mesma formam um plano. A onda plana é uma ótima aproximação para descrever ondas em uma pequena região a distâncias muito grandes da fonte. Por exemplo, aqui na Terra as ondas luminosas que vêm do Sol podem ser descritas como ondas planas. O feixe de luz emitido por um *laser* também pode ser visto como onda plana.

Onda esférica é aquela emitida por uma pequena fonte, irradiando simetricamente, com intensidade uniforme em todas as direções

Outro tipo importante de onda é a onda esférica. Esta é a onda emitida por uma fonte de pequenas dimensões, com vetor de onda na direção radial partindo da fonte e com intensidade uniforme em todas as direções. A onda emitida por uma pedra que cai na água é uma projeção no plano horizontal de uma onda esférica.

Se a potência emitida for *Pot*, a uma distância r da fonte ela estará distribuída em uma área $A = 4\pi r^2$ e, portanto, sua intensidade será:

$$I(r) = \frac{Pot}{4\pi r^2}. \tag{10.74}$$

Vemos então que a intensidade da radiação cai com o inverso do quadrado da distância à fonte. Para que isso ocorra, a amplitude da onda tem de cair com o inverso da distância r. Se a onda tem comprimento de onda $\lambda = 2\pi / k$, o valor algébrico do campo elétrico é expresso por

$$E = \frac{E_o}{r} \operatorname{sen}(kr - \omega t). \tag{10.75}$$

A luz emitida pelo Sol é, de fato, uma superposição de ondas esféricas com diferentes valores de k. Em uma pequena região, podemos ignorar o decaimento da intensidade com r, mas se considerarmos pontos para os quais a variação de r é significativa temos de levar em conta o caráter esférico da radiação.

E-E Exercício-exemplo 10.11

■ Sabendo que o Sol irradia uma potência total de $3,9 \times 10^{26}$ W, calcule (A) a intensidade da radiação sobre Plutão, cuja distância até o Sol é $5,9 \times 10^{12}$ m. (B) Qual é o valor de E_{rms} àquela distância do Sol?

■ Solução

(A) A intensidade da radiação é

$$I = \frac{Pot}{4\pi r^2} = \frac{3,9 \times 10^{26}\,\text{W}}{4 \times 3,14 \times (5,9 \times 10^{12}\,\text{m})^2} = 0,89\ \frac{\text{W}}{\text{m}^2}.$$

O valor rms do campo elétrico é

$$E_{rms} = \sqrt{\mu_o c I} = \sqrt{1,26 \times 10^{-6}\,\text{TAm}^{-1} \times 3,00 \times 10^8\,\text{ms}^{-1} \times 0,89\,\text{Wm}^{-2}},$$

$$E_{rms} = 18\ \frac{\text{V}}{\text{m}}.$$

E-E Exercício-exemplo 10.12

■ Especula-se que partículas residuais que restaram da formação do sistema solar foram expulsas para fora pela radiação solar. Imaginando que tais partículas fossem esferas com densidade $\rho = 2,0 \times 10^3$ kg/m³, calcule o seu raio máximo para que a pressão de radiação supere a força de atração gravitacional do Sol, sabendo que este irradia uma potência total de $3,9 \times 10^{26}$ W.

■ Solução

A intensidade da luz solar à distância r do Sol é $I = Pot / 4\pi r^2$. Sendo a o raio da partícula, e supondo que ela absorva toda a luz incidente, a partícula fica sujeito à força:

$$F_{part} = \frac{IA}{c} = \frac{Pot}{4\pi r^2}\frac{\pi a^2}{c} = \frac{Pot}{4r^2}\frac{a^2}{c}.$$

A força gravitacional do Sol sobre a partícula será

$$F_{grav} = \frac{GM_{Sol}}{r^2}m = \frac{GM_{Sol}}{r^2}\frac{4\pi}{3}a^3\rho.$$

Para que a partícula seja expulsa do sistema solar, é necessário que a força da radiação supere a força gravitacional. Ou seja:

$$\frac{GM_{Sol}}{r^2}\frac{4\pi}{3}a^3\rho < \frac{Pot}{4r^2}\frac{a^2}{c},$$

$$a < \frac{3Pot}{16\pi c\rho GM_{Sol}}.$$

Substituindo os valores numéricos, temos:

$$a < \frac{3\times3,9\times10^{26}\,\text{W}}{16\times3,1\times3\times10^8\,\text{ms}^{-1}\times2\times10^3\,\text{kg}\cdot\text{m}^{-3}\times6,7\times10^{-11}\,\text{N}\cdot\text{m}^2\cdot\text{kg}^{-2}\times2,0\times10^{30}},$$

$$a < 0,3\ \mu\text{m}.$$

Exercícios

E 10.19 Calcule a intensidade da luz do Sol, que irradia uma potência de $3,9\times10^{26}$ W, e o valor rms do seu campo elétrico na posição da estrela mais próxima, a Alfa-Centauri, cuja distância é 4,3 anos-luz.

E 10.20 Calcule a intensidade da radiação e a pressão de radiação do Sol (ou seja, a pressão que a luz exerceria sobre uma placa horizontal que absorvesse a radiação), em um ponto na sua superfície. O Sol tem raio de $7,0\times10^8$ m e irradia uma potência de $3,9\times10^{26}$ W.

E 10.21 Nos chamados veleiros solares, placas muito leves e refletoras de luz são ligadas a uma nave para que a pressão de radiação do Sol as empurre. Mostre que, para que a pressão de radiação supere a força de atração gravitacional do Sol, um espelho voltado para o Sol deve ter uma massa por unidade de área menor que 1,5 g/m².

Seção 10.12 ■ Pinça óptica: uma aplicação da pressão de radiação (opcional)

O efeito da pressão de radiação tem sido usado ultimamente em uma aplicação muito interessante e versátil: a pinça óptica, que descreveremos nesta seção. A pinça óptica é um aparato com o qual se aprisiona uma partícula em uma armadilha óptica, e com esse artifício a partícula pode ser manipulada. Em essência, a pinça é um feixe de *laser* altamente focalizado, como mostra a parte superior da Figura 10.15. Uma partícula capaz de refratar a luz, submetida ao feixe, é forçada, por efeito de pressão de radiação, para o foco do mesmo; ali ela fica presa. Assim, o foco do *laser* funciona como uma armadilha óptica para a partícula. Ilustraremos o efeito tomando como exemplo uma pequena esfera dielétrica. Na parte inferior da Figura 10.15, vemos a partícula fora do foco do *laser*. O perfil de intensidade da luz, em um corte ortogonal ao feixe, é uma curva que pode ser aproximada por uma gaussiana, como mostra a figura.

Consideremos dois raios penetrando a esfera em pontos simétricos em relação ao seu diâmetro. Ambos são refratados na forma ilustrada na figura. Consideremos o raio que penetra no lado superior da esfera. O raio é desviado para baixo, e para que isso ocorra a esfera tem de exercer sobre ele uma força também para baixo. Pela lei da ação e reação, o raio exerce sobre a esfera uma força para cima. Já o raio que penetra na parte inferior da esfera faz sobre ela uma força para baixo. Entretanto, esse raio de luz é menos intenso e a força que ele exerce sobre a esfera é menor. A conclusão é que a resultante das forças exercidas pelos dois raios sobre a esfera tem uma componente para cima, representada na Figura 10.15 pela força $\mathbf{F}_v$.

A esfera acaba se deslocando para cima até que os dois raios tenham a mesma intensidade, como mostra a Figura 10.16. Ou seja, no que se refere a deslocamentos verticais, a posição de equilíbrio da esfera coincide com o eixo do feixe. Uma análise mais completa do sistema, que não apresentaremos, mostra que a esfera sente também uma força horizontal $\mathbf{F}_h$, e que em condições apropriadas essa força desloca a esfera para o plano focal do feixe. Ao chegar ali, ela encontra um ponto de equilíbrio estável. Para uma análise mais completa da pinça óptica, temos de considerar não apenas a refração da luz, mas também sua reflexão pela esfera.

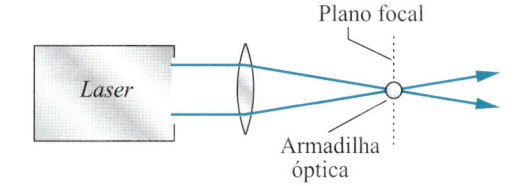

Plano focal

Armadilha óptica

Laser

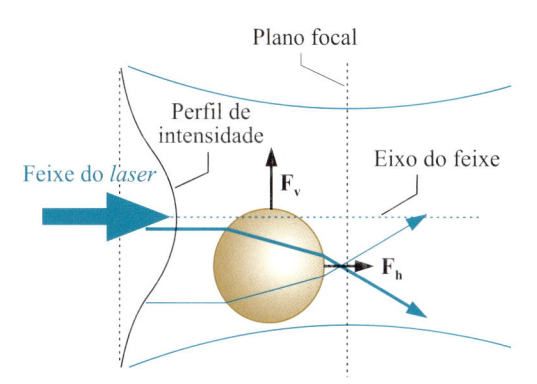

Plano focal

Perfil de intensidade

Feixe do *laser*

$\mathbf{F_v}$

Eixo do feixe

$\mathbf{F_h}$

Figura 10.15

Esquema da pinça óptica e de seu efeito sobre uma esfera dielétrica e transparente. A parte de cima mostra o feixe de *laser* sendo focalizado. A parte de baixo é um *zoom* na região do foco, onde está a esfera. As duas linhas curvas azuis mostram o contorno do feixe, que se estreita no plano focal. A curva preta mostra o perfil de intensidade do feixe ao longo da vertical. Dois raios de luz, incidindo em pontos simétricos da esfera, são destacados. Ambos fazem força vertical sobre a esfera devido à sua refração. O feixe de cima faz força para cima e o de baixo faz força para baixo; mas o de cima é mais intenso e, por isso, faz uma força maior. Assim, a esfera é empurrada para cima.

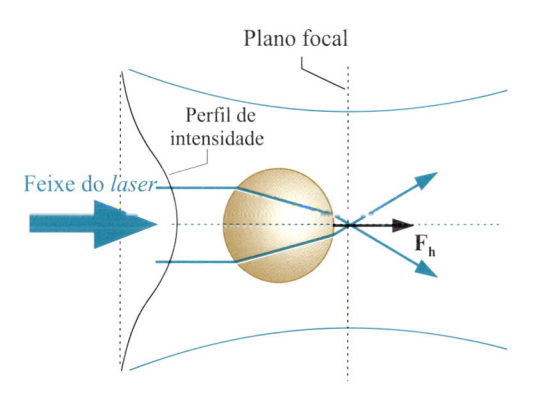

Plano focal

Perfil de intensidade

Feixe do *laser*

$\mathbf{F_h}$

Figura 10.16

Se a esfera está no eixo do feixe, ela fica sujeita apenas a uma força horizontal que, em condições apropriadas, a empurra para o foco.

A pinça óptica tem permitido a manipulação de diversos objetos cuja escala de tamanho varia de alguns nanômetros a alguns milímetros. Tais objetos incluem esferas dielétricas, vírus, bactérias, células vivas, organelas, fagócitos e moléculas de DNA.

PROBLEMAS

P 10.1 A Figura 10.17 mostra uma onda em uma corda propagando-se para a direita. Em que pontos da corda a velocidade do deslocamento transversal (ou seja, vertical) é (*A*) nula; (*B*) para cima; (*C*) para baixo?

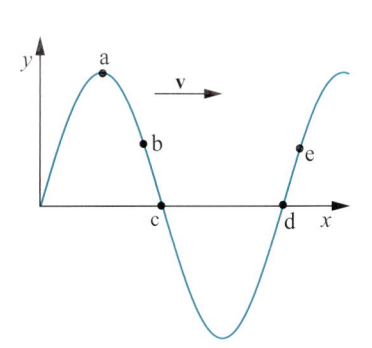

Figura 10.17

(Problemas 10.1 e 10.2).

P 10.2 Considere uma onda em uma corda propagando-se para a direita, como mostra a Figura 10.17. Mostre que a razão entre a inclinação da corda em um dado ponto e a velocidade transversal desse ponto é igual a menos o inverso da velocidade de propagação da onda.

P 10.3 Uma onda em uma corda é descrita por $y(x, t) = 2{,}50$ cm $\cdot \cos(6{,}28\ x/m - 62{,}8\ t/s$. Qual é a velocidade do ponto da corda de coordenada $x = 0{,}100$ m no instante $t = 8{,}00$ ms?

P 10.4 Duas ondas de mesma amplitude A, mesma freqüência e mesma direção de propagação se superpõem em um dado meio. Sendo 90° a diferença de fase entre as duas ondas, qual é a amplitude da onda resultante? *Dica:* quando duas ondas $y_1(x,t)$ e $y_2(x,t)$ se superpõem, formam uma onda cuja função de onda é $y(x, t) = y_1(x, t) + y_2(x, t)$.

P 10.5 Retome o procedimento adotado para calcular a velocidade da luz no vácuo. Considere um material dielétrico, cuja constante dielétrica vale κ, e mostre que nele a luz se propaga com velocidade dada por

$$v = \frac{1}{\sqrt{\kappa \mu_o \varepsilon_o}}.$$

P 10.6 O capacitor de placas circulares paralelas da Figura 10.18 está sendo carregado. Ignore efeitos de borda no campo elétrico. (*A*) Mostre que o vetor de Poynting aponta radialmente para o interior do capacitor. (*B*) Mostre que o fluxo do vetor de Poynting na superfície cilíndrica definida pelas placas do capacitor é igual à taxa da variação no tempo da energia do campo elétrico no espaço entre as placas. Em termos matemáticos, demonstre que

$$\oint_S \mathbf{S} \cdot d\mathbf{A} = Ad \frac{d}{dt}\left(\frac{1}{2}\varepsilon_o E^2\right),$$

onde S é a superfície do cilindro definido pelo capacitor e *Ad* é o volume do cilindro.

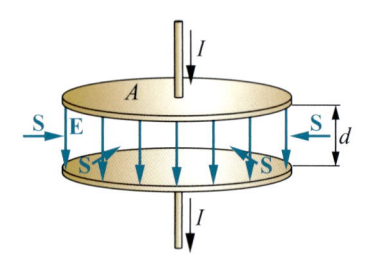

Figura 10.18

(Problema 10.6).

P 10.7 Uma onda eletromagnética tem seu campo elétrico orientado na direção *y*, e seu vetor de Poynting é dado por

$\mathbf{S} = (250 \text{ W/m}^2) \cos^2(20 \, x/\text{m} - 6{,}0 \times 10^9 \, t/s)\mathbf{i}$

Calcule o comprimento de onda, a freqüência e a forma como o campo magnético evolui no espaço e no tempo.

P 10.8 O campo magnético de uma onda eletromagnética é expresso por

$\mathbf{B} = 2{,}00\text{nT}\operatorname{sen}(kx - \omega t)\mathbf{j}$. Determine (*A*) o campo elétrico e (*B*) o vetor de Poynting associados à onda.

P 10.9 Um cabo cilíndrico de comprimento *L* e raio *a*, feito de material com resistividade ρ, conduz uma corrente estacionária *I* uniformemente distribuída em sua seção reta. (*A*) Calcule o campo elétrico no interior do cabo. (*B*) Calcule o campo magnético na superfície do cabo. (*C*) Calcule o vetor de Poynting na superfície do cabo. (*D*) Mostre que o fluxo do vetor de Poynting na superfície do cabo é igual a RI^2, sendo *R* a resistência elétrica do cabo; ou seja, o fluxo de **S** é igual à energia dissipada por efeito Joule no cabo.

P 10.10 Um espelho com refletividade de 100%, em forma de pastilha, é iluminado com um feixe vertical de *laser*, como mostra a Figura 10.19. O feixe do *laser* tem diâmetro maior que o do espelho. Sua potência é de 6,0 W, e sua intensidade é aproximadamente uniforme na seção circular do feixe, cujo diâmetro é de 2,0 mm. Sendo 1,5 g/cm³ a densidade do material do espelho, qual deve ser a espessura da pastilha para que ela possa flutuar suspensa pelo feixe de luz?

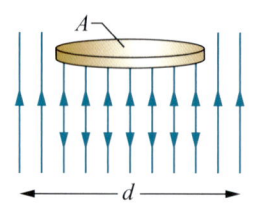

Figura 10.19

(Problema 10.10).

P 10.11 Uma estrela muito massiva, ao queimar um dado percentual de seu hidrogênio, pode sofrer uma violenta explosão denominada supernova. A supernova é o corpo mais luminoso do Universo, e durante semanas pode atingir a luminosidade de cem bilhões de sóis. Suponha que a estrela mais próxima de nós, a Alfa-Centauri, distante 4,3 anos-luz, explodisse como supernova e sua radiação atingisse a potência de $4{,}0 \times 10^{37}$ W. Calcule a intensidade luminosa (*A*) em um suposto planeta de Alfa-Centauri dela distante $1{,}5 \times 10^{11}$ m, o que corresponde à distância Terra–Sol; (*B*) aqui na Terra. Note que a supernova nos pareceria mais luminosa que o nosso Sol!

P 10.12 Suponha que um telescópio possa fotografar objetos cuja radiação incidente em seu espelho tenha potência de $2{,}0 \times 10^{-13}$ W. O espelho tem diâmetro de 5,0 m. Uma galáxia típica tem luminosidade de 4×10^{38} W. Qual é a distância máxima de uma galáxia típica que pode ser fotografada pelo telescópio?

P 10.13 Uma fonte de pequenas dimensões emite uma onda eletromagnética esférica a uma potência *P* com freqüência e fase bem definidas. Mostre que o valor de pico do campo elétrico em pontos à distância *r* da fonte é

$$E_{\text{m}} = \sqrt{\frac{\mu_o cP}{2\pi r^2}}.$$

P 10.14 Um feixe de luz com intensidade *I* incide perpendicularmente sobre uma placa, e uma fração *r* da luz é refletida. Mostre que a pressão exercida pela luz sobre a placa é $P = (1 + r)I/c$.

Respostas dos exercícios

E 10.1 13 mA/m²

E 10.2 (*A*)12,0 A; (*B*) 289 nT

E 10.5 (*A*) $j_d = 5,3 \dfrac{\mu A}{m^2} \cos{(200 t / s)}$; (*B*) 1,1 nA

E 10.6 $\oint_C \mathbf{B} \cdot d\mathbf{l} = 1,89 \times 10^{-6}\,\text{T} \cdot \text{m}$

E 10.8 (*A*) $I = 5,5$ mA · (**cos** 314 *t* / s). (*B*) $B_{máx} = 2,7$ nT

E 10.9 (*A*) 5,0 A/m². (*B*) 25 mA.

E 10.10 (*A*) $T = 0,052$ s; (*B*) $v = -60$ m/s; (*C*) $\phi_o = \pi / 4$

E 10.11 $v = 343$ m/s

E 10.12 $d = 9,75$ cm

E 10.13 (*A*) $v = 25$ m/s; (*B*) 4,0 m; (*C*) $v = 6,25$ Hz

E 10.14 $v_{mín} = 4,3 \times 10^{14}$ Hz, $v_{máx} = 7,5 \times 10^{14}$ Hz

E 10.15. $\lambda = 12,2$ cm

E 10.16 $E_{rms} = 711$ V/m, $B_{rms} = 2,37$ μT

E 10.17 (*A*) $I = 1,5 \times 10^{20}$ W/cm²; (*B*) $E_{rms} = 2,4 \times 10^{11}$ V/m, $B_{rms} = 8,0 \times 10^{12}$ T

E 10.18 (*A*) $1,8 \times 10^8$ N; (*B*) subestimada

E 10.19 $I = 19$ nW/m², $E_{rms} = 2,7$ mV/m

E 10.20 $I = 6,3 \times 10^7$ W/m², $P = 1,5 \times 10^5$ N/m²

Respostas dos problemas

P 10.1 (*A*) a; (*B*) b e c; (*C*) d e e

P 10.3 $\dot{y} = -0,20$ m/s

P 10.4 $\sqrt{2}\ A$

P 10.7 $\lambda = 31$ cm; $v = 0,95$ GHz; $\mathbf{B} = 1,02\mu$ T cos(20 x / m − 6,0 × 10⁹ t / s)$\mathbf{k}$

P 10.8 (*A*) $\mathbf{E} = -0,600$(V/m) sen$(kx - \omega t)\mathbf{k}$; (*B*) $\mathbf{S} = 0,952$(mW/m²) sen²$(kx - \omega t)\mathbf{i}$

P 10.9 (*A*) $E = \rho L / (\pi a^2)$; (*B*) $B = \mu_o I / (2\pi a)$. (*C*) $S = \rho I^2 / (2\pi^2 a^3)$

P 10.10 0,87 μm

P 10.11 (*A*) $1,4 \times 10^{14}$ W/m²; (*B*) $1,9 \times 10^3$ W/m²

P 10.12 5×10^{25} m

11

O Magnetismo dos Materiais

> "... isso porque na pedra magnética Deus altíssimo
> depositou um mistério que a faz ser amada pelo ferro".
>
> *Livro das mil e uma noites*

Seção 11.1 ■ Três comportamentos distintos

No Capítulo 4 (*Capacitores*), vimos que um material dielétrico sob a ação de um campo elétrico não-homogêneo é sempre atraído para as regiões em que o campo é mais intenso. Na verdade, vimos que qualquer material eletricamente neutro é atraído para regiões onde o campo elétrico é mais intenso, ou seja, todos os materiais são dielétricos, incluídos os condutores. Em uma primeira análise, somos tentados a crer que um fenômeno análogo irá ocorrer com os materiais submetidos a um campo magnético não-homogêneo. Entretanto, a experiência mostra um comportamento mais complexo. Na Figura 11.1, mostramos um arranjo projetado para se determinar a força que um campo magnético não-homogêneo exerce sobre uma amostra de um dado material. O eletroímã é uma bobina cilíndrica, e para melhor visualização o cortamos por um plano vertical que passa pelo seu eixo. Conforme vimos no Capítulo 8 (*Lei de Ampère*), o campo magnético criado por uma bobina é bastante homogêneo próximo ao centro da mesma, mas apresenta um forte gradiente na vizinhança de suas extremidades.

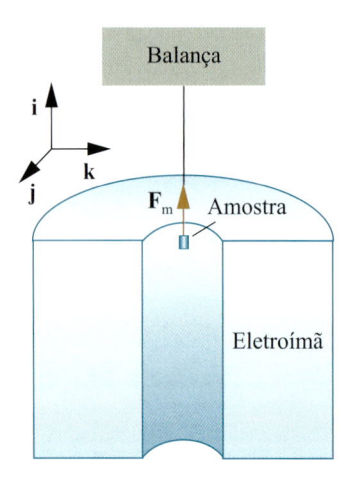

Figura 11.1

Balança de Faraday. Uma amostra, suspensa por uma balança, é colocada em uma região de um eletroímã em que o campo magnético apresenta um forte gradiente na direção vertical. Ao ser ligada a corrente no eletroímã, a força que o campo magnético não-homogêneo exerce sobre a amostra é medida pela balança.

Uma amostra do material a ser explorado é suspensa por uma balança de modo a se situar na região de gradiente intenso. A corrente elétrica é então ligada no eletroímã e a balança irá acusar a força magnética F_m que o campo exerce sobre a amostra. Esse aparato é denominado **balança de Faraday**. O campo magnético da bobina cria (induz) um dipolo magnético na amostra. O dipolo magnético $\boldsymbol{\mu}_{ind}$ induzido pelo campo magnético terá a direção deste, isto é, a direção do eixo dos x. Portanto,

> **Balança de Faraday** é um sistema utilizado para medir a força sobre um corpo sujeito a um gradiente de campo magnético

$$\boldsymbol{\mu}_{ind} = \mu_{ind}\mathbf{i}. \tag{11.1}$$

A força magnética sobre o ímã (dipolo magnético) induzido terá forma análoga à obtida no Capítulo 3 (*Energia Eletrostática*) para a força sobre um dipolo elétrico realizada por um campo elétrico não-homogêneo:

$$F_m = \mu_{ind}\frac{\partial B}{\partial x}. \tag{11.2}$$

Suponhamos que o campo magnético aponte para cima, isto é, $\mathbf{B} = B\mathbf{i}$. Deve-se notar que $\partial B / \partial x < 0$, ou seja, o campo magnético cresce quando nos movemos para baixo. Se o magnetismo fosse inteiramente análogo à eletricidade, a amostra deveria sempre ser atraída para a região em que o campo magnético é mais intenso, ou seja, a força na amostra deveria apontar para baixo. A experiência mostra que de fato a amostra fica sempre sujeita a uma força vertical. Entretanto, em alguns tipos de amostra o ímã exerce força atrativa (para baixo), enquanto em outras a força é repulsiva (para cima). Para sermos concretos, consideremos o caso em que intensidade e o gradiente do campo na região da amostra sejam:

$$B = B_x = 1,80\,\text{T},$$

$$\frac{\partial B_x}{\partial x} = -1000\,\text{G/cm} = -10,0\text{T/m}. \qquad (11.3)$$

A Tabela 11.1 mostra a razão entre a força magnética e o peso da amostra para substâncias diversas, para campos magnéticos que satisfazem a Equação 10.3. Como vimos, o sinal convencionado para a força é tal que positivo significa força repulsiva (para cima) e negativo significa força atrativa. O que primeiro chama atenção na tabela é que a força é em geral muito pequena, exceto para alguns materiais. Os materiais sujeitos a forças de grande intensidade são denominadas ferromagnéticos, e são exatamente aqueles materiais, tais como o ferro, que podem apresentar um dipolo permanente. As experiências com os materiais ferromagnéticos requerem um cuidado especial que merece ser discutido. Imagine um pedaço de ferro que nunca foi submetido a um campo magnético intenso. Seu dipolo magnético é, neste caso, nulo. Uma vez sujeito a um campo forte, esse corpo apresenta um dipolo magnético que não retoma o valor zero quando o campo é retirado. Ou seja, o corpo adquire um dipolo magnético permanente. Diz-se que o pedaço de ferro foi imantado. Os corpos constituídos de materiais ferromagnéticos ficam imantados quando submetidos a um campo magnético intenso. Esse processo será discutido posteriormente. As medidas da força magnética F_m ilustradas na Figura 10.1 devem ser feitas com material não-imantado.

Um acidente natural teve importância central na descoberta do magnetismo pelos povos antigos. A magnetita (Fe_3O_4) é um minério abundante e, como mostra a Tabela 11.1, é um material ferromagnético. Ocorre que, no processo geológico de formação desse minério, com freqüência o campo magnético da Terra foi suficiente para imantá-lo; por isso, pedras de magnetita freqüentemente são ímãs. A força magnética mútua entre pedras de magnetita e também a sua capacidade de atrair o ferro chamou a atenção dos povos antigos, e a magnetita recebeu o nome de pedra magnética.

Materiais ferromagnéticos são aqueles que adquirem um dipolo magnético permanente quando submetidos a um campo magnético intenso. Dizemos nesse caso que o material foi imantado

Na presença de campos não-uniformes, os comportamentos elétrico e magnético dos materiais apresentam um nítido contraste: todos os materiais eletricamente neutros são atraídos para regiões de campos elétricos mais intensos; entretanto, alguns materiais são atraídos para regiões de campos magnéticos mais intensos, enquanto outros são repelidos dessas regiões

■ **Tabela 11.1**
Razão entre a força magnética F_m exercida sobre uma amostra por um campo magnético cuja intensidade e cujo gradiente valem 1,80 T e –10,0 T/m, respectivamente, e o peso mg da amostra. (Medidas tomadas à temperatura ambiente, exceto quando indicado.)

Material	F_m/mg
Materiais diamagnéticos	
Bi	+ 0,022
Cu	+ 0,0016
Pb	+ 0,022
H_2O	+ 0,013
NaCl	+ 0,0090
Materiais paramagnéticos	
Na	– 0,012
Al	– 0,010
$CuCl_2$ (295K)	– 0,17
$CuCl_2$ (170K)	– 0,29
$CuCl_2$ (68K)	– 0,37
O_2 (90K)	– 4,5
$NiSO_4$	– 0,50
Materiais ferromagnéticos	
Fe	– 240
Fe_3O_4	– 72

Fonte principal: E. M. Purcell, *Electricity and Magnetism*, McGraw-Hill (1965).

Os materiais que são atraídos para a região onde um campo magnético é mais forte são chamados paramagnéticos. Os que são repelidos dessa região são chamados diamagnéticos

O fato qualitativamente mais importante revelado na Tabela 11.1 é que existem materiais que são atraídos e também outros que são repelidos pelo ímã. Isto contrasta com as experiências análogas sobre a força que um capacitor carregado exerce sobre um corpo descarregado qualquer, que mostram que o corpo é sempre atraído para o interior do capacitor. Ambas as experiências foram realizadas por Faraday, que denominou dielétricos os materiais atraídos para a região de campo elétrico mais forte, e paramagnéticos os materiais atraídos para a região de campo magnético mais forte. Os materiais repelidos da região em que o campo magnético é mais forte foram por Faraday denominados diamagnéticos. Isso suscita a questão óbvia de por que Faraday não usou a denominação paraelétrico, em vez de dielétrico. A razão é a seguinte: o campo elétrico no interior de um dielétrico é menor do que o campo externo; o mesmo ocorre com o campo magnético no interior de um corpo diamagnético: seu valor é menor do que o do campo externo.

Terminologia à parte, há um contraste nos fenômenos, uma vez que não existem materiais que sejam repelidos das regiões de campo elétrico mais forte. A origem do contraste está na inexistência de cargas magnéticas. Os dipolos magnéticos são formados por correntes elétricas, enquanto os dipolos elétricos são formados por pares de cargas elétricas. Se houvesse cargas magnéticas, os fenômenos seriam muito mais variados. Os dipolos elétricos seriam formados por pares de cargas elétricas opostas ou então por *correntes de cargas magnéticas em circuitos fechados*; os dipolos magnéticos seriam formados por *pares de cargas magnéticas opostas* ou por correntes de cargas elétricas em circuitos fechados. Haveria materiais dielétricos e *paraelétricos* (na classificação de Faraday), assim como há materiais diamagnéticos e paramagnéticos. Na verdade, haveria duas classes de dielétricos, duas classes de paraelétricos, e assim por diante. Entretanto, a Natureza não criou tanta variedade e optou por um esquema mais simples, se bem que assimétrico. As possibilidades acima marcadas em itálico não foram implementadas neste mundo. Os comportamentos dos materiais submetidos a campos elétricos ou magnéticos não-homogêneos são ilustrados na Figura 11.2.

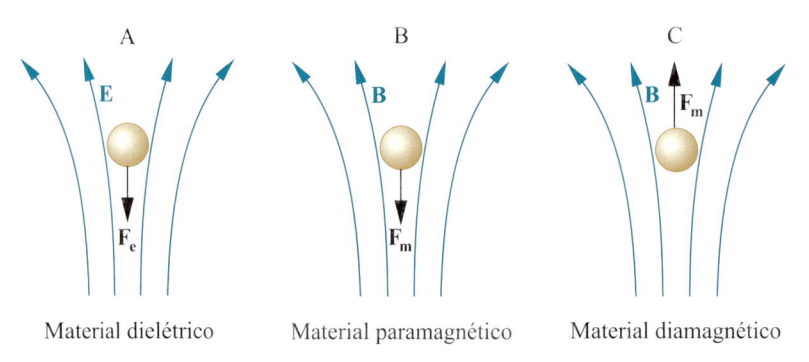

Material dielétrico   Material paramagnético   Material diamagnético

Figura 11.2

Um material é sempre atraído para a região onde o campo elétrico é mais intenso, como mostra a Figura 11.2A. Em contraste, alguns materiais (paramagnéticos) são atraídos para a região onde o campo magnético é mais intenso, como mostra a Figura 11.2B, e outros (diamagnéticos) são repelidos dessa região, como mostra a Figura 11.2C.

As forças que atuam sobre as amostras devem ser interpretadas em termos da Equação 11.2. Uma vez que a derivada $\partial B_x / \partial x$ é negativa, nos materiais paramagnéticos e ferromagnéticos o valor de μ_{ind} é positivo, o que significa que o dipolo magnético induzido tem o mesmo sentido que o campo indutor. Nos materiais diamagnéticos, o dipolo induzido tem sentido oposto ao do campo.

E·E Exercício-exemplo 11.1

■ Uma amostra com 5,0 g de magnetita (Fe_3O_4) é colocada numa região onde há um campo magnético com um gradiente de 30 T/m. Qual é a força magnética que atua sobre a amostra?

■ **Solução**

A força que atua sobre a amostra é proporcional ao gradiente do campo. Pela Tabela 11.1, vemos que, no caso da magnetita, quando o gradiente do campo é 10 T/m, a força é 72 vezes o peso da amostra. Portanto, no presente caso, em que o gradiente é três vezes maior que o considerado na tabela, a força magnética será

$$F_{\rm m} = 3,0 \times 72mg = 226 \times 5,0 \times 10^{-3}\,\frac{\rm Ns^2}{\rm m} \times 9,8\,\frac{\rm m}{\rm s^2} = 11\,{\rm N},$$

onde utilizamos a transformação $\rm kg = Ns^2/m$.

Exercícios

E 11.1 Calcule a intensidade da força magnética que atua sobre 20 g de bismuto situado numa região onde há um campo magnético com gradiente de 2000 G/cm.

E 11.2 Um recipiente de alumínio, com massa de 10 g e contendo 40 g de água, é colocado numa região onde há um campo magnético com gradiente de 15 T/m. (*A*) O recipiente é repelido ou atraído para a região de campo mais forte? (*B*) Qual é a intensidade da força?

Seção 11.2 ■ Dipolos magnéticos no átomo

No Capítulo 5 (*Dielétricos*), descrevemos a polarização de um dielétrico em termos de dipolos elétricos em seu interior. Nas suas investigações sobre magnetismo, Ampère sugeriu que o campo magnético dos ímãs teria origem em correntes elétricas no interior dos corpos imantados. Tais correntes, cuja origem estaria por ser esclarecida, ficaram conhecidas como *correntes de Ampère*. Esta é, na verdade, uma proposta anterior à descoberta do efeito dielétrico e dos efeitos paramagnético e diamagnético por Faraday. O desenvolvimento da física atômica no século XX levou ao entendimento do magnetismo da matéria, e em particular possibilitou que a proposta de Ampère fosse concretizada e detalhada.

O átomo é constituído de elétrons que gravitam em torno de núcleos positivos. Portanto, cada átomo apresenta um minicircuito de correntes elétricas. A descrição correta do movimento do elétron só pode ser feita com base na mecânica quântica. Entretanto, o modelo clássico baseado na mecânica clássica é capaz de explicar algumas propriedades do átomo. Em particular, parte das propriedades magnéticas da matéria pode ser entendida a partir do modelo clássico, e exploraremos aqui essa possibilidade. Consideremos o mais simples dos átomos, o de hidrogênio, em que um único elétron orbita o núcleo. A Figura 11.3 mostra esse elétron girando em torno do núcleo em uma órbita circular. Podemos ver esse sistema como um circuito em que uma carga $-e$ percorre um anel circular de raio r, despendendo um período T a cada volta. A corrente do circuito, ignorando o sinal negativo da carga, é

$$I = \frac{e}{T} = \frac{e}{2\pi r/{\rm v}}. \tag{11.4}$$

O dipolo magnético desse circuito é o produto da sua área pela corrente:

$$\mu = IA = \frac{e{\rm v}}{2\pi r}\,\pi r^2 = \frac{er{\rm v}}{2}. \tag{11.5}$$

Para vários propósitos, é mais conveniente expressar esse dipolo em termos do momento angular orbital do elétron, $L = rm{\rm v}$, onde m é sua massa. Em termos dessa grandeza, temos:

$$\mu = \frac{e}{2m}rm{\rm v} = \frac{e}{2m}L. \tag{11.6}$$

Segundo a física clássica, a órbita poderia ter qualquer raio, e a cada raio corresponderia um dado momento angular. No modelo semiclássico de Bohr, o momento angular orbital pode ter apenas certos valores discretos, dados por $L = nh/2\pi$, onde n é um número natural

$(n = 1,2,3 \cdots)$ e h é a constante de Planck. No estado de menor energia do átomo (estado fundamental), $n = 1$. Nesse estado, $L = h/2\pi$ e o dipolo magnético associado ao movimento orbital do elétron é

■ Magnéton de Bohr

$$\mu_B = \frac{e}{2m}\frac{h}{2\pi} \cong 9,27 \times 10^{-24} \text{ J/T}. \qquad (11.7)$$

O elétron tem um dipolo magnético associado ao seu movimento orbital. Tem também um momento magnético intrínseco associado ao seu spin

Tal valor do dipolo magnético, também chamado momento magnético orbital do elétron, é denominado *magnéton de Bohr*.

O elétron também tem um momento magnético intrínseco associado ao seu *spin*, que é um atributo de natureza quântica. Podemos fazer uma imagem grosseira do *spin* do elétron, pensando nele como se fosse uma rotação da partícula em torno do próprio eixo. O momento magnético associado ao *spin* do elétron também tem valor igual ao magnéton de Bohr. O momento magnético de um átomo de vários elétrons é composto pelos momentos orbitais e de *spin* dos elétrons, que interagem entre si. Tal momento do átomo tem ordem de grandeza igual ao magnéton de Bohr. Mas há exceções. Em alguns átomos que têm número par de elétrons, como conseqüência da mecânica quântica, o momento magnético tem um valor exatamente nulo. Isso acontece, por exemplo, em todos os gases nobres. Mas não só neles. Como veremos logo adiante, os átomos para os quais o momento magnético eletrônico é nulo formam os materiais diamagnéticos, e os que têm momento magnético não-nulo formam os materiais paramagnéticos. Os materiais ferromagnéticos são um caso particular de materiais paramagnéticos.

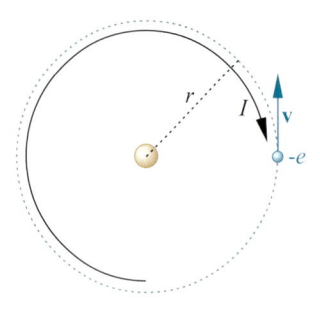

Figura 11.3

Modelo clássico de um elétron orbitando um núcleo. A figura não está em escala.

Seção 11.3 ■ Materiais paramagnéticos

Consideremos um material, que para simplificar suporemos ser constituído de um único tipo de átomo, cujo dipolo magnético não seja nulo. Vamos supor ainda que o material seja um sólido cristalino, isto é, que os átomos formem um arranjo periódico. Esta hipótese não tem real importância na discussão, mas possibilita uma ilustração visual mais simples. A Figura 11.4 mostra uma pequena região desse material. Cada átomo é representado esquematicamente por uma corrente, que pode ter sentido horário ou anti-horário. As correntes no sentido anti-horário geram um dipolo magnético apontando para cima (saindo do papel, e indicados por um ponto no centro) e as correntes no sentido horário geram um dipolo magnético apontando para baixo (entrando do papel, e indicados por um xis no centro). Devido à agitação térmica, os dipolos apontam tanto para baixo quanto para cima, com igual probabilidade, como mostra a Figura 11.4A. Nesse caso, o dipolo magnético da amostra, que é a soma vetorial de todos os dipolos atômicos, é nulo, exceto por pequenas flutuações estatísticas. Suponhamos agora que sobre a amostra seja aplicado um campo magnético apontando para cima. O campo tende a alinhar os dipolos magnéticos dos átomos em sua direção: a energia potencial do dipolo atômico sob o efeito do campo é $U_m = -\boldsymbol{\mu} \cdot \mathbf{B}$ e, portanto, ao se alinhar com o campo o dipolo fica com menor energia. Não fosse a agitação térmica, todos os dipolos se alinhariam com o campo, mas devido a ela o alinhamento é apenas parcial, como vemos na Figura 11.4B.

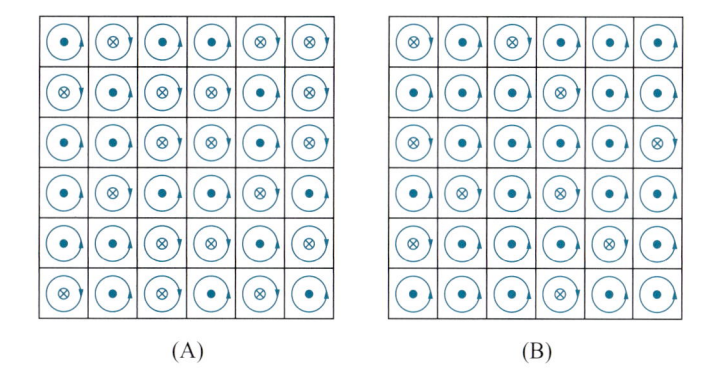

(A)   (B)

Figura 11.4

Porção de um material em que os átomos têm um dipolo magnético, indicado por uma corrente circular no sentido horário (dipolo para baixo, e também indicado por um xis no centro da corrente) ou no sentido anti-horário (dipolo para cima, indicado por um ponto no centro). Devido à agitação térmica, os dipolos apontam, com igual probabilidade, para cima ou para baixo, como se mostra em (A). Se um campo magnético apontando para cima é aplicado, os dipolos apontarão preferencialmente para cima, como se mostra em (B).

Formalmente, o fenômeno pode ser posto nos termos a seguir. Seja N_+ o número de átomos da amostra em que o dipolo magnético aponta para cima, e N_- o número em que o dipolo magnético aponta para baixo. Na ausência de um campo magnético, tem-se $N_+ = N_-$ e o dipolo magnético total da amostra será nulo. Mas, quando um campo apontando para cima é aplicado, tem-se $N_+ > N_-$. A amostra ganhará assim um dipolo $\boldsymbol{\mu}_{am}$ dado por

$$\boldsymbol{\mu}_{am} = N_+ \boldsymbol{\mu} - N_- \boldsymbol{\mu},\tag{11.8}$$

em que $\boldsymbol{\mu}_{am}$ aponta para cima. Nas situações ordinárias, o alinhamento dos dipolos com o campo é muito minoritário, ou seja, a diferença relativa entre N_+ e N_- não é muito grande. Para se ter uma idéia desse ordenamento, é preciso comparar a energia associada ao alinhamento dos dipolos e a energia térmica que atua no sentido de desordená-los. Consideremos um campo magnético aplicado $B_0 = 1{,}0$ T, e suponhamos que o dipolo magnético seja igual a um magnéton de Bohr. A energia de alinhamento dipolo-campo será

$$U_{\mathrm{m}} = -\mu_{\mathrm{B}} B_0 = -9{,}27 \times 10^{-24}\,\frac{\mathrm{J}}{\mathrm{T}} \times 1{,}0\mathrm{T} = -9{,}3 \times 10^{-24}\ \mathrm{J}.\tag{11.9}$$

A energia térmica por dipolo, a que gera a desordem, é dada por $U_{\mathrm{T}} = k_{\mathrm{B}}T$, onde k_{B} é a constante de Boltzmann, dada por $k_{\mathrm{B}} = 1{,}38 \times 10^{-23}$ J/K, e T é a temperatura expressa em kelvins. Para a temperatura de 300 K, temos:

$$U_{\mathrm{T}} = k_{\mathrm{B}}T = 1{,}38 \times 10^{-23}\,\frac{\mathrm{J}}{\mathrm{K}} \times 300\mathrm{K} = 4{,}1 \times 10^{-21}\ \mathrm{J}.\tag{11.10}$$

Materiais paramagnéticos são aqueles que contêm átomos com dipolos magnéticos com orientação desordenada e que se alinham parcialmente com um campo magnético aplicado

Vemos então que U_{T} é centenas de vezes maior que U_{m}, o que permite apenas um alinhamento muito parcial dos dipolos. Materiais do tipo que descrevemos são denominados paramagnéticos. Uma vez que a energia térmica é proporcional à temperatura, se esfriarmos suficientemente o sistema o alinhamento dipolar torna-se muito mais significativo.

No caso geral, o momento magnético μ_{at} do átomo não é igual ao magnéton de Bohr. Ele pode ser de origem orbital, pode ser intrínseco associado ao *spin* ou uma combinação de ambos. Mas, seja como for, o nível de alinhamento dos dipolos atômicos com o campo é função da razão

$$r = -\frac{U_{\mathrm{m}}}{U_{\mathrm{T}}} = \frac{\mu_{at}B_0}{k_{\mathrm{B}}T} \propto \frac{B_0}{T}.\tag{11.11}$$

E 11.3 Calcule a razão *r* para um dipolo magnético igual a um magnéton de Bohr, sujeito a um campo externo de 2,0 T e à temperatura de 1,0 K.

Vê-se então que o nível de alinhamento dos dipolos é função da razão B_0 / T entre o campo aplicado e a temperatura. Não é realizável a obtenção de campos muito intensos — o campo magnético estático mais intenso hoje obtido é de 40 T —, de modo que o alinhamento mais perfeito dos dipolos atômicos com o campo requer o resfriamento da amostra a temperaturas próximas de zero kelvin. A Figura 11.5 mostra o alinhamento dos dipolos magnéticos do material $CrK(SO_4)_2(12H_2O)$ em função de B_0 / T. O dipolo magnético vem dos íons de cromo. Quando o alinhamento é perfeito, $N_+ = N$ e $N_- = 0$, e nesse caso $(N_+ - N_-) / N = 1$. Observa-se da figura que para altos valores da razão B_0 / T o alinhamento dos dipolos com o campo é quase perfeito. Quando o campo aplicado é desligado, observa-se que os dipolos rapidamente tornam a se desalinhar.

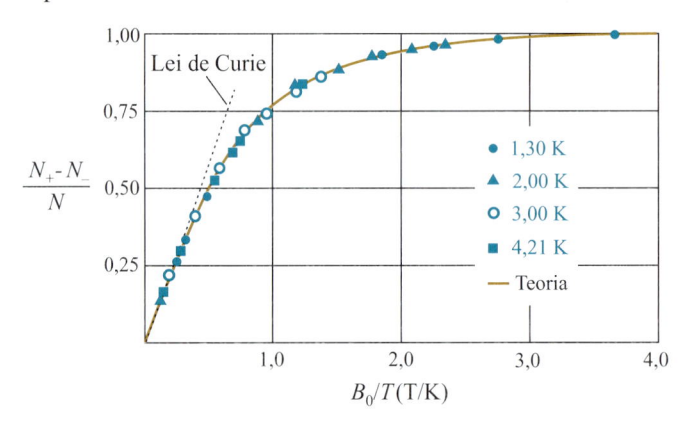

Figura 11.5

Alinhamento dipolar de um material paramagnético em função da razão B_0/T. (*Fonte:* W. E. Henry, *Physical Review* **88**, 559 (1952).)

A experiência mostra que, quando $\mu_{at}B_0 / k_B T$ é pequeno — o que sempre ocorre à temperatura ambiente ou mais elevada — o nível de alinhamento de um material paramagnético com o campo aplicado, e conseqüentemente o dipolo induzido na amostra é proporcional a B_0/T. Esse fato foi descoberto em 1895 por Pierre Curie e é hoje denominado *lei de Curie*. Matematicamente, a lei de Curie é expressa por

■ Lei de Curie

$$\mu_{am} = C \frac{B_0}{T},$$ (11.12)

onde *C* é uma constante. A lei de Curie é ilustrada na Figura 11.5: para pequenos valores de B_0/T, o dipolo induzido cai em cima da linha tracejada, que expressa graficamente a lei de Curie.

E·E Exercício-exemplo 11.2

■ Considere uma amostra, com átomos cujo dipolo magnético seja igual a 1,0 magnéton de Bohr, submetida a um campo magnético de 10 T. A que temperatura devemos resfriá-la para que se obtenha a condição $\mu_{at}B_0 / k_B T = 5,0$?

■ **Solução**

Dada a condição

$$\frac{\mu_{at}B_0}{k_B T} = 5,0,$$

temos

$$T = \frac{\mu_{at} B_0}{5{,}0 \times k_B}.$$

Substituindo os valores numéricos, obtemos:

$$T = \frac{9{,}27 \times 10^{-24}\,\text{J/T} \times 10\text{T}}{5{,}0 \times 1{,}38 \times 10^{-23}\,\text{J/K}} = 1{,}3\,\text{K}.$$

Exercícios

E 11.4 Considere um átomo cujo dipolo magnético seja igual ao magnéton de Bohr. Calcule a razão $r = \mu_{at} B_0 / k_B T$ para (A) $B_0 = 5{,}0$ T e $T = 300$ K; (B) $B_0 = 0{,}10$ T e $T = 0{,}30$ K.

E 11.5 Um nêutron tem dipolo magnético de $9{,}65 \times 10^{-27}$ J/T. Calcule a razão $r = \mu_{at} B_0 / k_B T$ para um nêutron em uma estrela de nêutrons, cujo campo magnético vale $1{,}0 \times 10^8$ T, supondo que a estrela esteja à temperatura de 1000 K.

Seção 11.4 ■ Materiais ferromagnéticos

Alguns materiais paramagnéticos apresentam uma transição de fase para um estado chamado ferromagnético, no qual os dipolos parcialmente se alinham de maneira espontânea, mesmo na ausência de qualquer campo aplicado. Essa é uma transição análoga à que ocorre entre o gelo e a água, e o alinhamento é gerado pela interação entre os dipolos atômicos do material. A temperatura de transição, chamada temperatura crítica T_c, é bem definida. Acima de T_c o material é paramagnético e abaixo de T_c ele se torna ferromagnético. O ferro é um material que tem essa propriedade, e sua temperatura crítica é $T_c = 770\,^{\circ}$C.

Materiais ferromagnéticos são aqueles nos quais os dipolos magnéticos se alinham espontaneamente por interação mútua

Uma vez que no ferro os dipolos magnéticos estão alinhados, temos de entender por que ele, antes de ser imantado, não apresenta dipolo magnético macroscópico. Isso ocorre porque no processo de ordenamento dipolar formam-se domínios de dimensão microscópica. Em cada domínio os dipolos estão alinhados em uma direção, mas essa direção varia de um domínio para outro. Esse estado do sistema ferromagnético é mostrado na Figura 11.6A. Se somarmos os dipolos de todos os domínios teremos um valor líquido estatisticamente nulo. A Figura 11.6B mostra o que ocorre se aplicarmos um campo para cima (no plano do papel). Vemos que há mais domínios aproximadamente alinhados com o campo e que estes têm dimensão maior. Nesse estado o corpo adquire um dipolo magnético macroscópico na direção do campo aplicado. Quando o campo é retirado, esse dipolo permanece, embora apresente uma pequena diminuição. Para campos suficientemente intensos, o corpo pode formar um único domínio ferromagnético.

(A)   (B)

Figuras 11.6A e 11.6B

Domínios magnéticos de um material ferromagnético. Em um material não-imantado (A) os domínios se orientam aleatoriamente e o dipolo magnético total do corpo é nulo. Quando um campo magnético é aplicado (B), os domínios se orientam parcialmente com o campo e, além disso, aumentam seu tamanho.

Seção 11.5 ■ Magnetização

A magnetização é o análogo magnético da polarização elétrica. Consideremos um material uniformemente magnetizado. Sejam $\boldsymbol{\mu}_{\text{tot}}$ o seu dipolo magnético total e V o seu volume. Sua magnetização é definida por

$$\mathbf{M} \equiv \frac{\boldsymbol{\mu}_{\text{tot}}}{V}.$$

(11.13)

E·E Exercício-exemplo 11.3

■ Um ímã, com volume de 40 cm³, tem um dipolo magnético de 48 Am² = 4,8J/T. Qual é a magnetização do ímã?

■ Solução

O cálculo é uma aplicação direta da Equação 11.13:

$$M = \frac{48 \text{Am}^2}{40 \times 10^{-6}\, \text{m}^3} = 1,2 \times 10^6\, \frac{\text{A}}{\text{m}}.$$

O Exercício-exemplo 11.3 mostra que a magnetização é medida em unidades de A/m no SI. Vemos então que o produto $\mu_o M$ tem unidades de tesla, ou seja, esse produto tem a dimensionalidade de campo magnético. De fato:

$$[\mu_o M] = \frac{\text{Tm}}{\text{A}} \times \frac{\text{A}}{\text{m}} = \text{T}.$$

Seção 11.6 ■ Permeabilidade e susceptibilidade magnéticas

Parte das propriedades magnéticas dos materiais está contida na sua permeabilidade magnética, que descreveremos a seguir. A Figura 11.7 mostra um tarugo de um material envolvido por um solenóide no qual passa uma corrente I. O solenóide cria um campo B_0 no interior do tarugo. Sujeito a esse campo, o material do tarugo se magnetiza, e sua magnetização cria um campo adicional B_M dado por $\mathbf{B}_M = \mu_o \mathbf{M}$. Portanto, o campo total no interior do tarugo é

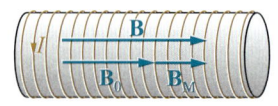

Figura 11.7
Um tarugo submetido ao campo magnético de uma bobina.

$$\mathbf{B} = \mathbf{B}_0 + \mathbf{B}_M = \mathbf{B}_0 + \mu_o \mathbf{M}.$$

(11.14)

A relação entre o campo total $\mathbf{B}$ e o campo aplicado (campo externo) $\mathbf{B}_0$ é, em alguns casos, linear:

■ Definição de permeabilidade magnética relativa

$$\mathbf{B} = \kappa_m \mathbf{B}_0.$$

(11.15)

Considerando a Equação 11.14, vemos que

$$\mathbf{M} = \frac{\kappa_m - 1}{\mu_o} \mathbf{B}_0.$$

(11.16)

A constante de proporcionalidade κ_m é denominada *permeabilidade magnética relativa* do material. Para os materiais paramagnéticos e ferromagnéticos, **M** é paralelo a **B** e, portanto, $\kappa_m > 1$. O campo **B** no interior do material é neste caso mais intenso que o campo aplicado. No caso de materiais ferromagnéticos, $\kappa_m \gg 1$, e neste caso $B \gg B_0$. Para os materiais diamagnéticos, **M** é antiparalelo a **B** e, portanto, $B < B_0$ e $\kappa_m < 1$. A permeabilidade relativa do vácuo vale 1. Portanto, $\kappa_m - 1$ é a diferença entre a permeabilidade do meio e a permeabilidade do vácuo. Essa grandeza é denominada *susceptibilidade magnética* do meio:

■ Definição de susceptibilidade magnética

$$\chi_m \equiv \kappa_m - 1.$$ (11.17)

A Tabela 11.2 mostra a susceptibilidade magnética de alguns materiais à temperatura de 20 °C. Note-se que a susceptibilidade dos materiais diamagnéticos é negativa, o que é compatível com o fato de que a magnetização neles induzida é oposta ao campo aplicado.

■ **Tabela 11.2**

Susceptibilidade magnética de alguns materiais paramagnéticos e diamagnéticos à temperatura de 20 °C. (Os valores da susceptibilidade foram multiplicados por 10^5.)

Material	Susceptibilidade ($\chi_m \times 10^5$)
Paramagnéticos	
Gd_2O_3	1 200
FeO	720
Urânio	40
Platina	26
Tungstênio	6,8
Césio	5,1
Oxigênio (1atm)	0,19
Diamagnéticos	
Bismuto	– 16,6
Mercúrio	– 2,9
Prata	– 2,6
Grafite	– 1,6
Cobre	– 1,0
Água	– 0,91

E-E Exercício-exemplo 11.4

■ Um tarugo cilíndrico de Gd_2O_3 é enrolado por um solenóide, como ilustra a Figura 11.7. O cilindro tem raio de 1,5 cm e altura de 10,0 cm. O solenóide que o envolve tem 80 espiras e é percorrido por uma corrente de 1,20 A. Calcule o dipolo magnético induzido no tarugo.

■ Solução

O campo aplicado ao tarugo — ou seja, o criado pelo solenóide — é dado pela equação (Equação 8.26) do Capítulo 8 (*Lei de Ampère*):

$$B_0 = \mu_o I \frac{1}{h},$$

onde h é o espaçamento entre as espiras do solenóide. Esse espaçamento é $h = L / N$, sendo N o número de espiras e L o comprimento do solenóide. Portanto,

$$B_0 = \mu_o I \frac{N}{L}.$$

Substituindo os valores numéricos temos:

$$B_0 = \mu_o I \frac{N}{L} = 1,26 \times 10^{-6} \frac{T \times m}{A} \times 1,20 A \times \frac{80}{0,10 m} = 1,2 \times 10^{-3} \text{ T}.$$

Utilizando as Equações 8.16 e 8.17, podemos calcular a magnetização do tarugo da seguinte maneira:

$$M = \frac{\chi_m}{\mu_o} B_0 = \chi_m I \frac{N}{h} = 1,20 \times 10^{-2} \times 1,20 A \frac{80}{0,10 m} = 11,5 \frac{A}{m}.$$

O dipolo induzido no tarugo será:

$$\mu_{ind} = MV = 11,5 \frac{A}{m} \times 3,14 \times (1,5 \times 10^{-2} m)^2 \times 0,10 m = 8,1 \times 10^{-4} \text{ Am}^2.$$

Exercício

E 11.6 Um cilindro feito de alumínio, com raio e comprimento iguais a 5,0 cm, está sob o efeito de um campo magnético homogêneo de 1,5 T, alinhado com o eixo do cilindro. Sabendo que a susceptibilidade magnética do alumínio é $\chi_m = + 1,9 \times 10^{-5}$, calcule o dipolo magnético do cilindro.

Seção 11.7 ■ Descrição atômica do diamagnetismo (opcional)

Para alguns átomos, o momento magnético $\boldsymbol{\mu}$ é exatamente nulo. A aplicação de um campo magnético em um sistema onde há cancelamento perfeito dos dipolos magnéticos irá induzir dipolos nos átomos que compõem o material. Pela lei de Lenz, os dipolos induzidos terão sentido oposto ao do campo magnético, e por isso tais materiais serão diamagnéticos. O valor do dipolo magnético induzido pode ser calculado com base na mecânica clássica. Para isto, basta examinar o processo de aplicação do campo magnético, cuja intensidade varia gradualmente de zero a B. Consideremos um elétron em órbita circular de raio r no plano (x, y) perpendicular ao campo magnético. Pela lei de Faraday, a variação do campo magnético induz um campo elétrico cuja circulação na órbita C do elétron é dada por

$$\oint_C \mathbf{E} \cdot d\mathbf{l} = 2\pi r E_{tan} = -\pi r^2 \frac{dB}{dt}, \tag{11.18}$$

onde E_{tan} é a componente tangencial do campo induzido. Esse campo gera um torque no elétron dado por $\tau = -erE_{tan}$. Uma vez que o torque é igual à taxa de variação no tempo do momento angular orbital do elétron, considerando a Equação 11.18 podemos escrever

$$\frac{dL}{dt} = -erF_{tan} = \frac{er^2}{2} \frac{dB}{dt} \tag{11.19}$$

Combinando as Equações 11.6 e 11.19, obtemos

$$\frac{d\mu}{dt} = -\frac{e^2 r^2}{4m} \frac{d\mathbf{B}}{dt}. \tag{11.20}$$

O valor do dipolo magnético induzido pode ser obtido pela integração da Equação 11.20:

$$\mu_{\text{diamag}} = -\frac{e^2 r^2}{4m} \mathbf{B}.$$

(11.21)

O sinal menos indica que o dipolo induzido no átomo diamagnético é oposto ao campo magnético a ele aplicado. Por sorte, a Equação 11.21 é essencialmente concordante com a previsão da mecânica quântica. Nesta, o elétron não descreve uma trajetória definida, e seu movimento é descrito por uma onda. Em vez de r^2, temos que considerar o valor médio do quadrado da distância do elétron até o núcleo. Uma vez que a onda eletrônica é tridimensional, o quadrado da sua distância será $r^2 = x^2 + y^2 + z^2$. Estamos interessados somente na projeção dessa distância no plano (x,y), e portanto r^2 na Equação 11.20 deve ser substituído por $2 < r^2 > / 3$, onde $< >$ indica valor médio. O valor correto do dipolo induzido é

$$\mu_{\text{diamag}} = -\frac{e^2}{6m} < r^2 > \mathbf{B}.$$

(11.22)

Para calcular o dipolo magnético induzido no átomo, temos que somar a contribuição de todos os elétrons nele contidos:

■ Dipolo induzido em átomo diamagnético

$$\mu_{\text{diamag}} = -\frac{e^2}{6m} \mathbf{B} \sum_i < r_i^2 >.$$

(11.23)

Sendo V o volume ocupado por cada átomo, a magnetização induzida é

$$\mathbf{M}_{\text{diamag}} = \frac{\mu_{diamag}}{V}.$$

(11.24)

Uma vez que a magnetização é pequena, tem-se $B \cong B_0$, e podemos então escrever

$$\mathbf{M}_{\text{diamag}} = -\frac{e^2 \mathbf{B}_0}{6mV} \sum_i < r_i^2 >.$$

(11.25)

Para estimar o valor de M_{diamag}, consideremos um átomo de raio $R = 1 \times 10^{-10}$ e Z elétrons. O volume será $V \approx 8 \times 10^{-30}$ m^3 e $<r_i^2> \approx 10^{-20}$ m^2. Podemos então escrever

$$\chi_{\text{m}} = \kappa_{\text{m}} - 1 = \frac{\mu_o M_{\text{diamag}}}{B_0} \approx -Z \frac{(1,6 \times 10^{-19})^2 \times 4\pi \times 10^{-7} \times 10^{-20}}{6 \times 9 \times 10^{-31} \times 8 \times 10^{-30}}.$$

(11.26)

$$\chi_{\text{m}} \approx -7 \times 10^{-6} Z.$$

(11.27)

Uma vez que o número atômico Z é inferior a 100, a susceptibilidade magnética de um material diamagnético tem módulo sempre muito menor do que 1. Observa-se que os valores da susceptibilidade dos materiais diamagnéticos listados na Tabela 11.2 são consistentes, em ordem de grandeza, com a Equação 11.27.

Seção 11.8 ■ Materiais ferromagnéticos (opcional)

Os materiais ferromagnéticos são intensamente empregados na tecnologia. São usados em motores elétricos e geradores de corrente alternada, em transformadores de voltagem elétrica, em alto-falantes e um sem-número de equipamentos. São também usados em dispositivos de memória permanente para armazenamento de dados, como, por exemplo, fitas magnéticas ou discos de memória de computadores. A variedade de materiais ferromagnéticos empregada é muito grande, mas eles se dividem em duas classes: os materiais magneticamente macios, cuja imantação pode ser criada e também invertida com a aplicação de campos pouco intensos, e os materiais magneticamente duros, que formam ímãs possantes que só podem ser alterados com a aplicação de campos intensos.

Materiais magneticamente macios podem ser imantados com campos pouco intensos. Nos materiais magneticamente duros a imantação só pode ser criada ou alterada com campos intensos

Quando submetemos um material ferromagnético a um campo magnético externo B_0 alternado, temos o que se chama curva de histerese. A Figura 11.8 mostra a curva de histerese de um material magneticamente macio, o ferro doce, que é o ferro com razoável nível de purificação. Suponhamos que o material nunca tenha sido imantado e que a oscilação do campo B_0 comece do valor nulo. O campo total B no interior do material seguirá a curva a da figura. Quando o campo atinge o valor máximo no sentido positivo e começa a decrescer, o gráfico de $B(B_0)$ segue a curva b. Quando B_0 atinge o valor nulo, o campo B atinge valor B_r, chamado campo remanente, ou campo remanescente. Note-se que, pela Equação 11.14, $B_r = \mu_o M$. Quando B_0 se torna negativo, B continua a decrescer até que, quando B_0 atinge, em módulo, o valor B_{0c} chamado campo coercivo, B torna-se nulo. Vê-se que o campo coercivo é o campo necessário para desfazer a imantação do material e começar a criar uma imantação de sentido oposto. Em outras palavras, é o campo aplicado necessário para inverter o campo interno. Pela Figura 11.8, vemos que o campo coercivo do ferro doce é de apenas cerca de 0,7 G; isto é apenas cerca de duas vezes o valor do campo magnético da Terra. O ciclo de histerese continua seguindo a oscilação de B_0, em cima das curvas b e c.

Campo remanente é o campo magnético que permanece no interior de um material ferromagnético que foi inteiramente imantado. Campo coercivo é o campo externo necessário para inverter o sentido da magnetização e do campo interno

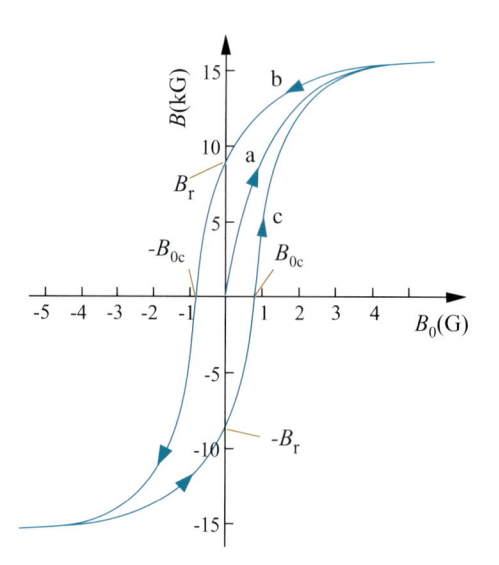

Figura 11.8
Curva de histerese do ferro doce.

Exercícios

E 11.7 Calcule a magnetização remanente do ferro doce cuja curva de histerese é mostrada na Figura 11.8. A magnetização remanente é a que permanece quando o campo aplicado é retirado.

E 11.8 Um cilindro de ferro doce, com raio de 1,0 cm e comprimento de 10 cm, é enrolado por um solenóide com 100 espiras. Que corrente deve-se passar na espira para que o campo magnético no interior do cilindro seja igual a 1,5 T?

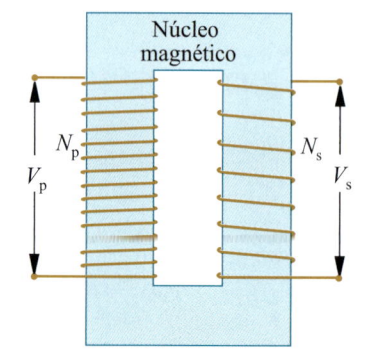

Figura 11.9

Esquema de um transformador. Solenóides são enrolados nos lados opostos de um núcleo de material ferromagnético magneticamente macio (de pequena coercividade) em forma de toróide retangular. Quando o solenóide primário, com N_p espiras, é excitado com voltagem alternada V_p, induz-se uma voltagem alternada no solenóide secundário, com N_s espiras, cujo valor V_s é expresso pela Equação 11.28.

Os materiais magneticamente macios são usados principalmente em núcleos de transformadores. A Figura 11.9 mostra o esquema de um transformador. Um material ferromagnético é fabricado em forma de um toróide retangular. Dois solenóides são enrolados no toróide, um de cada lado do mesmo. Um solenóide (primário) tem N_p e o outro (secundário) tem N_s espiras. Ao se injetar uma corrente no solenóide primário, é gerado um campo magnético que fica confinado no núcleo do transformador, ou seja, no toróide ferromagnético. Pode-se mostrar, considerando a lei de Gauss do magnetismo e o fato de que o campo magnético no interior do material ferromagnético é muito mais intenso que fora dele, que o fluxo desse campo é uniforme ao longo do toróide (Problema 11.5). Portanto, quando o campo magnético varia, as fem nos dois solenóides estão relacionadas pelo número de espiras em cada um:

$$V_p = \mathscr{E}_p = -N_p \frac{d\Phi_B}{dt}, \quad V_s = \mathscr{E}_s = -N_s \frac{d\Phi_B}{dt}, \tag{11.28}$$

o que resulta em

$$\frac{V_s}{N_s} = \frac{V_p}{N_p}. \tag{11.29}$$

A Equação 11.29 mostra como uma voltagem alternada no circuito primário é convertida em outra no circuito secundário. A voltagem no circuito secundário pode ser menor ou maior do que no circuito primário, dependendo da razão N_s/N_p.

Um bom material para núcleo de transformador deve satisfazer dois requisitos. O primeiro é confinar com eficiência o campo magnético em seu interior; isto requer que a sua magnetização seja muito maior do que B_0/μ_o, ou, equivalentemente, que $B \gg B_0$. A Equação 11.15, para κ_m constante, não vale para um material ferromagnético. Entretanto, ainda é comum escrever-se a equação

$$B = \kappa_m(B_0)B_0, \tag{11.30}$$

a qual define uma permeabilidade magnética relativa $\kappa_m(B_0)$ que é função do campo aplicado. Um bom indicador da permeabilidade do material é dado pelo valor máximo da função $\kappa_m(B_0)$, que designaremos por $\kappa_{máx}$. Um material para transformador dever ter $\kappa_{máx}$ maior do que 1000.

Outro requisito do bom transformador é dissipar pouca energia em forma de calor. Essa dissipação é menor em materiais magneticamente macios, ou seja, que têm pequeno campo coercivo. O ferro doce é um bom material para transformadores. Para esta aplicação, ele é purificado até acima de 99,9%. Outros materiais de custo mais elevado apresentam propriedades muito superiores à do ferro doce, como mostra a Tabela 11.3.

■ **Tabela 11.3**

Propriedades magnéticas de alguns materiais muito macios ou muito duros magneticamente.

Material	Composição	$\kappa_{máx}$	B_{0c}	Br
Ferro	Fe99%	6 000	0,88G	
Ferro	Fe99,9%	35 000	0,01G	
Ferro-silício	$Fe_{0,96}Si_{0,04}$	7 000	0,50G	
Ferro-silício	$Fe_{0,97}Si_{0,03}$	100 000	0,08G	
Permalloy	$Ni_{0,78}Fe_{0,22}$	100 000	0,05G	
Supermalloy	$Ni_{0,79}Fe_{0,16}Mo_{0,05}$	1 000 000	0,002G	
Alnico V	$Fe_{0,51}Al_{0,08}Ni_{0,14}Co_{0,24}Cu_{0,03}$		0,065T	1,30T
Cr-Fe-Co	$Cr_{0,22}Fe_{0,63}Co_{0,15}$		0,064T	1,56T
Nd-Fe-B	$Nd_{0,13}Fe_{0,81}B_{0,06}$		0,87T	1,35T
Sm-Co	$SmCo_5$		0,87T	0,92T

Fonte: R. A. McCurie, *Ferromagnetic Materials*. Academic Press (1994).

Por outro lado, um bom material para ímã permanente deve ter altos valores para B_r e B_{0c}; ou seja, o ímã deve ter alta remanência e ser bastante estável. Estável, neste caso, significa ter magnetização que não se altera com pequenos valores de campo aplicado. O material mais usado para ímãs permanentes em motores é uma liga denominada *Alnico V*, cuja curva de histerese é mostrada na Figura 11.10.

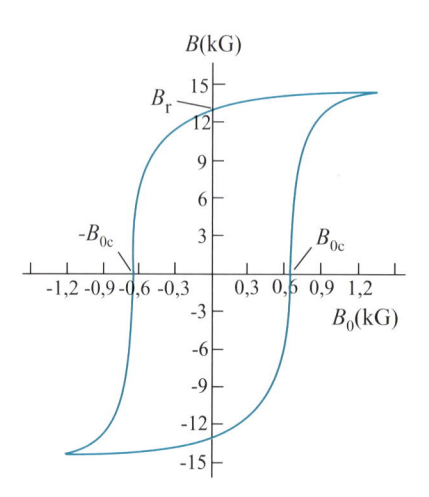

Figura 11.10

Curva de histerese para o Alnico V.

■ Um bloco de Alnico V imantado, com volume de $8,0 \times 10^{-4}$ m³, está sujeito a um campo magnético de 100 G perpendicular à sua magnetização. (*A*) Qual é o dipolo magnético do bloco? (*B*) Qual é o torque exercido sobre ele?

■ **Solução**

Examinando a Figura 11.10, vemos que o campo B_0 é pequeno o suficiente para que consideremos que o campo no interior do bloco é igual ao campo remanente, que estimamos ser igual a 1,3 T. Da Equação 11.13, considerando que B_0 pode ser desprezado, temos:

$$B_r \cong \mu_o M.$$

Portanto, a magnetização do bloco é

$$M = \frac{B_r}{\mu_o} = \frac{1,3\,\text{T}}{1,26 \times 10^{-6}\,\text{Tm/A}} = 1,0 \times 10^6\,\frac{\text{A}}{\text{m}}.$$

(*A*) O dipolo magnético do bloco será

$$\mu = MV = 1,0 \times 10^6\,\frac{\text{A}}{\text{m}} \times 8,0 \times 10^{-4}\,\text{m}^3 = 8,0 \times 10^2\,\text{Am}^2 = 8,0 \times 10^2\,\frac{\text{J}}{\text{T}}.$$

(*B*) O torque exercido sobre o bloco pelo campo externo é

$$\tau = \mu B_0 = 8,0 \times 10^2\,\frac{\text{Nm}}{\text{T}} \times 1,0 \times 10^{-2}\,\text{T} = 8,0\,\text{Nm}.$$

Exercícios

E 11.9 Calcule a magnetização de um bloco imantado de Alnico V.

E 11.10 Um bloco de Alnico V imantado, cujo volume é 100 cm³, está submetido a um campo magnético alinhado com o eixo z. O campo tem um gradiente $\partial B_z / \partial z = 3,0$ T/m. Qual é a força que o bloco sentirá após alinhar seu dipolo com a direção do campo?

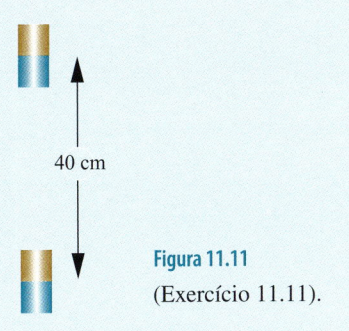

40 cm

Figura 11.11
(Exercício 11.11).

E 11.11 A Figura 11.11 mostra dois blocos imantados de Alnico V, ambos com volume de 250 cm³. Utilizando a aproximação de dipolo para a interação entre os dois blocos, calcule a força de atração entre eles.

Seção 11.9 ■ Magnetismo nuclear (opcional)

As partículas que compõem o núcleo atômico, o próton e o nêutron também têm dipolos magnéticos de *spin*, cujos valores são três ordens de grandeza menores do que o magnéton de Bohr. Além do mais, o movimento dos prótons no interior do núcleo pode criar um momento magnético análogo ao momento orbital do elétron. Resulta disso que os núcleos podem apresentar um momento magnético. A Tabela 11.4 mostra os momentos magnéticos do próton, do nêutron e de alguns núcleos atômicos. Para se entender a notação da tabela, é importante destacar-se que os elementos químicos são caracterizados pelo número atômico Z, que é o número de prótons contidos no núcleo. Mas o mesmo elemento pode apresentar núcleos com diferentes números N de nêutrons. Diz-se que o mesmo elemento pode conter diferentes isótopos. Cada isótopo caracteriza-se pelo número de massa A, que é a soma do número de prótons e do número de nêutrons, ou seja, $A = Z + N$. O índice superior à esquerda do símbolo do elemento na tabela indica o número de massa. Por exemplo, o lítio, que contém 3 prótons, apresenta dois isótopos. Um deles contém 3 nêutrons, e seu número de massa é igual a 6. Tal isótopo é designado por ^{6}Li. O outro isótopo contém 4 nêutrons e, portanto, seu número de massa é 7, sendo por isso designado por ^{7}Li.

■ **Tabela 11.4**
Momento magnético do próton, do nêutron e de alguns núcleos atômicos.

Núcleo	Momento magnético (10^{-26} J/T)
Próton	1,41
Nêutron	0,965
^{6}Li	0,415
^{7}Li	1,64
^{13}C	0,354
^{14}N	0,204
^{15}N	0,143
^{17}O	0,956
^{19}F	1,33

E-E **Exercício-exemplo 11.6**

■ Calcule a energia de alinhamento de um próton com um campo magnético de 1,5 T.

■ Solução

Tal energia é dada por

$$U = -\mu_{\text{próton}}B = -1,41 \times 10^{-26} \frac{\text{J}}{\text{T}} \times 1,5\text{T} = -2,1 \times 10^{-26} \text{ J}.$$

O Exercício-exemplo 11.6 mostra que a energia de alinhamento dos momentos magnéticos nucleares com um campo externo é muito pequena. Entretanto, tal alinhamento tem sido de grande importância na investigação de materiais e, principalmente, da estrutura das moléculas. Tal investigação é realizada por meio da chamada ressonância magnética nuclear (RMN). A RMN é baseada no fato de que, pela mecânica quântica, o momento magnético do núcleo se orienta em direções discretas. Por isso, quando o núcleo é sujeito a um campo magnético, a energia de orientação desse momento é quantizada. Isso significa que, ao mudar sua orientação, o núcleo pode apenas emitir ou absorver radiação eletromagnética de freqüências bem definidas, ou seja, o núcleo apresenta ressonância com a radiação. Nas últimas duas décadas, a RMN tornou-se também um importante método de diagnóstico médico por meio de imagens obtidas por ressonância magnética. A Figura 11.12 mostra uma imagem de ressonância magnética de um crânio humano. O prêmio Nobel de Medicina e Fisiologia de 2003 foi concedido ao químico Paul C. Lauterbur e ao físico Peter Mansfield pelo desenvolvimento da técnica de imagens por RMN.

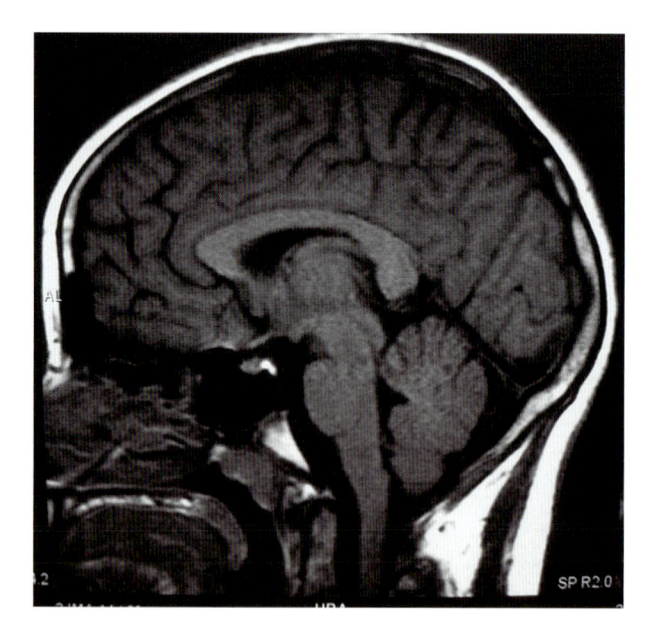

Figura 11.12

Ressonância magnética de encéfalo. Cortesia do Dr. Marcio Moacyr Vasconcelos, UFF.

PROBLEMAS

P 11.1 Considere as medidas de força magnética ilustradas na Figura 11.1. Supondo que $\mu_o M \ll B$, mostre que a susceptibilidade magnética da partícula pode ser expressa por

$$\chi_m = \frac{\rho g \mu_o}{B_x \dfrac{\partial B_x}{\partial x}} \frac{F_m}{mg},$$

onde ρ é a densidade de massa do material.

P 11.2 Utilizando o resultado obtido no Problema 11.1 e os dados da Tabela 11.1, calcule a susceptibilidade magnética do Bi, Pb, H_2O, Al e O_2 (90 K), sabendo que as densidades de massa desses materiais, em g/cm^3, são respectivamente 9,80; 11,4; 1,00; 2,70 e 1,0.

P 11.3 Uma barra longa cilíndrica, de material cuja susceptibilidade magnética é $\chi_m \ll 1$, transporta uma corrente elétrica com densidade uniforme $\mathbf{j} = j\mathbf{k}$. Calcule a magnetização da barra em função das coordenadas (x,y) cuja origem está sobre o eixo da barra.

P 11.4 Os supercondutores são diamagnéticos perfeitos, ou seja, sua susceptibilidade magnética é $\chi_m = -1$. Mostre que, independentemente das correntes elétricas existentes na vizinhança do supercondutor, o campo magnético $\mathbf{B}$ em seu interior é nulo. Este fenômeno é denominado *efeito Meissner*.

P 11.5 A Figura 11.13 mostra um transformador. O campo magnético fica confinado dentro do toróide magnético. Considere o volume do toróide sombreado mais escuro. Utilize a lei de Gauss do magnetismo para mostrar que o fluxo do campo magnético tem o mesmo valor nas superfícies S_1 e S_2.

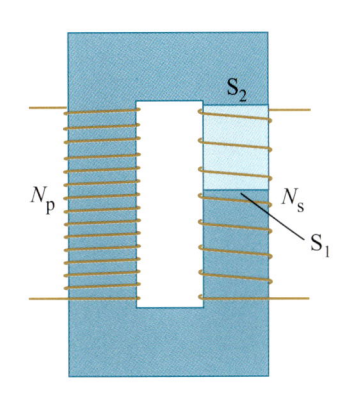

Figura 11.13

(Problema 11.5).

Respostas dos exercícios

E 11.1 8,6 mN

E 11.2 (A) Repelido. (B) 6,2 mN

E 11.3 $r = 1,3$

E 11.4 (A) $r = 0,0\ 11$; (B) $r = 0,22$

E 11.5 $r = 70$.

E 11.6 $\mu = 8,9 \times 10^{-3}\ Am^2$

E 11.7 $M \cong 7 \times 10^5\ A/m$

E 11.8 0,32 A

E 11.9 $M = 1,03 \times 10^6\ A/m$

E 11.10 $F = 309\ N$

E 11.11 $F = 1,5\ N$

Respostas dos problemas

P 11.2 $\chi_m = -1,5 \times 10^{-4}, -1,7 \times 10^{-4}, -8,9 \times 10^{-6}, +1,9 \times 10^{-5}, +3,1 \times 10^{-3}$, respectivamente

P 11.3 $\mathbf{M} = \dfrac{\chi_m j}{2}(-y\mathbf{i} + x\mathbf{j})$

12

Correntes Alternadas

■ Parte 1 – Transientes e oscilações livres

Seção 12.1 ■ Elementos lineares

Conforme sabemos, ao passarmos uma corrente elétrica I em um elemento qualquer de um circuito, por exemplo um fio metálico, haverá dissipação de calor por efeito Joule. Se a corrente não for muito elevada, valerá a lei de Ohm e a potência dissipada será dada por

$$P = RI^2, \tag{12.1}$$

onde a constante R é a resistência elétrica, ou simplesmente resistência do elemento. Devido a essa dissipação, haverá entre as extremidades do elemento uma voltagem (uma queda de potencial) dada por

$$V_R = RI. \tag{12.2}$$

A Equação 12.2 expressa a lei de Ohm, que já estudamos no Capítulo 6 (*Corrente Elétrica*), e um elemento de circuito que lhe obedeça é denominado elemento ôhmico, ou resistor.

Quando a corrente I não é estacionária, a indução de Faraday pode gerar uma fem $\mathscr{E}_{\text{ind}}$ em algum elemento de circuito. A queda de tensão devida à indução é dada por

$$V_L = -\mathscr{E}_{\text{ind}} = L\frac{dI}{dt}, \tag{12.3}$$

onde L é a auto-indutância do elemento. Um elemento de circuito entre cujos terminais a voltagem seja dada pela Equação 12.3 é denominado indutor. Estamos nessa equação ignorando a indução devida à corrente em outros elementos do circuito, ou seja, estamos ignorando os efeitos de indutância mútua. Freqüentemente, bobinas são intencionalmente colocadas em um circuito. Estas costumam possuir uma auto-indutância bastante elevada e efeitos desprezíveis de indutância mútua.

Em geral, a resistência elétrica de uma bobina é considerável, exceto em bobinas supercondutoras. Entretanto, para fins de análise, podemos considerar uma bobina real uma ligação em série de uma bobina ideal, ou seja, desprovida de resistência, e de um resistor com resistência R. A queda de tensão em uma bobina real é dada por

$$V = V_R + V_L = RI + L\frac{dI}{dt}. \tag{12.4}$$

A Figura 12.1 mostra uma bobina real e sua representação esquemática por um indutor e um resistor ligados em série.

Resistor é um elemento de um circuito entre cujos terminais a voltagem seja dada pela Equação 12.2

Indutor é um elemento de um circuito entre cujos terminais a voltagem seja dada pela Equação 12.3

Bobina ideal é aquela que tenha resistência elétrica nula e por isso funcione como um indutor

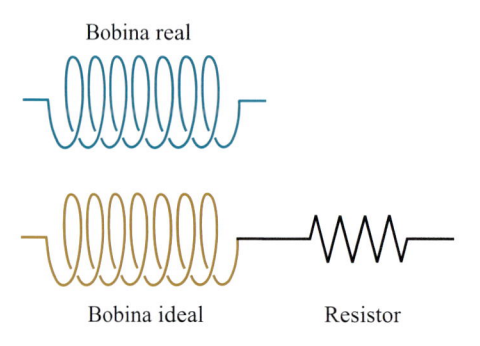

Bobina real

Bobina ideal   Resistor

Figura 12.1

Bobina real e seu circuito equivalente, representado por uma bobina ideal, ou indutor (com resistência nula), ligada em série com um resistor de resistência R.

Um indutor transportando uma corrente I acumula uma energia magnética dada por

$$U_{\text{mag}} = \frac{1}{2} L I^2.$$

(12.5)

Indutância parasita é a indutância inevitável, em geral pequena, dos elementos de um circuito cuja função desejada não é a de indutor

A indutância dos fios e de outros elementos de um circuito, exceto obviamente as bobinas, em geral é muito pequena e denomina-se **indutância parasita**. Em circuitos para operação a freqüências muito altas, porém, mesmo pequenas indutâncias podem ter um efeito considerável sobre as correntes. Nesse caso, é necessário tomar cuidados especiais para reduzir ao mínimo as indutâncias parasitas.

Diferenças de potencial em circuitos ocorrem também devido à interação eletrostática. Partes distintas do circuito podem acumular cargas elétricas cuja atuação no mesmo é descrita pela lei de Coulomb. Um elemento de circuito especialmente projetado para atuar dessa forma é o **capacitor**. Suas duas placas acumulam cargas opostas q e $-q$, e a queda de potencial entre os dois terminais (placas), indo do terminal com carga q para o terminal com carga $-q$, é

Um **capacitor** é um elemento de um circuito cuja função idealizada é acumular carga. A voltagem entre seus terminais é dada pela Equação 12.6

$$V_C = \frac{q}{C},$$

(12.6)

onde C é a capacitância do capacitor.

Em um capacitor ideal não há corrente de carga elétrica entre os dois terminais. Entretanto, nos casos reais o espaço entre as placas é preenchido por um material dielétrico cuja condutividade elétrica, apesar de geralmente muito pequena, não é nula. Por isso, quando o capacitor é carregado há uma corrente elétrica não-nula que precisa ser levada em conta em alguns casos. Tal corrente, denominada **corrente de perda**, é dada por

■ Corrente de perda em um capacitor

$$I_{\text{perda}} = \frac{V_C}{R_{\text{perda}}},$$

(12.7)

onde R_{perda} é a resistência de perda do capacitor. A corrente de perda é equivalente a uma corrente que vai de um terminal ao outro do capacitor através de uma ligação em paralelo. Neste caso, a resistência de perda funciona como uma resistência ligada em paralelo com o capacitor. A Figura 12.2 mostra um capacitor real e sua substituição esquemática por um capacitor ideal e uma resistência de perda, ligados em paralelo. Os capacitores disponíveis têm resistência de perda muito grande. Em capacitores de alta qualidade, o valor da resistência de perda pode ultrapassar 10^{12} Ω. Assim, para bons capacitores, na maioria das aplicações a corrente de perda pode ser desprezada.

Um capacitor tem uma resistência elétrica que, apesar de grande, não é infinita. Por isso, ao ser carregado ele deixa passar uma corrente denominada **corrente de perda**

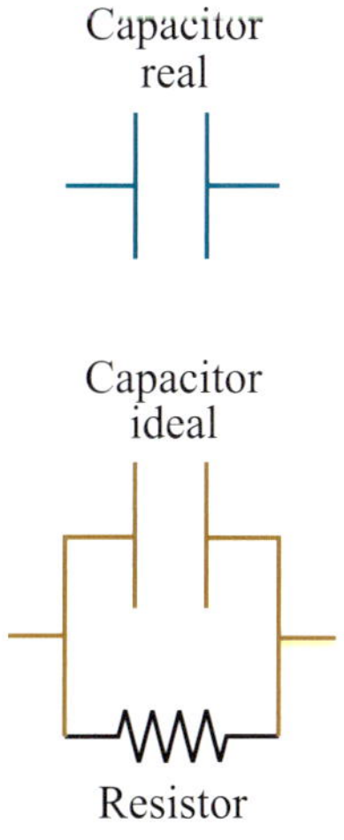

Figura 12.2

Capacitor real e seu circuito equivalente, constituído de um capacitor ideal (com resistência infinita) ligado em paralelo a um resistor de resistência R.

Assim como existem efeitos de indutância mútua, existem também efeitos de capacitância mútua. A diferença de potencial entre as placas de um capacitor pode depender também das cargas em outros pontos do circuito. Este é, entretanto, um efeito desprezível nos capacitores utilizados na prática. Um capacitor ideal, além de não apresentar correntes de perda, também não apresenta efeitos de capacitância mútua.

Um capacitor ideal carregado com a carga q armazena uma energia eletrostática dada por

$$U_{el} = \frac{1}{2}\frac{q^2}{C}. \qquad (12.8)$$

Elementos de um circuito não projetados para operar como capacitor podem apresentar capacitância, denominada **capacitância parasita**

Nem todos os efeitos de capacitância em circuitos provêm de capacitores adicionados intencionalmente. Cargas elétricas podem se acumular em elementos diversos dos circuitos cuja função não foi programada para tal fim. Aparecem então as capacitâncias parasitas, cujo efeito às vezes tem de ser considerado. Capacitâncias parasitas têm um papel especialmente importante em dispositivos microeletrônicos, e seu efeito é sempre tornar os dispositivos mais lentos. Uma das vantagens da miniaturização dos dispositivos é a diminuição das capacitâncias parasitas.

Elementos lineares ideais de um circuito são aqueles cuja voltagem é proporcional a uma das grandezas q, $\dot{q}$ ou $\ddot{q}$. Os únicos elementos lineares ideais são o capacitor, o resistor e o indutor

Não levaremos em conta os efeitos parasitas de capacitância e indutância e nem os efeitos de indutância e capacitância mútuas. Tampouco consideraremos a corrente de perda nos capacitores. Além disso, a resistência dos indutores será separada como um resistor ligado em série com os mesmos. Portanto, só consideraremos resistores, indutores e capacitores ideais, cada qual cumprindo uma função específica e única no circuito. Estes elementos de circuito são denominados elementos lineares ideais. A razão do adjetivo linear é que a queda de voltagem em seus terminais é proporcional à carga elétrica ou a uma de suas derivadas no tempo ($\dot{q}$ e $\ddot{q}$).

O capacitor, o resistor e o indutor são os únicos elementos lineares ideais de circuitos. Há muitos elementos de circuito que não atendem a essas relações de linearidade e nem satisfazem às idealizações que fizemos — como, por exemplo, os diodos, os triodos e os transistores. A relação não-linear entre a voltagem aplicada e a corrente é o princípio de operação dos diodos, e a operação dos triodos e transistores se baseia em efeitos de capacitância mútua. Nosso objetivo neste capítulo é exclusivamente estudar o comportamento de circuitos que contenham apenas elementos lineares ideais.

Seção 12.2 ■ Correntes de baixa freqüência

Em muitos casos neste capítulo, estudaremos circuitos nos quais circula uma corrente alternada de freqüência bem definida. Consideremos uma malha de circuito na qual uma corrente oscila na forma

$$I = I_m \text{sen}\omega t. \qquad (12.9)$$

O período de oscilação da corrente é $T = 2\pi / \omega$. Seja t_r o tempo que o campo eletromagnético gasta para percorrer a malha do circuito. Na matéria, o campo propaga com velocidade menor do que a da luz no vácuo, que vale c. Ignorando, porém, essa diferença, teremos

$$t_r = l / c, \qquad (12.10)$$

onde l é o perímetro da malha. Dizemos que a corrente é de baixa freqüência quando o período de oscilação é muito maior que o tempo de trânsito t_r, ou seja,

$$T >> l / c. \qquad (12.11)$$

Seja, por exemplo, $l = 1,0$ m. Neste caso, $t_r = 0,3 \times 10^{-8}$ e, portanto, para que a corrente seja de baixa freqüência é necessário que sua freqüência seja muito abaixo de 300 MHz.

Quando uma corrente não é de baixa freqüência, seu valor não é uniforme ao longo do circuito, pois haverá diferenças de fase nas correntes em pontos distintos do mesmo. Além do mais, os elementos do circuito emitem radiação eletromagnética, e por isso os efeitos de indutância e capacitância mútua não podem ser mais desprezados. O tratamento correto das correntes de alta freqüência é mais elaborado e requer a consideração das equações de Maxwell. Nossa análise será restrita ao limite em que as correntes sejam de baixa freqüência. Portanto, quando considerarmos uma corrente alternada, em todos os pontos do circuito ela oscilará na mesma fase, e poderá ser descrita pela Equação 12.8.

Exercício

E 12.1 Uma rede de transmissão de energia elétrica tem corrente alternada com freqüência de 60 Hz. Considerando-se que o comprimento da malha do circuito inclui os caminhos de ida e de volta, qual é a maior distância entre a usina e o ponto final da rede para que o tempo de trânsito t_r não ultrapasse 20% do período da oscilação? (*Nota*: para minimização das perdas por irradiação eletromagnética, em redes de transmissão muito longas utiliza-se corrente contínua.)

Seção 12.3 ■ Circuitos *RC*

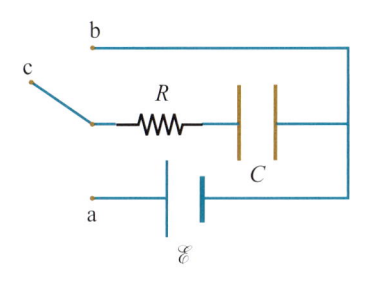

Figura 12.3

Circuito *RC*. Quando a chave comutadora C está na posição a, o circuito é forçado pela fem $\mathscr{E}$. Quando a chave está na posição b, o circuito está livre.

Consideremos um circuito contendo um resistor *R*, um capacitor *C* e uma fonte de corrente contínua (CC), ou fonte DC (de *direct current*, corrente contínua) de voltagem $\mathscr{E}$, como mostra a Figura 12.3. O circuito possui também uma chave que possibilita fechar uma de duas malhas distintas. Na posição a, a malha fechada passa pela fonte, na posição b a malha fechada exclui a fonte, e na posição c o circuito fica aberto. Consideremos o capacitor inicialmente (em $t = 0$) descarregado, quando a chave do circuito é fechada na posição a. O potencial eletrostático em um dado instante é uma função definida em qualquer ponto do circuito. Portanto: a soma das diferenças de potencial (quedas de tensão) em todos os elementos contidos em uma malha fechada é nula.

Este resultado é denominado regra de Kirchoff das malhas, e já foi discutido no Capítulo 6 (*Corrente Elétrica*). Aplicando a regra à malha que passa pela fonte, temos:

Regra de Kirchoff das malhas: a soma das diferenças de potencial em todos os elementos contidos em uma malha fechada é nula

$$RI + \frac{q}{C} = \mathscr{E} . \tag{12.12}$$

Uma vez que $I = dq / dt$, podemos colocar esta equação na forma

$$R\frac{dq}{dt} + \frac{q}{C} = \mathscr{E} . \tag{12.13}$$

Esta é a equação diferencial que descreve o processo de carregamento do capacitor. Passado um longo tempo após a ligação da chave, a corrente terá cessado, ou seja, $dq / dt = 0$. Atingido esse limite, a carga no capacitor terá o valor

$$q(\infty) = C\mathscr{E}, \tag{12.14}$$

onde $q(\infty)$ é o valor da carga para $t = \infty$. Antes disso, a carga será menor do que aquele valor limite. Seja $Q(t)$ a carga que falta para completar o carregamento do capacitar. Nesse caso, temos $q(t) = q(\infty) - Q(t)$, ou

$$q(t) = C\mathscr{E} - Q(t). \tag{12.15}$$

Substituindo a Equação 12.15 na Equação 12.13, obtemos

$$R\frac{dQ}{dt} + \frac{Q}{C} = 0,$$

(12.16)

que pode ser colocada na forma

$$\frac{dQ}{Q} = -\frac{dt}{RC}.$$

(12.17)

O produto RC tem dimensão de tempo:

$$[RC] = \frac{\text{voltagem}}{\text{carga/tempo}} \times \frac{\text{carga}}{\text{voltagem}} = \text{tempo}.$$

Constante de tempo de um circuito RC é o tempo definido pelo produto RC

Esta grandeza é denominada constante de tempo do circuito e é designada pelo símbolo τ_C. Integrando a Equação 12.17, temos:

$$\ln(Q) - \ln(Q_o) = -\frac{t}{\tau_C},$$

(12.18)

$$Q(t) = Q_o\, e^{-\frac{t}{\tau_C}},$$

(12.19)

onde Q_o é o valor de Q em $t = 0$. Vê-se que $Q_o = q(\infty) = C\mathscr{E}$. Substituindo a Equação 12.19 na Equação 12.15, obtemos

■ Carregamento de um capacitor em circuito RC

$$q(t) = C\mathscr{E}(1 - e^{-\frac{t}{\tau_C}}).$$

(12.20)

Suponhamos que, depois de carregado o capacitor, a chave seja comutada para a posição b. O capacitor será a partir de então descarregado através da malha superior do circuito, e a equação diferencial que descreve a variação da carga nesse processo é

$$R\frac{dq}{dt} + \frac{q}{C} = 0.$$

(12.21)

Esta equação é formalmente idêntica à Equação 12.16. Deslocando a origem do tempo para o instante em que a chave é comutada, temos:

■ Descarregamento de um capacitor em circuito RC

$$q(t) = C\mathscr{E}\, e^{-\frac{t}{\tau_C}}.$$

(12.22)

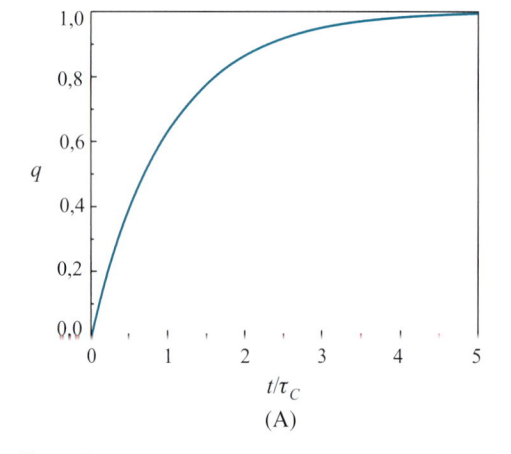 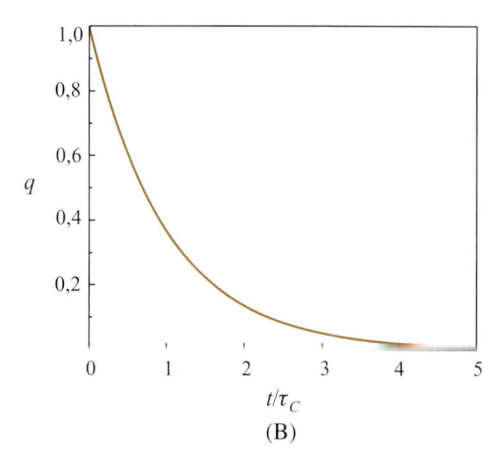

Figura 12.4

Carregamento (A) e descarregamento (B) de um capacitor em um circuito RC.

As Figuras 12.4A e 12.4B mostram a variação da carga no capacitor durante os processos de carregamento e descarregamento, respectivamente. As curvas mostram que τ_c é o tempo característico tanto do carregamento como do descarregamento do capacitor.

E·E Exercício-exemplo 12.1

■ Considere o circuito da Figura 12.3 e suponha que $\mathscr{E} = 6{,}0$ V, $R = 5{,}0$ kΩ e $C = 20$ μF. (A) Calcule a constante de tempo do circuito RC. (B) Em $t = 0$, a carga no capacitor é nula e a chave é fechada no ponto a. Qual é a carga no capacitor em $t = 50$ ms? (C) Depois de o capacitor estar carregado, a chave é comutada para o ponto b. Quanto tempo é preciso esperar para que a carga no capacitor fique reduzida a 10% do seu valor inicial?

■ **Solução**

(A) A constante de tempo do circuito RC é

$$\tau_C = RC = 5{,}0 \times 10^3 \ \Omega \times 20 \times 10^{-6} \ \text{F} = 100 \ \text{ms}.$$

(B) Para se calcular a carga no capacitor em $t = 50$ ms, aplicamos a Equação 12.20, nela introduzindo os valores numéricos apropriados:

$$q = 20\mu\text{F} \times 6{,}0\text{V}\left(1 - e^{-\frac{50\text{ms}}{100\text{ms}}}\right) = 120\mu\text{C}\left(1 - e^{-0{,}50}\right),$$

$$q = 120\mu\text{C}\ (1 - 0{,}607) = 120\mu\text{C} \times 0{,}393 = 47\ \mu\text{C}.$$

(C) O valor inicial da carga do capacitor no processo de descarregamento é $q_0 = C\mathscr{E}$. Considerando a Equação 12.22, se a carga é 10% do valor inicial, podemos escrever:

$$q(t) = C\mathscr{E}\, e^{-\frac{t}{\tau_C}} = 0{,}10 C\mathscr{E}\ .$$

Portanto,

$$e^{-\frac{t}{\tau_C}} = 0{,}10 \quad \Rightarrow e^{\frac{t}{\tau_C}} = 10,$$

$$t = \ln 10 \times \tau_C = 2{,}3 \times 100 \ \text{ms} = 0{,}23 \ \text{s}.$$

E·E Exercício-exemplo 12.2

■ Em $t = 0$ a chave do circuito da Figura 12.3 é fechada no ponto a. Em que instante as voltagens nos terminais do resistor e do capacitor têm o mesmo valor?

■ **Solução**

Pela lei das malhas, a soma das voltagens no resistor e no capacitor é igual a $\mathscr{E}$. Portanto, temos de calcular em que instante a voltagem no capacitor é igual a $\mathscr{E}/2$. Como a voltagem no capacitor é dada por $V_C = q\,/\,C$, considerando a Equação 12.20 podemos escrever:

$$V_C = \mathscr{E}\left(1 - e^{-\frac{t}{RC}}\right).$$

Portanto,

$$\frac{\mathscr{E}}{2} = \mathscr{E}\left(1 - e^{-\frac{t}{RC}}\right),$$

$$\left(1 - e^{-\frac{t}{RC}}\right) = \frac{1}{2} \quad \Rightarrow e^{-\frac{t}{RC}} = \frac{1}{2} \quad \Rightarrow \frac{t}{RC} = \ln 2.$$

Finalmente,

$$t = RC \ln 2 = 0{,}693 \ RC.$$

Exercícios

E 12.2 Escreva a expressão para a corrente no circuito da Figura 12.3 no processo de carregamento do capacitor, cujo início se dê em $t = 0$.

E 12.3 Considere o circuito da Figura 12.3 em que os elementos têm os valores dados no Exercício-exemplo 12.1. O capacitor está inicialmente descarregado, e em $t = 0$ a chave é ligada no ponto a. Em $t = 70$ ms, sua posição é comutada para o ponto b. (A) Qual é o valor máximo da corrente no circuito? (B) Qual é o valor máximo atingido pela carga no capacitor? (C) Qual é a carga no capacitor em $t = 120$ ms?

E 12.4 Em um circuito RC, o capacitor de capacitância igual a 1,00 nF perde 90,0% de sua carga em 2,30 s. Quanto vale a resistência do circuito?

E 12.5 A corrente de descarga em um circuito RC num momento em que a voltagem no capacitor é de 100 V é de 800 μA. Qual é o valor de R?

E 12.6 A corrente de descarga em um circuito RC num momento em que a voltagem no capacitor é de 100 V é de 800 μA. Qual é o valor de R?

Seção 12.4 ■ Circuitos *RL*

A Figura 12.5 mostra um circuito contendo um indutor, uma resistência e uma fonte DC de voltagem $\mathscr{E}$. No instante $t = 0$, a chave do circuito é fechada. Pela regra das malhas de Kirchoff, a evolução da corrente no circuito segue a equação

$$L\frac{dI}{dt} + RI = \mathscr{E}.$$ (12.23)

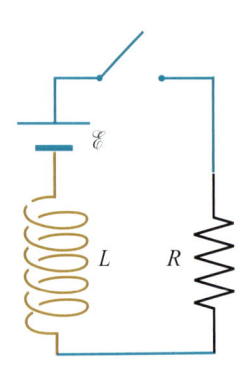

Figura 12.5

Circuito *RL* excitado por uma fonte de voltagem DC.

Esta equação é formalmente idêntica à Equação 12.13 e pode ser resolvida de forma análoga. Novamente, a grandeza L/R tem dimensão de tempo (ver Exercício 12.7). Definindo-se *a constante de tempo do circuito RL*

■ Constante de tempo do circuito *RL*

$$\tau_L = \frac{L}{R},$$ (12.24)

a solução da Equação 12.24 para $I(0) = 0$ será

$$I(t) = \frac{\mathscr{E}}{R}(1 - e^{-\frac{t}{\tau_L}}).$$ (12.25)

E·E Exercício-exemplo 12.3

■ Os elementos de um circuito LC como o da Figura 12.5 têm as características: $\mathscr{E} = 5,0$ V, $R = 1,25$ Ω, $L = 10,0$ mH. (A) Qual é a constante de tempo do circuito? (B) Qual é o valor máximo que a corrente no circuito pode atingir? (C) Se a chave no circuito é fechada em um dado instante, quanto tempo tem de decorrer para que a corrente atinja 2,0 A?

■ **Solução**

(A) A constante de tempo é

$$\tau_L = \frac{L}{R} = \frac{10,0\text{mH}}{1,25\Omega} = 8,0 \text{ ms}.$$

(B) A corrente cresce no tempo segundo a Equação 12.24. Seu valor máximo ocorre quando t tende para infinito, e é dado por

$$I_{\text{máx}} = I(\infty) = \frac{\mathcal{E}}{R} = \frac{5,0V}{1,25\Omega} = 4,0 \text{ A}.$$

Para calcular o tempo requerido para que a corrente atinja 2,0 A, usamos a Equação 12.24:

$$2,0\text{A} = I_{\text{máx}}(1 - e^{-\frac{t}{\tau_L}}) = 4,0\text{A}(1 - e^{-\frac{t}{8,0\text{ms}}}).$$

Com alguma manipulação, obtemos

$$e^{-\frac{t}{8,0\text{ms}}} = \frac{4,0\text{A} - 2,0\text{A}}{4,0\text{A}} = \frac{1}{2}.$$

Temos agora:

$$\frac{t}{8,0\text{ms}} = \ln 2 = 0,693,$$

$$t = 0,693 \times 8,0 \text{ ms} = 5,5 \text{ ms}.$$

Exercícios

E 12.7 Mostre que as grandezas L/R e $\sqrt{LC}$ têm dimensões de tempo.

E 12.8 (A) Mostre que em um circuito LR no qual a resistência possa ser desprezada, ou seja, uma bobina sem resistência é alimentada por uma fonte de fem $\mathcal{E}$ se a corrente inicial for nula, seu valor no instante t é dado por $I = \mathcal{E}t/L$. (B) Os chamados eletroímãs supercondutores usam bobinas de fios supercondutores de eletricidade, cuja resistência elétrica é nula. A indutância da bobina é usualmente muito alta. Considere um eletroímã cuja bobina tenha indutância de 10 H. Que voltagem tem de ser aplicada na bobina para que a corrente aumente à taxa de 12 A por minuto?

E 12.9 Sejam 1,5 V, 1,0 Ω e 5,0 mH, respectivamente, os valores de $\mathcal{E}$, R e L na Figura 12.5. Qual será o valor da corrente 5,0 ms após a chave do circuito ser fechada?

Seção 12.5 ■ Circuito *LC* livre

O circuito constituído por um indutor e um capacitor não apresenta qualquer processo dissipativo. Portanto, sua energia total não varia no tempo:

$$U = \frac{1}{2}(LI^2 + \frac{q^2}{C}) = \text{constante}. \tag{12.26}$$

Derivando Equação 12.26 em relação ao tempo e considerando que $I = \dot{q}$, obtemos

$$\ddot{q} + \frac{q}{LC} = 0. \tag{12.27}$$

Note-se que a Equação 12.27 poderia ser também obtida pela aplicação da regra das malhas (ver Exercício 12.10). A grandeza $\sqrt{LC}$ tem dimensão de tempo ao quadrado (ver Exercício 12.7) e, portanto, seu inverso tem dimensão de freqüência. Podemos então definir a freqüência angular

■ Freqüência angular do circuito *LC*

$$\omega_o = \frac{1}{\sqrt{LC}} \tag{12.28}$$

e reescrever a Equação 12.26 na forma

$$\ddot{q} + \omega_o{}^2 q = 0.$$ (12.29)

No Capítulo 11 (*Oscilador Harmônico*) de Física Básica / Mecânica, já estudamos a solução da equação diferencial dada anteriormente. Vê-se que o circuito constitui um oscilador harmônico cuja freqüência angular natural é ω_o. Sua solução geral é

$$q(t) = q_{máx}\cos(\omega_o t + \varphi).$$ (12.30)

Vê-se portanto que ω_o é a frequência angular de oscilação livre do circuito *LC*. As duas constantes $q_{máx}$ e φ que aparecem na solução geral podem ser ajustadas para dar as condições iniciais do circuito (ver Exercício-exemplo 12.4):

$$q(0) = q_{máx}\cos\varphi,$$ (12.31)

$$I(0) = -\omega_o q_{máx}\operatorname{sen}\varphi.$$ (12.32)

A energia total do oscilador é

$$U = \frac{1}{2}LI^2 + \frac{1}{2}\frac{q^2}{C},$$ (12.33)

$$U = \frac{1}{2}L\omega_o{}^2 q_{máx}^2 \operatorname{sen}^2(\omega_o t + \varphi) + \frac{1}{2}\frac{q_{máx}^2}{C}\cos^2(\omega_o t + \varphi).$$ (12.34)

Uma vez que $L\omega_o{}^2 = 1/C$, e $\operatorname{sen}^2(\omega_o t + \varphi) + \cos^2(\omega_o t + \varphi) = 1$, podemos escrever

■ Energia de um circuito *LC*

$$U = \frac{1}{2}\frac{q_{máx}^2}{C}.$$ (12.35)

Para o caso específico em que $I(0) = 0$, tem-se $\varphi = 0$, $q_{máx} = q(0)$ e portanto

$$q = q_{máx}\cos\omega_o t,$$
$$I = -\omega_o \operatorname{sen}\omega_o t.$$ (12.36)

A Figura 12.6 mostra a variação temporal da carga no capacitor e da corrente no circuito para estas condições iniciais.

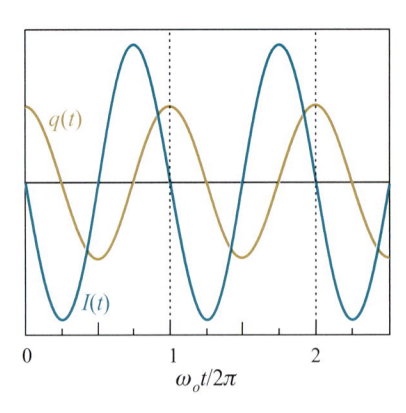

$$\omega_o t/2\pi$$

Figura 12.6

Variação no tempo da carga no capacitor e da corrente no indutor de um circuito *LC*. Nota-se que a carga e a corrente oscilam de forma harmônica com defasagem de 90°.

E·E Exercício-exemplo 12.4

■ Em um circuito cuja freqüência angular é $\omega_o = 50{,}0 \times 10^6 \text{ s}^{-1}$, a carga e a corrente iniciais são $q(0) = 14{,}1$ nC e $I(0) = -0{,}707$ A. Calcule os valores das grandezas $q_{máx}$ e φ.

■ Solução

Dividindo a Equação 12.31 pela Equação 12.30, obtemos:

$$tg\varphi = -\frac{I(0)}{\omega_o q(0)} = -\frac{707 \times 10^{-3} \text{ Cs}^{-1}}{50{,}0 \times 10^6 \text{ s}^{-1} \times 14{,}1 \times 10^{-9} \text{ C}} = -\frac{707}{705} = -1{,}00.$$

Esta equação permite duas soluções: $\varphi = -45°$ ou $\varphi = 135°$.

Usando agora a Equação 12.30, obtemos:

$$14{,}4 \text{ nC} = q_{máx} \cos \varphi.$$

Desta equação, considerando os dois valores possíveis de φ, concluímos que $\varphi = -45°$. Neste caso, concluímos:

$$q_{máx} = \frac{14{,}1 \text{nC}}{\cos(-45°)} = \frac{14{,}1 \text{nC}}{0{,}707} = 19{,}9 \text{ nC}.$$

Exercícios

E 12.10 Deduza a Equação 12.27 usando a lei das malhas de Kirchoff.

E 12.11 O sistema de sintonia de um rádio é um circuito *LC*. O indutor tem um valor fixo em 0,395 μH e o capacitor é ajustável para que a freqüência $\omega_u / 2\pi$ fique em ressonância com a freqüência portadora da emissora. Qual deve ser o valor de *C* para que rádio sintonize uma rádio cuja freqüência seja 108 MHz?

E 12.12 No circuito *LC* de sintonia de um receptor de rádio, a bobina tem indutância de 0,125 μH, e o capacitor tem sua capacitância *C* variável continuamente. Para que valor *C* deve ser ajustado a fim de que o receptor esteja sintonizado em 100 MHz?

Seção 12.6 ■ Circuitos *RLC* livres

O circuito *RLC* combina os três elementos lineares constituintes de circuitos elétricos, o resistor, o indutor e o capacitor. Livre de fonte para sua excitação, o circuito é ilustrado na Figura 12.7. O ordenamento dos elementos é irrelevante. Por exemplo, o resistor poderia estar inserido entre o indutor e o capacitor.

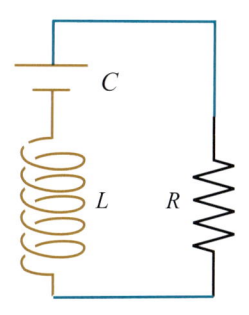

Figura 12.7

Circuito *RLC* livre. A ordem dos três elementos lineares no circuito não afeta seu funcionamento.

A regra das malhas de Kirchoff permite escrever

$$L\frac{dI}{dt} + RI + \frac{q}{C} = 0, \tag{12.37}$$

ou, expressando tudo em termos da carga q,

$$\ddot{q} + \gamma\dot{q} + \omega_o^2 q = 0, \tag{12.38}$$

onde $\gamma \equiv R/L$ e $\omega_o = 1/\sqrt{LC}$. Já estudamos a solução da Equação 12.38 no Capítulo 11 (*Oscilador Harmônico*) de Física Básica / Mecânica. Trata-se da equação que descreve o movimento de um oscilador harmônico amortecido. Aquela solução será resumidamente revista. A solução geral da Equação 12.38 pode ser colocada na forma

$$q = Ae^{-\frac{\gamma}{2}t}\cos(\omega't + \varphi), \tag{12.39}$$

onde a freqüência ω' é dada por

$$\omega'^2 = \omega_o^2 - \left(\frac{\gamma}{2}\right)^2. \tag{12.40}$$

Limitaremos nossa análise ao caso do oscilador subamortecido, ou seja, em que $\omega_o > \gamma/2$. Neste caso, a freqüência ω' será uma grandeza real. Temos:

$$q = Ae^{-\frac{\gamma}{2}t}\cos(\omega't + \varphi). \tag{12.41}$$

Para o caso específico em que a fase inicial φ é nula, obtemos

■ Carga elétrica em um circuito *RLC* livre

$$q = q_o e^{-\frac{\gamma}{2}t}\cos\omega't. \tag{12.42}$$

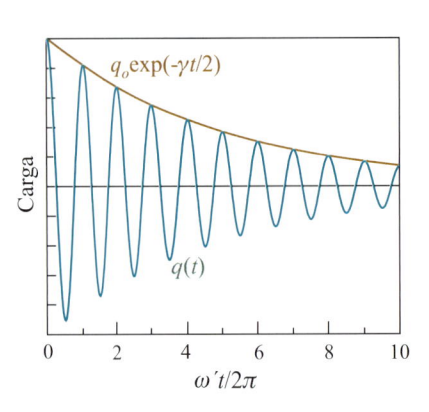

Figura 12.8

Variação temporal da carga no capacitor de um circuito *RLC* livre. Supõe-se que a fase inicial seja nula.

A Figura 12.8 mostra a variação temporal da carga no capacitor. A linha ocre define a variação da amplitude das oscilações. Nos pontos de pico de q, a corrente no circuito é nula. Portanto, nesses pontos a energia eletromagnética do circuito é simplesmente aquela contida no capacitor, dada por $q_{pico}^2/2C$. Vemos então, uma vez que $q_{pico}^2 = q_o\exp(-\gamma t/2)$, que a energia do circuito varia com o tempo na forma

■ Energia em um circuito *RLC* livre

$$U = \frac{q_{pico}^2}{2C} = \frac{q_o^2}{2C}e^{-\gamma t} = U_o e^{-\gamma t}, \tag{12.43}$$

onde $U_o = q_o^2/2C$ é a energia inicial.

E-E Exercício-exemplo 12.5

■ A corrente em um circuito *RLC* tem, em um dado momento, amplitude de 2,00 A, e 60 μs depois ela é de 1,00 A. O capacitor tem capacitância de 3,00 μF e o indutor tem indutância de 4,00 μH. (*A*) Quanto vale a resistência do resistor? (*B*) Qual é a freqüência angular ω' do oscilador?

■ **Solução**

(A) A corrente no oscilador tem o comportamento $I = I_m e^{-\frac{R}{2L}t} \text{sen}(\omega't + \varphi)$, e a amplitude da oscilação decai no tempo na forma $I_{pico} = I_o e^{-(Rt/2L)}$. Pelos dados do problema, podemos escrever:

$$\frac{e^{-\frac{R}{2L}(t+60\mu s)}}{e^{-\frac{R}{2L}t}} = \frac{1,00 \text{A}}{2,00 \text{A}}.$$

Portanto,

$$e^{-\frac{R}{2L}60\mu s} = \frac{1}{2} \quad \Rightarrow \quad \frac{R}{2L}60\mu s = \ln 2 = 0,693,$$

$$R = \frac{2 \times 0,693 L}{60\mu s} = \frac{2 \times 0,693 \times 4,0\mu\text{H}}{60\mu s} = 0,0924 \ \Omega.$$

(B) A freqüência angular do oscilador é

$$\omega' = \sqrt{\frac{1}{LC} - \frac{R^2}{4L^2}} = \sqrt{\frac{1}{4,0 \times 10^{-6}\text{H} \times 3,0 \times 10^{-6}\text{F}} - \frac{(9,24)^2 \times 10^{-4}\Omega^2}{16 \times 10^{-12}\text{H}^2}},$$

$$\omega' = \sqrt{8,33 \times 10^{10}\text{s}^{-2} - 0,053 \times 10^{10}\text{s}^{-2}} = 2,88 \times 10^5 \text{s}^{-1}.$$

Exercícios

E 12.13 Estime o valor de γ/ω' para o circuito cuja oscilação é mostrada na Figura 12.8. (*Sugestão: veja que, ao completar 8 oscilações, a carga cai para 20% da carga inicial.*)

E 12.14 Em um circuito *RLC*, a razão γ/ω' vale 0,010. Quantos ciclos do oscilador são necessários para que sua energia caia para metade do valor inicial?

■ Parte 2 – Circuitos forçados por uma tensão alternada

Seção 12.7 ■ Impedância

Em quase todo o restante deste capítulo estudaremos circuitos forçados por um gerador de tensão senoidal, ou seja, um gerador cuja força eletromotriz tem a forma $\mathscr{E} = \mathscr{E}_m \text{sen } \omega t$. Tal gerador é denominado gerador de corrente alternada, gerador CA ou gerador AC (de *alternating current*). O símbolo de um gerador CA é –Ⓥ–. Deve-se notar que ele é na verdade um gerador de fem, ou seja, ou gerador de tensão elétrica alternada. A fem é gerada com base na indução eletromagnética de Faraday, e o esquema de um gerador é mostrado na Figura 12.9. No Brasil, a maior parte dos geradores que fornecem eletricidade é movida por força hidráulica (hidreletricidade) e a freqüência é padronizada em $v = \omega/2\pi = 60$ Hz.

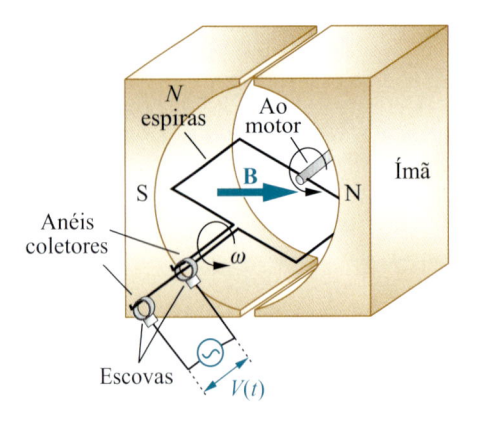

Figura 12.9

Gerador de corrente alternada. Uma bobina gira no interior de um ímã, forçada por um motor.

Para investigar o comportamento de circuitos de corrente alternada (circuitos alimentados por uma fonte de CA), é importante entender antes o comportamento dos elementos lineares (resistor, capacitor e indutor) quando aplicamos uma tensão alternada em seus terminais. Na Figura 12.10 vemos o gerador forçando cada um dos elementos lineares. Vamos a seguir analisar a forma da corrente em cada um desses circuitos. A voltagem entre os terminais de cada um dos elementos da Figura 12.10 é $V(t) = V_b - V_a$. Pela regra das malhas, para cada um dos circuitos da figura tem-se $V = \mathcal{E}_m \operatorname{sen}(\omega t + \phi)$. A corrente oscilará com a mesma freqüência da voltagem, mas não necessariamente na mesma fase, ou seja, $I = I_m \operatorname{sen}\omega t$. Por conveniência, escolhemos a fase inicial da corrente como nula.

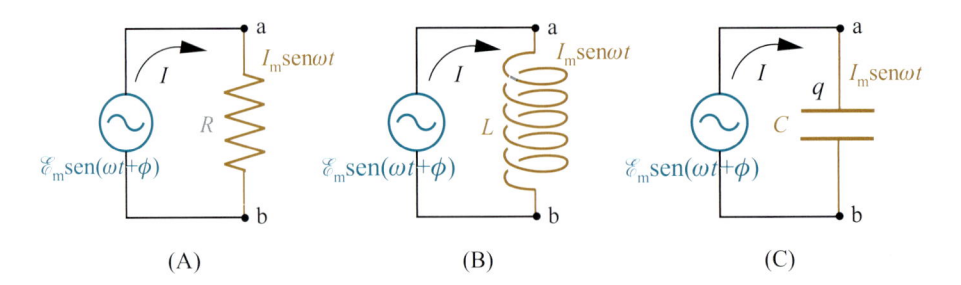

(A)   (B)   (C)

Figura 12.10

Resistor (A), indutor (B) e capacitor (C) forçados por uma fonte de corrente alternada. A voltagem $V(t)$ em cada elemento é definida por $V(t) \equiv V_b - V_a$.

12.7.1 Voltagem nos terminais de um resistor

A relação entre a corrente no resistor e a voltagem V entre os terminais do resistor da Figura 12.10A é expressa pela lei de Ohm:

$$V_R = RI = RI_m \operatorname{sen}\omega t. \tag{12.44}$$

Como $RI_m = V_m$, onde V_m é voltagem máxima no resistor, podemos escrever

$$V_R = V_m \operatorname{sen}\omega t, \tag{12.45}$$

e como, pela lei da malhas, $\mathcal{E} = V_R$, concluímos que $\phi = 0$. Ou seja, a corrente no resistor está em fase com a voltagem aplicada a ele. A Figura 12.11A mostra as oscilações, em fase, da corrente e da voltagem no resistor. A Figura 12.11B mostra o giro da corrente e da voltagem em um espaço abstrato denominado espaço de fasores. Esse tipo de figura é chamado diagrama de fasores.

Espaço de fasores é um espaço abstrato usado para representar o giro da corrente e da voltagem em um elemento linear de um circuito de corrente alternada. Uma representação nesse espaço é chamada diagrama de fasores

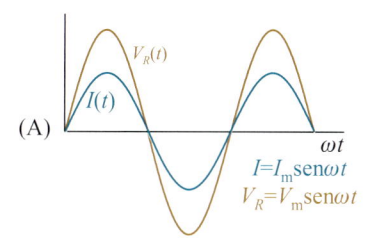

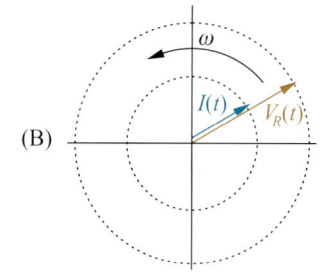

Figura 12.11

(A) Variação no tempo da corrente e da voltagem alternada entre os terminais de um resistor. Voltagem e corrente oscilam em fase. (B) A figura mostra a rotação com velocidade angular ω, da corrente e da voltagem em um plano abstrato, comumente chamado diagrama de fasores.

12.7.2 Voltagem nos terminais de um indutor

A voltagem nos terminais do indutor da Figura 12.10B é

$$V_L = L\frac{dI}{dt} = L\omega\cos\omega t. \tag{12.46}$$

Usando a relação trigonométrica $\cos\theta = \text{sen}(\theta + \pi/2)$, obtemos:

$$V_L = L\omega\,\text{sen}(\omega t + \pi/2). \tag{12.47}$$

A Equação 12.47 mostra que a voltagem nos terminais do indutor está avançada $\pi/2$ em relação à fase da corrente. A Figura 12.12 mostra as oscilações de corrente e da voltagem (A) e também a rotação da corrente e da voltagem no diagrama de fasores (B).

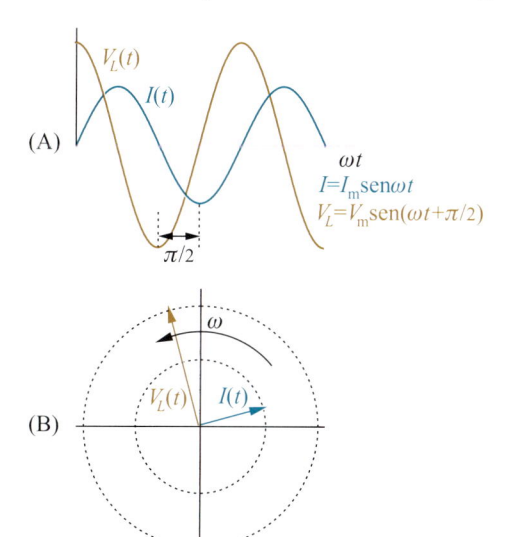

Figura 12.12

(A) Variação no tempo da corrente e da voltagem alternada entre os terminais de um indutor. A voltagem oscila com fase adiantada $\pi/2$ em relação à corrente. (B) A rotação da voltagem e da corrente no plano de fasores.

A impedância de um elemento linear é a razão entre a amplitude de oscilação da voltagem aplicada e a amplitude de oscilação da corrente. Quando a voltagem e a corrente estão defasadas $\pi/2$, a impedância é denominada reatância

Para se descrever a relação entre voltagem aplicada e corrente em outros elementos além do resistor, introduziu-se o conceito de impedância. A impedância de um elemento linear é a razão entre a amplitude de oscilação da voltagem aplicada e a amplitude de oscilação da corrente. Quando a corrente e a voltagem estão defasadas $\pi/2$, a impedância é usualmente chamada reatância. A reatância de um indutor é

■ Reatância de um indutor
$$X_L \equiv \frac{V_m}{I_m} = \omega L. \tag{12.48}$$

Observa-se que a reatância de um indutor é proporcional à sua freqüência. Isso pode ser entendido facilmente, pois a voltagem nos terminais do indutor é proporcional à taxa de variação da corrente. Para corrente que oscile senoidalmente com uma dada amplitude, em qualquer etapa do ciclo de oscilação a taxa de variação da corrente é proporcional à freqüência. Para freqüência nula, a reatância do indutor é também nula, pois nesse caso o indutor não oferece qualquer resistência à corrente.

E·E **Exercício-exemplo 12.6**

■ Calcule a reatância de um indutor cuja indutância vale 20,0 mH para uma voltagem que oscila à freqüência de 5,00 kHz.

■ **Solução**

Pela Equação 12.51, obtemos

$$X_L = 2\pi\nu L = 6{,}28 \times 5{,}00 \times 10^3 s^{-1} \times 20{,}0 \times 10^{-3}\, V \cdot s \cdot A^{-1} = 628\ \Omega,$$

onde usamos as relações $H = V \cdot s \cdot A^{-1}$ e $\Omega = VA^{-1}$.

Exercícios

E 12.15 Calcule a reatância de um indutor com indutância de 8,0 μH para uma corrente que oscile à freqüência de 108 MHz.

E 12.16 Uma corrente alternada com freqüência de 60 Hz passa por um indutor. Em um dado instante, a voltagem nos seus terminais passa pelo seu valor máximo. Quanto tempo depois a corrente atingirá seu valor de pico?

E 12.17 Mostre que a média temporal em um ciclo completo da potência fornecida pelo gerador ao indutor da Figura 12.10B é nula. Note que a potência instantânea é $P = VI$.

12.7.3 Voltagem nos terminais de um capacitor

A voltagem nos terminais do capacitor Figura 12.10C é

$$V_C = \frac{q}{C}. \tag{12.49}$$

Derivando esta equação em relação ao tempo, temos:

$$\dot{V}_C = \frac{I}{C} = \frac{I_m \operatorname{sen}\omega t}{C}, \tag{12.50}$$

que, após integração, nos dá:

$$V_C = -\frac{I_m \cos\omega t}{\omega C}. \tag{12.51}$$

Usando a relação $-\cos\theta = \operatorname{sen}(\theta - \pi/2)$, podemos escrever

$$V_C = \frac{I_m \operatorname{sen}(\omega t - \pi/2)}{\omega C}. \tag{12.52}$$

Esta equação mostra que a voltagem nos terminais do capacitor oscila com fase atrasada $\pi/2$ em relação à corrente que o alimenta. A Figura 12.13 mostra a oscilação da corrente e da voltagem em um capacitor (A) e a rotação dessas duas grandezas no plano de fasores (B).

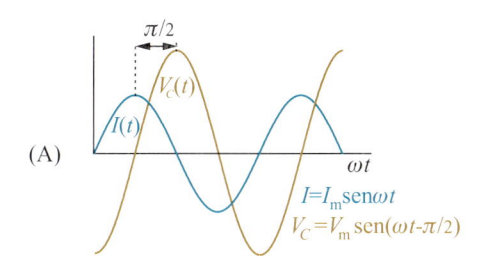

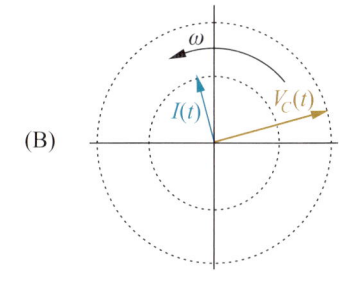

Figura 12.13

(A) Variação no tempo da corrente e da voltagem alternada entre os terminais de um capacitor. A voltagem oscila com fase atrasada $\pi/2$ em relação à corrente. (B) Rotação da voltagem e da corrente no plano de fasores.

Da Equação 12.52, vemos que a reatância do capacitor é dada por

■ Reatância de um capacitor

$$X_C = \frac{1}{\omega C}. \tag{12.53}$$

Nota-se que a reatância de um capacitor é inversamente proporcional à freqüência da oscilação. A razão disso também é transparente: a voltagem no capacitor é proporcional à carga nele acumulada; para corrente que oscile a uma freqüência mais alta (com uma dada amplitude), o valor de pico da carga no capacitor fica menor e, portanto, também fica menor a amplitude de oscilação da voltagem. Menor voltagem para a mesma corrente significa menor reatância. Destaca-se que para freqüência nula a reatância de um capacitor é infinita. Também fica claro o motivo pelo qual um capacitor de maior capacitância tem menor reatância: quanto maior a capacitância do capacitor, menor a voltagem de pico para uma dada corrente.

Observando as Equações 12.45, 12.46 e 12.51, e também as Figuras 12.11, 12.12 e 12.13, verificamos que a corrente no resistor está em fase com a fem enquanto, tanto no indutor quanto no capacitor a corrente está 90° fora de fase com a fem. Devido a este fato, o gerador efetivamente não fornece qualquer energia para aqueles elementos. Com efeito, tomemos por exemplo o circuito do indutor. A potência fornecida pelo gerador é

A potência efetiva realizada por uma fonte de fem alternada sobre um circuito é a média no tempo da potência. Se o circuito é um indutor ou um capacitor, a potência efetiva é nula

$$P(t) = \mathscr{E}I = \frac{\mathscr{E}_o}{\omega L}\cos\omega t \cdot \mathrm{sen}\,\omega t. \tag{12.54}$$

A potência expressa pela Equação 12.54 oscila no tempo, passando de valores positivos para valores negativos. A potência efetiva é a média no tempo de $P(t)$:

$$\bar{P} \equiv \frac{1}{T}\int_0^T \frac{\mathscr{E}_o}{\omega L}\cos\omega t \cdot \mathrm{sen}\,\omega t\, dt = 0, \tag{12.55}$$

onde T é um período ou um múltiplo de períodos da oscilação. Conclusão idêntica é obtida para o circuito do capacitor.

Seção 12.8 ▪ Circuito *RLC* forçado

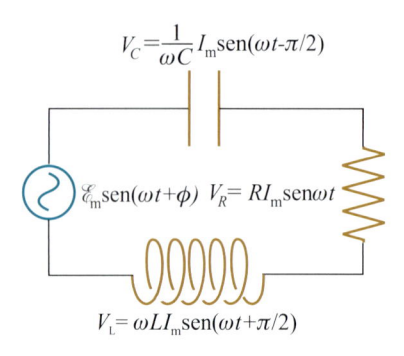

$$V_C = \frac{1}{\omega C} I_m \mathrm{sen}(\omega t - \pi/2)$$

$$\mathscr{E}_m \mathrm{sen}(\omega t + \phi) \quad V_R = RI_m \mathrm{sen}\,\omega t$$

$$V_L = \omega LI_m \mathrm{sen}(\omega t + \pi/2)$$

Figura 12.14

Circuito *RLC* forçado. A corrente no circuito é $I_m \mathrm{sen}\omega t$.

A Figura 12.14 mostra um circuito *RLC* forçado por um gerador senoidal de freqüência angular ω. A corrente que circula no circuito é $I_m \mathrm{sen}\omega t$, e as voltagens nos terminais dos elementos do circuito estão indicadas na figura. A fem do gerador também será senoidal, com a mesma freqüência angular ω da corrente, mas não estará em fase com essa oscilação, e podemos expressá-la na forma $\mathscr{E} = \mathscr{E}_m \mathrm{sen}(\omega t + \phi)$. A regra das malhas de Kirchoff nos permite escrever

$$\mathscr{E} = V_R + V_L + V_C. \tag{12.56}$$

Esta soma pode ser obtida mais facilmente de forma gráfica, por meio do diagrama de fasores. Na Figura 12.15 ajuntamos as voltagens nos terminais do resistor, do indutor e do capacitor no diagrama de fasores. Deve-se lembrar que a voltagem V_R no resistor segue a mesma fase da corrente, e que as voltagens no indutor e no capacitor estão, respectivamente, adiantadas e atrasadas 90° em relação àquela fase. A soma expressa na Equação 12.56 pode ser vista como uma soma dos vetores da Figura 12.15. Deve-se também observar que os módulos dos vetores da Figura 12.15 são:

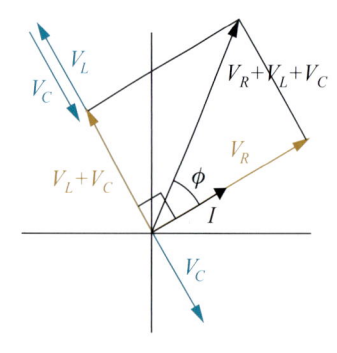

Figura 12.15

Diagrama de fasores de um circuito *RLC* forçado. A voltagem no resistor está em fase com a corrente. A voltagem no capacitor está atrasada e a voltagem no indutor está adiantada 90° em relação à corrente. O vetor que representa V_L começa na origem de coordenadas.

$$|V_R| = RI_m, \quad |V_L| = \omega LI_m, \quad \mathrm{e} \quad |V_C| = I_m / \omega C. \tag{12.57}$$

Usando o teorema de Pitágoras, a partir da Figura 12.15 podemos escrever

$$\mathscr{E}_m = I_m \sqrt{R^2 + \left(\omega L - \frac{1}{\omega C}\right)^2}. \tag{12.58}$$

A impedância do circuito pode ser definida por $\mathscr{E}_m = ZI_m$, e portanto seu valor será

▪ Impedância do circuito *RLC*

$$Z = \sqrt{X_R^2 + (X_L - X_C)^2} = \sqrt{R^2 + \left(\omega L - \frac{1}{\omega C}\right)^2}. \tag{12.59}$$

O ângulo ϕ de defasagem entre a fem e a corrente também pode ser obtido da Figura 12.15. Considerando os valores de V_R, V_C e V_L, vê-se que

$$tg\,\phi = \frac{\omega L - \dfrac{1}{\omega C}}{R}. \tag{12.60}$$

E·E Exercício-exemplo 12.7

■ Em um circuito RLC, os elementos têm valores: $R = 30\ \Omega$, $L = 12\ \mu H$ e $C = 10\ nF$. O circuito é forçado por fonte de CA cuja freqüência angular é $\omega = 2,0 \times 10^6\ s^{-1}$. Calcule (A) a impedância do circuito e (B) a diferença de fase ϕ entre a fonte que o alimenta e a corrente.

■ **Solução**

(A) Substituindo os valores mencionados na Equação 12.62, obtemos

$$Z = \sqrt{900\Omega^2 + \left(2,0\times10^6 s^{-1}\times12\times10^{-6} H - \frac{1}{2,0\times10^6 s^{-1}\times10\times10^{-9} F}\right)^2} = 40\ \Omega.$$

(B) Pela Equação 12.60, podemos escrever

$$tg\phi = \frac{2,0\times10^6 s - 1\times12\times10^6 H - \dfrac{1}{2,0\times10^6 s\times10\times10^{-9} F}}{40\Omega},$$

$$tg\phi = -\frac{26}{40} = -0,65 \quad \Rightarrow \phi = -33°.$$

Exercícios

E 12.18 Um circuito RLC no qual $R = 20\ \Omega$, $L = 15\ \mu H$ e $C = 20\ nF$ é alimentado por uma fonte de CA cuja freqüência angular é $\omega = 3,0 \times 10^6\ s^{-1}$. Calcule (A) a impedância do circuito; (B) a diferença de fase ϕ entre a fonte e a corrente.

E 12.19 Mostre que quando um circuito RLC é excitado à freqüência $\omega = 1/\sqrt{LC}$ sua impedância é puramente resistiva, ou seja, seu valor é $Z = R$.

Seção 12.9 ■ Potência cedida ao circuito RLC em ressonância

A potência que o gerador exerce sobre o circuito RLC é dada por $P(t) = \mathcal{E}(t)I(t)$. Utilizando os resultados já obtidos, podemos escrever:

$$P(t) = \mathcal{E}_m\,\mathrm{sen}(\omega t + \phi)\,I_m\,\mathrm{sen}\omega t, \tag{12.61}$$

$$P(t) = \frac{\mathcal{E}_m^2}{Z}\,\mathrm{sen}(\omega t + \phi)I_m\mathrm{sen}\omega t. \tag{12.62}$$

Quase sempre, o que nos interessa é a potência efetiva cedida pelo gerador, ou seja, a média da potência em cada ciclo. Temos então de calcular:

$$\bar{P} = \frac{\mathcal{E}_m^2}{Z} < \mathrm{sen}(\omega t + \phi)I_m\mathrm{sen}\omega t >. \tag{12.63}$$

O valor médio do produto dos senos será agora calculado.

$$< \mathrm{sen}(\omega t + \phi)\,\mathrm{sen}\omega t > \tag{12.64}$$
$$= < \mathrm{sen}\omega t \cdot \mathrm{sen}\omega t > \cos\phi + <\mathrm{sen}\omega t \cdot \cos\omega t > \mathrm{sen}\phi.$$

Mas sabemos que

$$< \text{sen}\omega t \cdot \text{sen}\omega t > = \frac{1}{2}, \quad < \text{sen}\omega t \cdot \cos\omega t > = 0. \tag{12.65}$$

Considerando as Equações 12.64 e 12.65, obtemos finalmente a potência efetiva:

$$\bar{P} = \frac{\mathscr{E}_m^2}{Z} \frac{1}{2} \cos\phi. \tag{12.66}$$

Mas, a partir da Figura 12.15, vemos que

$$\cos\phi = \frac{|V_R|}{\mathscr{E}_m} = \frac{RI_m}{\mathscr{E}_m} = \frac{R}{Z}. \tag{12.67}$$

Finalmente, temos

$$\bar{P}(t) = \frac{1}{2}\mathscr{E}_m^2 \frac{R}{Z^2}, \tag{12.68}$$

$$\bar{P} = \frac{1}{2}\mathscr{E}_m^2 \frac{R}{(\omega L - \dfrac{1}{\omega C})^2 + R^2}. \tag{12.69}$$

Freqüentemente, a potência efetiva transferida ao circuito é expressa na forma equivalente,

$$\bar{P} = \frac{1}{2L}\mathscr{E}_m^2 \frac{\gamma\omega^2}{(\omega^2 - \omega_o^2)^2 + \gamma^2\omega^2}, \tag{12.70}$$

onde $\gamma = R/L$ e $\omega_o^2 = 1/LC$ (ver Problema 12.18).

A potência efetiva absorvida pelo circuito tem um valor máximo quando $\omega = \omega_o$, ou seja, quando a freqüência do oscilador é igual à freqüência do circuito LC. Esse fenômeno é denominado ressonância, e é inteiramente análogo ao estudado no Capítulo 11 (*Oscilações*) de Física Básica/Mecânica. Na ressonância, a potência efetiva atinge o valor

■Potência efetiva cedida a um circuito *RLC* na freqüência de ressonância

$$\bar{P}_{res} = \frac{\mathscr{E}_m^2}{2R} = \frac{\mathscr{E}_{rms}^2}{R} = \frac{\mathscr{E}_{rms}^2}{\gamma L} \tag{12.71}$$

Vê-se que, para valores fixos de $\mathscr{E}_m$ e L, a intensidade da ressonância (potência na ressonância) é inversamente proporcional a γ, e portanto também inversamente proporcional a R. Ao mesmo tempo, a largura do pico de ressonância é proporcional a γ. A razão

■Fator de qualidade Q de um circuito *RLC*

$$Q = \frac{\omega_o}{\gamma} \tag{12.72}$$

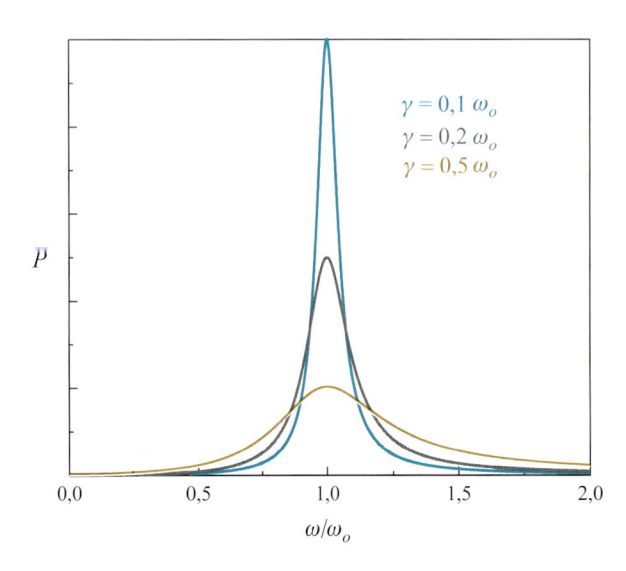

$\gamma = 0,1\ \omega_o$
$\gamma = 0,2\ \omega_o$
$\gamma = 0,5\ \omega_o$

Figura 12.16

Curvas de ressonância: potência efetiva transferida a um circuito *RLC* por uma fonte AC em função de freqüência ω, para três valores da constante de amortecimento γ do circuito.

é denominada *fator de qualidade do circuito RLC*. O fator de qualidade é uma figura de mérito do circuito. Valores grandes do fator de qualidade implicam ressonâncias intensas e estreitas.

A Figura 12.16 mostra a variação da potência efetiva cedida a um circuito *RLC*, de freqüência ω_o, com a freqüência ω do gerador que o bombeia. Curvas como as mostradas na figura são chamadas curvas de ressonância. Na figura, foram usados três valores de γ e, portanto, três valores para o fator de qualidade do circuito. Nota-se que, quanto maior o fator de qualidade, mais estreita e intensa é a ressonância. O circuito de sintonia de um receptor de rádio é do tipo *RLC*. Idealmente, dever-se-ia ter um circuito *LC*, mas é inevitável que o circuito tenha resistência. A sintonia do receptor se faz variando o valor da capacitância C de um capacitor variável até que a freqüência de ressonância ω_o do circuito coincida com a freqüência ω da onda portadora enviada pela emissora. Os melhores receptores de rádio têm fator de qualidade da ordem de 10^8.

> Curvas de ressonância elétrica são as curvas de variação da potência cedida a um circuito *RLC* com a freqüência da fonte de tensão

E-E Exercício-exemplo 12.8

■ Considere um oscilador *RLC* com alto fator de qualidade, ou seja, em que $\gamma \ll \omega_o$. Mostre que a largura da curva de ressonância, medida à metade do valor do seu pico, é igual a γ. Em termos matemáticos, isso equivale a demonstrar que

$$\overline{P}(\omega_o \pm \gamma/2) \cong \frac{1}{2}\overline{P}(\omega_o).$$

■ **Solução**

A Equação 12.70 pode ser reescrita na forma

$$\overline{P} = \frac{1}{2L_i}\mathscr{E}_m^2 F(\omega),$$

onde a função $F(\omega)$ é definida por

$$F(\omega) = \frac{\gamma\omega^2}{(\omega^2 - \omega_o^2)^2 + \gamma^2\omega^2}.$$

O valor de pico de $F(\omega)$ é

$$F(\omega_o) = \frac{\gamma\omega_o^2}{\gamma^2\omega_o^2} = \frac{1}{\gamma}.$$

Calculemos agora o valor de $F(\omega)$ a freqüências afastadas de $\gamma/2$ da freqüência de pico (freqüência de ressonância):

$$F(\omega_o \pm \gamma/2) = \frac{\gamma(\omega_o^2 \pm \gamma\omega_o + \gamma^2/4)}{(\omega_o^2 \pm \gamma\omega_o + \gamma^2/4 - \omega_o^2)^2 + \gamma^2(\omega_o^2 \pm \gamma\omega_o + \gamma^2/4)}.$$

Como γ é pequeno, desprezaremos termos de ordem mais alta nesta variável. Assim,

$$F(\omega_o \pm \gamma/2) \cong \frac{\gamma\omega_o^2}{\gamma^2\omega_o^2 + \gamma^2\omega_o^2} = \frac{1}{2\gamma} = \frac{1}{2}F(\omega_o).$$

Com esta equação, podemos finalmente escrever:

$$\overline{P}(\omega_o \pm \gamma/2) \cong \frac{1}{2}\overline{P}(\omega_o).$$

A Figura 12.17 mostra uma curva de ressonância para um oscilador no qual $Q = 10$, onde se indica que a largura, a meia altura, do pico de ressonância é igual a γ.

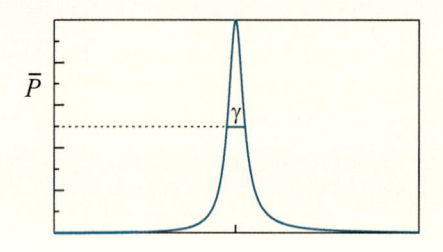

E-E Exercício-exemplo 12.9

▪ Um oscilador RLC cujos elementos têm valores $R = 0,900\ \Omega$, $L = 15,0\ \mu H$ e $C = 0,800\ \mu F$ é forçado por um gerador de fem cuja voltagem de pico é de 2,00 V e cuja freqüência angular é $\omega = 2,50 \times 10^5\ s^{-1}$. ($A$) Qual é a freqüência angular de ressonância do circuito? (B) Qual é seu fator de qualidade? (C) Qual é a potência efetiva absorvida pelo circuito? (D) Qual seria a potência efetiva se o gerador estivesse em ressonância com o circuito?

▪ **Solução**

(A) A freqüência angular de ressonância é

$$\omega_o = \frac{1}{\sqrt{LC}} = \frac{1}{\sqrt{15,0 \times 10^{-6}\,\text{H} \times 0,800 \times 10^{-6}\,\text{F}}} = 2,89 \times 10^5\ \text{s}^{-1}.$$

(B) O fator de qualidade é

$$Q = \frac{\omega_o}{\gamma} = \frac{\omega_o L}{R} = \frac{2,89 \times 10^5\,\text{s}^{-1} \times 15 \times 10^{-6}\,\text{H}}{0,90\,\Omega} = 4,8.$$

(C) A potência efetiva é

$$\overline{P} = \frac{4,0\text{V}^2}{2} \frac{0,90\,\Omega}{\left(2,50 \times 10^5\,\text{s}^{-1} \times 1,5 \times 10^{-5}\,\text{H} - \dfrac{1}{2,50 \times 10^5\,\text{s}^{-1} \times 8,0 \times 10^{-7}\,\text{F}}\right)^2 + 0,81\,\Omega^2},$$

$$\overline{P} = 0,76\ \text{W}.$$

(D) A potência efetiva em ressonância seria

$$\overline{P} = \frac{4,00\text{V}^2}{2 \times 0,900\,\Omega} = 2,20\ \text{W}.$$

Exercício

E 12.20 Refaça o Exercício-exemplo 12.9 alterando os valores de modo que $R = 0,090\ \Omega$ e $\omega = 2,85 \times 10^5\ s^{-1}$, mantendo iguais os valores das outras grandezas.

PROBLEMAS

P 12.1 O capacitor de um circuito RC tem inicialmente a carga q_o. Mostre por cálculo direto (não por argumento de conservação de energia) que a energia dissipada por efeito Joule no resistor, durante o completo descarregamento do capacitor, é igual a $q_o^2 / 2C$.

P 12.2 O capacitor da Figura 12.18 está inicialmente descarregado e a chave é então ligada, fechando o circuito. A bateria tem resistência interna nula. Mostre que somente metade da energia fornecida pela bateria será armazenada pelo capacitor, e a outra metade é dissipada no resistor como efeito Joule.

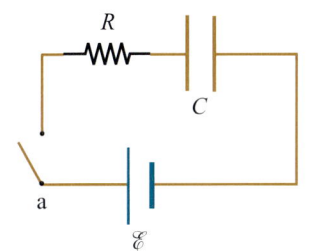

Figura 12.18

(Problema 12.2).

P 12.3 Mostre que, quando duas bobinas são ligadas em série, a indutância equivalente é

$$L = L_1 + L_2 \pm L_{12},$$

e discuta a origem do duplo sentido.

P 12.4 Freqüentemente, correntes em bobinas supercondutoras são mantidas em estado permanente, em um circuito tal como o que se vê na Figura 12.19. O fio que compõe a bobina, além daquele que completa o circuito, permanece em estado supercondutor enquanto a temperatura for mantida abaixo de um dado valor T_c, de modo que a corrente I_o permanece constante no tempo. Isto pode gerar acidentes. Por falha no sistema de refrigeração, a temperatura pode ultrapassar T_c e a bobina subitamente passará a ser um condutor normal, sendo R a resistência do circuito. Neste caso: (A) escreva a equação diferencial para a corrente I; (B) mostre por cálculo direto (não por argumentos de conservação de energia) que o calor gerado no circuito por efeito Joule durante o período em que a corrente cai para zero é igual a $LI_o^2 / 2$.

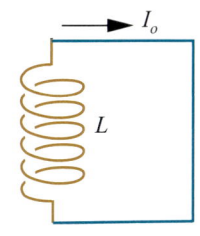

Figura 12.19

(Problema 12.4).

P 12.5 Um solenóide é feito com um fio de cobre, cuja resistividade é $\rho = 1,68 \times 10^{-8}$ Ω . m, com 2,0 mm de diâmetro. O solenóide tem raio de 1,0 cm, 40 espiras e 8,0 cm de comprimento. Um circuito fechado contendo o solenóide e um capacitor têm freqüência de ressonância de 30 MHz. Calcule (A) a indutância e a resistência do solenóide; (B) a capacitância do capacitor; (C) o fator Q do circuito.

P 12.6 Mostre que o fator de qualidade de um circuito RLC pode ser expresso por

$$Q = \frac{1}{R}\sqrt{\frac{L}{C}}.$$

P 12.7 Mostre que o fator de qualidade de um circuito RLC pode ser expresso por

$$Q = 2\pi \frac{U}{\Delta U},$$

onde ΔU é a energia do circuito perdida em um ciclo.

P 12.8 Um oscilador RLC perde 5,00% de sua energia em cada ciclo. Qual é o seu fator de qualidade? (*Sugestão*: considere o resultado do Problema 12.7.)

P 12.9 Mostre por cálculo direto que a impedância de dois capacitores ligados em série é a soma das impedâncias individuais dos capacitores.

P 12.10 (A) Mostre que, em ressonância, o ângulo ϕ de um oscilador LRC forçado vale 0. (B) Mostre que neste caso a voltagem no capacitor oscila atrasada $\pi / 2$, e a voltagem no indutor está adiantada $\pi / 2$, em relação à voltagem no gerador.

P 12.11 Determine para que faixa de valores de ω a corrente em um oscilador RLC forçado estará adiantada em relação à fase do gerador.

P 12.12 Considere um oscilador RLC de freqüência angular de ressonância ω_o forçado por um gerador com freqüência angular ω. Mostre que o ângulo ϕ é negativo se $\omega < \omega_o$ e positivo se $\omega > \omega_o$.

P 12.13 (A) Em que valor o capacitor variável da Figura 12.20 dever ser sintonizado para que o circuito ressoe em 10,0 MHz? (B) Feita a sintonia, qual deve ser o valor de R para que se tenha $Q = 100$? (C) Qual é a potência efetiva cedida pelo gerador em ressonância? (D) Qual é a potência efetiva se o gerador opera em 10,1 MHz?

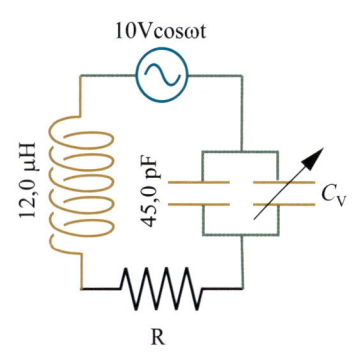

10Vcosωt

12,0 μH
45,0 pF
C_V
R

Figura 12.20

(Problema 12.13).

P 12.14 Calcule a freqüência angular para a qual a oscilação de voltagem no capacitor de um circuito RLC forçado tem a mesma amplitude da oscilação do gerador.

P 12.15 Mostre que a amplitude de oscilação da voltagem no indutor de um oscilador RLC forçado será maior do que a do gerador se

$$\omega^2 > \frac{\omega_o^4}{2\omega_o^2 - \gamma^2}.$$

P 12.16 Sejam V_{Cm} e V_{Lm}, respectivamente, as amplitudes de oscilação da voltagem no capacitor e no indutor de um oscilador RLC forçado. A freqüência angular de ressonância do oscilador é ω_o e a freqüência angular do gerador é ω. Mostre que $V_{Cm} > V_{Lm}$ quando $\omega < \omega_o$, $V_{Cm} < V_{Lm}$ quando $\omega > \omega_o$ e $V_{Cm} = V_{Lm}$ quando $\omega = \omega_o$.

P 12.17 Supondo que $\gamma \ll \omega_o$, calcule a razão $r = \bar{P}(\omega_o + \gamma) / \bar{P}(\omega_o)$ para um oscilador RLC forçado.

P 12.18 Mostre que a potência cedida a um circuito RLC forçado pode ser escrita na forma

$$\overline{P} = \frac{\mathscr{E}_o^{\,2}}{2L} \frac{\gamma\omega^2}{(\omega_o^2 - \omega^2)^2 + \gamma^2\omega^2}.$$

P 12.19 Mostre que para um circuito RLC forçado vale a relação

$$\mathscr{E}_m \text{sen}(\omega t - \phi) = RI_m \text{sen}\,\omega t + \frac{1}{\omega C} I_m \text{sen}(\omega t - \pi/2)$$

$$+ \omega L I_m \text{sen}(\omega t + \pi/2).$$

Respostas dos exercícios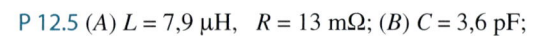

E 12.1 500 km

E 12.2 $I = (\mathscr{E}/R)e^{-\frac{t}{RC}}$

E 12.3 (A) 1,2 mA; (B) 120 μC; (C) 84 μC.

E 12.4 $R = 1{,}00$ GΩ

E 12.5 $R = 125\ \kappa\Omega$

E 12.6 125 $\kappa\Omega$

E 12.8 2,0 V

E 12.9 $I = 0{,}95$ A

E 12.11 5,50 pF

E 12.12 20,3 pF

E 12.13 0,13

E 12.14 11

E 12.15 5,4 kΩ

E 12.16 4,1 ms

E 12.18 (A) 35 Ω; (B) 55º.

E 12.20 (A) $2{,}89 \times 10^5$ s^{-1}; (B) $Q = 48$; (C) 0,115 W; (D) 22 W

Respostas dos problemas

P 12.5 (A) $L = 7{,}9$ μH, $R = 13$ mΩ; (B) $C = 3{,}6$ pF; (C) Q = $1{,}1 \times 10^5$

P 12.8 $Q = 126$

P 12.11 $\omega < \omega_o$

P 12.13 (A) $C_v = 39{,}7$ pF; (B) $R = 7{,}54$ Ω; (C) $\overline{P} = 6{,}63$ W; (D) $P = 1{,}31$ W

P 12.14 $\omega = \sqrt{2\omega_o^{\,2} - \gamma^2}$

P 12.17 $r = 1/5$

Apêndices

Apêndice A ■ Sistema Internacional de Unidades (SI)

Unidades básicas

Grandeza	Unidade	Símbolo	Definição
Tempo	segundo	s	Duração de 9.192.631.770 períodos da radiação gerada pela transição entre os dois níveis hiperfinos do estado fundamental do ^{133}Cs
Comprimento	metro	m	Distância percorrida pela luz no vácuo em 1/299.792.458 s
Massa	quilograma	kg	Massa de um corpo padrão depositado em Sèvres, França
Corrente elétrica	ampère	A	Corrente que, quando mantida em dois fios retos paralelos muito longos e de seção reta circular desprezível, separados pela distância de 1 m, gera uma força de 2×10^{-7} N por metro de seu comprimento
Temperatura termodinâmica	kelvin	K	1/273,16 da temperatura termodinâmica do ponto triplo da água
Intensidade luminosa	candela	cd	Intensidade luminosa uma dada direção de uma fonte que emite radiação monocromática de freqüência 540×10^{12} Hz com intensidade radiante de 1/683 watt por estéreorradiano, naquela direção
Quantidade de substância	mole	mol	Quantidade de substância de um sistema com um número de entidades elementares igual ao número de átomos em 0,012 kg de ^{12}C

Unidades derivadas

Grandeza	Unidade	Símbolo	Definição
Força	newton	N	$kg \cdot m/s^2$
Pressão	pascal	Pa	N/m^2
Trabalho, energia	joule	J	$N \cdot m$
Potência	watt	W	$N \cdot m/s$
Freqüência	hertz	Hz	s^{-1}
Carga elétrica	coulomb	C	$A \cdot s$
Potencial elétrico	volt	V	J/C
Resistência elétrica	ohm	Ω	V/A
Capacitância	farad	F	C/V
Campo magnético	tesla	T	$N \cdot s \cdot C^{-1} \cdot m^{-1} = J \cdot A^{-1} \cdot m^{-2}$
Fluxo magnético	weber	Wb	$T \cdot m^2$
Indutância	henry	H	$J / A^2 = T \cdot m^2 / A$

Apêndice B ▪ Constantes Universais

Descrição da constante	Símbolo	Valor
Velocidade da luz no vácuo	c	299 792 458 m s^{-1}
Permissividade elétrica do vácuo	ε_O	8,854 187 817... $\times 10^{-12}$ F m^{-1}
Constante da lei de Coulomb	k	8,987551787... $\times 10^{9}$ N,m^2/C^2
Permissividade magnética do vácuo	μ_O	$4\pi \times 10^{-7}$ = 12,566 370 614... $\times 10^{-7}$ N A^{-2}
Constante gravitacional de Newton	G	6,6742(10) $\times 10^{-11}$ m^3 kg^{-1} s^{-2}
Constante de Planck	h	6,626 0693(11) $\times 10^{-34}$ J s 4,135 667 43(35) $\times 10^{-15}$ eV s
Constante de Planck sobre 2π	$\hbar$	1,054 571 68(18) $\times 10^{-34}$ J s 6,582 119 15(56) $\times 10^{-16}$ eV s
Tempo de Planck $\sqrt{\hbar G / c^5}$	t_P	5,391 21(40) $\times 10^{-44}$ s
Comprimento de Planck ct_P	ℓ_P	1,616 24(12) $\times 10^{-35}$
Massa de Planck $\hbar / c\ell_P$	m_P	2,176 45(16) $\times 10^{-8}$ kg

Apêndice C ▪ Constantes Eletromagnéticas e Atômicas

Descrição da constante	Símbolo	Valor
Carga elementar	e	1,602 176 53(14) $\times 10^{-19}$ C
Quantum de fluxo magnético	Φ_o	2,067 833 72(18) $\times 10^{-15}$ Wb
Constante de von Klitzing	R_K	25 812,807 449(86) Ω
Magnéton de Bohr	μ_B	927,400 949(80) $\times 10^{-26}$ J T^{-1} 5,788 381 804(39) $\times 10^{-5}$ eV T^{-1}
Magnéton de Bohr em Hz/T	μ_B / h	13,996 2458(12) $\times 10^{9}$ Hz T^{-1}
Magnéton de Bohr em K/T	μ_B / k_B	0,671 7131(12) K T^{-1}
Magnéton nuclear	μ_N	5,050 783 43(43) $\times 10^{-27}$ J T^{-1} 3,152 451 259(21) $\times 10^{-8}$ eV T^{-1}
Magnéton nuclear em MHz/T	μ_N / h	7,622 593 71(65) MHz T^{-1}
Magnéton nuclear em K/T	μ_N / k_B	3,658 2637(64) $\times 10^{-4}$ K T^{-1}
Constante de estrutura fina $e^2 / 4\pi\varepsilon_o \hbar c$	α	7,297 352 568(24) $\times 10^{-3}$
Inverso da constante de estrutura fina	α^{-1}	137,0359991(08)
Constante de Rydberg $m_e e^4 / 8\varepsilon_o ch^3$	R_∞	10 973 731,568 525(73) m^{-1}
Constante de Rydberg em Hz	$R_\infty c$	3,289 841 960 360(22) $\times 10^{15}$ Hz
Constante de Rydberg em J ou eV	$R_\infty hc$	13,605 6923(12) eV 2,179 872 09(37) $\times 10^{-18}$ J
Raio de Bohr	α_o	0,529 177 2108(18) $\times 10^{-10}$ m

Apêndice D ■ Constantes das Partículas do Átomo

Propriedade	Símbolo	Valor
Elétron		
Massa	m_e	$9{,}109\ 3826(16) \times 10^{-31}$ kg $5{,}485\ 799\ 0945(24) \times 10^{-4}$ u*
Energia de repouso	$m_e c^2$	$0{,}510\ 998\ 918(44)$ MeV
Comprimento de onda de Compton $h/m_e c$	λc	$2{,}426\ 310\ 238(16) \times 10^{-12}$ m
Raio clássico ($e^2/4\pi\varepsilon_o m_e c^2 = \alpha^2 a_o$)	r_e	$2{,}817\ 940\ 325 \times 10^{-15}$ m
Momento magnético	μ_e	$-928{,}476\ 412 \times 10^{-26}$ J T^{-1}
Fator g [$2\mu_e/\mu_B = 2\mu_e/(e\hbar/2m_e)$]	g_e	$1{,}760\ 859\ 74(15) \times 10^{11}$ s^{-1} T^{-1}
Próton		
Massa	m_P	$1{,}672\ 621\ 71(29) \times 10^{-27}$ kg $1{,}007\ 276\ 466\ 88(13)$ u*
Energia de repouso	$m_P c^2$	$938{,}272\ 029(80)$ MeV
Momento magnético	μ_P	$1{,}410\ 606\ 71(12) \times 10^{-26}$ J T^{-1}
Nêutron		
Massa	m_n	$1{,}674\ 927\ 28(29) \times 10^{-27}$ kg $1{,}008\ 664\ 915\ 60(55)$ u
Energia de repouso	$m_n c^2$	$939{,}565\ 360(81)$ MeV
Momento magnético	μ_n	$-0{,}966\ 236\ 45(24) \times 10^{-26}$ J T^{-1}

* u ≡ unidade de massa atômica ≡ $1{,}660\ 538\ 86(28) \times 10^{-27}$ kg.

Apêndice E ■ Constantes Físico-químicas

Descrição da constante	Símbolo	Valor
Constante de Avogadro	N_A	$6{,}022\ 1415(10) \times 10^{23}$ mol^{-1}
Constante de Boltzmann	k_B	$1{,}380\ 6505(24) \times 10^{-23}$ J K^{-1} $8{,}617\ 343(15) \times 10^{-5}$ eV K^{-1}
Constante de Boltzmann em Hz/K	k_B/h	$2{,}083\ 6644(36) \times 10^{10}$ Hz K^{-1}
Constante molar dos gases	R	$8{,}314\ 472(15)$ J mol^{-1} K^{-1} $1{,}9858775(20)$ cal mol^{-1} K^{-1}
Volume molar de gás ideal (273,15 K, 101,325 kPa)	V_m	$22{,}413\ 996(39) \times 10^{-3}$ m^3 mol^{-1}
Constante de Stefan-Boltzmann	σ	$5{,}670\ 400(40) \times 10^{-8}$ W m^{-2} K^{-4}
Constante de Faraday eN_A	F	$96\ 485{,}3383(83)$ C mol^{-1}

Apêndice F ▪ Dados Referentes à Terra, ao Sol e à Lua

	Terra	Sol	Lua
Massa (kg)	$5{,}98 \times 10^{24}$	$1{,}99 \times 10^{30}$	$7{,}36 \times 10^{22}$
Raio (m)	$6{,}37 \times 10^{6}$	$7{,}00 \times 10^{8}$	$1{,}74 \times 10^{6}$
Gravidade média na superfície (m / s²)	9,81	274	1,67
Valor padrão da gravidade (m / s²)	9,80665		
Gravidade média no equador (nível do mar) (m / s²)	9,7804		
Gravidade média nos pólos (nível do mar) (m / s²)	9,8322		
Velocidade de escape (km/s)	11,2	618	2,38
Potência irradiada (W)		$3{,}90 \times 10^{26}$	
Constante solar (W / m²)*		1340	

(*) Intensidade luminosa da luz solar, para incidência normal, no alto da atmosfera terrestre, tomada a média no ano.

Apêndice G ▪ Dados Referentes aos Planetas

Propriedade	Mercúrio	Vênus	Terra	Marte	Júpiter	Saturno	Urano	Netuno	Plutão
Massa relativa à da Terra	0,0558	0,815	1	0,107	318	95,1	14,5	17,2	≈0,01
Gravidade na superfície m / s²	3,78	8,60	9,81	3,72	22,9	9,05	7,77	11,0	≈0,3
Velocidade de escape km / s	4,3	10,3	11,2	5,0	59,5	35,6	21,2	23,6	≈0,9
Distância ao Sol (média) 10⁹ m	57,9	108	150	228	778	1430	2870	4500	5900
Período da órbita (anos)	0,241	0,615	1	1,88	11,9	29,5	84,0	165	248
Velocidade orbital (média) km / s	47,9	35,0	29,8	24,1	13,1	9,64	6,81	5,43	4,74
Inclinação da órbita em relação à da Terra	7,00°	3,39°	0	1,85°	1,30°	2,49°	0,77°	1,77°	17,2°
Excentricidade da órbita	0,2056	0,0067	0,0167	0,0935	0,0489	0,0565	0,0457	0,0113	0,2444

Apêndice H ■ Tabela Periódica dos Elementos

Nota. Os números de subgrupo –18 foram adotados em 1984 pela International Union of Pure and Applied Chemistry (União Internacional de Química Pura e Aplicada). Os nomes dos elementos 112–118 são os equivalentes latinos desses números. No site http://www.dayah.com/periodic/?lang=pt é possível ver essa tabela maneira interativa, em português (e em outros idiomas), com muitos detalhes sobre cada elemento. Direitos autorais de design © 1997 Michael Dayah. Reprodução autorizada.

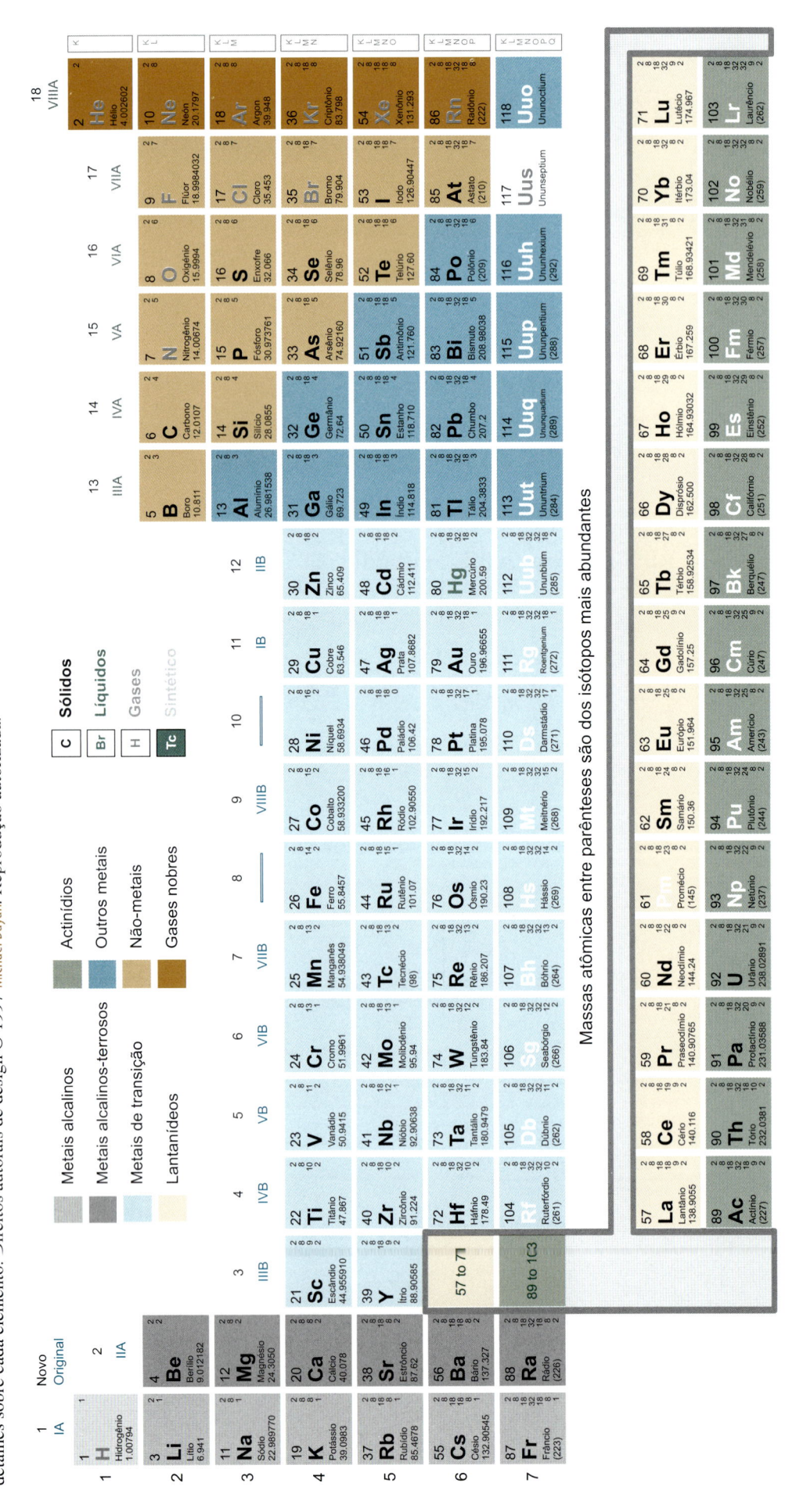

Índice
Alfabético

Pré-impressão, impressão e acabamento

grafica@editorasantuario.com.br
www.editorasantuario.com.br

Aparecida-SP